我国近海海洋综合调查与评价专项成果

福建近海海洋综合调查与评价丛书

Typical Coastal Wetlands
in Fujian Province

福建典型滨海湿地

李荣冠　　王建军　　林俊辉◎主　编

卢昌义　　李元跃　　黄雅琴◎副主编

科学出版社

北京

内 容 简 介

　　本书简要介绍国内外滨海湿地的研究概况，重点描述福建三沙湾、兴化湾、诏安湾滨海湿地和九龙江口红树林区生态系统的概况、湿地类型、面积、自然条件、环境质量、资源状况和物种多样性等，构建福建滨海湿地生态系统评价指标体系，建立福建滨海湿地生态系统压力—状态—响应综合评价模型，深入分析探讨福建典型滨海湿地生态系统健康状况。初步评估福建典型滨海湿地服务价值，指出福建典型滨海湿地退化问题，揭示福建典型滨海湿地退化的现状和原因，同时提出福建滨海湿地保护管理的对策和建议。

　　本书可供海洋、资源、环境、生态等专业的研究人员、管理人员及高校师生参考。

图书在版编目（CIP）数据

福建典型滨海湿地／李荣冠，王建军，林俊辉主编 . —北京：科学出版社，2014.7
　（福建近海海洋综合调查与评价丛书）
ISBN 978-7-03-041021-4

Ⅰ . ①福…　Ⅱ . ①李…　②王…　③林…　Ⅲ . 　①海滨-沼泽化地-研究-福建省　Ⅳ . ①P942. 570. 78

中国版本图书馆 CIP 数据核字（2014）第 125398 号

丛书策划：胡升华　侯俊琳
责任编辑：邹　聪　程　凤／责任校对：韩　杨
责任印制：钱玉芬　／封面设计：铭轩堂
编辑部电话：010-64035853
E-mail：houjunlin@ mail. sciencep. com

科学出版社 出版
北京东黄城根北街 16 号
邮政编码：100717
http://www.sciencep.com

北京通州皇家印刷厂 印刷
科学出版社发行　各地新华书店经销
*
2014 年 8 月第　一　版　开本：787×1092　1/16
2014 年 8 月第一次印刷　印张：26 3/4　插页：4
字数：610 000
定价：198. 00 元
（如有印装质量问题，我社负责调换）

福建省近海海洋综合调查与评价项目（908 专项）组织机构

专项领导小组*

组　　长　张志南（常务副省长）

历任组长　（按分管时间排序）

　　　　　刘德章（常务副省长，2005～2007 年）

　　　　　张昌平（常务副省长，2007～2011 年）

　　　　　倪岳峰（副省长，2011～2012 年）

副 组 长　吴南翔　王星云

历任副组长　刘修德　蒋谟祥　刘　明　张国胜　张福寿

成员单位　省发展和改革委员会、省经济贸易委员会、省教育厅、省科学技术厅、省公安厅、省财政厅、省国土资源厅、省交通厅、省水利厅、省环保厅、省海洋与渔业厅、省旅游局、省气象局、省政府发展研究中心、省军区、省边防总队

专项工作协调指导组

组　　长　吴南翔

历任组长　张国胜（2005～2006 年）　　刘修德（2006～2012 年）

副 组 长　黄世峰

成　　员　李　涛　李钢生　叶剑平　钟　声　吴奋武

历任成员　陈苏丽　周　萍　张国煌　梁火明　卢振忠

专项领导小组办公室

主　　任　钟　声

历任主任　叶剑平（2005～2007 年）

＊ 福建省海洋开发管理领导小组为省 908 专项领导机构。如无特别说明，排名不分先后，余同。

常务副主任　柯淑云

历任常务副主任　李　涛（2005～2006 年）

成　　员　许　斌　高　欣　陈凤霖　宋全理　张俊安（2005～2010 年）

专项专家组

组　　长　洪华生

副组长　蔡　锋

成　　员　（按姓氏笔画排序）

刘　建　刘容子　关瑞章　阮五崎　李　炎　李培英　杨圣云　杨顺良

陈　坚　余金田　杜　琦　林秀萱　林英厦　周秋麟　梁红星　曾从盛

简灿良　暨卫东　潘伟然

任务承担单位

省内单位　国家海洋局第三海洋研究所，福建海洋研究所，厦门大学，福建师范大学，集美大学，福建省水产研究所，福建省海洋预报台，福建省政府发展研究中心，福建省海洋环境监测中心，国家海洋局闽东海洋环境监测中心，厦门海洋环境监测中心，福建省档案馆，沿海设区市、县（市、区）海洋与渔业局、统计局

省外单位　国家海洋局第一海洋研究所、中国海洋大学、长江下游水文水资源勘测局

各专项课题主要负责人

郭小刚　暨卫东　唐森铭　林光纪　潘伟然　蔡　锋　杨顺良　陈　坚

杨燕明　罗美雪　林　忠　林海华　熊学军　鲍献文　李奶姜　王　华

许金电　汪卫国　吴耀建　李荣冠　杨圣云　张　帆　赵东波　方民杰

戴天元　郑耀星　郑国富　颜尤明　胡　毅　张数忠　林　辉　蔡良侯

张澄茂　陈明茹　孙　琪　王金坑　林元烧　许德伟　王海燕　胡灯进

徐永航　赵　彬　周秋麟　陈　尚　张雅芝　莫好容　李　晓　雷　刚

《福建典型滨海湿地》

专项研究组

组　长　李荣冠

副组长　卢昌义　李元跃　林俊辉

成　员　（按汉语拼音排序）

陈　卉　　陈本清　　谷艳涛　　胡倩芳　　黄雅琴　　李荣冠

李元跃　　林和山　　林俊辉　　林龙山　　吝　涛　　卢昌义

逄柏鹏　　唐飞龙　　王　雷　　王建军　　许德伟　　叶　勇

张　磊　　张　杨　　张继伟　　郑成兴　　郑守专　　周　亮

编写组

组　长　李荣冠

副组长　王建军　林俊辉　卢昌义　李元跃　黄雅琴

成　员　（按汉语拼音排序）

陈　卉　　陈本清　　谷艳涛　　何雪宝　　胡倩芳　　黄雅琴

李荣冠　　李元跃　　林和山　　林俊辉　　林龙山　　吝　涛

卢昌义　　逄柏鹏　　唐飞龙　　王　雷　　王建军　　许德伟

叶　勇　　张　磊　　张　杨　　张继伟　　郑成兴　　郑守专

周　亮

丛书序
FOREWORD

2003 年 9 月，为全面贯彻落实中共中央、国务院关于海洋发展的战略决策，摸清我国近海海洋家底及其变化趋势，科学评价其承载力，为制定海洋管理、保护、开发的政策提供基础依据，国家海洋局部署开展我国近海海洋综合调查与评价（简称 908 专项）。

福建省 908 专项是国家 908 专项的重要组成部分。在国家海洋局的精心指导下，福建省海洋与渔业厅认真组织实施，经过各级、各有关部门，特别是相关海洋科研单位历经 8 年的不懈努力，终于完成了任务，将福建省 908 专项打造成为精品工程、放心工程。福建是我国海洋大省，在 13.6 万千米^2 的广阔海域上，2214 座大小岛屿星罗棋布；拥有 3752 千米漫长的大陆海岸线，岸线曲折率 1∶7，居全国首位；分布着 125 个大小海湾。丰富的海洋资源为福建海洋经济的发展奠定了坚实的物质基础。

但是，随着海洋经济的快速发展，福建近海资源和生态环境也发生了巨大的变化，给海洋带来严重的资源和环境压力。因此，实施 908 专项，对福建海岛、海岸带和近海环境开展翔实的调查和综合评价，对解决日益增长的用海需求和海洋空间资源有限性的矛盾，促进规划用海、集约用海、生态用海、科技用海、依法用海，规范科学管理海洋，推动海洋经济持续、健康发展，具有十分重要和深远的意义。

福建是908专项任务设置最多的省份，共设置60个子项目。其中，国家统一部署的有五大调查、两个评价、"数字海洋"省级节点建设和7个成果集成等15项任务。除此之外，福建根据本省管理需要，增加了13个重点海湾容量调查、海湾数模与环境研究、近海海洋生物苗种、港航、旅游等资源调查，有关资源、环境、灾害和海洋开发战略等综合评价项目，以及《福建海湾志》等成果集成，共45项增设任务。

在福建实施908专项过程中，包括省内外海洋科研院所、省直相关部门、沿海各级海洋行政主管部门和统计部门在内的近百个部门和单位，累计3000多人参与了专项工作，外业调查出动的船只达上千船次。经过8年的辛勤劳动，福建省908专项取得了丰硕成果，获取了海量可靠、实时、连续、大范围、高精度的海洋基础信息数据，基本摸清了福建近海和港湾的海洋环境资源家底，不仅全面完成了国家海洋局下达的任务，而且按时完成了具有福建地方特色的调查和评价项目，实现了预期目标。

本着"边调查、边评价、边出成果、边应用"的原则，福建及时将908专项调查评价成果应用到海峡西岸经济区建设的实践中，使其在海洋资源合理开发与保护、海洋综合管理、海洋防灾减灾、海洋科学研究、海洋政策法规制定等领域发挥了积极作用，充分体现了福建省908专项工作成果的生命力。

为了系统总结福建省908专项工作的宝贵经验，充分利用专项工作所取得的成果，福建省908专项办公室继2008年结集出版800多万字的《福建省海湾数模与环境研究》项目系列专著（共20分册），2012年安排出版《中国近海海洋图集——福建省海岛海岸带》、《福建省海洋资源与环境基本现状》、《福建海湾志》等重要著作之后，这次又编辑出版"福建近海海洋综合调查与评价丛书"。"福建近海海洋综合调查与评价丛书"共有8个分册，涵盖了专项工作各个方面，填补了福建"近海"研究成果的空白。

"福建近海海洋综合调查与评价丛书"所提供的翔实、可靠的资料,具有相当权威的参考价值,是沿海各级人民政府、有关管理部门研究福建海洋的重要工具书,也是社会大众了解、认知福建海洋的参考书。

福建省908专项工作得到相关部门、单位和有关人员的大力支持,在本系列专著出版之际,谨向他们表示衷心感谢!由于本系列专著涉及学科门类广,承担单位多,时间跨度长,综合集成、信息处理量大,不足和差错之处在所难免,敬请读者批评指正。

福建省908专项系列专著编辑指导委员会

2013年12月8日

前言 PREFACE

　　湿地是自然界生物多样性最丰富和生态功能最高的生态系统。湿地为人类的生产、生活与休闲提供多种资源，是人类最重要的生存环境；湿地在调节供水、控制污染与降解污染物等方面具有不可替代的作用，被喻为"地球之肾"；湿地是重要的国土资源和自然资源，也是野生动植物最重要的栖息地。以往人类对湿地认识的片面性，导致对湿地的破坏和不合理开发利用，使湿地面积减少、生物多样性丧失、功能和效益衰退，严重危及湿地生物的生存，制约人类社会经济的发展。据初步统计，福建省滨海湿地总面积约 2598.86 千米^2。其中，天然湿地 2118.63 千米^2，占滨海湿地总面积的 81.5%；人工滨海湿地 480.23 千米^2，占滨海湿地总面积的 18.5%。截至 2000 年年底，福建省沿海滩涂已围垦 869 千米^2，已开发土地 794 千米^2。滨海湿地的过度围垦造成水动力改变，滨海沙滩资源严重消失，导致经济海洋生物产卵场破坏严重。湿地周边县市工农业污水、生活废水及养殖污水的大量排放，致使滨海湿地生态系统不堪重负，赤潮频发，外来物种互花米草侵入部分港湾滩涂，疯狂蔓延，挤占本土动植物的栖息空间。滨海湿地为海洋经济提供了物质保障，其生态系统同时面临严重的环境问题，影响福建省海洋经济的可持续发展。国家海洋局审时度势，2008 年组织开展了"我国近海海洋综合调查与评价"（908 专项），福建省海洋与渔业厅对海洋保护与管理工作高度重视，组建了相应的 908 专项办公室，开展了"福建滨海湿地及红树林生态系统评价"（FJ908－02－02－04）等系列专项的申报、专家评议评审，以及 908 专项办公室审批等工作。

项目组查阅了大量国内外相关资料，制订了可行的实施方案、技术路线和方法。对评价方法的筛选坚持先进性、成熟性和可操作性原则；所引用的压力—状态—响应（PSR）模型及其演变模型目前虽有些争议和不足，但在环境科学及其相关研究中至今仍广泛应用，许多国家政府和国际组织一致认为 PSR 模型仍然是用于环境指标组织和环境现状汇报最有效的框架。项目经过近三年的运行，所获数据、资料、图件、调查研究报告经多次自检、会议协调、评议等，通过质量检查部门审核和归档，最终通过专家组评审验收结题。本书在"福建滨海湿地及红树林生态系统评价"项目研究报告的基础上完善形成。

本书以福建三沙湾、兴化湾和诏安湾滨海湿地和九龙江口红树林生态系统为重点，引用多年来调查、查阅的大量资料和数据，结合遥感图件解译，获得滨海湿地主要变化类型及分布图，建立了福建滨海湿地与红树林生态系统评价指标体系，构建了 PSR 综合评价模型，深入分析了福建三沙湾、兴化湾和诏安湾滨海湿地和九龙江口红树林生态系统的压力、状态和响应综合评价结果。对滨海湿地的价值评估，由于基础资料和数据不完善，尚有不尽如人意之处，在此抛砖引玉。

全书共六章。

第一章介绍了滨海湿地研究概况、国内外滨海湿地研究的进展、滨海湿地的定义，福建滨海湿地的自然地理状况、类型与分布及红树林分布等。

第二章介绍了福建典型滨海湿地三沙湾、兴化湾和诏安湾概况、自然条件、资源状况、环境质量，九龙江口红树林种类、面积与分布等。

第三章介绍了滨海湿地环境质量的评估方法、内容与标准，生态服务价值的评估方法（包括供给服务、调节服务和支持服务），重点介绍了福建滨海湿地与红树林生态系统评价指标体系、PSR 综合评价模型。

第四章介绍了福建典型滨海湿地三沙湾、兴化湾、诏安湾和九龙江口红树林区自然环境评价与生态系统评价。

第五章介绍了滨海湿地退化的定义、特征，国内外滨海湿地退化研究的现状，分析福建滨海湿地退化现状和原因。

第六章提出了福建滨海湿地管理保护与可持续发展的指导思想、原则、目标、措施、建议和对策。

本书编写得到国家海洋局第三海洋研究所海洋生物与生态实验室、海洋声学与遥感开放实验室、海洋与海岸地质环境开放实验室，厦门大学生命科学学院、集美大学水产学院科研人员和师生的协助和配合，在此深表感谢，另外，对福建省海洋与渔业厅 908 专项办公室的指导致以诚挚的谢意。

国家海洋局第三海洋研究所研究员

李荣冠

2012 年 7 月 10 日于厦门

目录 CONTENTS

第一章
滨海湿地研究概况

第一节 国内外湿地研究进展

一、湿地定义

湿地科学起源于湖沼学和沼泽学，对其研究最早可追溯到 17 世纪，大致经历了孕育期（17 世纪末以前）、基本理论创立期（18 世纪末到 19 世纪末）、系统理论与方法论形成期（20 世纪初期开始）及蓬勃发展期（1982 年开始）四个发展阶段。经过近百年的发展，湿地科学已由萌芽进入了学科框架构筑阶段，并成为当今国际众多学者共同关注的热门研究领域。其研究范围之广、出版刊物之多、资料积累之丰富在科学发展史上不多见。

湿地（wetland）的英文原意是过度湿润的土地。由于湿地有很多特性，所以目前湿地有 50 种以上的定义（Dugan，1993；Mitsch and Gosselink，2000）。在美国，便有鱼类和野生生物管理局（Fish and Wildlife Service）、国家科学院（National Academy of Science）、农业部（Department of Agriculture）和军事工程师协会（Army Corps of Engineers）等不同部门对其下的定义。每个部门均根据本身的需要对湿地进行限定和描述，以便分别适应生物资源管理、科学研究、食品安全和水质保护等方面的要求。湿地科学家感兴趣的是弹性较大、全面而严密的定义，便于进行湿地分类、外业调查和研究；湿地经营者则关心管理条例的制定，以阻止或控制湿地的人为改变，因此需要准确而具有法律效力的定义。由于人们的这些不同需要，所以产生了各种不同的湿地定义。

1971 年签订的《拉姆萨尔公约》（又称《湿地公约》）对湿地的定义采用了更为广义的方法。该公约（第一条第一款）对湿地的定义是："湿地系指天然或人工，永久或暂时之静水或流动的淡水、半咸水或咸水沼泽地、湿原、泥炭地或水域，包括低潮时水深不超过 6 米的海域。"此外，该公约在第二条第一款还明确："湿地，可包括与湿地毗邻的河岸和海岸地区，以及位于湿地内的岛屿或低潮时水深不超过 6 米的海洋水域，特别是具有水禽生境意义的地区岛屿与水体。"对此定义，国家林业局认为："虽然这个定义的科学性和精确性还有待商议，但是迄今为止还没有比它更好的定义。"（国家林业局，1994）《湿地公约》是政府间协定，它为湿地保护及其国际合作确定了一个基本框架。截至 2007 年 12 月，已有 154 个国家和地区参加了《湿地公约》，1636 块湿地列入国际重要湿地名录，总保护面积达 1.46 亿公顷。我国自 1992 年加入《湿地公约》后，至 2008 年 2 月止，全国有国际重要湿地数量达 36 处，总面积为 380 万公顷，占中国自然湿地的 10.5%。

二、 湿地研究主要特点

国际湿地科学发展的主要特点可以归纳为五点。

（1）湿地科学历史久远，长期以来发展缓慢，而现代发展迅速。

（2）目前已成为21世纪科学研究的重点学科和研究领域。

（3）研究内容增多，领域扩大。

（4）综合性、分化性增强。

（5）世界各国湿地科学发展不平衡，发展中国家与发达国家之间的湿地研究水平差距逐步缩小。

当前，湿地科学已成为国际学术界的重要学科和优势领域，它纵横双向发展、学科体系扩大、研究深入、内容增多、领域拓宽（杨永兴，2002）。

三、 湿地生态系统评价

1999年召开的《湿地公约》第七届缔约方大会，通过开展湿地评价、加强湿地质量监测、恢复湿地功能及对丧失的湿地功能进行补偿的决议（国家林业局《湿地公约》履约办公室，2001）。湿地评价主要包括湿地功能评价、湿地价值评价、湿地生态系统健康评价和湿地环境修复评价。目前研究致力于探讨评价标准、指标体系及定级（蔡庆华，1997；蔡庆华等，2003；潘文斌等，2002；唐涛等，2002；崔丽娟，2001；崔保山和杨志峰，2001；Mayer and Galatowitsch，1999；Wilson and Mitsch，1996；Brinson，1993）。

（一）湿地生态系统功能评价

所谓湿地生态系统功能，就是湿地生态系统中发生的各种物理、化学和生物学过程及其外在特征。湿地生态系统功能一般可以划分为三大类，即水文功能、生物地球化学功能和生态功能（表1-1），不同的功能可以通过不同的指标表示。

表 1-1　湿地的功能及其指标、效应、社会价值

	功能	功能指标	效应	社会价值
水文功能	短期储存地表水；长期储存地表水；维持高水位	河道两边的泛滥平原；泛滥平原里坑洼不平的地形；水生植物	降低下游洪峰；维持基本流量，对流量进行季节性分配；维持水生植物群落	减小洪水危害；旱季维持鱼类栖息地；维持生物多样性
生物地球化学循环功能	元素的迁移和循环；溶解物质的滞留和去除；泥炭积累	植物生长；营养物的输出量低于输入量；泥炭厚度增加	维持湿地中的营养库；减少营养元素向下游迁移的数量；滞留营养物、金属和其他物质	木材生产；保持水质

续表

生态功能	功能	功能指标	效应	社会价值
生态功能	维持特有的植物群落；维持特有的能量流动	成熟的湿地被；脊椎动物的高度多样性	为动物提供食物、巢区和遮蔽物；养育脊椎动物种群	养育皮毛兽和水禽；维持生物多样性

湿地功能评价是湿地功能研究的重要方面。湿地功能评价开始于 20 世纪 90 年代，主要是为了克服传统的湿地保护的缺点，为理解和量化湿地动力学过程提供科学基础。1990 年，在欧盟环保科技计划的资助下，英国、法国、西班牙和爱尔兰等国的有关大学和研究单位启动了"欧洲湿地生态系统功能评价"（FAEWE）项目，目的就是在科学基础上建立欧洲湿地生态系统功能特征的评价方法，从而为湿地保护提供一个新工具；美国在湿地水文地貌分类体系（HGM）的基础上提出湿地功能评价方法和快速湿地功能评价方法（Wilson and Mitsch，1996；Brinson，1993；Ainslie，1994）。快速湿地功能评价方法被认为是地景规划的有效方法，已被越来越多的国家和学者所采用。Kent 等（1994）开发了一种宏观层次上的湿地功能评价技术，其目的是评估那些广为人知的湿地功能，它能在野外快速运用，适用于不同的湿地类型，重复性好，并于1999 年运用野生动物观察对湿地功能进行评价。现在的评价研究倾向于通过实验获得数据和指标，在此基础上进行评价。

（二）湿地生态系统价值评价

定量评价是决策者决策的有力依据，其方法一直是研究的热点。综观当前湿地效益评价技术的发展，定量化、价值化、模式化及多媒体化是重要趋势。现在多采用市场估价法直接评估实物价值，用费用支出法、市场价值法、旅行费用法及条件价值法评价非实物价值。

湿地价值是指湿地为人类提供产品和服务的能力，它是衡量湿地功能的具有重要意义的尺度。在一定的社会经济条件下，湿地功能不同，其价值也不同。功能的改变会影响湿地向人类提供产品和服务的能力，而湿地功能如能得到保护，湿地价值就可得到持续体现。对湿地功能价值则采用市场价值法、机会成本法、影子工程法和替代花费法等进行评估。美国的 Costanza 等（1997）将全球生态系统服务分为 17 类子生态系统（表1-2），采用价值评价等方法对每一类子生态系统进行测算，最后计算出全球生态系统每年能够产生的服务价值。Costanza 等（1997）的研究认为，全球生态系统服务的价值为$16 \times 10^{12} \sim 54 \times 10^{12}$ 美元/年，平均为 33×10^{12} 美元/年，并且湿地生态系统单位面积服务价值高达 14 785 美元/（公顷·年），其价值总量占全球生态系统服务价值的 30.3%。根据陈仲新和张新时（2000）对我国生态系统服务价值的估算，我国湿地生态系统单位面积服务价值也高达 12 689 美元/（公顷·年），占全国生态系统服务价值的 34%。

（三）湿地生态系统健康评价

湿地生态系统健康评价是指湿地具有特殊生态功能的能力和维持自身有机组织的能

表 1-2　湿地生态系统服务及功能

序号	生态系统服务	生态学含义
1	气体调节	大气化学成分调节
2	气候调节	对气温、降水的调节,以及对其他气候过程的生物调节
3	干扰调节	生态系统反应对环境波动的容纳、延迟和整合
4	水分调节	调节水文循环过程
5	水分供给	水分的保持与储存
6	控制侵蚀和保持沉积物	生态系统内的土壤保持
7	土壤形成	成土过程
8	养分循环	养分的获取、内部循环和存储
9	废弃物处理	流失养分的恢复和过剩养分、有毒物质的转移或降解
10	授粉	植物配子的移动
11	生物控制	对种群的营养级动态调节
12	庇护	为定居和临时种群提供栖息地
13	食物生产	总初级生产力中人类可提取的原食物
14	原材料	总初级生产力中人类可提取的原材料
15 .	基因资源	人类可利用的特有生物材料和产品源
16	休闲	为人类提供休闲娱乐
17	文化	为人类提供非商业用途

资料来源:Costanza et al.,1997

力,它可以在不良的环境扰动中自行恢复。作为研究的新领域,虽然刚开始起步,但是进展很快,主要侧重湿地生态系统健康的概念、湿地生态系统诊断指标、湿地生态系统健康恢复、湿地生态系统健康研究的时空尺度、湿地生态系统设计和湿地生态系统健康的数量评价等方面的研究(Regier et al.,1992;Brinson,1993;Wilson and Mitsch,1996)。湿地生态系统健康的指标过去主要集中于化学与生物指标,现在又引入了物理指标,除湿地的自然属性外,又将社会经济指标也纳入湿地健康的研究范畴之中(Regier et al.,1992),使湿地健康诊断指标趋于完善,如美国环境保护局(EPA)提出的一些指标在管理实践上效果良好(Regier et al.,1992)。美国已经设立了以地景级别的标志来评价全国生态健康状态的长期趋势实验场,为湿地提供定量因子描述,这无疑将大大提高湿地评价水平(Brinson,1993)。

(四)湿地生态系统修复评价

恢复生态学主要致力于那些在自然突变和人类活动影响下受到破坏的自然生态系统的修复与重建。湿地的生态修复是指对于退化或丧失的湿地,通过生态技术或生态工程进行生态系统结构的修复或重建,使其发挥原有的或预设的生态系统服务功能。

国际修复生态学会建议:比较修复系统与参照系统的生物多样性、群落结构、生态系统功能、干扰体系及非生物的生态服务功能。还有人提出使用生态系统23个重要的特征来帮助量化整个生态系统随时间在结构、组成及功能复杂性方面的变化。Cairns(1977)认为,修复至少包括被公众社会感觉到并被确认修复到可用程度,修复到初始的结构和功能条件（尽管组成这个结构的元素可能与初始状态明显不同）。Bradsaw 提出可用如下五个标准判断生态修复：一是可持续性（可自然更新），二是不可入侵性（像自然群落一样能抵制恶性入侵），三是生产力（与自然群落一样高），四是营养保持力，五是生物间相互作用（植物、动物、微生物）（Jordan et al.，1987）。Davis（1996）和 Margaren（1997）等认为，修复是指系统的结构和功能恢复到接近其受干扰以前的结构与功能，结构修复指标是乡土种的丰富度，而功能修复的指标包括初级生产力和次级生产力、食物网结构、在物种组成与生态系统过程中存在反馈，即恢复所期望的物种丰富度，管理群落结构的发展，确认群落结构与功能间的联结已形成。Aronson 等提出 25 个重要的生态系统特征和重要的景观特征，这些生态系统特征主要是结构、组成和功能，而景观特征则包括景观结构与生物组成、景观内生态系统间的功能作用、景观破碎化和退化的程度类型和原因。Caraher 和 Knapp（1995）提出采用记分卡的方法评价恢复度。假设生态系统有五个重要参数（如种类、空间层次、生产力、传粉或播种者、种子产量及种子库的时空动态），每个参数有一定波动幅度，比较退化生态系统恢复过程中相应的五个参数，看每个参数是否已处于正常波动范围或与该范围还有多大的差距。Costanza 等（1997）在评价生态系统健康状况时提出了一些指标（如活力、组织、恢复力等），这些指标也可用于生态系统恢复评估。在生态系统恢复过程中，还可应用景观生态学中的预测模型为成功恢复提供参考。除了考虑上述因素外，判断成功恢复还要在一定的尺度下，用动态的观点，分阶段检验。2000 年，Cairns 在他的文章中指出，生态恢复所强调的重点应该从重建一个"自然化"的植物或动物群落，转移到恢复生态系统的功能上，尤其要转移到生态系统服务功能的恢复上。技术可行性、科学合理性和社会可行性是判断一个生态恢复是否合理的三个重要因素，社会可行性尤为重要，因为一旦此因素不成立，其他两个因素也是不存在的。生态恢复的最终目标应该是社会的可持续发展。陆健健等（2006）提出核心服务功能、理论服务价值和现实服务价值的概念，并应用于具体区域生态恢复评价。

四、　滨海湿地概况

（一）滨海湿地生态系统

1. 滨海湿地类型与分布

按 908 专项办公室《海洋灾害调查技术规程》定义，滨海湿地是指沿岸线分布的低潮时水深不超过 6 米的滨海浅水区域至陆域受海水影响的过饱和低地的一片区域。由于海陆交互作用的复杂性，所形成的各种滨海湿地类型间不仅植被类型有所差异，并且在水文特征、沉积物类型上也有显著的不同。2005 年出版的《湿地：人与自然和谐共存的家园——中国湿地保护》一书中，滨海湿地的分类在兼顾了植被特征和底质特征的基础上更加趋于定量描述，具体标准如表 1-3 所示。

表 1-3　中国滨海湿地类型

类型	特点
浅海水域	低潮时水深不超过 6 米的永久水域，植被盖度<30％，包括海湾、海峡
潮下水生层	海洋低潮线以下，植被盖度≥30％，包括海草床、海洋草地
珊瑚礁	由珊瑚聚集生长而成的湿地，包括珊瑚岛及其有珊瑚生长的海域
岩石性海岸	底部基质 75％以上是岩石，植被盖度<30％的硬质海岸，包括岩石性沿海岛屿、海岩峭壁
潮间沙石海滩	潮间植被盖度<30％，底质以沙、砾石为主
潮间淤泥海滩	植被盖度<30％，底质以淤泥为主
潮间盐沼湿地	植被盖度≥30％的盐沼
红树林沼泽	以红树植物群落为主的潮间沼泽
海岸咸水湖	海岸带范围内的咸水湖泊
海岸淡水湖	海岸带范围内的淡水湖泊
河口水域	从近口段的潮区界（潮差为零）至口外海滨段的淡水舌峰缘之间的永久性水域
三角洲湿地	河口区由沙岛、沙洲、沙嘴等发育而成的低冲积平原

　　我国拥有 18 000 千米的大陆海岸线，东起辽宁鸭绿江口，西止广西北仑河口，濒临渤海、黄海、东海和南海，跨越了热带、亚热带、暖温带等多个气候带，自北向南与之毗邻有辽宁、河北、天津、山东、江苏、上海、浙江、福建、广东、广西 10 个省（直辖市、自治区），香港和澳门两个特别行政区，以及台湾和海南两个岛屿省份。除渤海为中国的内海外，黄海、东海和南海都是太平洋的边缘海。不同的地形、水热条件和开发过程在漫长海岸线上造就了丰富的滨海湿地类型。总的来说，我国海岸地势平坦，多优良港湾，面积 10 千米^2 以上的海湾有 160 个。根据《中国湿地保护行动计划》，我国滨海湿地范围包括了 $2.7×10^4$ 千米^2 的浅海水域和 $2.2×10^4$ 千米^2 的潮间带滩涂，最近的湿地资源调查结果，滨海湿地的总面积近 $6×10^4$ 千米^2（陆健健等，2006）。我国滨海湿地以杭州湾为界，杭州湾以北除山东半岛、辽东半岛的部分地区为岩石性海滩外，多为砂质和淤泥质海滩，由环渤海滨海湿地和江苏滨海湿地组成；杭州湾以南以岩石性海滩为主，主要河口及海湾有钱塘江—杭州湾、闽江口、晋江口—泉州湾、珠江河口和北部湾等。

　　2. 滨海湿地保护和法制建设

　　建立海洋自然保护区是保护海洋生物多样性最有效的方式。至今，我国已建成海洋自然保护区 301 个，其中福建海洋自然保护区 42 个（表 1-4）。中华白海豚（*Sousa chinensis*）、斑海豹（*Phoca largha*）、海龟（*Chelonia mydas*）、文昌鱼（*Branchiostoma belcheri*）等珍稀濒危海洋动物，以及滨海湿地、红树林、珊瑚礁、滨海芦苇湿地等典型脆弱海洋生态系统得到重点保护。2007 年度监测表明，多数国家级海洋保护区的生态环境质量总体良好，但海洋保护区保护与管理工作依然面临着巨大的压力。至 2008 年，我国列入《湿地公约》国际重要湿地名录的湿地有 36 处，其中有 14 处为滨海湿地自然保护区（表 1-5）。这将大大促进我国滨海湿地鸟类、各种珍稀动植物及滨海湿地生态系统的保护与科学研究的发展。

表 1-4　福建海洋自然保护区

序号	保护区名称	地点	总面积/公顷	主要保护对象
1	台山列岛	福鼎市	7 300	水禽及其生境
2	姚家屿红树林生态保护区	福鼎市	84	红树林生态系统
3	环三都澳红树林	宁德市蕉城区	39 981	红树林、水禽、湿地
4	官井洋大黄鱼繁殖保护区	宁德市	19 000	大黄鱼及其生境
5	九龙江河口湿地	龙海市	4 360	滨海湿地及红树林
6	九龙江河口红树林	龙海市	420	红树林生态系统
7	东山珊瑚礁	东山县	11 070	珊瑚礁生态系统
8	莱屿列岛	漳浦县	3 200	海洋生物资源
9	漳江口红树林	云霄县	2 360	红树林生态系统
10	深沪湾海底古森林	晋江市	3 100	海底古森林遗迹和牡蛎海滩岩及地质地貌
11	泉州湾河口湿地	泉州市	7 009	红树林、珍稀鸟类、鱼类
12	厦门珍稀海洋物种	厦门市	33 088	中华白海豚、白鹭、文昌鱼等珍稀动物
13	厦门国家级海洋公园	厦门市	2 487	自然沙滩和岸线、海洋珍稀物种
14	平潭中国鲎	长乐市	9 000	中国鲎及其生境
15	闽江河口湿地	长乐市	2 921	河口湿地及水禽
16	长乐海蚌（西施舌）	长乐市	13 000	海蚌（西施舌）及其生境
17	三十六脚湖	平潭县	1 340	淡水湖泊及海蚀地貌
18	莆田平海海滩岩、沙丘岩	莆田市	20	海滩岩、沙丘岩
19	宁德海洋生态特别保护区	福建省	54 390	自然景观与生物多样性
20	福州平潭岛礁海洋特别保护区	福建省	6 310	生物多样性
21	湄洲岛海岛生态特别保护区	福建省	9 990	生态系统和海洋资源
22	福鼎南船屿岛海洋生态特别保护区	福建省	590	生态系统和海洋资源
23	福鼎小嵛山岛海洋生态特别保护区	福建省	1 794	生态系统和海洋资源
24	霞浦笔架山岛海洋生态特别保护区	福建省	598	生态系统和海洋资源
25	霞浦魁山岛海洋生态特别保护区	福建省	9 599	生态系统和海洋资源
26	连江黄湾岛海洋生态特别保护区	福建省	136	生态系统和海洋资源
27	长乐人屿岛海洋生态特别保护区	福建省	200	生态系统和海洋资源
28	平潭牛山岛海洋生态特别保护区	福建省	100	生态系统和海洋资源
29	湄洲岛赤屿山岛海洋生态特别保护区	福建省	300	生态系统和海洋资源
30	湄洲岛小碇屿岛海洋生态特别保护区	福建省	300	生态系统和海洋资源
31	诏安城洲岛海洋生态特别保护区	福建省	498	生态系统和海洋资源
32	福鼎星仔岛海洋生态特别保护区	福建省	4.7	海洋生态系统

续表

序号	保护区名称	行政区域	总面积/公顷	主要保护对象
33	福鼎鸳鸯岛海洋生态特别保护区	福建省	57	滨海矿产资源和生物多样性
34	福鼎日屿岛海洋生态特别保护区	福建省	5.5	滨海矿产资源和生物多样性
35	霞浦牛仔岛海洋生态特别保护区	福建省	3.6	海岛生态系统
36	福安樟屿岛海洋生态特别保护区	福建省	330	海岛生态系统
37	蕉城区灶屿岛海洋生态特别保护区	福建省	10.08	海岛生态系统
38	平潭县山洲列岛海洋生态特别保护区	福建省	364	海岛生态系统
39	秀屿区大麦屿海洋生态特别保护区	福建省	100	海岛生态系统
40	秀屿区东沙屿海洋生态特别保护区	福建省	300	海岛生态系统
41	惠安南洋屿海洋生态特别保护区	福建省	1.4	生态系统与生物多样性
42	漳浦县南碇岛海洋生态特别保护区	福建省	1.9	海洋生态系统

表1-5 列入《湿地公约》国际重要湿地名录的中国滨海湿地

名称	面积/千米²	地点	主要保护对象	列入年份
东寨港自然保护区	54	海南省琼山县	以红树林为主的北热带边缘河口港湾、海岸滩涂生态系统及越冬鸟类栖息地	1992
米埔和后海湾湿地	15.4	香港特别行政区西北部	鸟类及其栖息地	1992
崇明东滩湿地	326	上海市崇明岛东端	咸淡水沼泽滩涂，涉禽栖息地、越冬地和繁殖地	2002
大连斑海豹自然保护区	117	大连市渤海沿岸	以斑海豹为主的海洋动物生态系统	2002
大丰麋鹿自然保护区	780	江苏省大丰市东南	典型黄海滩涂湿地，是以麋鹿、丹顶鹤为主的珍贵野生动物栖息地	2002
惠东港口海龟保护区	4	广东省惠州市	以绿海龟为主的海龟繁殖地	2002
湛江红树林自然保护区	202.79	广东省湛江市	中国最大面积红树林湿地、鸟类栖息地	2002
山口红树林自然保护区	40	广西壮族自治区北海市合浦县	包括湿地鸟类、浅海生物在内的红树林滨海湿地	2002
盐城沿海滩涂湿地	4 530	江苏省盐城市区正东方向40千米	中国沿海最大滩涂湿地、以丹顶鹤为主濒危珍稀鹤类、涉禽栖息地	2002
辽宁双台河口湿地	1 280	辽宁省盘锦市	中国高纬度最大的芦苇沼泽区，丹顶鹤等珍稀鸟类栖息地和繁殖地	2005
长江口中华鲟湿地	276	上海市	中华鲟及其赖以栖息生存的自然生态环境	2008

续表

名称	面积/千米²	地点	主要保护对象	列入年份
北仑河口自然保护区	30	广西壮族自治区防城港市	红树林生态系统	2008
漳江口红树林保护区	23.6	福建省漳州市	红树林及其栖息野生动物	2008
海丰公平大湖保护区	115.91	广东省海丰县	黑脸琵鹭等水禽的栖息地、繁殖地和候鸟越冬地	2008

20世纪90年代之前，中国法律法规体系中尚无专门以湿地作为调整对象的法规或条例，但按照《湿地公约》的定义，中国已有10多部法律法规与其相关。1992年中国加入《湿地公约》之后，湿地作为湿地类型土地资源的综合概念，开始出现在与中国湿地资源保护、利用和管理相关的部分法规和规章之中。此外，黑龙江省、辽宁省、云南省、广东省、海南省等在部分地方法规或政府文件中也明确将湿地作为保护对象。中国现已形成由国家法、地方法和部门法组成的有关湿地的环境与资源保护和利用的法律体系（李广兵和王曦，2000）。现行资源环境法律法规已经比较全面地涉及湿地资源的各个类型，这对管理和保护湿地资源，调整与湿地相关的社会关系已经具有了一定的规范作用。

3. 滨海湿地生态系统的恢复与重建

湿地生态系统的恢复与重建是目前湿地研究的一大热点。我国滨海湿地的恢复研究主要集中在南方生物海岸湿地的恢复和重建上（林鹏，2003；张乔民，2001），包括红树林和珊瑚礁生态系统两大部分。红树林生态系统的修复与重建主要表现为红树林的引种与造林，现已形成一整套较为成熟的红树林造林技术，并正在华南沿海各地推广使用。珊瑚礁生态系统修复重建的主要对象是造礁石珊瑚，现有的一些研究已从理论上提出了保护或移植关键种、改善群落空间格局而缩短向顶极群落生态演替时间的恢复战略。近年来，我国北方滨海湿地生态系统的恢复重建也有了一定的发展。2002年，国家投资近亿元进行黄河三角洲湿地生态恢复和保护工程，工程的实施使黄河三角洲湿地的生态环境得到改善，为进一步救治、保护动植物，进行滨海湿地研究提供了有利的条件。同时，作为东北亚内陆和环西太平洋鸟类迁徙的重要"中转站"，黄河三角洲在珍稀鸟类的越冬栖息地和繁殖地上将发挥更重要的作用。

（二）红树林生态系统

1. 红树林湿地的分布

红树林系指热带海岸潮间带的木本植物。由于温暖洋流的影响，可以分布在亚热带；因潮汐影响，也可分布在最高潮边缘，而具有水陆两栖习性。红树林中生长的木本植物叫红树植物。除长期生存于林下的蕨类外，一般不包括群落内外的草本植物或藤本植物，它们因而被列入红树林伴生植物。由于红树林生长在海岸潮汐到达而又干湿交叠的潮间带，故也称它为海岸盐生沼泽植被（林鹏，1999）。

全球红树林大致分布在南、北回归线之间，最北可达北纬 32°，最南可达南纬 33°，主要分布在印度洋及西太平洋沿岸，113 个国家和地区的海岸有红树林分布。全世界共有红树植物 24 科、30 属、86 种（含变种）（缪绅裕，1993）。若以子午线为分界线，可将世界红树林分成东方及西方两大分布中心：一是分布于亚洲、大洋洲和非洲东海岸的东方群系（oriental formation），以苏门答腊岛和马来半岛的西海岸为中心；二是分布于北美洲、西印度群岛和非洲西海岸的西方群系（occidental formation）。东方群系 74 种，西方群系 15 种，东西方群系重复 2 种，交叠 2 种。两大类型的交界处在太平洋中部的斐济和汤加群岛。离赤道越远，红树林越矮，最后成为灌丛矮林，种类也逐渐减少。印度—马来西亚地区被认为是世界红树植物生物多样性最丰富的地区，澳大利亚为第二大多样性中心。

世界红树林面积最大的国家是巴西、印度尼西亚和澳大利亚，分别拥有 250 万公顷、217 万公顷和 116 万公顷。世界面积最大的红树林位于孟加拉湾，面积达 100 万公顷，其次为非洲的尼罗河三角洲，面积为 70 万公顷。最新统计，全球红树林面积约为 1700 万公顷，分别占全球森林总面积 37.79 亿公顷的 4.7‰ 和热带雨林面积 19.35 亿公顷的 9.2‰。中国红树林面积约占世界红树林面积的 1.3‰（王文卿和王瑁，2007）。

中国红树林属于东方类群（即印度—西太平洋类群）的亚洲沿岸和东太平洋群岛区（即印度—马来西亚地区）的东北亚沿岸。中国红树林分布区位于世界红树林分布的北缘，主要分布在东部及东南沿海滩涂，沿海岸线由西南向东北延伸（国家林业局等，2005）。中国红树林天然分布北界为福建福鼎县（27°20′N），人工引种北界为浙江乐清县（28°25′N）（林鹏和傅勤，1995）。红树林天然分布北缘同 20 世纪 50 年代相比，真红树植物没有变化；半红树（海滨木槿）植物由于人为破坏及自然灾害等因素，分布界由北向南缩减了约 40 千米；而红树林人工林分布向北有较大的延伸（国家林业局和国家海洋局，2005）。这主要是因为浙江省自 20 世纪 50 年代起就开始引种红树林，尽管由于自然地理条件、引种技术和自然灾害等因素，起初的引种面积及范围并不大，但近年来，科研能力的增强及技术的提高使得引种成活率增加，人工林向北分布范围更广。

中国现有红树植物 11 科 14 属 24 种，除两种蕨类外都是高大的乔木和灌木，分别占全球红树植物科数的 46%、属数的 47%、种数的 28%。据 2001 年国家林业局组织的“全国红树林资源调查”结果显示，我国红树林各类总面积 82 757.2 公顷（不含港、澳、台地区），其中现有红树林面积 22 024.9 公顷，占总面积的 26.6%；未成林面积 1884.1 公顷，占 2.3%；宜林地面积 58 848.2 公顷，占 71.1%，经过几年的保护与恢复工作，红树林面积得到有效的增长。据各省最新统计，全国现有红树林各类总面积 90 634.7 公顷，其中现有红树林面积为 22 652.3 公顷，占总面积的 25.1%；未成林面积为 2326 公顷，占总面积的 2.6%；宜林地为 65 656.5 公顷，占总面积的 72.3%（国家林业局和国家海洋局，2005）。

我国红树林分布于海南、广东、广西、福建、浙江及台湾、香港和澳门等地，主要分布在北部湾海岸和海南东海岸。其中北部湾海岸包括广东湛江、广西沿海及海南的西海岸，占全国红树林总面积的 70％以上，在海南东海岸的红树林占全国的 12％左右。我国红树林资源分布范围如图 1-1 和表 1-6（吕佳，2008）所示。

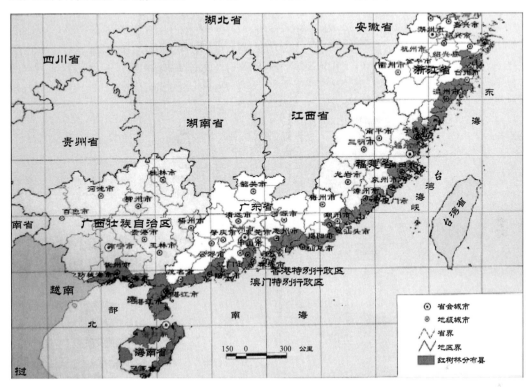

图 1-1　全国红树林分布示意图

资料来源：吕佳，2008

表 1-6　全国红树林分布表

地区	主要分布范围
广东省	潮州市、汕头市、汕尾市、惠州市、深圳市、广州市、中山市、珠海市、江门市、阳江市、茂名市、湛江市、揭阳市等
广西壮族自治区	钦州市、北海市、合浦县、防城港市等
海南省	琼山市、文昌市、三亚市、琼海市、万宁市、儋州市、澄迈县、临高县等
福建省	云霄县、厦门市、龙海县、福鼎市、泉州市、福安市、宁德市霞浦县、惠安县、漳浦县等
浙江省	温州市等
香港特别行政区	西贡、新界东北、吐露港、后海湾、大屿山和香港岛
澳门特别行政区	路氹连贯公路的西北角、路环的石排湾填海区、半岛与大陆拱北关交界处
台湾省	主要分布在西海岸泥质滩地、盐田引水渠道、河口感潮段沿岸，以嘉义市至高雄沿海为主，淡水河口则是红树林分布的最北端

资料来源：吕佳，2008

2. 红树林湿地生物多样性及分布

（1）红树林真红树、半红树植物

我国有真红树植物（在潮水经常淹没的潮间带生长和繁殖后代的植物，具有气生根、支柱根、海水传播繁殖体）24 种，半红树（也称陆生耐盐性植物，在陆地和潮间带上均可生长和繁殖后代，一般生长在大潮时才偶尔浸到的陆缘潮带，具有两栖性）12 种。中国真红树植物种类分布详见表 1-7 和表 1-8。

表 1-7　中国真红树植物的种类及其分布

科名	种名	海南	广东	广西	台湾	香港	澳门	福建	浙江
卤蕨科 Acrostichaceae	卤蕨 Acrostichum aureum	√	√	√	√	√	√	☆	
	尖叶卤蕨 A. speciosum	√							
楝科 Meliaceae	木果楝 Xylocarpus granatum	√	▽						
大戟科 Euphorbiaceae	海漆 Excoecaria agallocha	√	√	√	√	√		☆	
海桑科 Sonneratiaceae	杯萼海桑 Sonneratia alba	√							
	无瓣海桑 S. apetala	▽	▽	▽				▽	
	海桑 S. caseolaris	√	▽						
	海南海桑 S. hainanensis	√							
	卵叶海桑 S. ovata	√							
	拟海桑 S. gulngai	√							
红树科 Rhizophoraceae	木榄 Bruguiera gymnorrhiza	√	√		☆	√		√	
	海莲 B. sexangula	√	▽					▽	
	尖瓣海莲 B. s. var. rhynochopetala	√						▽	
	角果木 Ceriops tagal	√	√		☆				
	秋茄 Kandelia obovata	√	√	√	√	√	√	√	▽
	红树 Rhizophora apiculata	√							
	红海榄 R. stylosa	√	√	√	√	☆		▽	
使君子科 Combretaceae	红榄李 Lumnitzera littorea	√							
	榄李 L. racemosa	√	√	√	√			▽	
	拉关木 Laguncularia racemosa	▽	▽						
紫金牛科 Myrsinaceae	桐花树 Aegiceras corniculatum	√	√	√		√			
马鞭草科 Verbenaceae	白骨壤 Avicennia marina	√	√	√	√	√		√	
爵床科 Acanthaceae	小花老鼠簕 Acanthus ebracteatus	√	√	√					
	老鼠簕 A. ilicifolius	√	√			√		√	
茜草科 Rubiaceae	瓶花木 Scyphiphora hydrophyllacea	√							
棕榈科 Palmae	水椰 Nypa fruticans	√							
种类合计*		24	11	11	8	9	5	7	0

☆：灭绝；▽：引种成功；*仅统计天然分布种类（包括已经灭绝者）

资料来源：王文卿和王瑁，2007

表 1-8 中国半红树植物的种类及其分布

科名	种名	海南	广东	广西	台湾	香港	澳门	福建	浙江
莲叶桐科 Hernandiaceae	莲叶桐 *Hernandia nymphaeifolia*	√							
豆科 Leguminosae	水黄皮 *Pongamia pinnata*	√	√	√	√	√		▽	
锦葵科 Malvaceae	黄槿 *Hibiscus tiliaceus*	√	√	√	√	√		√	
梧桐科 Sterculiaceae	杨叶肖槿 *Thespesia populnea*	√	√	√	√	√		▽	
	银叶树 *Heritiera littoralis*	√	√	√	√	√		▽	
千屈菜科 Lythraceae	水芫花 *Pemphis acidula*	√			√				
玉蕊科 Barringtoniaceae	玉蕊 *Barringtonia racemosa*	√			√			▽	
夹竹桃科 Apocynaceae	海檬果 *Cerbera manghas*	√	√	√	√	√	√	√	
马鞭草科 Verbenaceae	苦郎树 *Clerodendrum inerme*	√	√	√	√	√			
	钝叶臭黄荆 *Premna obtusifolia*	√	√	√	√				
紫葳科 Bignoniaceae	海滨猫尾木 *Dolichandrone spathacea*	√	√						
菊科 Compositae	阔苞菊 *Pluchea indica*	√	√	√	√	√	√		
	种类合计*	12	9	8	10	7	3	3	0

▽：引种成功；*仅统计天然分布种类（包括已经绝灭者）

资料来源：王文卿和王瑁，2007

红树植物多样性随纬度的增高和平均温度的下降而减少，在我国，海南省的红树植物种类最多，许多种数仅在海南有分布，广东、广西、福建和浙江红树植物多样性呈递减趋势（表 1-9，图 1-2）。

表 1-9 中国红树植物种数与纬度及年均温度的关系

地区	种数	纬度	温度/℃
海南文昌	23	19°N	24.0
广东湛江	11	21°N	23.0
广西山口	9	21°N	23.4
广东深圳	7	22°N	22.5
福建云霄	7	24°N	21.2
福建泉州	3	25°N	20.4
福建福鼎	1	27°N	18.5

资料来源：王文卿和王瑁，2007

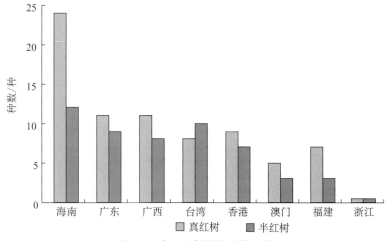

图 1-2 中国红树植物种数比较

（2）潮间带生物

中国红树林区潮间带生物物种丰富，根据现有调查资料初步统计已有 15 门 284 科 1089 种，各省（自治区）红树林区潮间带生物分布差异显著，广东和海南潮间带生物种类数较多，浙江最少（表 1-10）。

表 1-10　中国红树林区潮间带生物主要类群物种分布　　　　（单位：种）

主要生物类群	广西	广东	海南	福建	浙江
藻类	0	69	50	4	0
环节动物	38	43	29	119	21
软体动物	127	190	210	87	20
节肢动物	102	97	125	117	10
棘皮动物	3	1	0	4	0
其他生物	24	158	129	41	5
合计	294	558	543	372	56

（3）鸟类

红树林湿地的生境多样性为鸟类（尤其是水鸟）提供了良好的栖息、觅食和繁殖的场所。红树林区的鸟类包括水鸟和非水鸟，水鸟包括游禽和涉禽。我国红树林区的游禽有潜鸟、䴙䴘、鹈鹕、军舰鸟、鸬鹚、鸭、雁、天鹅、鸥等类群，涉禽主要有鹭类、鸻鹬类和秧鸡类。非水鸟在红树林鸟类群落中也占有较大的比例，可分为攀禽、猛禽、陆禽和鸣禽。与一般的湿地相比，红树林区鸟类组成的重要特点是鸣禽种类丰富，特别是一些典型的林中鸟类。中国红树林湿地有多种鸟类分布，且其中有不少为珍稀鸟类（表1-11）。

表 1-11　中国红树林湿地鸟类分布和保护级别

项目		海南	广西	广东	福建	香港	台湾	合计
种数		164	222	225	187	369	43	433
居留情况	冬	80	114	130	112	233	22	259
	冬留	1	1	1	1	1	0	1
	留	67	87	79	61	105	17	144
	留冬	2	2	2	1	2	2	2
	夏	11	16	17	11	24	2	26
	合计	161	220	229	186	365	43	432
三有名录		129	162	178	154	260	36	301
国家级	I	0	2	1	0	6	1	7
	II	17	30	26	14	48	5	59
	合计	17	32	27	14	54	6	64
中日候鸟		76	99	113	94	161	22	174
中澳候鸟		46	46	51	51	62	10	64
CITES	I	1	2	2	3	8	0	8
	II	19	31	24	10	41	7	52
	III	6	7	7	7	8	5	9
	合计	26	40	33	20	57	12	69

续表

项目		海南	广西	广东	福建	香港	台湾	合计
IUCN	CR	0	1	1	0	4	0	4
	EN	1	4	2	2	4	0	6
	UV	4	6	6	3	15	3	15
	合计	5	11	9	5	23	3	25

注：（1）居留情况：留指留鸟，夏指夏候鸟，冬指冬候鸟（包括过境鸟和迷鸟）。

（2）保护级别。①三有名录：列入《国家保护的有益的或者有重要经济、科学研究价值的陆生野生动物名录》的种类；②国家级：列入国家重点保护的野生动物名录Ⅰ、Ⅱ级的种类；③中日候鸟：列入《中华人民共和国政府和日本国政府保护候鸟及其栖息环境协定》的种类；④中澳候鸟：列入《中华人民共和国政府和澳大利亚政府保护候鸟及其栖息环境的协定》的种类；⑤CITES：列入《濒危野生动植物种国际贸易公约》（CITES）附录1、附录2和附录3的种类；⑥IUCN：列入《世界自然保护联盟（IUCN）红皮书》的种类，CR、EN、VU和NT分别为极度濒危、濒危、易危和近危等级。

第二节　福建滨海湿地概况

一、滨海湿地自然地理

海洋是福建的"半壁江山"，福建海岸线北起福鼎沙埕的虎头鼻，南至诏安洋林的铁炉港，岸线总长3324千米，曲折率高达1：6.21，多属海湾海岸。海岸类型复杂多样，南北区域差异显著。闽江口以北沿岸为崇山峻岭，谷岭相间，冈峦起伏的山地丘陵直逼海岸，以海湾基岩岸为主，构成曲折而破碎的海岸形态，岸线十分曲折，其曲折程度为全国之最；闽江口以南沿岸地形较为低缓，丘陵、台地和平原交错，岬湾相间，海岸类型齐全，既有陡峭的基岩海岸，又有平直的沙砾海岸、宽阔平坦的河口平原海岸及淤泥质海岸。全省沿岸大小海湾125个，近海及湾内大于500米^{2}的岛屿有1546个，岛屿岸线总长2802千米。2004年福建滨海湿地潮间带湿地面积为15.2×10^4公顷，浅海湿地面积是24.2×10^4公顷（刘剑秋和曾从盛，2010）。

福建沿海位于温带、热带的过渡地带，区域气候类型大体以闽江口为界，北部属于中亚热带海洋性季风气候，南部属于南亚热带海洋性季风气候。沿海年平均气温20℃左右。年平均降水量为1000～1400毫米，4～6月为全年降水的最高峰，约占全年降水量的50%。8月和9月因受台风影响，雷雨增多，出现降水第二个峰值。

沿海有大小几十条河流注入海湾，流域面积大于100千米^{2}的河流有33条。流域面积在5000千米^{2}以上并汇入近海的一级河流有闽江、九龙江、晋江和赛江。

福建沿岸海区除浮头湾以南海区为不正规半日潮以外，其余均为正规半日潮。受台湾海峡及地形影响，福建沿海潮差较大，厦门湾及其北海区平均潮差在4米以上，最大潮差在6米以上。沿海潮流的运动方式：闽江口以北海域为左旋转流，闽江口以南海域一般为往复流，表层流速一般为60～100毫米/秒，最大可达150毫米/秒，潮流垂直变化不大，最大值通常出现在 5~10 米层，表层略小，底层最小。

二、 滨海湿地周边社会经济

福建滨海湿地周边行政区域涉及宁德市、福州市、莆田市、泉州市、厦门市和漳州市六个沿海地级市。该区域是福建省经济最活跃、发展最快的地带，在全省的经济发展中占有举足轻重的地位。随着高速公路、沿海大通道、沿海铁路及港口的建设与完善，在国家和地方一系列重大决策引导下，海峡西岸经济区建设全面推进，海洋开发活动日趋高涨，海洋经济取得长足发展。2007 年全省海洋经济主要产业总产值为 2816.36 亿元，比 2006 年增长了 21.7%，占全省生产总值的 30.7%，占沿海地级以上城市生产总值的 37.7%。福建省沿海六地市的陆域面积为 42 397 千米²，占全省陆域总面积的 34.92%，但沿海人口有 2607.52 万人（2008 年年末），占同期全省总人口 3604 万人的 72.35%，2007 年沿海六地市生产总值为 7470.11 亿元，占全省生产总值 9160.14 亿元的 81.55%。

三、 滨海湿地类型与分布

通过对 2003 年遥感图像的人工交互解译，福建 20 世纪 80 年代的海岸线至 0 等深线范围内的滨海湿地分为天然湿地和人工湿地两大类 10 种类型，天然湿地包括粉砂淤泥质湿地、砂质湿地、岩石性湿地、滨岸沼泽湿地、红树林沼泽湿地、海岸潟湖湿地、河口及水域湿地等七种类型；人工湿地分养殖池塘、水田和盐田三种类型。福建 20 世纪 80 年代岸线至低潮 0 等深线范围内的滨海湿地面积共计 2598.86 千米²（表 1-12，图 1-3）。其中，天然湿地 2118.63 千米²，占 81.5%，粉砂淤泥质滨海湿地全省总面积可达 1393.91 千米²，砂质滨海湿地面积为 482.58 千米²，红树林沼泽湿地、海岸潟湖湿地和河流及河口水域湿地所占面积合计不到 6 千米²。人工滨海湿地面积总计 480.23 千米²，占总滨海湿地面积的 18.5%，主要由养殖池塘构成，盐田和水田面积所占比重很小，福建滨海湿地的主要利用方式是发展水产养殖。各地级市中，福州市所属滨海湿地面积最大，达 868.16 千米²，其次是宁德市，滨海湿地面积是 492.64 千米²，厦门市滨海湿地面积最小，为 132.71 千米²，不及福州市的 1/6。粉砂淤泥质海岸、砂质海岸和岩石性海岸主要分布在福州市沿海，滨岸沼泽宁德市面积最大，漳州市红树林沼泽分布面积最多。

表 1-12　福建滨海湿地生态类型与面积　（单位：千米²）

	滨海湿地类型	宁德市	福州市	莆田市	泉州市	漳州市	厦门市	全　省	
天然湿地	粉砂淤泥质海岸	317.83	444.38	180.77	170.59	204.97	75.37	1 393.91	2 118.63
	砂质海岸	33.41	219.33	46.14	90.32	62.06	31.33	482.58	
	岩石性海岸	17.84	40.52	22.25	25.91	20.42	2.13	129.08	
	滨岸沼泽	58.82	18.81	11.71	8.51	9.30	0.02	107.17	

	滨海湿地类型	宁德市	福州市	莆田市	泉州市	漳州市	厦门市	全省	
天然湿地	红树林沼泽	0.19	0.04	0.00	0.41	3.48	0.22	4.35	
	海岸潟湖				0.66	0.17		0.83	
人工湿地	河流及河口水域		0.49	0.09	0.04	0.00	0.08	0.70	
	养殖池塘	64.15	135.19	45.88	18.85	102.13	23.50	389.70	
	水田	0.41	2.35	4.69	0.18	0.00	0.01	7.63	480.23
	盐田		7.05	23.74	27.27	24.79	0.06	82.91	
合计		492.64	868.16	335.28	342.75	427.32	132.71	2 598.86	

以统计区域内人工湿地/总湿地面积，大致反映各地级市滨海湿地开发利用强度，各地级市滨海湿地开发强度为 13.10%～29.70%，整个福建滨海湿地开发强度为 18.48%。漳州市和莆田市 2 个地级市开发强度较大，都超过 20%，宁德市最小。滨海湿地范围内的养殖池塘主要分布在福州市和漳州市，莆田市、泉州市和漳州市现有的盐田面积较大。

四、 滨海湿地资源开发

福建海岸线曲折，以基岩海岸为主，多港湾。海湾周边区域是人类活动较密集也是社会经济较发达繁荣的区域。随着海洋经济的迅速发展，海湾地区成为人类开发利用海洋资源的首选海域，海湾周围陆域城镇建设、临海工业快速崛起。福建港湾滨海湿地资源丰富，港口资源具有深水岸线长、建港自然条件优越的特点；浅海、滩涂水产生物种类繁多，海洋捕捞业和海水养殖业均发达；滨海旅游资源丰富，海岛星罗棋布，海岸沙滩连绵，海洋文化绚丽多彩；矿产资源丰富，各类海沙储量大；此外，潮汐能和风能资源较为丰富。

（一）滨海湿地围垦

长期以来，福建一直将围填海作为解决沿海耕地资源贫乏、实现耕地土地资源"占补平衡"的重要途径。根据《福建省沿海滩涂围垦规划》统计，截至 2000 年年底，福建沿海滩涂资源总量约 29.12×10^4 公顷，全省共建成大小围垦工程 979 处，总面积 8.69×10^4 公顷，已开发土地 7.94×10^4 公顷。1949～1979 年围填海工程数量较多，面积较大，占历史围填海总面积的 50.3%，利用方式以农业种植和养殖为主，少部分为盐田，目的是增加耕地、扩大种植、解决粮食问题。1980 年至今围填海工程数量相对较少，面积较小，利用方式开始转向港口、交通、工业、商业及城市建设用地等。2006～2020 年，全省规划围垦 4.17×10^4 公顷。

（二）港口建设

福建海岸线长达 3324 千米，岸线曲折，深水岸线资源丰富，具有建设深水大港的优势，建港自然条件优越。全省共有大小港湾 125 个。其中，深水港湾 22 个，可建 5万吨级以上深水泊位的天然港湾有沙埕港、三沙湾、罗源湾、兴化湾、湄洲湾、厦门

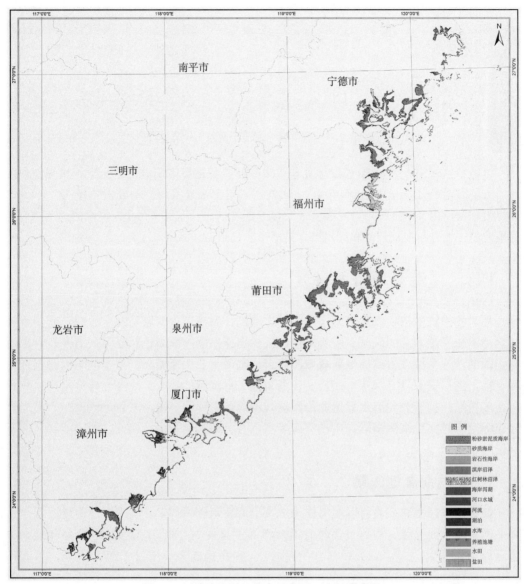

图 1-3　福建滨海湿地分布示意图（文后附彩图）

湾、东山湾 7 个港湾。可开发利用建港的岸线全长 475 千米，其中，深水岸线 149 千米。截至 2004 年年底，全省港口基础设施进一步改善。已拥有生产性泊位 485 个，港口吞吐能力 10 282 万吨。其中，万吨级以上泊位 58 个。港口吞吐量突飞猛进。全年沿海港口完成货物吞吐量 15 835 万吨，比 2003 年增长 26.7%，增长速度超过全国 3.4 个百分点。

（三）水产资源养殖

福建浅海（0~10 米水深）和滩涂（岸线至 0）水产生物种类繁多，可供养殖的生物种类也很多，目前养殖种类大约有 100 种。缢蛏（*Sinonovacula constricta*）、褶牡蛎（*Saccostrea cucullata*）、杂色蛤仔（*Ruditapes variegata*）、泥蚶（*Tegillarca granosa*）四种贝类养殖历史悠久，为全国"四大贝类之乡"。除此之外，近期发展为养殖对象、经济价格较高的种类有拟穴青蟹（*Scylla paramamosin*）、凸壳肌蛤（*Musculista senhausia*）、渤海鸭嘴蛤〔*Laternula*（*Exolaternula*）*marilina*〕、长竹蛏（*Solen strictus*）、波纹巴非蛤〔*Paphia*（*Paratapes*）*undulata*〕、文蛤（*Meretrix meretrix*）、西施舌（*Coelomactra antiquata*）、杂色鲍（*Haliotis diversicolor*）、泥东风螺（*Babylonia lutosa*）、翡翠贻贝（*Perna viridis*）、栉江珧〔*Atrina*（*Servatrina*）*pectinata*〕、华贵栉孔扇贝〔*Chlamys*（*Mimachlamys*）*nobilis*〕、太平洋牡蛎（*Crassostrea rivularis*）、青蛤（*Cyclina sinensis*）、斑节对虾〔*Penaeus*（*P.*）*monodon*〕、日本对虾〔*P.*（*Marsupenaeus*）*japonicus*〕、南美白对虾（*Litopenaeus vannamei*）、大黄鱼（*Pseudosciaena crocea*）、真鲷（*Pagrosomus major*）、黄鳍鲷（*Sparus latus*）等。

从养殖方式看，海水养殖的类型由初期单一的滩涂贝类自然生态型养殖，发展为目前滩涂的自然放养、围网养殖和棚架养殖，浅海的筏式吊养、网箱养殖和底播养殖，以及海水池塘的自然纳潮式养殖、高位池精养、循环水养殖和工厂化养殖等。

2005 年，福建浅海、滩涂和陆基养殖（包括海水池塘、高位池、工厂化养殖）总面积为 15.3×10^4 公顷，总产量 309.7 万吨，其中滩涂养殖面积和浅海养殖面积分别为 6.66×10^4 公顷和 6.66×10^4 公顷，产量以浅海养殖最高，占总产量的 58.97%，陆基养殖的面积和产量所占比重均较小。大嵛海域以南各港湾浅海滩涂水产养殖开发利用率较高，以旧镇湾和东山湾为最，围头湾至兴化湾浅海滩涂水产养殖开发利用率较低。

（四）旅游资源开发

福建滨海旅游资源，不仅类型丰富多彩，而且有明显的优势特征。岛幽、湾秀、滩美，滨海湿地旅游开发前景广阔。福建沿岸海岛棋布，宛如碧蓝海面上的珍珠，东山岛、湄洲岛、海坛岛、宁德大嵛山岛、三都岛、青山岛、斗帽岛等环境清幽、气候宜人，是避暑消夏、度假修养的佳地。福建海岸沙滩连绵，著名的厦门黄厝环岛路、鼓浪屿港仔后、惠安崇武、东山金銮湾、石狮黄金海岸、长乐鸡姆沙—坛赶兜—松下沙滩、平潭龙王头等沙滩，滩缓浪平，沙粒适中，海水洁净，日照充足，为优良海水浴场。滨海文化渊源深、积淀厚、领域广。滨海旅游业已经成为全省旅游业的主要部分，接待境外游客占全省游客的 70% 以上。

（五）矿产资源开采

福建滨海矿产资源分布在浅海区、滨海区和海岸带。目前已勘察的种类有金属、非金属、地热、矿泉水、油气等 60 多种，有工业利用价值的 21 种。滨海砂产品有 10 多种，主要分布在平潭、惠安、晋江、漳浦、东山和诏安等沿海地区，已在玻璃、水泥、冶金、机械、石化等工业得到广泛应用。精选玻璃砂、水泥标准砂、铸造型砂、建筑用砂各类海砂产量基本满足福建省的需要并销往省外或出口。

（六）海洋能和风能资源

福建沿岸是全国潮汐能最丰富的省份，潮汐能理论计算年发电量 284.4×10^8 千瓦时，可能开发的装机容量达 1033×10^4 千瓦，占全国可开发装机容量的 49.2%，福清湾、兴化湾、湄洲湾、三沙湾、罗源湾等 5 大海湾可开发装机容量占全省的 64.4%，且海岸为基岩海岸，工程施工较易。福建是全国利用潮汐能最早的省份之一，20 世纪80 年代在平潭兴建幸福洋试验潮汐电站，由于发电与养殖业未协调好和其他方面的因素，未能正常发电；90 年代，完成了连江大官坂"万千瓦级潮汐电站"的可行性研究成果和《福鼎市八尺门潮汐电站预可行性研究报告》的评估工作。

福建沿海是全国沿海风能资源最为丰富的地区。沿海突出部及岛屿年有效风能达2500～6500 千瓦时/米^2，年有效风速利用时数可达 7000～8000 小时。目前福建具有一定规模的风电场工程为平潭莲花山、东山岛和漳浦六鳌风力发电场，尚可开发的有霞浦、长乐鸡姆沙—坛赶兜—松下等地。

五、 滨海湿地保护区建设

福建滨海湿地存在过度利用和疏于保护的现象，造成湿地生物多样性减少、污染严重和渔业资源枯竭等生态危机。近年来，为了保障滨海湿地资源和环境，福建相关部门在生态环境保护方面做了大量扎实工作，自然保护区建设作为一项行之有效的措施，在保护濒危动物及其栖息地方面发挥重要作用。截至 2009 年 10 月，福建共建立县级以上滨海湿地自然保护区 33 个（刘剑秋和曾从盛，2010），其中有漳江口红树林国家级自然保护区、厦门珍稀海洋物种国家级自然保护区和深沪湾海底古森林遗迹国家级自然保护区三个国家级滨海湿地保护区，东山珊瑚省级自然保护区、长乐海蚌（西施舌）资源增殖保护区、闽江河口湿地省级自然保护区、泉州湾河口湿地省级自然保护区、龙海九龙江口红树林省级自然保护区、官井洋大黄鱼繁殖保护区六个省级自然保护区。全省各级滨海湿地自然保护区总面积达 23 万公顷。

第三节 福建红树林湿地概况

一、 红树林湿地分布概况

福建位于我国东南沿海，大陆海岸线长 3300 千米，沿海地区纬度为 $23°46'N \sim 27°20'N$，福建虽位于北回归线以北，但北有武夷山脉为屏障，中有戴云山阻挡，缓和了南下的不利气候的影响，有利于喜热性红树林的生长发育。福建海岸线曲折复杂，多港湾、半岛和岛屿，又有闽江、晋江、九龙江河流出口，河流海口和小湾的泥滩地是红树林繁生之地。沿海气候由于面临台湾海峡，是海洋性季风气候。沿海诸县夏凉冬暖，年均温 18.5～21.3℃，最低月均温在 8.4～12.9℃，沿海霜期短，在 16 天以下。福建沿海地区具有红树林生长的自然条件（林益明和林鹏，1999）。

福建是中国红树林自然分布的北限，在沿岸河口海湾分布着大面积的红树林。从南端的云霄到最北端的福鼎有红树林的间断分布，但由南向北，面积与种类均呈减少趋势（图1-4）。分布面积的 80％集中在漳江口的云霄县竹塔村和九龙江口的龙海市浮宫村、厦门市东屿（王文卿和王瑁，2007）。

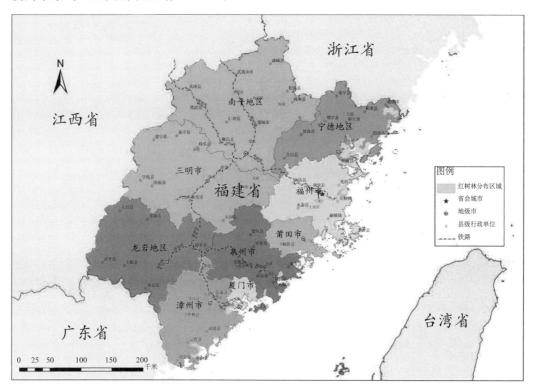

图 1-4　福建滨海湿地红树林分布示意图（2009 年）（文后附彩图）

二、　红树林生物种类及分布

（一）红树植物

福建滨海湿地现有红树植物 5 科 7 属 10 种（其中 4 种为引种），与 20 世纪 90 年代以前相比，多了 1 科 2 属 4 种。半红树植物 3 科 3 属 4 种（其中 2 种为引种）。福建各地红树植物的种类由南到北逐步减少，其中漳州最多，共有 10 种（包括引种的种类），厦门、泉州及莆田各 3 种，莆田以北只有秋茄 1 种（图1-5）。漳州已成为福建红树林物种的分布中心。福建的红树林主要分布在云霄漳江口、九龙江口及宁德地区的一些港湾，如沙埕港，总面积615.1公顷，以秋茄、桐花树、白骨壤为主（王文卿和王瑁，2007）。

卤蕨群落

卤蕨叶丛生

海漆

海漆

海漆总状花序

海漆蒴果，球形

无瓣海桑

无瓣海桑呼吸根

无瓣海桑花

无瓣海桑果实

木榄花枝

木榄花

木榄胚轴

木榄幼苗

海莲叶

海莲花

秋茄花

秋茄胚轴

红海榄叶

红海榄花

榄李叶

榄李花

桐花树花

桐花树果实

白骨壤花   白骨壤果实

老鼠簕植株   老鼠簕花

水黄皮花   水黄皮果

杨叶肖槿花

杨叶肖槿果

银叶树

银叶树板根

黄槿花

黄槿蒴果

玉蕊 　　　　　　　　　　　玉蕊叶

海檬果花 　　　　　　　　　海檬果果实

阔苞菊叶 　　　　　　　　　阔苞菊花

图 1-5　福建滨海湿地红树植物

资料来源：中国数字科技馆，http://amuseum.cdstm.cn/AMuseum/mangrove/duoyangxing.html

（二）潮间带生物

福建九龙江口红树林区潮间带生物以软体动物的粗糙滨螺（*Littorina scabra*）、黑口滨螺（*L. melanostoma*）、拟沼螺（*Assiminea* sp.）、珠带拟蟹守螺（*Cerithidea cingulata*）等较为常见。

红树林区的甲壳动物多为方蟹科和沙蟹科的种类。常见的方蟹科种类有秀丽长方蟹（*Metaplax elegans*）、四齿大颚蟹（*Metopoglapsus quadridentatus*）、裙痕相手蟹（*Sesarma plicata*）和长足长方蟹（*Metaplax longipes*）等；沙蟹科常见的种类有弧边招潮（*Uca arcuata*）、台湾泥蟹（*Ilyoplax formosensis*）和淡水泥蟹（*Ilyoplax tansuiensis*）等。在红树林向海边缘和潮沟边缘，甲壳动物的藤壶栖息密度较高时会形成一条有规则的几乎与小潮满潮平均水位线平行的藤壶带。此外，甲壳动物的梭子蟹科、寄居蟹科、鼓虾科、泥虾科和尚蟹科等在红树林区也常见。

红树林区常见的腔肠动物有纵条肌海葵（*Haliplanella luciae*），它主要附着在树干上。环节动物多毛类常见的有锐足全刺沙蚕（*Nectoneanthes oxypoda*）、腺带刺沙蚕（*Neanthes glandicincta*）、双齿围沙蚕（*Perinereis aibuhitensis*）和长吻沙蚕（*Glycra chirori*）。星虫动物的可口革囊星虫（*Phascolosoma esculenta*），福建俗称泥蒜和裸体方格星虫（*Sipunculus nudus*）在红树林区也常发现。

（三）鱼类

红树林将其巨大的初级生产力输向附近水体，成为许多海洋动物直接或间接的食物来源。而且其根系形态多样、纵横交错，可为鱼类和其他动物提供生长发育的良好生境。鱼类捕捞产量是红树林经济产品产量的主要构成成分，年总生物量较高（Morton，1990）。目前，在红树林对鱼类的影响关系上，国外学者普遍接受三个解释：①红树林本身的结构多相性对它们有特殊吸引力；②与其他栖息场所相比，红树林复杂的结构可以降低幼鱼的被捕食率；③红树林比其他栖息地为幼鱼提供更丰富的食物（Laegdsgaard and Jornson，2001）。

在红树林存在的海岸河口地区，多数近海鱼类与红树林有着密切的关系。据统计，全世界和红树林有关的鱼类达 2000 多种，我国红树林区有鱼类近 250 种，这其中许多鱼类是重要的捕捞对象（王文卿和王瑁，2007）。

红树林区丰富的食物来源和隐蔽的环境给鱼类的栖息、觅食和发育提供了良好的场所，在不同的红树林区域，鱼类种类和分布有较大的差异。如广西英罗港红树林区随着潮水进入红树林林缘滩涂的鱼类有 42 种（范航清等，1998），红树林潮沟的鱼类有 54 种（何斌源和范航清，2002），而林缘和潮沟的鱼类有 76 种（何斌源和范航清，2001）。

（四）鸟类

福建红树林区是我国沿海水鸟迁徙的重要越冬地和歇脚地，据统计鸟类共有 187

种，其中，国家二级保护鸟类 14 种，《濒危野生动植物种国际贸易公约》保护鸟类有 20 种，另有《中华人民共和国政府和日本国政府保护候鸟及其栖息环境协定》（简称《中日保护候鸟协定》）保护鸟类 94 种，占协定保护鸟类种数 227 种的 41.41％，以及《中华人民共和国政府和澳大利亚政府保护候鸟及其栖息环境的协定》（简称《中澳保护候鸟协定》）保护鸟类 51 种，占协定保护鸟类种数 81 种的 62.96％（图 1-6）。

大白鹭

黑脸琵鹭

白鹭

牛背鹭

绿鹭

大滨鹬

黑翅长脚鹬　　　　　　　　　　　　　黑腹滨鹬

红脚鹬　　　　　　　　　　　　　　　矶鹬

翘嘴鹬　　　　　　　　　　　　　　　泽鹬

青脚鹬　　　　　　　　　　　　　　　扇尾沙锥

铁嘴沙鸻

游隼

黑翅鸢

黄苇鳽

图 1-6 福建红树林习见鸟类（王友邵提供）

三、主要红树林分布区

加强红树林保护与管理的重要措施之一是建立自然保护区。至今，福建建立了以红树林为主要保护对象的自然保护区 5 个，其中国家级 1 个，省级 2 个，县市级 2 个（表1-13）。

表 1-13 福建红树林保护区

保护区名称	所在地	面积/公顷	红树林面积/公顷	级别	成立年份
福建漳江口红树林国家级自然保护区	云霄	2 360	83.3	省级、国家级	1997 2003
福建九龙江口红树林省级自然保护区	龙海	600	297.3	省级	1988
福建泉州湾河口湿地省级自然保护区	泉州	7 039	17	省级	2003
环三都澳湿地水禽红树林自然保护区	宁德	2 406.29	12.82	县市级	1997
湄洲岛西亭澳红树林保护区	莆田	300	120	县市级	2001

资料来源：《中国红树林》；《环三都澳湿地水禽红树林自然保护区总体规划（2009 年调整）》；莆田新闻网

（一）福建漳江口红树林国家级自然保护区

1. 自然地理概况

福建漳江口红树林国家级自然保护区位于东山湾西北部，云霄县漳江入海口，是漳江及其支流的交汇处，包括云霄县东厦镇的船场村、竹塔村和东崎村之间。地理坐标为117°24′07″E～117°30′00″E，23°53′45″N～23°56′00″N。保护区在漳江口石矾塔以西广阔的滩涂湿地，总面积2360公顷，其中核心区700公顷，缓冲区460公顷，实验区1200公顷，海拔－6～8米。主要保护对象为红树林湿地生态系统及其栖息的珍稀野生动物资源、东南沿海重要的水产优良种质资源等（图1-7）。保护区保护了我国北回归线北侧种类最多、生长最好的红树林天然群落。保护区属亚热带海洋季风气候，气候温暖湿润，光、热、水资源丰富。年均温度21.2℃，最冷月均温度12.9℃，极端最低温度0.2℃。年降水量1714毫米，平均潮差2.32米，最大潮差4.67米。土壤淤泥质，含盐量一般在10.00以上，平均海水盐度19.00（王文卿和王瑁，2007）。

图 1-7 福建漳江口红树林国家级自然保护区

资料来源：http://www.fjforestry.gov.cn/InfoShow.aspx? InfoID＝38582&InfoTypeID＝5

2. 发展历史

福建漳江口红树林自然保护区成立于1992年元月，1997年经福建省人民政府闽政〔1997〕文182号批复同意，成立省级自然保护区，面积1300公顷。2003年6月经国务院国办发〔2003〕54号文批准，晋升为国家级自然保护区，成为福建唯一的红树林国家级自然保护区。2008年2月经《湿地公约》秘书处同意，被纳入国际重要湿地名录，成为福建首个国际重要湿地。

2005年，漳江口红树林国家级自然保护区与香港米埔自然保护区建立友好协作关系，2005年以来，由世界自然基金会香港分会及汇丰银行无偿提供技术支持和资金资助，帮助建设完成了观鸟屋、生态公厕、垃圾集中回收池等，培训管理人员和环境教育人员 5 期 53 人次，提供了望远镜、数码相机等监测设备，开展生态养殖实验等一系列科学研究，提高了漳江口红树林自然保护区的管理能力和管理水平。2006 年 9 月，沃尔玛漳州分店投资 20 万元在漳江口红树林自然保护区建设生态教育生态示范林。

3. 红树资源

漳江口红树林自然保护区内主要植被类型可分为红树林、滨海盐沼、滨海沙生植被 3 种，有白骨壤林、桐花树林、白骨壤林＋桐花树、秋茄林、秋茄＋桐花树林、木榄林、芦苇盐沼、卡开芦盐沼、短叶茳芏盐沼、铺地黍盐沼、厚藤群落、苦蓝盘群落、露兜树群落等 13 个群系；有秋茄、老鼠簕等 22 个群丛。

漳江口红树林自然保护区拥有我国天然分布最北的大面积红树林，红树林面积 117 公顷，主要红树植物有秋茄（*Kandelia candel*）、桐花（*Aegiceras corniculatum*）、白骨壤（*Avicennia marina*）、木榄（*Bruguiera gymnorrhiza*）、老鼠勒（*Acanthus ilicifolius*）等。其中成片分布 20 公顷的白骨壤林为目前全国保存面积最大的一片，木榄成林也极为少见。保护区是海漆、木榄和卤蕨等红树植物天然分布的北界；历史上曾经有 100 公顷以上的木榄纯林（现已被毁）。海漆和卤蕨现已灭绝，目前保护区内互花米草危害严重。

4. 其他生物资源

保护区内野生动植物资源丰富。已查明区内分布有维管束植物 80 科 185 属 219 种 4 变种 1 亚种，其中蕨类植物 12 科 13 属 17 种、裸子植物 1 科 1 属 1 种、被子植物 67 科 171 属 201 种 4 变种 1 亚种。滩涂湿地有红树植物 5 科 6 属 6 种，盐沼植物 16 科 27 属 29 种 1 变种，滨海植物（包括栽培）59 科 152 属 184 种 3 变种 1 亚种。

漳江口保护区为众多的水鸟、鱼类、贝壳类等提供了良好的栖息、繁殖场所。已查明野生动物种类共 359 种，其中鸟类 15 目 38 科 154 种、兽类 4 目 9 科 14 种、爬行类 3 目 11 科 37 种、两栖类 1 目 5 科 13 种，鱼类 141 种。列入国家重点保护的野生动物有 22 种，其中属国家一级保护的有中华白海豚、蟒蛇 2 种，国家二级保护的有宽吻海豚（*Tursiops truncatus*）、伪虎鲸（*Pesudorca crassidens*）、江豚（*Neophocaena phocaenoides*）、黑脸琵鹭（*Platalea minor*）、黄嘴白鹭（*Egretta eulophotes*）、黑翅鸢、小杓鹬（*Numenius borealis*）、小青脚鹬（*Tringa guttifer*）、褐翅鸦鹃（*Centropus sinensis*）、蠵龟（*Caretta caretta*）、绿海龟（*Chelonia mydas*）、玳瑁（*Eretmochelys imbricata*）、棱皮龟（*Dermochelys coriacea*）、虎纹蛙（*Rana tigrina*）等 20 种。"三有"保护动物 162 种，世界自然保护联盟名单中极危物种（CR）1 种、濒危物种（EN）7 种、易危种（VU）2 种；属于"濒危野生动植物种国际贸易公约"附录 1 的有 10 种，属于附录 2 的有 15 种，属于附录 3 的有 6 种。属于《中日保护候鸟协定》《中澳保护候鸟协定》种类分别为 77 种和 41 种。保护区还是许多水产资源的优良种质资源库，重要的经济鱼类种质资源有斑鰶（*Clupanodon punctatus*）、黄鳍鲷等，重要经济软体动物种质资源有泥蚶、波纹巴非蛤、长竹蛏、缢蛏等，重要经济种质资源有二色桌片参（*Mensamaria intercedens*）、黑斑口虾蛄（*Oratosquilla kempi*）、方格星虫等。保护区还分布有众多的浮游动植物资源，包括水母类 59 种，桡足类 71 种，腹足类 5 种，枝角类 2 种，介形类 6 种，端足类 5 种，十足类 5 种，毛颚类 9 种，被囊类 6 种；浮游植物201 种，其中硅藻 165 种。大型海藻共 3 门 18 种，其中蓝藻门 8 种、红藻门 5 种、绿藻门 5 种，不同海藻种类具有不同的季节变化趋势。已查明的微生物有 10 目 12 科 27 属45 种。

（二）龙海九龙江口红树林省级自然保护区

1. 自然地理概况

龙海九龙江口红树林省级自然保护区位于福建省龙海市九龙江入海口，涉及紫泥、海澄、浮宫和角美 4 个乡镇。地理坐标为 $117°54'11''E\sim117°56'02''E$，$24°23'33''N\sim24°27'38''N$。保护区总面积为 420.2 公顷，其中核心区面积 237.9 公顷，包括甘文片、大涂洲片和浮宫片三块。主要保护对象为红树林生态系统、濒危野生动植物物种和湿地鸟类等，属海洋与海岸生态系统类型（湿地类型）自然保护区（图 1-8）。

图 1-8　九龙江口红树林省级自然保护区

资料来源：http://www.fjforestry.gov.cn/InfoShow.aspx? InfoID=38243&InfoTypeID=5

九龙江河口是海洋深入大陆内部形成的形似坛状的河口湾区，北侧为侵蚀-剥蚀台地，南侧为丘陵，西侧为河口段，系冲海积平原，其间因港道河汊发育而被分割成大小不同的几个区片，呈三角洲状，沉积物主要由黏土和粉砂质黏土组成，下层为海相淤泥。东侧为口外海区，水深宽坦，海底以淤泥质沉积为特征。水深在 5 米左右，海底地形由内向湾口倾斜，坡度为 0.1‰～0.2‰。湾内水下沙洲繁育，大部分呈指状向湾口方向伸展。保护区以潮间带滩涂为主，是九龙江河流自上游泥沙冲积在水道中淤积而形成的潮间滩涂。

保护区属南亚热带海洋性季风气候，暖热湿润，雨量充沛，干、湿季分明，多年平均气温 21.1℃，无霜期 328 天，年日照时数为 2223.82 小时，年均有雾天数 14 天，年降水量 1371.9 毫米，降水多在 4～9 月，年平均 4 次台风。典型河口红树林，正规半日潮，平均潮差 2.98 米。

九龙江河口湿地是九龙江流域多年沉积形成的大片滩涂，区内土壤主要是滨海盐土。九龙江是北溪和西溪两个河系的合称。九龙江河口上段分为北港、中港和南港，下段是咸水区域，盐度相对比较高。保护区的甘文位于北港和中港汇流处，大涂洲位于南港出口与海门岛之间，浮宫片位于南港与南溪汇流处，三片都属于海水和淡水交汇区域。九龙江河口属径流与潮流相互作用的强潮海区。九龙江河口湾泥沙主要来源于河流输沙和潮流输沙，年平均输沙量为 246.1 万吨。由于大量泥沙入海，九龙江滩涂面积平均每年增加 1.8 千米^2。

2. 发展历史

1988 年，经福建省政府批准建立了龙海县红树林保护区，保护区范围包括龙海县浮宫、紫泥、角尾三个乡镇及港尾乡的部分滩涂，总面积 200 公顷。2001 年经龙海市编办批准，保护区名称变更为"龙海九龙江口红树林省级自然保护区管理处"。2006 年 12 月综合考虑红树林资源保护与地方经济发展的现实需要，经省政府批准，保护区进行了范围调整，并重新确定界限和功能区划分，保护区面积扩大到 420.2 公顷，由甘文片、大涂洲片和浮宫片三个部分组成。

保护区独特的地理位置和丰富的生物多样性，长期以来受到了厦门大学、国家海洋局第三海洋研究所等有关高等院校、科研机构专家学者的关注，开展了多方面的科学考察与交流活动，取得许多研究成果。建区以来，共接待前来考察、研究、教学实习的专家、学者、大中专学生及青少年夏令营近 5000 人次，并成为厦门大学重要的教学基地，较好地发挥了自然保护区作为科研、科教培训和科普基地的功能和作用。

3. 红树资源

保护区内湿地资源丰富，有红树林沼泽 288 公顷，潮间淤泥滩涂 90.9 公顷，潮间盐水沼泽 15.4 公顷，河口水域 25.9 公顷。

保护区植被类型主要有红树林、滨海盐沼和滨海沙生植被 3 种，有秋茄林、秋茄＋桐花树林、芦苇盐沼、短叶茳芏盐沼、互花米草盐沼、苦郎树群落、鸡矢藤群落等 7 个群系。区内野生动植物资源丰富，已查明维管束植物 54 科 107 属 134 种，其中红树植物 5 科 7 属 10 种，分布面积广大的红树植物是主要植物资源。

4. 其他生物资源

保护区动物区系属东洋界华南区闽广沿海亚区。已查明野生脊椎动物有 21 目 54 科 212 种，其中兽类 3 目 3 科 6 种、鸟类 16 目 40 科 181 种、爬行类 1 目 6 科 17 种、两栖类 1 目 5 科 8 种。列入国家重点保护的野生动物有卷羽鹈鹕（*Pelecanus crispus*）、褐鲣鸟、海鸬鹚（*Phalacrocorax pelagicus*）、黄嘴白鹭、黑脸琵鹭、黑翅鸢、普通鵟、鹗、小杓鹬、小青脚鹬、褐翅鸦鹃、草鸮（*Tyto capensis*）等 29 种。其中属《中日保护候鸟协定》保护候鸟有 96 种，《中澳保护候鸟协定》保护候鸟有 52 种。此外，保护区还有众多的水生生物资源，包括潮间带生物 487 种（李荣冠，2013）、浮游植物 93 种、浮游动物 60 种、鱼类 129 种。

（三）泉州湾河口湿地省级自然保护区

1. 自然地理概况

泉州湾河口湿地省级自然保护区位于福建省泉州市境内，地跨惠安、洛江、丰泽、晋江、石狮 5 县（市、区），地理坐标为东经 118°37′45″～118°42′44″，北纬 24°47′37″～24°57′29″。保护区总面积 7045 公顷。保护区主要保护对象为河口湿地生态系统、红树林及其栖息的中华白海豚、黄嘴白鹭等珍稀野生动物。属海洋与海岸生态系统类型（湿地类型）自然保护区（图 1-9）。

图 1-9　泉州湾河口湿地省级自然保护区

资料来源：http://www.fjforestry.gov.cn/InfoShow.aspx? InfoID＝38583&InfoTypeID＝5

泉州湾位于晋江和洛阳江的出海口，地貌中陆地地貌属冲海积平原、海积平原、风成沙地等，海岸地貌包括海蚀地貌和海积地貌，海底地貌包括水下浅滩、深槽。保护区潮汐属正规半日潮，最大潮差 6.68 米，平均潮差 4.27 米。属海洋性季风气候，多年平均气温为 20.4℃，年均降水量为 1095.4 毫米，年均相对湿度为 78％，为台风多发区。淤泥质土壤，含盐量 3.5～28.9，水体盐度 3.9～34.1。

2. 发展历史

1998 年，惠安县人民政府从泉州湾河口湿地中划出 20 公顷，作为惠安县洛阳江屿头湾红树林小区。2002 年 2 月，福建省人民政府以屿头湾红树林小区为核心划出 876.9 公顷，批准为惠安县洛阳江省级自然保护区。2003 年 10 月，惠安县洛阳江省级自然保护区被批准扩建为"泉州湾河口湿地省级自然保护区"，保护区面积 7039.56 公顷，主要保护对象是红树林生态系统、湿地水禽、水生生物及栖息地的生态系统（吴沿友和刘荣成，2011）。

3. 红树资源

保护区有原生红树林植物 2 科 2 属 2 种，即桐花树和白骨壤。20 世纪 50 年代又引种了秋茄，2005 年后，又陆续引种了木榄、老鼠簕等红树林植物。目前，泉州湾河口湿地的优势植物是红树林植物桐花树、白骨壤、秋茄及外来入侵植物互花米草。2001年前，泉州湾红树林植物分布面积仅15公顷，并且90%在惠安县境内（黄宗国，2004）。从2002年开始，惠安县林业局开展了泉州湾河口湿地的植被修复工作，截至2008年年底，惠安县林业局在洛阳江滩涂湿地上共完成红树林造林面积420公顷，现在每年计划在此湿地上造林100公顷（吴沿友和刘荣成，2011）。

4. 其他生物资源

保护区内生物多样性丰富，已记录物种达1000多种，主要是广温广盐沿岸广分布种。有浮游植物104种，其中硅藻86种、甲藻16种、蓝藻2种；浮游动物82种，其中水母类21种、毛颚类8种、枝角类2种、桡足类41种，十足类7种。底栖动物169种，其中甲壳动物55种，多毛类45种，软体动物41种，棘皮动物9种和其他动物19种。泉州湾高等植物191种，隶属于143属51科，其中喜盐植物26种。海岸植被根据耐盐和控制盐分的方式分为拒盐植物、泌盐植物、聚盐植物和一般耐盐性植物。红树植物有秋茄、桐花树、白骨壤等。其中桐花树、白骨壤在此处为自然分布北限。

列入国家重点保护的野生动物有27种，其中国家一级保护动物有中华白海豚、中华鲟（Acipenser sinensis）等3种，国家二级保护动物有黑脸琵鹭、黄嘴白鹭、伪虎鲸、宽吻海豚、江豚、绿海龟、玳瑁、棱皮龟、虎纹蛙、白氏文昌鱼等24种。

列入CITES附录物种14种，列入《中日保护候鸟协定》25种，列入《中澳保护候鸟协定》18种，列入省重点保护野生动物22种（福建林业厅，2011）。

（四）环三都澳湿地水禽红树林自然保护区

1. 自然地理概况

环三都澳湿地水禽红树林自然保护区位于三沙湾内。三沙湾是一个半封闭型的海湾，仅在东南向有一个狭口——东冲口与东海相通，口门宽仅2.6千米，由一澳（三都澳）、三港（卢门港、白马港、盐田港）、三洋（东吾洋、官井洋、覆鼎洋）等次一级海湾汇集而成，是个湾中有湾、港中有港的复杂海湾。四周为山所环绕（海拔一般在100～400米），海岸曲折复杂，主要由基岩、台地和人工海岸组成（图1-10）。

环三都澳湿地水禽红树林自然保护区由水域和滩涂组成。地貌类型为滩涂，地势平坦，较开阔，来源于河流携带的泥沙，以及陆域土壤不断被海浪冲刷侵蚀并受海水动力搬运于海岸的浅海区堆积而成。

环三都澳湿地水禽红树林自然保护区属中亚热带海洋性季风气候。具有山地气候、盆谷地气候等多种气候特点，春夏雨热同期，秋冬光温互利，光能充足，热量丰富，雨水充沛，四季分明。年平均气温19℃，年均日照时数1862.5小时，多年平均降水量1641.7毫米，太阳辐射量为105.5千卡/厘米²，≥10℃的太阳辐射量一般在80.87～86.02千卡/厘米²，占全年总辐射量的81.5%。累年平均风速为3.2米/秒，一年中≥8级大风天数平均为17.5天。常年主导风向及夏季主导风向均为东南风。三沙湾潮汐形态为非正规半日潮，为大潮差海区，港湾内的平均潮差由湾口向湾顶逐渐增大。

图 1-10 环三都澳湿地水禽红树林自然保护区

2. 发展历史

1997 年 3 月，宁德市为了加强对三沙湾的生物多样性保护，经当时宁德地区行政公署批准建立"环三都澳湿地水禽红树林自然保护区"（宁署［1997］综 72 号），为市级自然保护区，总面积 39 981 公顷，主要保护对象为湿地、水禽和红树林。根据《环三都澳自然保护区总体规划（2009）》，调整后的环三都澳湿地水禽红树林自然保护区坐落于宁德市三沙湾，行政区域涉及蕉城区八都镇、漳湾镇和三都镇，福安市的下白石镇、溪尾镇，霞浦县的盐田畲族乡等 3 个县（市、区）6 个乡镇。自然保护区总面积2406.29 公顷，分为 3 片，其中后湾片位于蕉城区漳湾镇后湾村和鳌江村东面的滩涂，面积 1205.60 公顷，云淡片位于蕉城区八都镇云淡门岛和福安市下白石镇之间的滩涂和水域，面积 470.13 公顷，盐田港片位于福安市溪尾镇和霞浦县盐田畲族乡的滩涂和水域，面积 730.56 公顷。

3. 红树资源

自然保护区内仅有的红树植物为秋茄，除此之外，还有互花米草、芦苇及少量的碱蓬。

4. 其他生物资源

自然保护区有浮游动物 91 种，底栖动物 423 种，鱼类 15 目 56 科 139 种，两栖类 1目 2 科 3 种，爬行类 3 目 5 科 9 种，鸟类 14 目 30 科 120 种，哺乳类 3 目 3 科 5 种。其中国家一级保护野生动物有中华白海豚 1 种，国家二级保护野生动物有 16 种；福建省重点保护野生动物有 23 种。属于国际自然保护联盟（IUCN）的物种有 4 种，其中极危种（CR）有绿海龟 1 种，濒危种（EN）有蠵龟、太平洋丽龟 2 种，易危种（VU）有黑嘴鸥 1 种。属于《中国濒危动物红皮书》的物种有 7 种，其中属濒危种（EN）1 种，易危种（VU）3 种，稀有种（R）3 种。属于《中日候鸟保护协定》、《中澳保护候鸟协定》保护的种类分别有 64 种和 31 种。

四、 红树林湿地资源开发

(一)农业开发

1. 放牧和家禽养殖

红树植物的叶子可作为多种家畜的饲料,印度、巴基斯坦、斯里兰卡等国家在红树林中饲养牛、羊、骆驼;孟加拉国在红树林中放养珍稀动物斑鹿;古巴在红树林水域中放养鳄鱼和玳瑁,取得很好的经济效益。利用红树林养殖海鸭,是目前国内红树林湿地利用中对红树林的破坏相对较少、经济效益较高、农民比较愿意接受的利用方式。海南、广东和广西等省(自治区)正在大力发展红树林区海鸭养殖,2009 年 2 月 CCTV7 的《科技苑》栏目专门报道了广西防城港市的海鸭养殖。在红树林区放养家禽虽然不会直接对红树植物造成明显的影响,但对红树林湿地生态系统生物多样性保护有一定的影响。由于家畜的践踏,不少地方人工造林彻底失败,家畜的啃食使湿地红树林出现矮化和稀疏化趋势,群落难以自然更新。

2. 蜜蜂养殖

大部分红树植物花开四季,花期长,花量大,尤其是桐花树花多且香郁,是很好的蜜源植物。红树林区居民饲养蜜蜂较为普遍,澳大利亚和印度市场上销售的蜜糖多数来源于红树林区,在收获蜂蜜时也收获蜂蜡,制取蜂王浆及其他补药。养蜂采蜜是对红树林生态系统结构、功能没有消极影响的开发利用方式之一。养蜂对红树林产生积极影响,多数红树林依赖昆虫传粉。

3. 采摘红树林果实

食用红树植物果实(如白骨壤的果实)是沿海居民的传统习惯。随着生活水平的提高,红树林果实越来越受到市场的欢迎。所采果实小部分自己食用,大部分运送到农贸市场上出售。

白骨壤果实在海南岛民间俗称海豆、榄钱。其果实直径为 1～2 厘米,单个鲜果重 2～3 克,富含淀粉,无毒,可作为人类食物或猪的饲料,是红树林植被中被作为食物利用得最多最广的一种植物,也是华南沿海百姓历史上的重要救荒粮之一。在 20 世纪 60 年代困难时期,白骨壤的果实曾被大量采摘作为食物,现在主要用于配制各类菜肴,加油盐炒具有独特风味,广西白骨壤果实已作为宴会上的佳肴。据报道,白骨壤含有醌(B、C)、黄酮类等 10 种具有药用功能的有机物,是降压通血管的民间食疗植物。福建厦门海沧镇居民,曾采摘果实去涩后,盐浸做早菜。全国白骨壤果实年产量估计为 2 万吨以上,湛江沿海白骨壤果实年产量约为 9000 吨(按 2000 公顷面积,年产量 4500 千克/公顷保守估算)。白骨壤属胎生苗繁殖后代的红树植物,果实成熟落地多随退潮飘走。红树林植物白骨壤果实经加工成产品,可提高经济价值,增加地方特色商品,丰富海洋文化具有重要的意义。

红树林海岸居民在长期的生活实践中,选择红树植物不同部位加工为食品,如水椰花梗液汁加工为糖、醋、酒和饮料，幼果盐渍后食用；海桑果实可生食或加工为饮料；木榄和秋茄胚轴经去涩处理后可加工为各种点心和蔬菜，也可做酿酒原料或饲料；卤蕨和黄槿的嫩叶和木榄属某些种类的幼根经加工后均可食用。白骨壤叶片氮含量很高，是肥效很高的绿肥，民间广泛采收白骨壤叶片沤制绿肥。

（二）渔业

红树林对维持渔业资源兴衰起到积极的作用。生产实践和科学研究证实了红树林对红树林区水域及其邻近的河口湾、海岸带的捕鱼和养鱼的重要性。红树林湿地成为鱼类隐藏、繁殖、洄游寻食的良好栖所，由红树林凋落物分解的有机碎屑，有利于繁殖大量海产品。渔民根据这一特点，在红树林水域和邻近海岸进行捕捞和养鱼作业的历史相当悠久，古老的捕鱼和养鱼方式一直流传至今，民间广泛流传着红树林海岸是天然海水养殖池的佳话。

1. 渔业养殖

红树林区近海岸饵料丰富，理化环境稳定，是不可多得的天然养殖场所。在红树林区水域人工养殖高价水产品已有几百年历史，养殖方式有开放海水养殖和池塘养殖，前者不需筑堤造塘，直接在水域中放养，其中有水底养殖贝壳类和海藻，牡蛎桩及筏排养殖、网笼养殖。后者需要筑堤造池塘，饲养的水产品价值高。

传统养殖虽然在整体上取得了一定的经济效益，但绝大多数赢利来源于滩涂贝类自然养殖所得。多数围塘由于处于高潮滩，水体难以交换，建塘时遗留大量的红树植物根系，且底质有机物含量高，随着有机物和红树林丹宁的厌氧分解和水体酸化，使鱼、虾、蟹等致病死亡，由此废弃的围塘比比皆是。有效益的砂质底围塘一般距离林区较远且又避浪，水体易于交换。

要减轻或消除传统养殖活动对红树林的影响，应该积极提倡生态养殖。所谓的生态养殖系指不破坏和少破坏红树林及近海环境的养殖活动，包括红树林水道养殖、林内滩涂养殖、林外滩徐养殖、林外浅海养殖等。通过养殖方式的转变使红树林资源的利用从消耗性利用逐步转向非消耗性利用。

2. 渔业捕捞

红树林湿地一直是传统的海产生产场所，是海水鱼类和甲壳类重要种类育苗场（Nursery ground），也是热带或亚热带地区许多河口性种类的索饵场（Feeding ground）。主要的经济海产品有可口革囊星虫、裸体方格星虫等。软体动物等一些种类的生境与红树林也呈密切关系；虾科（Penaeidaea）的若干经济种类的早期发育也离不开红树林区生境。在红树林区挖掘经济海产品，是红树林区居民重要的收入来源。

（三）工业

红树林不仅具有重要的生态保护功能，而且是人类有价值的生物资源，在提供木材、工业原料等方面具有广泛的应用前景。红树林资源的工业利用包括在建材和工艺材料、化工医药原料、燃料等方面对红树植物的直接或间接的利用。

1. 建材和工艺材料

在红树林资源丰富的热带海岸，渔民的住房几乎都以红树植物为建筑材料，泰国有些村庄全部建在红树林里面，靠小木船与外界相连。建房所用材料主要是红树、红茄冬、角果木、木榄和海漆等。不同种类用于房屋的不同部位，一般红树属、木榄属和木果楝属种类用做房柱、檩条、窗框和屋顶架，红树和木榄用做平台和地板，水椰叶用做铺敷屋顶。建造一所民居需用 9～20 米³ 红树林木材。木榄材质坚硬和耐腐蚀，还可用于制造各种生产工具，如制造渔船、独轮车的车轮（一种 20 世纪五六十年代农村流行的运输工具，沿海称为"鸡公车"）。木榄还因其高大挺直而被用做电线杆，如用苯酚和煤油混合液处理则更具耐久性。红树属植物较耐腐蚀，也可用于制作渔具，如制作捕蟹器具等。海桑的呼吸根属于比重较轻的软木类，常被用做瓶塞和渔具浮子。海桑木材还因弹性较好而用做鞋后跟。海芒果木材可用于制作木偶、面具等各种工艺品和饰品，木果楝的木材具有较好的音质效果，可用于制作各种乐器。

2. 化工原料

红树植物含有一系列特殊的生化成分，可用做多种化工原料。20 世纪 40 年代，澳大利亚从红树植物木材干馏物中提取到乙酸 5.5%、乙醇 3.4% 和焦油 6.5%。红树属植物中还可提取一种叫"纤维素黄原酸酯"的物质，这种物质是生产轮胎帘子布、工业传送带、玻璃纸和纸浆的原料。水椰是一种很有前途的原料植物，其花梗汁液富含糖分，可用于酿酒，生产糖浆和醋。一般每枝花梗在一个生产季节里能够连续 3 个月采集液汁，可生产 43 升汁液。在菲律宾，每公顷水椰一年可生产酒精 6480～10 224 升，最多可达 18 000 升。红树植物还是树胶、树醋和蜡的原料，单宁的含量也比较高。从红树植物中提取单宁可用于制革，人造板黏合剂、墨水、防锈剂、杀虫剂，浸染渔网和船帆等。单宁主要存在于红树植物树皮中，不同种类含量差别很大。

化工原料丹宁及其提取物的用途广泛，是重要的化工原料。红树植物是含丹宁量最高的植物之一，20 世纪中期前曾是以红树植物萃取丹宁的盛行时期，当时以树皮生产丹宁，红树科树皮含丹宁量占皮重的 12.4%～30.8%。在 20 世纪 20 年代，马来西亚槟榔屿年产树皮 500 多万千克，新加坡年产树皮 250 多万千克。1967 年哥伦比亚生产丹宁 261 万千克。后因被石油萃取物取代才退居二线，但地球石油蕴藏量有限，今后可能东山再起。

利用红树林木材烧制木炭时，收集炭窑中的气体，可提取乙酸、乙醇、焦油，这些物质也是重要的化工原料。一些红树植物可生产香料，海漆的伤腐木能生产一种俗称为假沉香的香料，木榄属的某些种类的树皮可制成香料和调味品。一些种类却有剧毒，可作为毒鱼剂。

3. 药用资源

我国 37 种红树植物和半红树植物中，已发现具有药用价值的 18 种，一半的红树植物种类已知具有民间药物利用价值。其中，老鼠簕（*Acanthus ilicifolius*）、黄槿（*Hibiscus tiliaceus*）和海芒果（*Cerbera manghas*）被《全国中草药汇编》收录。

红树植物具有许多潜在药用功能，选择和利用各种红树植物的根、茎、叶、果实、树皮作为药品是红树林海岸地区的民间传统习惯，据不完全统计，可分别利用这些药品来治疗脓肿、出血、烧伤、便秘、疥癣、冻疮、腹泻、赤痢、骨折、蛇虫咬伤、风湿病、肾结石、口腔炎、溃疡、阳痿、癫痫、高血压、疟疾、疔疮、霍乱。此外，某些种类可制成滋补药品和避孕及妇科药物（表1-14）。

表 1-14　红树植物和半红树植物的药用功能

科名	种名	药用部位	主治
红树科	红树	果、气生根、树皮	肾结石、尿路结石、烧伤、烫伤
	红茄冬	树皮	血尿症
	木榄	胚轴	腹泻、疟疾、糖尿病
	海莲	树叶	疟疾
	角果木	树皮、种子、叶	止血、收敛、疥癣
	秋茄	根	风湿性关节炎
	老鼠簕	全株	消肿、解毒、止痛、男子不育等
爵床科	小花老鼠簕	果实	疔疮
玉蕊科	玉蕊	根、果	退热、止咳
使君子科	榄李	树叶	鹅口疮、雪口病
大戟科	海漆	木材、树液、树叶	腹泻、毒蛇咬伤
楝科	木果楝	种子	赤痢、滋补品
	杯萼海桑	果实	溢血
海桑科	海桑	果实、叶、花	扭伤、内科用药
梧桐科	银叶树	树皮	血尿病、腹泻、赤痢
马鞭草科	白骨壤	叶、树皮	脓肿、避孕药、利尿
夹竹桃科	海芒果	叶、树皮、乳汁	下泻
	黄槿	叶、树皮、花	清热解毒、散瘀、消肿、利尿
锦葵科	杨叶肖槿	果、树叶	头痛、疥癣

4. 燃料

红树植物作为燃料在红树林海岸农民及渔民日常生活中有着重要意义。大部分红树植物的枝干或根系被收集晒干后直接作为薪柴利用，而质地较密较坚硬的红树、红茄冬等红树属植物常被用来加工成木炭，作为商品燃料在市场上进行交易。海漆的木材由于易着火且燃烧性能良好，常被用做火柴梗。红树属和角果木属的木材含水率低、燃烧均匀、无烟，产生的热能高，热值高于橡木，烧制的木炭，质重、火力强，深受用户欢迎，印度尼西亚1978年出口木炭收益达140万美元。

由于红树林资源日趋减少和各国政府加强对红树林资源的保护，红树植物作为燃料的利用已受到了较多的限制，这是一种可喜的进步。在广大偏僻的海滨村落，砍伐红树林作薪柴的习惯一致保持到今天，对红树林的恢复和保护十分不利。桐花树、白骨壤和秋茄是目前南中国海沿岸农村薪柴的主要红树林类型。近年来由于泰国的红树林损失较多，泰国经常从邻国柬埔寨进口红树林木炭，加速了柬埔寨沿海地区红树林的破坏。

（四）生态旅游

红树林湿地具有得天独厚的自然景观，涨潮时，海水浸淹滩涂，红树林仅有部分树冠露出海面，如同碧波荡漾中一座座"绿岛"，在水中飘浮摇摆。退潮后红树植物复杂的根系裸露，纵横密布，上下交错，植株犹如巨人挺立在海滩，滩涂上贝类栖息，水底下鱼虾群聚，绿树上鸟类翔集。潮间带各种海洋动物频繁活动，渔民们利用各种渔具捕捞海产品。海岸景色随着潮起潮落呈现出周期性的变化，整个红树林湿地充满生气勃勃的动态景象。人们无论是漫步堤岸或是泛舟林间，感到赏心悦目，心情欢畅，满足人们回归自然、远离尘嚣的心理需要。

随着福建漳江口、九龙江口等地红树林保护区的建立，人们慕名络绎不绝地来参观、考察，成为当地主要观赏旅游点之一。生态旅游是目前我国红树林资源保护和利用相结合的最好形式之一，不仅能为管理保护工作补充资金，而且有助于改善红树林海岸居民的生活水平。

厦门历史上红树林资源丰富，同安湾下潭尾是红树林的重要分布区，由于滨海滩涂的开发建设，红树林生态系统严重退化。红树林湿地生态公园也是白鹭栖息、觅食和繁殖的优良场所，是候鸟安逸的栖息地，是浅海生物生存繁衍的乐园，对维持和提升厦门湾及环东海域生物多样性具有重要意义。为了更好地宣传和保护红树林资源，福建决定在厦门同安湾顶的下潭尾海域建立首个以红树林为主题的湿地生态公园，是厦门唯一具有咸淡水植物、生态结构比较完整的城市滨海湿地生态公园。

第二章

福建典型滨海湿地

第一节 三沙湾滨海湿地

一、 滨海湿地概况

(一) 自然地理概况

三沙湾位于福建东北部沿海,地理坐标 $119°31'26.19''E \sim 120°05'15.92''E$, $26°31'01.90''N \sim 26°57'52.14''N$。地处霞浦、福安、蕉城和罗源四县(市、区)滨岸交界处,由东冲半岛和鉴江半岛合抱成口小腹大的半封闭型深水港湾,是福建六大天然深水良港之一。该湾在东南方向经东冲口与东海相通,口门宽仅 2.88 千米,三沙湾由一澳(三都澳)、三港(鲈门港、白马港、盐田港)、三洋(东吴洋、官井洋、覆鼎洋)等次一级海湾汇集而成,是个湾中有湾、港中有港的复杂海湾。三沙湾总面积为 726.75 千米^2,滩涂宽阔,面积为 299.44 千米^2,占整个海湾面积的 41.2%,$0 \sim -5$ 米等深线浅海面积为 142.9 千米^2,海岸线长 571.5 千米(垦区内),542.8 千米(垦区外)(图 2-1)。

三沙湾四周为山所环绕,岸线曲折复杂,湾内海底地形崎岖不平,湾中有许多可航水道、暗礁、岛屿和浅滩,东冲水道、青山水道和金梭门水道是湾内主航道,湾内最大水深可达 90 米。湾内有海岛 102 个,海岛岸线长 175.1 千米,总面积 62.53 千米^2,三都岛、东安岛、青山岛等是湾内主要岛屿,其中最大是三都岛,面积 27.74 千米^2,是三都镇政府所在地。三沙湾的西北侧有赛江、霍童溪、七都溪等中小河溪注入。

(二) 社会经济状况

三沙湾滨海湿地周边行政区域包括宁德市所辖的蕉城区、福安市和霞浦县,以及福州市所辖罗源县等 4 个县(区、市),周边乡镇有蕉城区的三都镇、飞鸾镇、漳湾镇、城南镇、七都镇、八都镇和蕉北街道办、蕉南街道办,福安市的溪尾镇、湾坞镇、赛岐镇、甘棠镇、下白石镇,霞浦县的盐田乡、长春镇、下浒镇、北壁镇、沙江镇、溪南镇及罗源县鉴江镇等 20 个镇(乡、街道办)。周边 4 个县(区、市)土地总面积为 6221.14 千米^2,2007 年年末周边常住总人口为 165.59 万人,人口密度为 266 人/千米^2,略低于同期福建省平均人口密度(289 人/千米^2)。辖区 GDP 为 317.47 亿元,人均 GDP 达 19 172 元,财政总收入为 16.01 亿元,其中地方级财政收入是 9.46 亿元(表 2-1)。

表 2-1 三沙湾滨海湿地周边区县社会经济概况

行政区域	土地面积/千米²	常住人口/万人	GDP/亿元	财政收入/亿元
蕉城区	1 664.54	42.13	79.33	2.68
福安市	1 880	57.11	112.67	7.66
霞浦县	1 489.6	46.35	66.8	2.36
罗源县	1 187	20	58.67	3.31

　　三沙湾地理条件优越，山海兼备，海岸线长，拥有溪南、三沙、北壁等宝贵的天然深水岸线和充裕的土地后备资源，蕴藏着发展石化加工、船舶修造、能源生产等重化产业的战略优势。其次交通便利，位于我国南北海岸线的中点，北连长江三角洲，南接珠江三角洲，东与台湾岛隔海相望，是连接沿海两大经济发达地区的必经之地。已建成的福宁高速公路和温福铁路纵贯全境，三沙口岸属于国家二类口岸及国际航行船舶临时进靠作业点，距离温州、福州的陆路交通里程均为 160 千米，凸显闽东北"陆、海、空"立体交通网络的雏形（图 2-1）。

图 2-1　三沙湾示意图

1. 蕉城区

蕉城区，地处福建省东北部沿海，位于中国海岸线和太平洋西岸中点，大长江经济板块和粤港大珠江经济板块的融汇中心点，2000 年撤销宁德地区设宁德市，原宁德市改为蕉城区，现为宁德市政府所在地，是闽东的政治、经济、文化中心，总面积 1664.54 千米²，辖 10 镇、4 乡、2 个街道办事处和 1 个经济开发区。蕉城区以其闻名世界的天然深水良港三都澳而享誉国内外，距省会福州 100 千米，三都澳港被著名诗人郭沫若誉为"三都良港举世无、水深港阔似天湖"，水运码头有漳湾、洋尾、金蛇头、八都。蕉城区素有"山海旅游城"之美誉，省级重点风景名胜区霍童支提山，其拥有佛教界"海内第一禅林"，山上华严寺是汉族地区全国重点寺院；霍童，道家尊为"第一洞天"，自有"佛巢仙窟"之说；霍童溪自然景观秀丽，水质优良，被誉为"福建第一水"。畲族民俗风情独特，畲族文化历史悠久，"中华畲族宫"是全国畲族同胞朝圣地。蕉城区依山傍海，物产丰富，为省茶叶、枇杷、商品牛生产基地之一，"大山银毫"、"茉莉春毫"茶为上品。沈海高速公路和温福铁路纵贯全境，兼有国道 104 线和省道 308、309 线，交通较以前大为改善。

2007 年蕉城区实现生产总值 79.33 亿元，按可比价格计算，比 2006 年增长 17.2%，其中，第一产业增加值为 14.91 亿元，增长 5.8%；第二产业增加值为 21.17 亿元，增长 27.5%；第三产业增加值为 43.26 亿元，增长 16.4%。2007 年全年完成工业总产值 42.32 亿元，比 2006 年增长 31.2%，规模以上工业企业总产值为 30.23 亿元，增长 42.7%；全年农林牧渔业完成总产值 27.69 亿元，比 2006 年增长 6.0%；全年完成全社会固定资产投资 26.00 亿元，比 2006 年增长 39.5%。财政总收入 2.68 亿元，比 2006 年增长 26.2%，其中，地方级财政收入 1.90 亿元，比 2006 年增长 29.4%；全年区内各旅游景点共接待旅客 34.87 万人次，增长 20.3%；旅游总收入达 7670 万元，比 2006 年增长 32%。2007 年年末全区户籍总人口 43.17 万人，比 2006 年年末净增加 0.4 万人。据 1% 人口抽样调查数据显示，全区有常住人口 42.13 万人，全年城镇居民人均可支配收入达 12 669 元，比 2006 年增长 15.8%；农民人均纯收入达 4679 元，比 2006 年增长 13.5%。

2. 福安市

福安市，位于福建省东北部，宋淳祐五年（1245 年）理宗御批"敷赐五福，以安一县"得名。福安地理区位优越，水陆交通便捷，赛江临港工业片区是环三都澳区域产业功能湾的重要组成部分，也是环三都澳战略发展的先行区和动力引擎。福安是海西东北翼的交通枢纽和闽浙赣内陆的重要疏港通道，赛岐—白马港素有"黄金水道"之称，白马港为国家一类开放口岸、宁马台首次海上客运直航口岸、沈海高速公路、温福铁路、宁武高速公路、湾坞半岛铁路支线、福泰高速公路和宁衢铁路交叉贯穿全境，构成铁路、公路、港口三位一体的交通体系，城乡半小时交通圈基本形成。福安文化积淀深厚，是开闽第一进士薛令之和历史名人郑虎臣、谢翱、刘中藻的故乡，抗日战争和解放战争时期是闽东革命中心，中共闽东特委所在地。廉村宋代古城堡建筑群、瓜溪"活化石"刺桫椤、柏柱洋明清古民居、溪塔葡萄沟、仙岫畲族风情及闽东苏维埃旧址构成了独特的区域文化。1989 年撤县设市，1993 年被国务院列为沿海开放城市，全市总面积1880 千米²，海岸线长 145 千米，现辖 2 个省级经济开发区、18 个乡镇、3 个街道，是全国及福建省畲族人口最多的县份。福安市产业特色明显，电机电器、船舶修造、食品工业是福安的三大主导产业，素有"中国电机电器城"、"中国中小电机出口基地"、"全国第二大船舶修造基地"、"中国茶叶之乡"、"南国葡萄之乡"、"中国绿竹之乡"、"中国保健按摩器发源地"之誉。

2007 年，福安市实现生产总值 112.67 亿元，按可比价格计算，比 2006 年增长21.8％，其中，第一产业增加值为 17.52 亿元，增长 4.5％；第二产业增加值 59.05 亿元，增长 31.6％；第三产业增加值为 36.10 亿元，增长 15.7％。2007 年全年完成工业总产值 175.56 亿元，比 2006 年增长 30.3％，其中，规模以上工业企业总产值为146.38 亿元，增长 35.2％。全年完成农林牧渔业总产值 29.71 亿元，比 2006 年增长4.9％。全年完成全社会固定资产投资 24.36 亿元，比 2006 年增长 35.3％。全年财政总收入为 7.66 亿元，比 2006 年增长 47.1％，其中地方级财政收入为 3.92 亿元，比 2006年增长 39.1％。2007 年年末全市户籍总人口为 62.26 万人，非农业人口占 17.15％，全市常住人口为 57.11 万人，城镇化水平为 44.7％。2007 年城镇居民人均可支配收入达11 982 元，比 2006 年增长 20.3％；农村居民人均纯收入达 4966 元，比 2006 年增长 13.9％。

3. 霞浦县

霞浦县，地处福建省东北部，今隶属宁德市，是闽东最古老的县份，距今已有1700 多年的历史，曾是闽东的政治、经济、文化中心。素有"闽浙要冲"、"鱼米之乡"、"海滨邹鲁"的美誉。其位于我国南北海岸线的中点，北连长江三角洲，南接珠江三角洲，东与台湾岛隔海相望，是连接沿海两大经济发达地区的必经之地。福宁高速公路和温福铁路横贯全境，军用机场投入使用，民用机场即将动工建设，三沙港并入宁德港扩大开放。霞浦物产丰富，是"中国海带之乡"、"中国紫菜之乡"。三沙港距台湾基隆港仅 126 海里，2004 年，三沙口岸被省政府确定为全省六个台货海上快运试点口岸之一；2005 年，三沙口岸又被省政府确定为台轮停泊、维修点；2006 年，国务院台湾事务办公室批准在三沙镇建设"台湾水产品集散中心"。霞浦景观独特，具有发展旅游产业的较大优势，"海国桃源"杨家溪，列入国家级重点风景名胜区太姥山"山、海、川"三大景区之一。霞浦人文荟萃，沙江镇小马村的"黄瓜山贝丘遗址"，证明早在新石器时代就有人类居住并出现文字。霞浦陆地面积 1489.6 千米²，现有 12 个乡镇、2 个街道，海岸线长度、浅海滩涂面积、岛屿数量均居福建省各沿海县（市）的首位。拥有溪南、三沙、北壁等宝贵的天然深水岸线和充裕的土地后备资源，蕴藏着发展石化加工、船舶修造、能源生产等重化产业的战略优势。

2007 年，霞浦县实现生产总值 66.80 亿元，按可比价格计算，比 2006 年增长13.2％，其中，第一产业增加值 20.43 亿元，增长 5.3％；第二产业增加值 17.16 亿元，增长 18.4％；第三产业增加值 29.21 亿元，增长 15.8％。2007 年全年完成工业总产值32.18 亿元，比 2006 年增长 21.9％，其中，规模以上企业完成 16.37 亿元，增长

37.4%。2007 年全年完成农林牧渔业总产值 36.56 亿元，比 2006 年增长 5.8%。完成全社会固定资产投资 16.97 亿元，比 2006 年增长 45.9%；完成财政总收入 2.36 亿元，比 2006 年增长 21.6%，其中，地方级财政收入 1.71 亿元，增长 22.0%。2007 年全年各旅游景点共接待旅游人数 64.1 万人次，比 2006 年增长 15.3%，其中接待海外旅游者人数 3.1 万人次，增长 41.0%，旅游收入 33.98 亿元。全县 2007 年年末人口总户数达 15.08 万户，总人口达 51.98 万人，年末全县常住人口有 46.35 万人，城镇化水平为 36.28%。全年城镇居民人均可支配收入为 11 306 元，比 2006 年增长 20.0%；农村居民人均纯收入为 5045 元，比 2006 年增长 14.1%。

4. 罗源县

罗源县，位于福州市东北部，东濒罗源湾，北连宁德市、浙江省，南接福州市、厦门市，是连接南北的重要节点，位于长江三角洲、珠江三角洲等距离中心。罗源县始建于唐朝，以境内罗江（今罗源溪）流分三支，同出一源得名。东部罗源湾口小腹大水深，避风遏浪，不冻不淤，是福建省六大天然深水良港之一，港口优势明显。海陆空交通便捷，开辟了直抵中国香港、日本、新加坡等航线，104 国道、沈海高速公路和温福铁路穿境而过，距长乐国际机场仅 58 千米，罗源湾还是省级经济技术开发区、临时一类通商口岸、台轮停泊点、对台贸易点和全国首个国土综合开发整理示范区。罗源县历史文化绚丽多彩，生态旅游资源丰富：畲族风情古朴典雅，海上狩猎有惊无险。罗源县现辖 6 个镇、4 个乡和 1 个畲族乡，设 6 个社区居委会，面积 1187 千米^2。福建省把罗源湾列为"十一五"重点临港重化工业基地和"建设全国主体功能区的重点开发区域"，作为全省区域新增长极进行培育。福州市把罗源湾开发建设摆上重要地位，提出优化产业规划布局、重点拓展南北"两翼"、大力发展临港工业的决策部署，这些都为罗源湾开发建设赢得了先机。初步构建起以冶金、建材、能源、船舶修造、轻工食品、机械制造为主导的临港工业体系，形成以港口工业带动经济发展的新格局。

2007 年，罗源县完成生产总值 58.67 亿元，比 2006 年同期增长 17.3%。工业总产值达 94.91 亿元，增长 24.5%，其中规模以上工业产值 62.58 亿元，增长 34.4%；农业总产值达 23.6 亿元，增长 5.2%。2007 年全社会固定资产投资额达 23.5 亿元，比 2006 年增长 59.5%；实际利用外资 2115 万美元，比 2006 年增长 16.14%。完成财政总收入 3.31 亿元，比 2006 年增长 33.4%，其中地方级收入 1.93 亿元，增长 29.3%。2007 年年末，全县人口总户数达 7.41 万户，户籍总人口达 25.41 万人，非农业人口达 6.47 万人。年末全县常住人口达 20.00 万人，城镇化水平为 31.0%。城镇居民人均可支配收入 11 551 元，增长 17.1%；农民人均纯收入 5214 元，增长 12.0%。

（三）滨海湿地类型划分

通过对 2003 年遥感图像的人工交互解译，对 20 世纪 80 年代的岸线至 0 等深线范围内的滨海湿地划分湿地类型并统计其面积。三沙湾滨海湿地分为天然湿地和人工湿地两大类八种类型，天然湿地包括砂质湿地、粉砂淤泥质湿地、岩石性湿地、河口水域湿地、滨岸沼泽湿地和红树林沼泽湿地，人工湿地分池塘和水田两种湿地类型。20 世纪 80 年代岸线至 0 等深线范围内的滨海湿地总面积为 35 557.42 公顷，其中天然湿地

30 307.11公顷，占85.23%，粉砂淤泥质滨海湿地占60.76%，分布最广，湾内大部分地方均有分布；砂质湿地占6.79%，主要分布在赛江和霍童溪入海口处；滨岸沼泽湿地在湾内广为分布，一般位于养殖池塘向海一侧，总面积可达4991.75公顷，河口水域湿地和红树林沼泽湿地所占比重均较小。三沙湾人工湿地面积达5250.31公顷，占总湿地面积的14.77%，人工湿地主要由养殖池塘构成，水田面积所占比重很小，该湾滨海湿地的主要利用方式是水产养殖，周边各县（区、市）均有养殖池塘分布（表2-2，图2-2）。

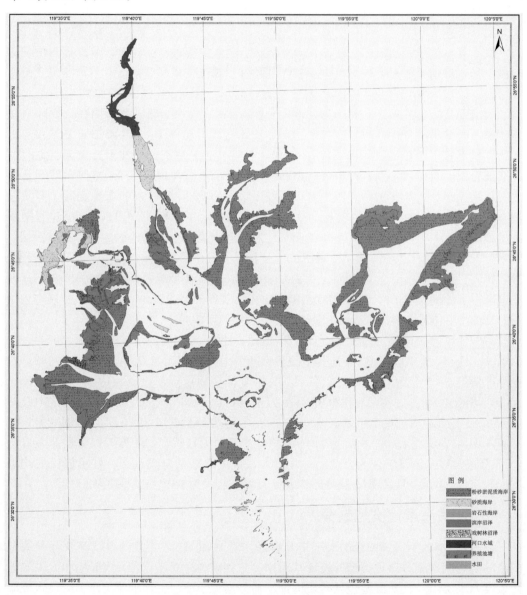

图2-2　三沙湾滨海湿地类型分布示意图（文后附彩图）

表 2-2 三沙湾滨海湿地生态类型及其面积统计

大类	湿地类型	面积/公顷	比重/%
天然湿地	砂质湿地	2 416.02	6.79
	粉砂淤泥质湿地	21 604.83	60.76
	岩石性湿地	261.01	0.73
	河口水域	1 030.16	2.9
	滨岸沼泽湿地	4 991.75	14.04
	红树林沼泽	3.34	0.01
	合计	30 307.11	85.23
人工湿地	养殖池塘	5 220.09	14.68
	水田	30.22	0.08
	合计	5 250.31	14.77
评价区域滨海湿地		35 557.42	100

（四）湿地开发利用现状

1. 水产养殖

三沙湾周边有多条河溪注入，湾内岛礁棋布，水产资源丰富。滩涂广阔，面积达 299.44 千米^2，水产养殖发达，海水养殖是三沙湾的主要海洋功能之一。周边乡镇大力利用滩涂资源，积极开发海水养殖，海水养殖业近年发展很快，达到较大规模，已成为当地支柱产业，主要养殖品种有缢蛏、牡蛎、对虾、海带及紫菜。湾内官井洋和东吾洋是全国少有的大黄鱼、对虾产卵繁殖和幼鱼育肥的理想场所，海区也是多种经济鱼类索饵越冬的场所。根据 2001 年福建省水产研究所编制的港湾水产养殖容量调查报告，三沙湾滩涂养殖开发率是 16.53%，浅海开发率是 28.618%，浅海滩涂合计总开发率是 22.10%。

2. 盐业生产

20 世纪 90 年代，三沙湾周边主要盐场有三处，即宁德市盐场、南埕工区和罗源县盐场等，年平均产盐 14 200 吨，自 2000 年以来，由于盐业市场萎缩，目前已全部停产。

3. 围海造田

目前湾内滩涂的主要开发利用方式有围滩造田和水产养殖。围垦后大面积用于农业种植，如水稻、甘蔗等作物，水域用于水产养殖。据不完全统计，1980 年以后三沙湾大规模围垦主要发生在 20 世纪 80 年代以后，共建围垦工程约 40 处，围垦面积总计 78 千米^2（11.7 万亩）。其中，万亩以上大型围填海活动主要有西陂塘围垦和东湖塘围垦，均围填于 1980 年以前。在调查的 115 296 公顷围填海中，89.6% 用于围垦养殖，工业等围填海仅占 10.4%。围填海活动破坏了沿海岸线的自然风光，使原有的旅游价值下降或丧失（表 2-3）。

表 2-3　1980 年后三沙湾围填海工程列表

工程项目名称	围垦面积/公顷	围垦时间	备注
象环、青江、苏洋	405.33	1990 年前	宁德水利局提供资料
长岐、泥塘、大小盘、江兜、炉山	528	1990 年前	宁德水利局提供资料
湾坞二期	433.33	1992 年	《宁德地区志》
镜塘、中塘、斗门头	243.33	1990 年前	宁德水利局提供资料
平岗	73.33	1990 年前	宁德水利局提供资料
外宅	100	1987 年	《宁德地区志》
拱屿	93.33	1985 年	《宁德地区志》
长丰塘	48.65	2004 年	宁德水利局提供资料
三源塘	68.41	2004 年	宁德水利局提供资料
长盛塘	62.88	2004 年	宁德水利局提供资料
小城塘	68.08	2003 年	宁德水利局提供资料
宝洋	226.66	1992 年	宁德水利局提供资料
车里湾	140.00	1981 年	《宁德地区志》
二都塘	153.33	1981 年	《宁德地区志》
梅溪湾	67.33	1992 年	《宁德地区志》
珩溪塘	140.00	1981 年	《宁德地区志》
下邳	233.33	1981 年	《宁德地区志》
南澳	88.67	1994 年前	宁德水利局提供资料
坡头	80.00	约 1987 年	宁德水利局提供资料
富竹	80.00	1987 年	《宁德地区志》
文武塘（1）	250.00	1981 年	《宁德地区志》
文武塘（2）	150.00	1981 年	《宁德地区志》
三赤	133.33	1981 年	《宁德地区志》
新远船厂	37.33	2004 年	宁德水利局提供资料

4. 旅游开发

三沙湾有典型的海湾景观，四周的山水景色与海景交互生辉，具有良好的生态资源，如奇石峻峭的海岛、富饶的入海河口、蜿蜒曲折的海岸沙滩、幽美的山地森林等，具有发展环海湾旅游休闲度假的优越条件。东冲口附近的沙滩，是海滨浴场之良址。海湾周边有人文景观多处——古刹瑞峰寺、香林寺、宝花寺、白莲寺、白马寺和西班牙教堂。此外，还有唐代黄岳墓、明代林庄敏墓及飞鸾的北宋古窑址，均被列为省级文物保护单位。

5. 港口建设

三沙湾是一个半封闭型的天然良港，避风性能良好，港口资源十分丰富，水深港阔，湾内东冲水道、青山水道和金梭门水道等都为天然深水航道；湾内还有多处深水锚地，−50～−10 米深水锚地面积 84 千米^2，锚泊条件极佳，可避多向风浪，是建设集装箱码头优良港址，发展港口航运是三沙湾主要海洋功能之一。目前三沙湾民用港口开发建设主要在赛岐港和漳湾港，共建大小码头泊位 20 余个，最大靠泊能力 3000 吨，年吞吐量在百万吨以上。城澳港是 1993 年国务院批准为对外开放的一类口岸，深水岸线 7.5 千米，8 万吨级多用途码头已经竣工投产。深水港口资源尚未充分开发，蕴藏巨大开发潜力。

6. 矿产利用

三沙湾海域主要矿产资源为非金属矿。狮尾采砂区的海砂储量约 4660 万米³，且为优质细砂，具有较好的开发前景。

（五）海岸滩涂调查状况

1978 年，国家海洋局第一海洋研究所开展罗源湾与三都澳回淤调查。

1980～1986 年，开展福建海岸带和海涂资源综合调查，由国家海洋局第三海洋研究所等 13 个单位，分工对三沙湾进行气候、水文、地质、地貌、海水、环境保护、海洋生物、土壤、土地利用、植被、林业、社会经济、遥感、测绘等 14 项专业的调查。

1989～1990 年，开展福建省海岛调查。国家海洋局第三海洋研究所，又对三都岛周边海域进行水文、气象、地质、地貌、海水化学、环境质量、浮游生物、底栖生物、微生物、初级生产力和游泳生物等内容的调查。

1990～1991 年，国家海洋局第三海洋研究所，在编写《中国海湾志》时，又对该湾进行了水文、海水化学、海洋生物和地质地貌的补充调查。

2000～2001 年开展福建主要港湾水产养殖容量研究。福建省水产研究所和国家海洋局第三海洋研究所开展对三沙湾海洋生物、海洋化学、海流和海水半交换期等内容的调查。

2005～2006 年，开展福建港湾环境容量调查。闽东海洋环境监测中心对三沙湾的海洋生物、海洋化学和海洋水文进行综合调查研究，为海湾围填海规划提供大量数据。

二、　自然条件和资源状况

（一）气象

三沙湾属中亚热带季风湿润气候区，气候温暖，年平均气温 16～19℃，春夏秋冬持续时间平均为 89 日、127 日、81 日、68 日，春夏季降雨量占全年总量的 83％。全年以东南风为主导风向，沿海地区以东北风、西南风居多，具有明显的季风特点。气候要素垂直差异明显，山岳地带，海拔每上升 100 米，年平均气温约降低 0.56℃。海岛地区受海洋气候调节，气温高温低、低温高，日较差小于各地。

1. 气温

霞浦县境海拔 700 米以下的大部分地区，日平均气温在 0℃以上。全县累年年平均气温为 16～19℃，年平均气温最低的是山区柏洋乡 16.1℃，最高的是沿海三沙镇 18.8℃，县城为 18.6℃（表 2-4）。一年当中，7 月最热，1 月最冷。全县 7 月月平均气温为 27.6℃，1 月月平均气温为 8.6℃。

2. 相对湿度

县内累年年平均相对湿度为 79.2％。夏半年（3～8 月）平均相对湿度为 82.7％，最大的是 6 月，为 84.8％；冬半年（9～次年 2 月）平均相对湿度为 75.6％，最小的是 10 月，为 73.3％。冬半年山区相对湿度比沿海地区大，夏半年沿海地区相对湿度比山区大。

3. 降雨

全县累年年平均降雨量为 1100～1800 毫米，降雨量分布从沿海向西北山区逐渐递增：东南部半岛、岛屿地区为 1199.5 毫米，中部及东北部丘陵、平原地区为 1400 毫米，西北部山区为 1640 毫米。降雨季节分布，7～9 月台风雷雨季降雨量占全年总降雨量的 35％，5～6 月梅雨季降雨量占 29％，10 月至次年 2 月秋冬季降雨量占 17％，3～4 月春雨季降雨量占 19％。

4. 风

地形地貌复杂，各地风力差异很大。城关地区年平均风速为 2.2 米/秒。三沙（岗头顶）年平均风速为 5.8 米/秒，10～12 月可达 7～7.6 米/秒。海岛乡北礵岛年平均风速为 7.7 米/秒，10～12 月可达 8.9～9.1 米/秒。

5. 雾

三沙湾内出现的雾，一是内陆山区由近地辐射冷却而形成的辐射雾；二是由海面上飘来，而后沿着山垄逐渐向内陆抬升扩散的平流雾，即海雾。海上的雾日累年平均为 34.1 日，多数出现在 3～5 月。沿海地区雾的主要路径，是在偏北或偏南风作用下：①从东海经东冲口，进入官井洋和东吾洋；②从东海进入福宁湾，影响县内东南沿海一带。此外，在静风时出现的雾，一般是下半夜生成，上午 9 时左右消散。

6. 霜

沿海岸线地带与海岛地区受海洋气候影响，冬季气温偏高，又受海风调节，无霜期偏长。东吾洋内，初霜期在 1 月上旬，终霜期在 2 月上旬，无霜期可达 330 日左右。北礵岛与三沙基本无霜。

7. 干燥度

山区的柏洋、水门乡和崇儒乡上半区、牙城镇西北部、盐田乡东北部，干燥度为 0.86～0.92，属于湿润区，其他地区干燥度为 1.07～1.38，均属半湿润区。一年当中，7 月气温高、蒸发量大，全境干燥度为 1.14～3.45，北部山区属半湿润区，沿海地区为干旱区；10～12 月为枯水季节，全县各地湿润状况较差，干燥度为 1.5～3.61，基本处于干旱状态。

表 2-4 霞浦各地累年月平均气温情况 （单位：℃）

地点	1月	2月	3月	4月	5月	6月	7月	8月	9月	10月	11月	12月	年均
柏洋	6.9	7.0	9.7	14.3	18.5	22.3	25.5	25.1	22.8	18.3	14.0	9.2	16.1
水门	7.1	7.2	9.9	14.4	18.6	22.4	25.5	25.2	22.9	18.3	14.1	9.4	16.2
崇儒	8.4	8.5	11.3	15.9	20.3	24.1	27.4	27.0	24.6	20.1	15.6	10.8	17.8
牙城	8.5	8.6	11.4	16.1	20.5	24.4	27.7	27.3	24.9	20.3	15.8	10.9	18.0
盐田	8.9	9.0	11.8	16.6	21.0	25.0	28.3	27.9	25.5	20.8	16.3	11.3	18.5
城关	9.0	9.1	11.9	16.6	21.0	24.9	28.2	27.8	25.4	20.8	16.3	11.4	18.6
沙江	8.7	8.8	11.6	16.4	20.8	24.8	28.1	27.7	25.3	20.6	16.1	11.1	18.3
溪南	9.1	9.2	12.0	16.7	21.1	25.0	28.3	27.9	25.5	20.9	16.4	11.5	18.6
长春	9.1	9.2	12.0	16.7	21.1	25.0	28.3	27.9	25.5	20.9	16.4	11.5	18.6
下浒	9.5	9.6	12.4	17.0	21.0	24.8	27.9	27.5	25.2	20.8	16.5	11.8	18.6
三沙	9.4	9.5	12.3	16.9	21.3	25.1	28.4	28.0	25.6	21.1	16.6	11.8	18.8
北礵	8.6	8.7	11.4	15.9	20.1	23.8	27.0	26.6	24.3	19.9	15.6	10.9	17.7

（二）地质地貌

三沙湾位于华南加里东褶皱系东部闽东沿海中生代火山断折带北段。中生代以来，由于受到太平洋板块相对于欧亚大陆板块俯冲挤压的影响，该区地壳运动强烈，形成一系列北东向（及北西向）深大断裂带，至晚侏罗世达到高潮，导致区域性大规模的火山喷发和岩浆侵入，形成侏罗系上统南园组英安质熔结凝灰岩、晶屑凝灰熔岩、流纹质晶屑凝灰岩、凝灰熔岩等的堆积，以及燕山早期二长花岗岩、花岗闪长岩、黑云母花岗岩的侵入。

晚侏罗世晚期，区内火山活动有所减弱，但并未间断，形成了小溪组一套陆相湖泊碎屑沉积和火山碎屑沉积岩。

早白垩世时代，该区地壳运动及由此而引起的火山岩浆侵入活动又趋于强烈，形成了一套炎热干燥氧化条件下的红色碎屑沉积和中心式火山喷发的英安岩、安山岩、熔结凝灰岩、晶屑凝灰熔岩、钾长流纹岩的堆积，以及二长花岗岩、含黑云母花岗岩、（晶洞）钾长花岗岩的侵入。

早白垩世以后，该区地壳运动逐渐减弱，又处于相对稳定的阶段，导致区内晚白垩系-第三系地层的缺失。挽近时期以来，该区地壳运动仍较频繁，主要表现为断块升降运动和海岸的变迁。但主体表现为上升隆起，区内滨海平原不发育，多数低山丘陵直接与海湾接触即为佐证，以至于形成现今湾区周边的地貌景观。

1. 地质

（1）地层。湾区周边图幅内出露的地层有中生界侏罗系上统长林组、南园组、小溪组和白垩系下统石帽山群、新生界第四系等。

（2）侵入岩。湾区周边图幅内侵入岩发育，分布广泛，占周边面积的 40%～50%。岩石类型复杂，中性—中酸性—酸性—酸偏碱性岩均有见到，而以酸性、酸偏碱性岩为主。时代归属燕山早期第三阶段和燕山晚期第一阶段。

（3）构造。湾区内地层褶皱不发育，但断裂构造极为发育，主要有北东东向和北北西向构造二组，其规模较大，控制区内燕山期侵入体，各类岩脉、火山岩地层等的展布，以及海湾周边地貌景观和形态特征。挽近时期以来，该区地壳运动以断块升降运动为主，主体表现为隆起上升趋势，导致湾区周边海积平原不发育，多数地段低山丘陵直接与海湾接触，但区内地质构造相对较稳定，历史上未有发生地震的记录。

（4）矿产。湾区周边图幅内矿产资源丰富，已发现高岭土、花岗石、海蛎壳、叶蜡石、蛭石、钾长石、泥煤、硫铁矿、铜、铅、锌、钼、锰、铁等 14 种矿产，有矿产地40 处。但由于工作程度较低，多数均为矿点矿化点。其中具有较大找矿前景的为铜矿，具有较大开发价值的有高岭土、花岗石、海蛎壳等。

2. 地貌

三沙湾是个典型的山地基岩海湾，周边均为高峻的构造侵蚀中低山和丘陵所环抱，地貌复杂，反差大。该湾地貌总的特点是：山丘迫近海边，山高海深。岸崖陡峭，基岩侵蚀岸滩多，港湾深邃，狭窄的港道多。海岸曲折，岬湾相间，岛礁众多，海蚀地貌发育。

（1）陆地地貌

1）洪冲积平原，洪冲积平原多见于山地丘陵区中较大溪流的下游，如霍童溪等河流下游河谷两岸，洪冲积平原沿河呈带状分布。宽百米至数百米不等，高出河床2～3米，构成河谷阶地或河漫滩阶地。地面平坦，微向河谷下游方向倾斜。由砾卵石、沙和黏土等组成。通常底部为砾卵石层，具上细下粗的沉积结构。

2）海积平原。海积平原见于小湾内，面积都不大，分布较星散，且多数是近期围垦的海滩，海拔在10米之下。地面低平，前缘海边均有人工堤以防海潮深入，构成一种特殊的海岸类型——人工海岸，有石砌的和土垒的两种。

（2）海岸地貌

该湾以基岩侵蚀岸为主，海蚀地貌发育，形态类型多且奇特壮观，而海积地貌类型单调，形态划一。

1）海蚀地貌。①海蚀残丘：常见于岸滩和岛屿附近，海拔多数在50米以下，规模小，丘体呈圆包状，孤立于海滩上，零星散布，丘顶较平坦，多数为海蚀而成。②海蚀崖：主要分布于青山岛和东冲口一带，高8～16米不等，崖壁陡峭，多数沿构造节理发育而成，常有海蚀洞穴和海蚀沟槽"伴生"。③海蚀平台：多见于开敞的基岩岬角岸段，一般长100～150米，宽30～60米，台面起伏，规模小，均属小型石质平台，一般坡度1°～20°，多呈断续分布，台面上常见海蚀柱，奇特多姿。

2）海积地貌。①海滩：主要分布于东冲半岛，一般见于小湾顶部。它是在波浪作用下，形成的砂砾质岸段，多数海滩呈岸堤式，滩面狭窄，一般宽在数十米，大者百米余，常常与粉砂、泥等组成混合滩。②潮滩：此类地貌，包括港道和河口边滩，主要分布于三都岛以西的湾顶和北部的卢门港、白马港、盐田港、东部的东吾洋等。在这些隐蔽的内港，物质供应较丰富，潮滩与边滩广泛发育，一般宽度在1～2千米，大者达4～5千米，滩坡平缓，高潮滩稍陡，坡度约12‰，逐向中低潮滩变缓，坡度在1‰左右。滩上潮沟发育，多呈树枝状或蛇曲状伸向港内。滩地组成物质较杂，一般是由沙、粉砂质泥组成，但常因山麓迫岸，且有短小山溪注入，故在近岸潮滩，多见有数十米的砂砾堆积带，形成特殊的"砾泥滩"。滩面上常有稀疏的红树和水草"伴生"，形成草滩或红树林滩地，宽约百米至数百米不等。中低潮带，一般为粉砂泥滩，多辟为蛏、蚶和紫菜等水产养殖基地。

（3）海底地貌

三沙湾是个峡湾型山地基岩海湾，也是个典型的潮汐汊道海湾，海底地貌以侵蚀为主，主要类型有潮汐通道、冲刷槽、深潭、潮流沙脊、沙坝和水下浅滩等。①潮汐通道：分布于岛与陆或岛与岛之间，主要有东冲水道、七星水道、青山水道、鸡冠水道和宁德水道等，它们是三沙湾内各港之间与外海连接的海水通道。水道中潮流流速大，侵蚀作用强，海底冲刷剧烈，底部多基岩出露，多数水道长且宽，最长达15千米，宽1.5～4千米不等，水深变化大，最浅水深10余米，最大水深在东冲水道，一般在60～80米。②冲刷槽与深潭：见于潮汐通道中，主要分布于青山岛至口门——东冲水道之中，多向西北或东北方向伸入湾内各港，在长达数十公里的水道中断续分布，以官井洋和东冲口等处的冲刷槽和深潭为最，连接成片，宽 3～4 千米，水深在 40～60 米，最深点水深达 100 余米。底部基岩裸露，岛部有粗砂砾石堆积，边坡较陡，常成冲刷陡坎。③潮流沙脊与沙坝：多见于水道口或冲刷槽两侧，主要分布于卢门港、白马港、盐田港和宁德水道和鸡冠水道附近，长达数公里，宽约数百米，高 1～2 米，由粗中砂组成。④水下浅滩：三沙湾水下浅滩，常为潮汐通道或冲刷槽所分割，呈片状或带状分布，是潮流和波浪共同作用的产物，是潮间浅滩的水下延伸，主要由粉砂与黏土组成，一般水深在 10 米左右，各处宽度都不大，最宽者在东吾洋 5 千米左右。

3. 表层沉积物基本特征

三沙湾面积很大，自然地理环境差别明显，故表层沉积物类型比较复杂，共有砾石、粗砂、粗中砂、中砂、细中砂、细砂、黏土质砂、砂质黏土、砂-粉砂-黏土、砾-砂-黏土、黏土质粉砂及粉砂质黏土等 12 种类型。粉砂质黏土广泛分布于该湾的大部分海域，其所占面积在三沙湾内为第一。本湾沉积物以东冲、金梭门、橄榄屿至三都岛、卢门至鸡冠、白马门至三都岛等这些水道的轴线往两侧中值粒径逐渐变细。

（三）海洋水文

1. 潮汐和潮位

（1）潮汐性质。根据三沙湾 3 个水位观测站的实测潮位资料进行调和分析计算，三沙湾海域的潮汐形态数 F 为 0.2204～0.2543，均小于 0.50，海区的潮汐为正规半日潮型，且浅水分潮影响较小。

（2）理论深度基准面。对下白石、东冲口、霞山 3 个潮位站 2005 年 9 月 20 日～10 月 19 日一个月的实测潮位进行分析，各站理论深度基准面在国家 85 高程下分别为 4.03 米、3.76 米、3.92 米（图 2-3～图 2-5）。

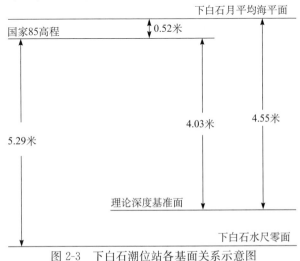

图 2-3　下白石潮位站各基面关系示意图

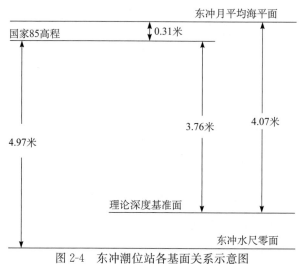

图 2-4　东冲潮位站各基面关系示意图

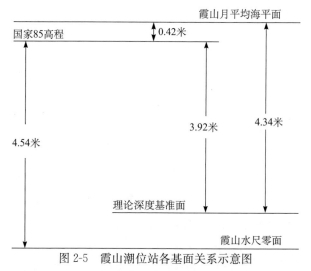

图 2-5　霞山潮位站各基面关系示意图

（3）潮位特征。三沙湾是一个强潮型海湾，各观测站潮差由湾口向湾内逐步增大，东冲口最小，霞山次之，下白石最大，各站平均潮差都在 5 米以上，最大潮差接近 8 米。三沙湾内平均海平面起伏不同，观测期间下白石平均海平面最高，霞山次之，东冲口最低；湾口和湾内的潮位观测站存在潮时差，高潮时下白石比东冲口平均约迟 22 分钟，霞山比东冲口平均约迟 7 分钟（表 2-5、表 2-6）。

表 2-5　观测期间各站潮汐特征值　　　　　　　　　（单位：厘米）

项目	下白石	东冲口	霞山
最高潮位	454	379	420
最低潮位	−352	−337	−349
平均高潮位	342	284	311

续表

项目	下白石	东冲口	霞山
平均低潮位	−234	−220	−225
最大潮差	790	699	766
最小潮差	236	200	221
平均潮差	576	505	536
平均潮位	52	31	42

注：潮位基面为国家 85 高程

2. 波浪

三沙湾常浪向为东向，频率为 21%。次常浪向为东北东向，频率为 12%。强浪向为东向，最大波高为 0.8 米。次强浪向为东北东向，最大波高为 0.7 米。平均波高为 0.1 米，最大平均波高 0.2 米，东北东向。静浪频率为 17%。湾内外波要素有很大差异：湾内四季常浪向均为东向，湾外夏季为南南西向，其他三季均为北东向；湾内强浪向为东北东、东南东向，其他三季均为东向，湾外夏季南南西向，其他三季为北东向或东北东向；湾内的最大波高仅是湾外相应波高的 12%，平均波高仅是湾外的 14%；湾内的静浪频率也大于湾外。

表 2-6　各潮位站的潮时差关系　（单位：分钟）

潮时差关系	下白石与东冲口		霞山与东冲口	
	高潮时差	低潮时差	高潮时差	低潮时差
月平均	22	20	7	0
大潮期	24	30	9	0
小潮期	13	14	−2	−4

3. 潮流和泥沙

（1）潮流

将实测海流资料进行调和分析，得到各观测站潮流性质特征值（表 2-7）。根据分析计算结果，各站潮流形态数 $(W_{O1}+W_{K1})/W_{M2}$ 均小于 0.5，属半日潮流，但 $(W_{M4}+W_{MS4})/W_{M2}$ 均较大，浅海分潮较发育。同时可以看出控制本海区的主要分潮流为 M2 分潮流，其次是 S2 分潮流，浅海分潮影响较大，其量级大体与日分潮相当。由于本海区地形复杂，岛屿星罗棋布，水域多呈水道形式，潮流呈往复流，流向与水道走向基本一致。三都岛附近属强潮海区，潮差大，潮流急，一般落潮流速大于涨潮流速，潮流流向与深槽走向基本一致。

表 2-7　潮流性质特征值表

站位	T01	T02	T04	T09	T10	T11	T12
$(W_{O1}+W_{K1})/W_{M2}$	0.113 0	0.064 1	0.118 8	0.070 0	0.070 2	0.106 2	0.144 1
$(W_{M4}+W_{MS4})/W_{M2}$	0.183 8	0.169 2	0.169 8	0.202 5	0.050 2	0.270 3	0.216 5

实测海流特征值：①三沙湾内各点各航次实测最大流速以 T01 站最大，达 272 厘米/秒，其次为 T12 站，达 174 厘米/秒，其他站相对较小；②各站最大流速一般发生在表层到次表层；③湾内各站平均涨落潮历时基本一致，且平均涨潮历时大于平均落潮

历时，T12 站受径流影响，平均涨落潮历时相等（表 2-8）。

表 2-8　各站实测海流特征值

站位		T01	T02	T04	T09	T10	T11	T12
秋季	最大流速/（厘米/秒）	272	145	115	135	96	107	174
	相应流向/度	149	25	199	92	76	190	121
	发生层次	0.2H层	表层	0.4H层	0.2H层	0.4H层	表层	表层
春季	最大流速/（厘米/秒）	230	136	107	125	140	104	161
	相应流向/度	176	228	205	87	90	186	116
	发生层次	0.2H层	表层	表层	表层	表层	表层	表层
	平均涨潮历时	6小时30分钟	6小时15分钟	6小时26分钟	6小时18分钟	6小时23分钟	6小时28分钟	6小时4分钟
	平均落潮历时	5小时49分钟	5小时56分钟	5小时41分钟	5小时53分钟	5小时53分钟	5小时50分钟	6小时4分钟

注：因 T02 站位置变动，表中平均涨、落潮历时为春季的数据分析结果

（2）悬浮泥沙

各站实测最大含沙量范围为 0.229～0.710 千克/米³，各站实测含沙量平均值范围为 0.015～0.242 千克/米³；各站平均含沙量大潮期大于小潮期，大潮期范围在 0.061～0.242 千克/米³，以 T12（白马河口）最大，为 0.242 千克/米³；除 T12 站点外，湾内其他各站平均含沙量相对较小，最大为 0.143 千克/米³；大潮期秋季平均含沙量大于春季平均含沙量，小潮期相反（表 2-9）。

表 2-9　实测含沙量统计特征值　　　　　　　　　　（单位：千克/米³）

航次	潮次	特征值	T01	T02	T04	T09	T10	T11	T12
秋季	大潮	涨潮最大	0.229	0.440	0.209	0.569	0.612	0.391	0.587
		落潮最大	0.185	0.449	0.191	0.710	0.463	0.507	0.659
		实测平均	0.099	0.143	0.074	0.113	0.117	0.110	0.242
	小潮	涨潮最大	0.064	0.225	0.052	0.103	0.104	0.092	0.071
		落潮最大	0.049	0.114	0.112	0.060	0.083	0.024	0.09
		实测平均	0.045	0.035	0.034	0.029	0.041	0.015	0.038
春季	大潮	涨潮最大	—	0.118	0.246	0.156	0.330	0.250	0.238
		落潮最大	—	0.157	0.422	0.183	0.308	0.218	0.245
		实测平均		0.061	0.124	0.065	0.119	0.072	0.115
	小潮	涨潮最大		0.17	0.183	0.148	0.168	0.201	0.263
		落潮最大		0.132	0.195	0.239	0.151	0.175	0.247
		实测平均		0.052	0.074	0.058	0.064	0.061	0.085

（四）海洋环境化学

1. 海水化学

2005 年 9 月和 2006 年 4 月，三沙湾海水中各化学要素的含量及分布如下所述。

（1）水温

2005 年 9 月表层水温变化范围为 26.8～28.3℃，均值为 27.8℃。表层最高温度出现在三都岛与青山岛之间海域，以三都岛南侧为中心，逐级向东北降低，低温区出现在

东吾洋的东北角。

2006 年 4 月表层水温变化范围为 15.9～17.1℃，均值为 16.6℃。表层高温区出现在盐田港及白马港内部海域，表层水温从盐田港及白马港向三沙湾中心略为降低，并朝东吾洋方向进一步下降，低温区正是在东吾洋中部。

（2）盐度

2005 年 9 月表层盐度变化范围为 21.20～31.54，均值为 29.10。低值区域出现在白马港口，向东南方向呈上升趋势，并在东冲口处达到最高值。

2006 年的 4 月表层盐度变化范围为 22.97～30.12，均值为 27.42。低值区同样分布于白马港及卢门港一线，高值区分布于东冲口至东吾洋下浒一线，三沙湾盐度整体上呈现从西北向东南方向增加趋势。

（3）pH

2005 年 9 月表层 pH 变化范围为 7.82～8.09，均值为 7.96。表层 pH 最低值出现在白马港内，向东冲口方向逐级递增，并在东冲口达到最大值，总体呈现从白马港向东冲口递增的趋势。

2006 年 4 月表层 pH 变化范围为 8.02～8.29，均值为 8.19。整个海域表层 pH 变化较为平稳，出现多个低值区并均集中在三都岛周围，其中最低值区出现在三都岛的东北角近岸海域，湾内 pH 东吾洋略高。

（4）溶解氧

2005 年 9 月表层溶解氧（DO）变化范围为 5.16～6.49 毫克/升，均值为 5.78 毫克/升。表层 DO 最高值出现在东吾洋东北角，朝西北方向降低，最低值分布于盐田港内。从东吾洋内向西北方向上等值线间隔较为均匀。三沙湾 DO 含量均符合国家海水水质第二类标准。

2006 年 4 月表层 DO 变化范围为 7.98～9.02 毫克/升，均值为 8.38 毫克/升。表层出现两个高值区分别在东吾洋内及白马港与三都岛之间，其中以东吾洋内较高，并分别向三沙湾中部扩散，低值区出现在盐田港内。三沙湾 DO 含量均符合国家海水水质第一类标准。

（5）化学需氧量

2005 年 9 月表层海水中化学需氧量（COD）变化范围为 0.16～0.42 毫克/升，均值为 0.23 毫克/升。COD 高值区分布在三都岛与青山岛之间的海域及盐田港海域，之后逐级向四周海域扩散下降，在三都岛与青山岛之间海域的高值区附近 COD 含量变化较为明显。三沙湾 COD 含量均符合国家海水水质第一类标准。

2006 年 4 月表层 COD 变化范围为 0.17～0.82 毫克/升，均值为 0.32 毫克/升。COD 的高值区分布于盐田港及邻近的白马港内，含高浓度 COD 的海水随径流进入三沙湾中部，COD 浓度随之逐步降低，在三都岛与青山岛之间海域达到最低值。另一高浓度区在东安岛与下浒之间海域，并随海流扩散到东吾洋降至最低。三沙湾 COD 含量均符合国家海水水质第一类标准。

（6）总无机氮

2005 年 9 月表层无机氮含量变化范围为 0.175～0.621 毫克/升，平均含量为 0.428

毫克/升。高值区出现在白马港内,低值区出现在东吾洋口下浒镇沿岸附近,在白马港口与三都岛及长腰岛之间的海域内无机氮含量等值线出现S形变化,该海域的无机氮含量分布变化较为复杂。三沙湾内的无机氮受白马港径流携带的生活污水及工业废水入海影响。三沙湾表层总无机氮含量均值符合国家海水水质第四类标准。

2006年4月表层无机氮含量变化范围为0.360~0.715毫克/升,平均含量为0.539毫克/升。高值区出现在三都岛与青山岛之间海域,三个低值区分别位于三都岛与白马门之间、三都岛南部及北壁乡沿岸,其中以北壁乡沿岸的无机氮含量最低。三沙湾表层总无机氮含量均值超过国家海水水质第四类标准。

(7)活性磷酸盐

2005年9月表层活性磷酸盐变化范围为0.0181~0.0507毫克/升,平均含量为0.0356毫克/升。高值区出现在东吾洋内,低值区出现在白马港口与三都岛之间海域。三沙湾表层活性磷酸盐含量均值符合国家海水水质第四类标准。

2006年4月表层活性磷酸盐变化范围为0.0202毫克/升~0.0412毫克/升,平均含量为0.0291毫克/升。整体变化趋势为分别从白马港、盐田港、卢门港区域及东吾洋东北角向外逐渐降低。这种情况应该是由径流携带污染物入海造成的。三沙湾表层活性磷酸盐含量均值符合国家海水水质第二类、第三类标准。

(8)活性硅酸盐

2005年9月表层硅酸盐含量变化范围为0.736~2.056毫克/升,平均含量为1.089毫克/升。高值区出现在白马港内,整体硅酸盐含量变化从白马港内向湾外逐渐减少,同时东吾洋内硅酸盐含量也较高并同样表现为由洋内向湾口逐渐减少的趋势。

2006年4月表层硅酸盐含量变化范围为0.5830~1.4500毫克/升,平均含量为0.8875毫克/升。与秋季硅酸盐变化趋势一致,高值区出现在白马港口,并向湾口逐渐减少。

(9)总磷

2005年9月表层总磷变化范围为0.0441~0.0841毫克/升,平均含量为0.0575毫克/升。高值区分别出现在下浒镇沿岸及盐田港内,低值区位于长腰岛与三都岛之间海域,与无机磷变化趋势基本一致。

2006年4月表层总磷变化范围为0.0301~0.1114毫克/升,平均含量为0.0555毫克/升。高值区出现在白马港内,总磷含量从高值区向湾口逐渐减少,并在北壁乡沿岸出现低值区。

(10)悬浮物

2005年9月表层悬浮物变化范围为16~75毫克/升,平均含量约为40毫克/升。高值区出现在三都岛周边海域,低值区出现在东吾洋和湾口处。

2006年4月表层悬浮物变化范围为18~77毫克/升,平均含量约为42.2毫克/升。高值区出现在东吾洋湾顶海域,低值区出现在白马港和东安岛附近海域。

(11)油类

2005年9月油类变化范围为34.2~94.1微克/升,均值为56.3微克/升。油类最高值出现在三都岛与青山岛之间的海域，并向四周扩散；另一高值区在下浒沿岸，低值区分布于三都岛北侧。三沙湾表层油类含量均值符合国家海水水质第三类标准。

2006 年 4 月油类的变化范围为 48.4～90.1 微克/升，均值为 73.3 微克/升。油类高含量区分布在下浒沿岸、卢门港、白马港、东吾洋东北角等渔港、码头集中地带，低值区分布在位于三沙湾中部的青山岛北部海域。三沙湾表层油类含量均值符合国家海水水质第三类标准。

（12）铜

2005 年 9 月表层铜含量的变化范围为 ND～4.62 微克/升，均值为 2.18 微克/升。高值区出现在盐田港内，低值区则出现在三都岛与青山岛之间海域及东吾洋内长春镇沿海，总体铜含量从盐田港口依次向东冲口降低。符合国家海水水质第一类标准。

2006 年 4 月表层铜含量的变化范围为 0.59～5.44 微克/升，均值为 2.26 微克/升。高值区出现在北壁乡西北部沿岸，逐渐向西北向及东吾洋内递减，低值区出现在礁头与青山岛之间海域。均值符合国家海水水质第一类标准，各大面点表层水体均符合国家海水水质第二类标准。

（13）铅

2005 年 9 月表层铅含量变化范围为 ND～4.35 微克/升，均值为 1.30 微克/升。两个高值区分别为长腰岛与三都岛之间海域及东吾洋内，其中长腰岛与三都岛之间海域的铅含量较高，并从这两个高值区分别向四周递减。符合国家海水水质第二类标准。

2006 年 4 月表层铅含量变化范围为 0.10～1.75 微克/升，均值为 0.78 微克/升。表层高值区出现在盐田港内，低值区出现在长腰岛与三都岛之间海域。均值符合国家海水水质第一类标准，各大面点表层水体均符合国家海水水质第二类标准。

（14）锌

2005 年 9 月表层锌含量变化范围为 4.19～48.39 微克/升，均值为 18.98 微克/升。高值区出现在长腰岛与三都岛之间海域，低值区出现在盐田港内。均值符合国家海水水质第一类标准，各大面点表层水体均符合国家海水水质第二类标准。

2006 年 4 月表层锌含量变化范围为 12.76～108.28 微克/升，均值为 38.93 微克/升。高值区出现在长腰岛与三都岛之间海域，低值区出现在东吾洋内。均值符合国家海水水质二类标准，大多站位表层水体符合国家海水水质第三类标准，少数站位仅符合国家海水水质第四类标准。

（15）汞

2005 年 9 月表层汞含量变化范围为 0.0072～0.0652 微克/升，均值为 0.0190 微克/升。高值区出现在三都岛与青山岛之间海域，五个低值区分别出现在白马港口附近、三都岛南部、卢门港内、盐田港内及东吾洋内。均值符合国家海水水质第一类标准，各站表层水体均符合国家海水水质第二类标准。

2006 年 4 月表层汞含量变化范围为 0.0090～0.1411 微克/升，均值为 0.0383 微克/升。高值区出现在长腰岛、三都岛及青山岛之间海域，低值区与高值区相距非常近，主要以三都岛南部为中心向四周递增。均值符合国家海水水质第一类标准，各站表层水体均符合国家海水水质第二类标准。

（16）砷

2005年9月表层砷含量变化范围为0.98～1.84微克/升，均值为1.47微克/升。高值区出现在东吾洋东北角，低值区出现在白马港口海域。砷在白马港口，等值线相当紧密，砷的浓度急剧下降。表层水体符合国家海水水质第一类标准。

2006年4月表层砷含量变化范围为1.31～1.80微克/升，均值为1.52微克/升。高值区主要出现在白马港口附近及北壁乡沿岸，低值区分布在三都岛以西海域及东吾洋东北角海域。表层水体符合国家海水水质第一类标准。

（17）镉

2005年9月表层镉含量变化范围为ND～0.192微克/升，均值为0.067微克/升。高值区出现在长腰岛与三都岛之间海域，低值区出现在东吾洋内、三都岛西部与卢门港之间海域。总体镉含量以长腰岛与三都岛之间海域为中心向外递减。表层水体符合国家海水水质第一类标准。

2006年4月表层镉含量变化范围为0.015～0.194微克/升，均值为0.062微克/升。高值区出现在湾口，低值区出现在三都岛与青山岛之间海域。镉含量从东冲口向北逐渐减少。表层水体符合国家海水水质第一类标准。

2. 沉积化学

（1）潮下带沉积物各化学要素的含量及分布

2005年9月潮下带沉积物各站位监测结果特征值如下。

硫化物：三沙湾潮下带沉积物中硫化物变化范围为10.3～197.4毫克/千克，平均为62.8毫克/千克。含量高值区出现在城澳与青山岛之间海域，低值区分别在白马门西南海域、东吾洋东北部及盐田港内海域。各站位沉积物质量均符合海洋沉积物质量第一类标准。

有机碳：三沙湾潮下带沉积物中有机质变化范围为0.02%～1.51%，平均为0.86%。高值区出现在盐田港邻近海域及三都岛西北部至南部海域，低值区主要集中在东吾洋东北部海域及白马门西南海域。各站位沉积物质量均符合海洋沉积物质量第一类标准。

总氮：三沙湾潮下带沉积物中总氮变化范围为268.1×10^{-6}～1061.7×10^{-6}，平均为790.2×10^{-6}。三沙湾潮下带沉积物中和东吾洋海域沉积物中总氮分布较为均匀，分布变化较大的区域主要是三沙湾西部海域。其高值区分布在三都岛西南的金蛇头至城澳之间海域，低值区出现在三都岛北部的白马门西南海域。

总磷：三沙湾潮下带沉积物中总磷变化范围为558.7×10^{-6}～1058.6×10^{-6}，平均为859.4×10^{-6}。三沙湾潮下带沉积物中和东吾洋海域沉积物中总磷分布较为均匀，分布变化较大的区域主要集中在三沙湾西部海域。其高值区分布在三都岛与青山岛连线西南海域，低值区出现在三都岛北部的白马门南部海域。

铜：三沙湾潮下带沉积物中铜变化范围为3.95×10^{-6}～32.57×10^{-6}，平均为20.68×10^{-6}。高值区出现在三沙湾中部海域，主要集中在溪南与青山岛之间海域，低值区则以白马门及其南部海域为主。各站位沉积物中铜含量均符合海洋沉积物质量第一类标准。

镉：三沙湾潮下带沉积物中镉变化范围为 $0.036 \times 10^{-6} \sim 0.222 \times 10^{-6}$，平均为 0.106×10^{-6}。高值区出现在长腰岛周边海域，低值区则集中在白马门海域。各站位沉积物中镉含量均符合海洋沉积物质量第一类标准。

铅：三沙湾潮下带沉积物中铅变化范围为 $19.04 \times 10^{-6} \sim 48.18 \times 10^{-6}$，平均为 35.78×10^{-6}。高值区集中出现在三都岛西北周边海域，低值区和重金属镉的分布较为接近，在白马门海域。各站位沉积物中铅的含量均符合海洋沉积物质量第一类标准。

锌：三沙湾潮下带沉积物中锌变化范围为 $45.41 \times 10^{-6} \sim 127.48 \times 10^{-6}$，平均为 99.20×10^{-6}。高值区集中分布于长腰岛东南部海域，低值区与重金属铜、镉、铅的分布较为接近，在白马港南部海域。各站位沉积物中锌含量均符合海洋沉积物质量第一类标准。

汞：三沙湾潮下带沉积物中汞变化范围为 $0.014 \times 10^{-6} \sim 0.072 \times 10^{-6}$，平均为 0.042×10^{-6}。高值区集中于盐田港内部海域，低值区则介于三都岛与白马门之间海域。各站位沉积物中汞含量均符合海洋沉积物质量第一类标准。

砷：三沙湾潮下带沉积物中砷变化范围为 $6.01 \times 10^{-6} \sim 13.57 \times 10^{-6}$，平均为 10.82×10^{-6}。高值区分布在盐田港及白马港内部海域，以及金蛇头与城澳连线以西海域，并逐步向三沙湾中部和东部递减。低值区分布于三都岛东部周边海域、下浒镇沿海及东吾洋东北部海域。各站位沉积物中砷含量均符合海洋沉积物质量第一类标准。

油类：三沙湾潮下带沉积物油类变化范围为 $10.2 \times 10^{-6} \sim 184.8 \times 10^{-6}$，平均为 40.0×10^{-6}。高值区出现在青山岛西部海域，与宁德港的位置有一定联系。低值区分布于三都岛以东、青山岛以北、包含长腰岛及白蛂岛在内的三沙湾中部海域。各站位沉积物中油类含量均符合海洋沉积物质量第一类标准。

氧化还原电位：氧化还原电位变化范围为 $-186.9 \sim -53.0$ 毫伏，平均为 -109.4 毫伏。高值区出现在三都岛东北部海域，低值区分布于下浒镇至北壁乡沿岸海域。三沙湾潮下带沉积物氧化还原电位均为负值，反映出三沙湾沉积环境呈现强烈的还原特征。

（2）潮间带沉积物各化学要素的含量及分布

2005 年 9 月各站位潮间带沉积物监测结果如下。

硫化物：潮间带沉积物中硫化物含量变化范围为 ND $\sim 149.6 \times 10^{-6}$，平均为 39.9×10^{-6}。最高值出现在 G 断面的高潮区，而位于 A 断面的低潮区、B 断面的高潮区及 D 断面的中潮区均为未检出。位于溪南附近的 E 断面高潮区硫化物含量明显大于低潮区，且位于金蛇头附近的 A 断面、漳湾附近的 B 断面硫化物含量较低。三沙湾潮间带各站硫化物均符合海洋沉积物质量第一类标准，潮间带沉积物中硫化物含量较低，沉积物质量良好。

有机碳：潮间带沉积物中有机碳含量变化范围为 $0.86\% \sim 2.93\%$，平均为 1.48%。

位于溪南附近的 E 断面中潮区的沉积物有机碳含量最高，且 E 断面整体有机碳含量高于其他断面。在东冲口附近的 F 断面各点有机碳含量差距较大；而金蛇头附近的 A 断面、漳湾附近的 B 断面、白马港内的 C 断面及东吾洋内的 G 断面各点有机碳含量较为接近。除 E 断面及 F 断面低潮区之外，各站位沉积物质量均符合海洋沉积物质量第一类标准。

总氮：三沙湾潮间带沉积物总氮含量变化范围为 $700.2 \times 10^{-6} \sim 1129.0 \times 10^{-6}$，均值为 878.6×10^{-6}。位于东冲口附近的 F 断面和三都岛南侧的 H 断面总氮含量较低，而总氮含量最低值则出现在 F 断面的中潮区，东吾洋内的 G 断面整体总氮含量较高，且总氮含量最高值也出现在 G 断面的高潮区。其余断面沉积物中总氮的平均含量相对较为稳定。

总磷：三沙湾潮间带沉积物中总磷含量变化范围为 $823.4 \times 10^{-6} \sim 1088.0 \times 10^{-6}$，均值为 939.8×10^{-6}。金蛇头附近的 A 断面与漳湾附近的 B 断面总磷含量较高，总磷含量最高值也出现在 A 断面的中潮区，并且这两个断面都表现为总磷含量中潮区＞低潮区＞高潮区。其余各断面的总磷平均含量相对较平稳，而总磷含量的最低值出现在东冲口附近的 F 断面的中潮区。

铜：三沙湾潮间带沉积物中铜变化范围为 $17.39 \times 10^{-6} \sim 35.07 \times 10^{-6}$，平均为 25.88×10^{-6}。各断面铜的平均含量较为稳定，其中最高值出现在溪南附近的 E 断面的中潮区，最低值则是在 F 断面的中潮区。仅 E 断面的中潮区站位略微超过海洋沉积物质量第一类标准，其他各站位沉积物中铜的含量均符合海洋沉积物质量第一类标准。

镉：三沙湾潮间带沉积物中镉变化范围为 $NC \sim 0.135 \times 10^{-6}$，平均为 0.088×10^{-6}。在 A~F 断面中，各断面高、中、低潮区镉的含量较为接近。镉含量最高值出现在东吾洋内的 G 断面的高潮区。各站位沉积物中镉的含量均符合海洋沉积物质量第一类标准。

铅：三沙湾潮间带沉积物中铅变化范围为 $17.89 \times 10^{-6} \sim 61.63 \times 10^{-6}$，平均为 46.19×10^{-6}。高值区出现在白马港内的 C 断面和沙江镇附近的 G 断面，低值区是东冲口附近 F 断面的中潮区。各站位沉积物中铅的含量除 C 断面中潮区略高于海洋沉积物质量第一类标准外，其余均符合第一类标准。

锌：三沙湾潮间带沉积物中锌变化范围为 $97.07 \times 10^{-6} \sim 156.51 \times 10^{-6}$，平均为 115.34×10^{-6}。三沙湾潮间带各断面锌的含量都较为接近，仅溪南附近 E 断面中潮区锌含量较高。各站位沉积物中锌除 E 断面中潮区略微超标外，其余各断面站位沉积物中锌含量均符合海洋沉积物质量第一类标准。

汞：三沙湾潮间带沉积物中汞变化范围为 $0.037 \times 10^{-6} \sim 0.067 \times 10^{-6}$，平均为 0.050×10^{-6}。三沙湾潮间带不同断面汞含量较为接近，除 C、D 断面高潮区与中、低潮区汞浓度略有差别之外，其他断面各站位均相差不大。各站位沉积物中汞的含量均符合海洋沉积物质量第一类标准。

砷：三沙湾潮间带沉积物中砷变化范围为 $10.71 \times 10^{-6} \sim 13.84 \times 10^{-6}$，平均为

12.36×10^{-6}。三沙湾潮间带不同断面砷含量整体变化幅度不大，较为平稳，高潮区在白马港和溪南两个断面处较高，漳湾断面含量较低。中潮区在金蛇头和东吾洋内两个断面含量最高。低潮区金蛇头和东吾洋内断面含量最高，东冲口附近最低。各站位沉积物中砷的含量均符合第一类海洋沉积物质量标准。

油类：三沙湾潮间带沉积物中油类变化范围为 $15.0 \times 10^{-6} \sim 122.1 \times 10^{-6}$，平均为 43.9×10^{-6}。三沙湾潮间带不同断面石油含量较为接近，E 断面的高潮区和低潮区油类含量较高，由于靠近溪南港口区附近，船坞排油的影响较大；低潮区的油类含量漳湾附近含量较低。各站位沉积物中油类的含量均符合海洋沉积物质量第一类标准。

氧化还原电位：三沙湾潮间带沉积物氧化还原电位变化范围为 $-181.2 \sim 131.4$ 毫伏之间，平均为 -76.6 毫伏。高值区出现在三都岛南侧的高潮区，最低值分布于盐田港的中潮区。

3. 生物体质量

对于 2005 年 9 月三沙湾大黄鱼、白对虾和牡蛎，2006 年 4 月大黄鱼、白对虾、海带和缢蛏，我们分别测定其中汞、铅、镉、砷、六六六、多氯联苯（PCB）、DDT、石油烃。油类测定必须以湿体进行，所以生物体中油类含量以湿重计；农药残留（简称农残）和重金属测定以干重计，生物体烘干温度控制不同，因此农残和重金属在不同生物体中的富集系数分别讨论，两者均以干重加以讨论。

（1）重金属和油类含量

生物体对水体中的重金属和油类有一定的富集作用，2005 年 9 月的大黄鱼、白对虾和牡蛎三种生物重金属含量，以及 2006 年 4 月的大黄鱼、白对虾、海带和缢蛏四种生物重金属含量见表 2-11。

2005 年 9 月样品中铅、镉、砷和石油烃在牡蛎中的含量高于大黄鱼和白对虾，而大黄鱼体内的汞含量则高于牡蛎和白对虾，白对虾对这几种污染因子的富集含量较低（表 2-10）。参照海洋生物质量标准，牡蛎生物体中汞的含量为 0.008×10^{-6}，符合国家海洋生物质量第一类标准；铅的含量为 0.260×10^{-6}，镉的含量为 0.710×10^{-6}，砷的含量为 2.76×10^{-6}，均符合国家海洋生物质量第二类标准。油类的含量为 8.66×10^{-9}，符合国家海洋生物质量第一类标准。

2006 年 4 月生物样品中，重金属铅、镉、砷的含量在白对虾中比较高，而大黄鱼体内汞的含量较其他三种生物较高，缢蛏体内各种污染因素的指标比较均衡，都不是很高。参照海洋生物质量标准，缢蛏汞含量为 0.012×10^{-6}，符合国家海洋生物质量第一类标准，铅含量 0.100×10^{-6}，符合国家海洋生物质量第一类标准，镉含量 0.510×10^{-6}，符合国家海洋生物质量第二类标准，砷含量 0.28×10^{-6}，符合国家海洋生物质量第一类标准。

三沙湾生物铅、镉、砷不同程度超国家海洋生物质量第一类标准。

表 2-10　生物体内重金属和油类观测结果表 （单位：10^{-6}）

日期	站位	样品	汞	铅	镉	砷	石油烃
2005 年 9 月	T09	大黄鱼	0.049	0.045	0.002	0.38	3.71
	T09	白对虾	0.015	0.049	0.002	1.15	0.57
	T13	牡蛎	0.008	0.260	0.710	2.76	8.66
2006 年 4 月	T09	大黄鱼	0.038	0.340	1.140	0.45	—
	T09	白对虾	0.025	0.560	1.590	1.53	—
	T10	海带	0.016	0.400	0.410	0.07	—
	T13	缢蛏	0.012	0.100	0.510	0.28	—

（2）生物体农残含量

2005 年 9 月生物样品中，DDT 在牡蛎中的含量高于大黄鱼和白对虾，大黄鱼体内的六六六和 PCBs 含量则高于牡蛎和对虾，六六六在牡蛎和白对虾体内未检出（表 2-11）。参照《海洋生物质量标准》，牡蛎体内六六六未检出，DDT 含量为 0.635×10^{-9}，符合国家海洋生物质量第一类标准，PCBs 的含量为 1.460×10^{-9}，符合国家海洋生物质量第一类标准。

2006 年 4 月样品中，大黄鱼体内 DDT 和 PCBs 的含量较其他三种生物较高，农药残留六六六在四种生物体中均未检出。参照《海洋生物质量标准》，缢蛏体内六六六未检出，DDT 含量为 0.0062×10^{-9}，符合国家海洋生物质量第一类标准，PCBs 的含量为 0.0008×10^{-9}，符合国家海洋生物质量第一类标准。

表 2-11　生物体内农残含量观测结果表（湿重计） （单位：10^{-9}）

日期	站位	样品	六六六	DDT	PCB
秋季航次	T09	大黄鱼	471	431.000 0	35.800 0
	T09	白对虾	未检出	1.450 0	0.209 0
	T13	牡蛎	未检出	0.635 0	1.460 0
春季航次	T09	大黄鱼	未检出	0.054 9	0.001 9
	T09	白对虾	未检出	未检出	未检出
	T10	海带	未检出	0.000 5	未检出
	T13	缢蛏	未检出	0.006 2	0.000 8

（五）海洋生物资源

1. 细菌

2005 年秋季表层细菌变化范围为 100～1900 个/毫升，平均值为 532 个/毫升（图 2-6、图 2-7）。2006 年春季表层细菌数量变化范围为 700～56 000 个/毫升，平均值为16 826 个/毫升；底层细菌数量变化范围为 2700～65 700 个/毫升，平均值为 27 527个/毫升（图 2-8、图 2-9）。细菌数量的季节变化，春季高于秋季。细菌数量垂直方向分布特征如下：在所有采集底层样品的站位中，基本都是底层数量大于表层，最大的站位相差近 2 倍。

细菌数量的水平分布特征如下：从整体来看，在白马港、三都澳、盐田港和漳湾及港湾交汇处的表底层数量明显高于其他海域的数量，可能受淡水溪流的陆源污染物注入的影响和交汇处的有机质含量较高，所以异样菌数量较多。整个三沙湾大面站调查的异养细菌检出率为 100%，未出现超标情况，水环境质量较好。

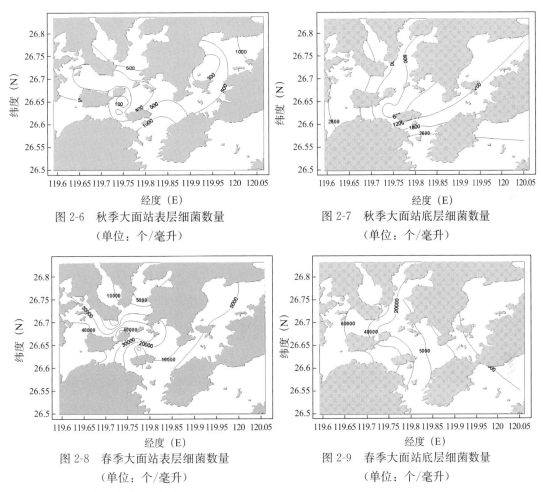

图 2-6　秋季大面站表层细菌数量　　　　图 2-7　秋季大面站底层细菌数量
（单位：个/毫升）　　　　　　　　　　　（单位：个/毫升）

图 2-8　春季大面站表层细菌数量　　　　图 2-9　春季大面站底层细菌数量
（单位：个/毫升）　　　　　　　　　　　（单位：个/毫升）

2. 叶绿素 a 与初级生产力

（1）叶绿素 a

2005 年秋季叶绿素 a 的含量的平均值为 0.75 微克/升，其中表层叶绿素 a 的变化范围为 0.56～1.24 微克/升，平均值为 0.90 微克/升；底层叶绿素 a 的变化范围为 0.22～0.92 微克/升，平均值为 0.59 微克/升（图 2-10 和图 2-11）。2006 年春季的叶绿素 a 含量的平均值为 0.96 微克/升，其中表层叶绿素 a 变化范围为 0.32～1.32 微克/升，平均值为 0.75 微克/升；底层叶绿素 a 的变化范围为 0.68～1.56 微克/升，平均值为 1.18 微克/升（图 2-12 和图 2-13）。表层叶绿素 a 的季节变化为秋季高于春季，底层季节变化则为秋季低于春季。叶绿素 a 的垂直方向分布特征是：秋季是表层含量高于底层，而春季则是底层高于表层。

叶绿素 a 的平面分布特点是：三都澳口和东吾洋湾内的表层叶绿素 a 的含量相对较

高；底层叶绿素 a 的含量湾口相对较高，这与湾口海水的交换频率和强度有关。

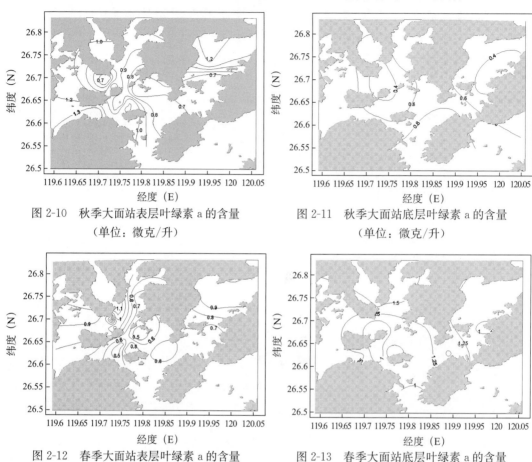

图 2-10　秋季大面站表层叶绿素 a 的含量　　图 2-11　秋季大面站底层叶绿素 a 的含量
（单位：微克/升）　　　　　　　　　　　　（单位：微克/升）

图 2-12　春季大面站表层叶绿素 a 的含量　　图 2-13　春季大面站底层叶绿素 a 的含量
（单位：微克/升）　　　　　　　　　　　　（单位：微克/升）

（2）初级生产力

初级生产力是环境质量的重要指标，可间接测定叶绿素 a 的含量和浮游植物的数量。

2005 年秋季三沙湾初级生产力测定一个点，其值为 26.82 毫克碳/（米²·天）；2006 年春季初级生产力测定 4 个值，其均值为 147.47 毫克碳/（米²·天），即春季初级生产力值明显高于秋季的初级生产力值。

3. 浮游植物

（1）种类组成

2005 年秋季和 2006 年春季，三沙湾海域浮游植物 164 种（含未定种），硅藻最多，有 127 种，占 77.44%，其次是甲藻类 33 种，占 20.12%；其余依次为金藻 2 种、蓝藻 1 种及绿藻 1 种。两季相比，秋季种类数（126 种）比春季（111 种）更为丰富。

（2）细胞总量的分布

2005 年秋季游植物细胞的均值为 1.12×10^4 个/升。其中表层浮游植物细胞数量最大

值为 3.37×10^4 个/升，出现在东吾洋湾内，而且东吾洋内浮游植物种类最多；最小值为 4.66×10^3 个/升，出现在东冲口，这与东冲口湾窄流急有关。底层浮游植物的细胞数量最大值为 1.94×10^4 个/升，出现在盐田港中，卢门港水体的数量也较多；最小值为 4.00×10^3 个/升，出现在白马港口，这与白马港中有最大的淡水溪流注入有关（图 2-14 和图 2-15）。

2006 年春季浮游植物细胞数量均值为 1.50×10^4 个/升。其中表层最大值为 5.38×10^4 个/升，底层浮游植物细胞数量最大值为 7.39×10^4 个/升，出现在白马港口和盐田港口；表层最小值为 4.74×10^3 个/升，底层数量最小值为 6.07×10^3 个/升。整体上盐田港和白马港海域浮游植物数量和种类比较丰富（图 2-16 和图 2-17）。

三沙湾浮游植物细胞数量平均值为 1.31×10^4 个/升，春季浮游植物细胞数量要高于秋季。表层细胞数量平均值为 1.30×10^4 个/升，底层细胞数量平均值为 1.32×10^4 个/升。总的来看，浮游植物表层、底层细胞数量均值非常接近。

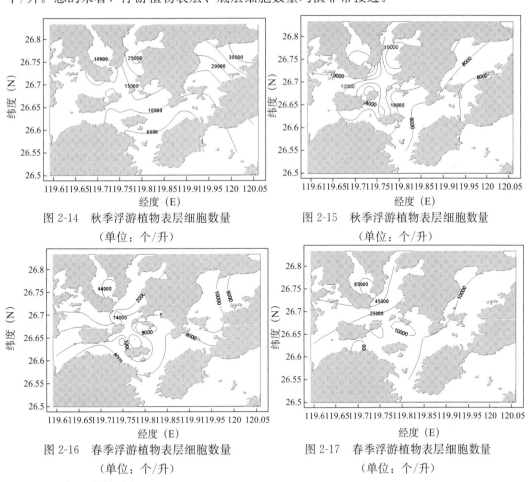

图 2-14　秋季浮游植物表层细胞数量
（单位：个/升）

图 2-15　秋季浮游植物表层细胞数量
（单位：个/升）

图 2-16　春季浮游植物表层细胞数量
（单位：个/升）

图 2-17　春季浮游植物表层细胞数量
（单位：个/升）

（3）多元参数分析

2005 年秋季表层浮游植物物种丰富度指数（d）、多样性指数（H'）和均匀度指数（J）变化范围分别为 $0.30 \sim 1.20$、$0.89 \sim 2.89$ 和 $0.30 \sim 0.71$，其平均值分别为 0.68、

1.64 和 0.50；底层浮游植物物种丰富度指数、多样性指数和均匀度指数变化范围分别为 0.33～1.00、0.99～1.96 和 0.27～0.57，其平均值分别为 0.73、1.54 和 0.46。2006 年春季表层浮游植物物种丰富度指数、多样性指数和均匀度指数变化范围分别为 0.28～0.70、0.74～2.34 和 0.32～0.79，其平均值分别为 0.42、1.63 和 0.61；底层浮游植物物种丰富度指数、多样性指数和均匀度指数变化范围分别为 0.20～0.60、0.55～2.25 和 0.25～0.85，其平均值分别为 0.39、1.75 和 0.66。

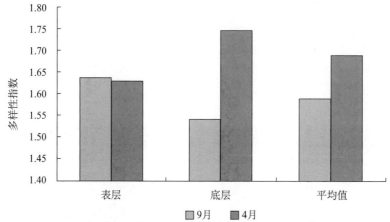

图 2-18　2005 年秋季和 2006 年春季浮游植物多样性指数季节变化

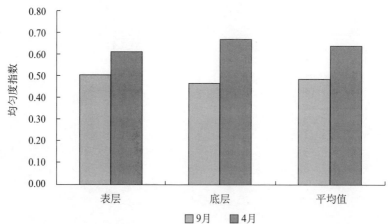

图 2-19　2005 年秋季和 2006 年春季浮游植物均匀度指数季节变化

秋季和春季的表层多样性指数均值比较接近，但春季底层的多样性指数远高于秋季（图 2-18）。秋季和春季的均匀度指数（J）相对接近，不管表层、底层和平均值均为春季＞秋季（图 2-19）。

（4）周日数量变化

官井洋（T2）附近海域在 2005 年秋季监测到的浮游植物细胞平均数量为 1.10×10^4 个/升，表层、底层浮游植物细胞平均数量分别为 1.31×10^4 个/升和 8.97×10^3 个/升，周日期内的底层细胞数量大于表层。2006 年春季监测到的浮游植物细胞平均数量

为 1.84×10^4 个/升，其表层、底层细胞数量变化规律也基本相同，表层、底层浮游植物细胞平均数量分别为 1.52×10^4 个/升和 2.16×10^4 个/升，周日期内的表层细胞数量大于底层（图 2-20）。

东吾洋海域（T04）在 2005 年秋季监测到的浮游植物细胞平均数量为 7.75×10^3 个/升，表层、底层浮游植物细胞平均数量分别为 8.74×10^3 个/升和 6.77×10^3 个/升；2006 年春季的细胞平均数量为 1.21×10^4 个/升，表、底层细胞平均数量分别为 1.09×10^4 个/升和 1.33×10^4 个/升。2005 年秋季和 2006 年春季的一个周日期内的浮游植物细胞数量为底层大于表层（图 2-21）。

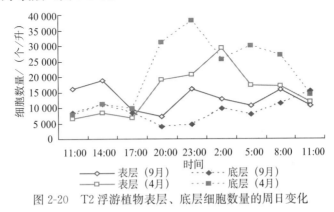

图 2-20　T2 浮游植物表层、底层细胞数量的周日变化

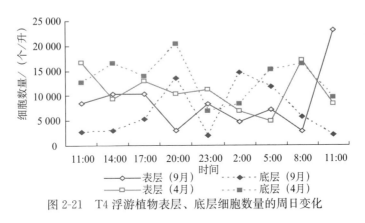

图 2-21　T4 浮游植物表层、底层细胞数量的周日变化

三都澳（T09）在 2005 年秋季监测到的浮游植物细胞平均数量为 8.08×10^3 个/升，表层、底平均数量分别为 7.86×10^3 个/升和 8.29×10^3 个/升；2006 年春季的细胞平均数量为 5.25×10^3 个/升，表层、底层浮游植物细胞平均数量分别为 5.31×10^3 个/升和 5.20×10^3 个/升。总体来看，2005 年秋季和 2006 年春季的底层浮游植物细胞数量略大于表层（图 2-22）。

盐田港（T11）在 2005 年秋季监测到的浮游植物细胞平均数量为 9.93×10^3 个/升，表层、底层细胞平均数量分别为 1.13×10^4 个/升和 8.59×10^3 个/升；2006 年春季细胞平均数量为 6.19×10^3 个/升，表层、底层浮游植物细胞平均数量分别为 8.13×10^3 个/

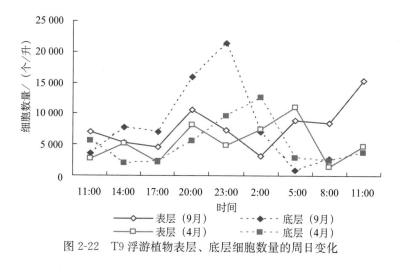

图 2-22 T9 浮游植物表层、底层细胞数量的周日变化

升和 4.25×10^3 个/升。2005 年秋季和 2006 年春季的表层、底层浮游植物细胞数量接近（图 2-23）。

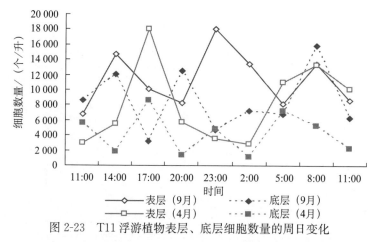

图 2-23 T11 浮游植物表层、底层细胞数量的周日变化

白马港（T12）在 2005 年秋季监测到的浮游植物细胞总平均数量为 5.76×10^3 个/升，表层、底层细胞平均数量分别为 7.42×10^3 个/升和 4.11×10^3 个/升；2006 年春季细胞平均数量为 1.31×10^4 个/升，表层、底层浮游植物细胞平均数量分别为 1.75×10^4 个/升和 8.73×10^3 个/升。2005 年秋季和 2006 年春季的表层、底层浮游植物细胞数量接近（图 2-24）。

4. 浮游动物

（1）种类组成

2005 年秋季和 2006 年春季，三沙湾海域有浮游动物 166 种（含各种浮游幼虫、鱼卵仔稚鱼），包括桡足类 47 种，占 28.3%；水母类 35 种，占 21.1%；糠虾类 7 种，占 4.2%；毛颚类 6 种，占 3.6%；被囊类 4 种，占 2.4%；原生动物、樱虾类、涟虫类、介形类、端足类各 3 种，分别占 1.8%；浮游多毛类、鱼卵仔稚鱼各 2 种，分别占

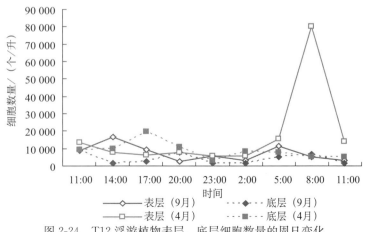

图 2-24 T12 浮游植物表层、底层细胞数量的周日变化

1.2%；磷虾类、等足类、海洋昆虫各 1 种，分别占 0.6%；浮游幼虫类 45 种，占 27.1%。春季出现的种数（78 种）略多于秋季（74 种），秋季主要优势种有百陶箭虫（*Sagitta bedoti*）、长尾类幼虫、短尾类潘状幼虫、精致真刺水蚤（*Euchaeta concinna*）、球型侧腕水母（*Pleurobrachia globosa*）、汤氏长足水蚤（*Calanopia thompsoni*）等；春季则为球型侧腕水母、拟细浅室水母（*Lensia subtiloides*）、短尾类潘状幼虫等。

三沙湾海域为较封闭的内湾，受大陆地表径流影响较大，同时湾口部分受外海影响，该海域主要生态类群有近岸暖水类群、近岸暖温类群、广温广盐类群、暖水大洋广布类群。

近岸暖水类群：属高温低盐种类，是闽东近海的主要生态类群。代表种有桡足类的锥形宽水蚤（*Temora turbinata*）、强额拟哲水蚤（*Paracalanus crassirostris*）、太平洋纺锤水蚤（*Acartia pacifica*）、精致真刺水蚤、汤氏长足水蚤、拟细浅室水母、双生水母（*Diphyes chamissonis*）、球型侧腕水母、百陶箭虫、日本毛虾（*Acetes japonicus*）、宽尾刺糠虾（*Acanthomysis laticauda*）等。

近岸暖温类群：广泛分布于我国近岸及河口水域的沿岸，2006 年春季在三沙湾海域占优势地位，种类、数量均较多。代表种有真刺唇角水蚤（*Labidocera euchaeta*）、中华哲水蚤（*Calanus sinicus*）、针刺拟哲水蚤（*Paracalanus aculeatus*）、背针胸刺水蚤（*Centropages dorsispinatus*）、近缘大眼剑水蚤（*Corycaeus affinis*）、中华假磷虾（*Pseudeuphausia sinica*）、拿卡箭虫（*Sagitta nagae*）、嵊山秀氏水母（*Sugiura chengshanense*）、半球美螅水母（*Clytia hemisphaerica*）等。

广温广盐类群：本类群适温、适盐范围较大，分布最广，是遍布世界各海域的世界广布种，种类较少，其中小拟哲水蚤（*Paracalanus parvus*）是 2006 年春季三沙湾海域的主要优势种之一。其他代表种有小毛猛水蚤（*Microsetella norvegica*）、拟长腹剑水蚤（*Oithona similis*）等。

暖水大洋广布类群：属适温适盐范围较宽的一类广高温高盐的热带性外海种，主要是受外海影响，种类、数量均较少。代表种有普通波水蚤（*Undinula vulgaris*）、微刺哲水蚤（*Canthocalanus pauper*）、亚强真哲水蚤（*Eucalanus subcrassus*）、四叶小舌水母（*Liriope tetraphylla*）、肥胖箭虫（*Sagitta enflata*）等。

（2）生物量及个体密度

三沙湾海域浮游动物生物量均值为 56.11 毫克/米³，个体密度均值为 17.41 个/米³。其中秋季（9 月）生物量量值在 11.25～127.50 毫克/米³，平均生物量为 52.94 毫克/米³；个体密度变化范围为 1.45～38.20 个/米³，平均值为 17.33 个/米³。春季（4 月）生物量量值为 12.06～160.83 毫克/米³，平均生物量为 59.28 毫克/米³；个体密度变化范围为 5.40～36.67 个/米³，平均值为 17.49 个/米³（表 2-12）。三沙湾海域浮游动物秋季与春季的生物量、个体密度相差不大。

表 2-12　浮游动物数量和多样性指数季节变化

航次	生物量/（毫克/米³）		个体密度/（个/米³）		多样性指数	
	范围	均值	范围	均值	范围	均值
秋季	11.25－127.50	52.94	1.45～38.20	17.33	1.00～4.33	3.42
春季	12.06～160.83	59.28	5.40～36.67	17.49	2.50～4.14	3.31
航次统计	11.25～160.83	56.11	1.45～38.20	17.41	1.00～4.33	3.36

三沙湾海域浮游动物的平面分布，在三都澳出现生物量和个体密度的高值区，另外在漳湾口及白马港口个别站位也出现高值。总体来看，从东冲口向湾内的生物量和个体密度数值有逐渐增加的趋势（图 2-25～图 2-28）。

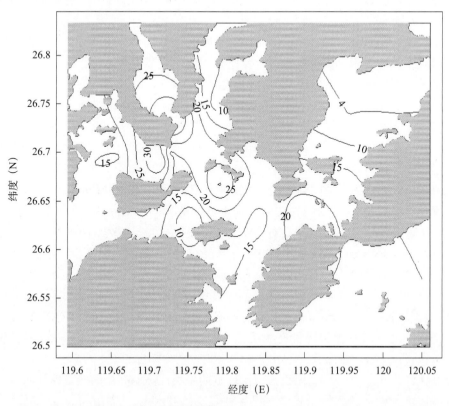

图 2-25　秋季浮游动物密度平面分布（单位：个/米³）

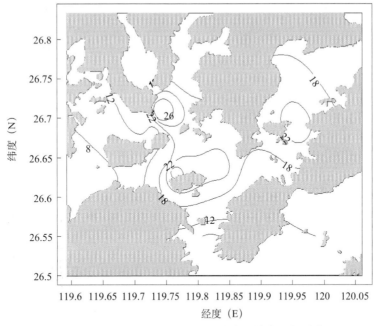

图 2-26　春季浮游动物密度平面分布（单位：个/米³）

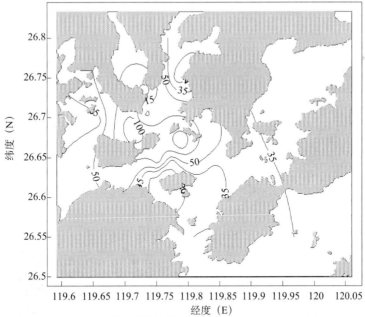

图 2-27　秋季浮游动物生物量平面分布（单位：毫克/米³）

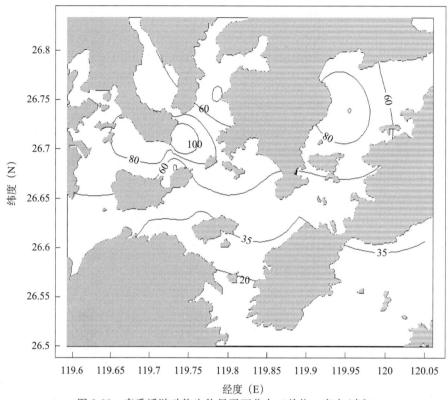

图 2-28　春季浮游动物生物量平面分布（单位：毫克/米³）

（3）多样性分析

三沙湾海域浮游动物的多样性指数均值为 3.36。其中秋季的均值为 3.42，近岸暖水类群占优势；春季的均值为 3.31，近岸暖温类群占优势。多样性指数季节变化以秋季略高于春季（表 2-13）。

（4）连续点周日变化

2005 年秋季浮游动物个体密度在一个周日内的连续变化较缓慢。除三都澳海域（T09）在 14：00 出现一个异常高的个体密度值，达 1362 个/米³，其余各站位在不同时间点的个体密度值变化很小，原因在于该时间点的样品中检出大量小型桡足类使个体密度偏高。整体上 2005 年秋季 5 个站位个体密度值由高到低依次为白马港（T12）、三都澳（T9）、官井洋（T2）、东吾洋（T4）和盐田港（T11）（图 2-29）。

2006 年春季浮游动物个体密度变化相对比 2005 年秋季大，除东吾洋（T4）和三都澳（T9）在 23：00 的变化和其他 3 个站位不一样外，其余时间点的变化基本相同。整体上 2006 年春季 5 个站位个体密度值由高到低依次为东吾洋（T4）、白马港（T12）、官井洋（T2）、三都澳（T9）和盐田港（T11）（注：图 2-30 所示 T04 站点个体密度为实际密度的 1%）。

2005 年秋季各站位浮游动物生物量的周日连续变化较大。总体上，浮游动物生物

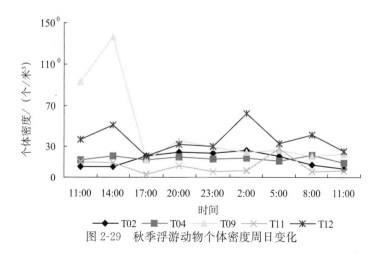

图 2-29 秋季浮游动物个体密度周日变化

量从高到低依次为白马港（T12）、东吾洋（T4）、官井洋（T2）、三都澳（T9）和盐田港（T11）（图 2-30）。

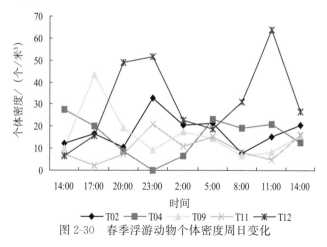

图 2-30 春季浮游动物个体密度周日变化

2006 年春季不同站位浮游动物生物量变化也较大。整体上浮游动物生物量从高到低依次为白马港（T12）、官井洋（T2）、东吾洋（T4）、盐田港（T11）和三都澳（T9）（图 2-31）。

三沙湾海域浮游动物种数，在一个周日内的均值除盐田港相对较小外，其余水域较大；除三都澳 2005 年秋季种数大于 2006 年春季外，其他各站位 2 个季度月的值很接近（表 2-13）。大部分站位个体密度变化不大，仅在 2006 年春季 T04 站位和 2005 年秋季 T09 站位变化较大，原因可能是在 2006 年春季 T04 站位发生夜光虫群聚现象，而使样品中夜光虫数量明显高于其他站位，2005 年秋季 T09 站位检测出大量小型浮游桡足类，造成个体密度不均匀，而其生物量变化范围相对较小；各站位生物量整体变化不大。总体来看，2005 年秋季和 2006 年春季白马港（T12）的个体密度和生物量最高，盐田港（T11）的值最小。这与白马港上游有大量淡水溪流注入有关。

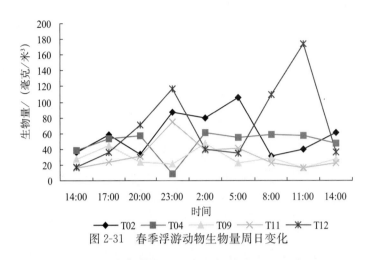

图 2-31　春季浮游动物生物量周日变化

表 2-13　浮游动物种类、生物量和个体密度的周日变化

站点	航次	总种数/种		生物量/（毫克/米³）		个体密度/（个/米³）	
		范围	均值	范围	均值	范围	均值
T02	9月	28～37	32	13.38～62.12	41.90	9.00～26.65	17.65
	4月	21～34	29	31.38～105.66	59.15	8.01～32.9	17.54
T04	9月	23～34	30	14.94～103.64	48.64	14.36～21.52	18.20
	4月	18～42	34	8.19～60.94	48.36	4.18～2 748.06	1 545.31
T09	9月	18～38	26	23.30～80.54	46.12	17.50～1362.00	273.98
	4月	8～23	17	15.63～47.32	28.75	6.59～43.16	16.02
T11	9月	8～23	15	6.43～100.16	27.61	3.18～27.90	10.80
	4月	8～21	16	15.84～75.00	31.84	2.00～21.04	10.45
T12	9月	23～36	29	61.44～126.39	86.85	21.30～62.31	37.08
	4月	18～32	27	17.41～174.50	70.57	6.70～64.00	31.76

5. 鱼卵与仔稚鱼

（1）种类组成

2005年9月和2006年4月，三沙湾鱼卵与仔稚鱼6目20科24种（统计数字中将同一物种的不同发育阶段个体并为一种，下同），主要有鳀属卵、石首鱼科、美肩鳃鳚（*Omobranchus elegans*）、鰕虎鱼科、褐菖鲉（*Sebastiscus marmoratus*）、矛尾覆鰕虎鱼（*Synechogobius hasta*）、油鲆（*Sphyraena pinguis*）、六丝矛尾鰕虎鱼（*Chaeturichthys hexanema*）等，另外还有一些未定种鱼卵、仔稚鱼。2005年9月鱼卵与仔稚鱼有11种，2006年4月鱼卵与仔稚鱼有14种。

（2）数量及其分布

2005年9月，鱼卵与仔稚鱼的总个体密度为1.16个/米³，平均个体密度为0.19个/米³。2006年4月，鱼卵与仔稚鱼的总个体密度为40个/米³，平均个体密度为2.86个/米³。鱼卵和仔稚鱼密度随季节变化，2006年4月远高于2005年9月（表2-14）。

表 2-14　鱼卵、仔稚鱼个体密度统计表

站位	2005 年 9 月		2006 年 4 月	
	种数/种	密度/（个/米³）	种数/种	密度/（个/米³）
T01	—	—	1	0.04
T02	1	0.12	2	0.27
T03	—	—	2	0.41
T04	1	0.06	2	0.49
T05	—	—	5	3.45
T07	—	—	2	2.66
T09	2	0.38	4	14.75
T10	1	0.19	1	0.26
T11	—	—	3	2
T12	1	0.1	—	—
T13	—	—	2	5
T14	—	—	2	3.12
T15	—	—	1	2.5
T17	—	—	1	1.14
T18	2	0.31	2	3.91
合计	8	1.16	30	40
平均	1.33	0.19	2.14	2.86

2005 年 9 月，鱼卵与仔稚鱼样品较少，密度也很小；2006 年 4 月鱼卵与仔稚鱼样品较多，密度也更大。在三都澳、漳湾和卢门港的交叉口附近海域形成一个高密度区，最高值出现在三都澳内，密度为 14.75 个/米³（图 2-32，图 2-33）。

6. 大型底栖生物

（1）物种组成、优势种与经济种

根据 1984～1985 年，1990 年 5 月、8 月、11 月，1991 年 2 月，2000 年 8 月、11 月，2003 年 9 月，2004 年 9 月和 2006 年 10 月资料，三沙湾有大型底栖生物 485 种，其中藻类 4 种，多毛类 164 种，软体动物 96 种，甲壳动物 128 种，棘皮动物 28 种和其他动物 65 种。多毛类、软体动物和甲壳动物占总种数的 80.00%，三者构成大型底栖生物的主要类群。

三沙湾大型底栖生物优势种和主要种有似蛰虫（Amaeana trilobata）、纳加索沙蚕（Lumbrineris nagae）、索沙蚕（Lumbrineris sp.）、梳鳃虫（Terebellides stroemii）、后指虫（Laonice cirrata）、智利巢沙蚕（Diopatra chiliensis）、豆形胡桃蛤［Nucula（Leionucula）faba］、塞切尔泥钩虾（Eriopisella sechellensis）、模糊新短眼蟹（Neoxenophthalmus obscurus）和光辉倍棘蛇尾（Amphioplus lucidus）等。

三沙湾大型底栖生物经济种主要有中锐吻沙蚕（Glycera rouxii）、长吻沙蚕、智利巢沙蚕、纳加索沙蚕、异足索沙蚕（Lumbrineris heteropoda）、岩虫（Marphysa sanguinea）、裸体方格星虫、薄云母蛤（Yoldia similis）、结蚶（Tegillarca nodifera）、凸壳肌蛤、栉江珧［Atrina（Servatrina）pectinata］、华贵栉孔扇贝、美女白樱蛤［Macoma（Psammacoma）candida］、波纹巴非蛤、锯齿巴非蛤［P.（Protapes）

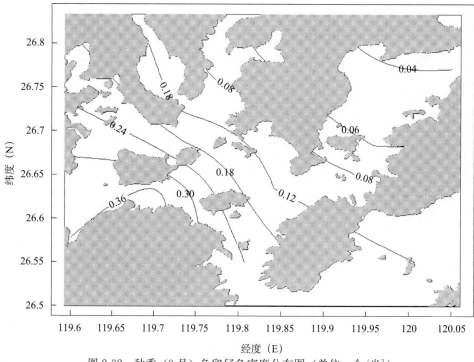

图 2-32　秋季（9 月）鱼卵仔鱼密度分布图（单位：个/米^3）

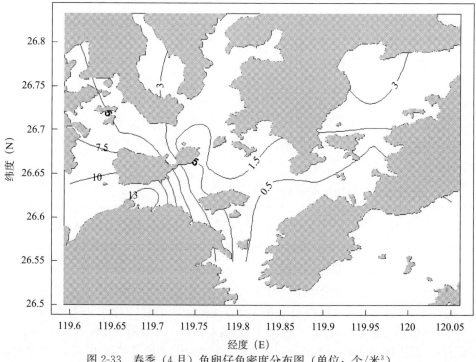

图 2-33　春季（4 月）鱼卵仔鱼密度分布图（单位：个/米^3）

gallus]、菲律宾蛤仔（*Ruditapes philippinarum*）、棒锥螺、扁玉螺（*Neverita didyma*）、细角螺（*Hemifusus ternatanus*）、伶鼬榧螺（*Oliva mustellina*）、短蛸（*Octopus ocellatus*）、长蛸（*O. variabilis*）、经氏壳蛞蝓、扁足异对虾（*Atypopenaeus stenodactylus*）、鹰爪虾（*Trachypenaeus curvirostris*）、日本对虾、沙栖新对虾（*Metapenaeus moyebi*）、刀额新对虾（*Metapenaeus ensis*）、近缘新对虾（*Metapenaeus affinis*）、哈氏仿对虾（*Parapenaeopsis hardwickii*）、细巧仿对虾（*Parapenaeopsis tenella*）、刀额仿对虾（*P. cultrirostris*）、日本毛虾（*Acetes japonicus*）、细螯虾、东方长眼虾（*Ogyrides orientalis*）、纹尾长眼虾（*O. striaticauda*）、脊尾白虾（*Exopalaemon carinicauda*）、葛氏长臂虾（*Palaemon gravieri*）、日本鼓虾（*Alpheus japonicus*）、鲜明鼓虾（*Alpheus distinguendus*）、刺螯鼓虾（*Alpheus hoplocheles*）、短脊鼓虾（*Alpheus breviristatus*）、双凹鼓虾（*A. bisincisus*）、鞭腕虾（*Lysmata* sp.）、水母虾、日本美人虾（*Callianassa japonica*）、扁尾美人虾（*C. petalura*）、伍氏蝼蛄虾（*Upogebia wuhsienweni*）、三疣梭子蟹（*Portunus trituberculatus*）、红星梭子蟹（*Portunus sanguinolentus*）、矛形梭子蟹（*P. hastatoides*）、纤手梭子蟹（*P. gracilimanus*）、锯缘青蟹（*Scylla serrata*）、变态蟳（*Charybdis variegate*）、日本蟳（*C. japonica*）、锈斑蟳（*C. feriatus*）、双斑蟳（*C. bimaculata*）、无刺口虾蛄（*Oratosquilla inornata*）、口虾蛄、断脊口虾蛄（*O. interrupta*）、饰尾绿虾蛄（*Clorida decorate*）、拉氏绿虾蛄（*C. latreillei*）、窝纹网虾蛄（*Dictyosquilla foveolata*）、龙头鱼（*Harpodon nehereus*）、尖尾鳗（*Uroconger lepturus*）、皮氏叫姑鱼、斑鳍白姑鱼（*Argyrosomus pawak*）、白姑鱼（*A. argentatus*）、大黄鱼（*Pseu dosciaena crocea*）、棘头梅童鱼（*Collichthys lucidus*）、孔鰕虎鱼（*Trypauchen vagina*）、触角沟鰕虎鱼（*Oxyurichthys tentacularis*）、小鳞沟鰕虎鱼（*O. micr olepis*）、褐菖鲉（*Sebastiscus marmoratus*）、鲬（*Platycephalus indicus*）、北原左鲆（*Laeops kitakarae*）、黑尾舌鳎（*Cynoglossus melampetalus*）、短吻舌鳎（*C. joyneri*）、半滑舌鳎（*Cynoglossus semilaevis*）和短吻三线舌鳎（*C. abbreviatus*）等（李荣冠，2010）。

（2）数量组成与分布

根据1990年5月、8月、11月，1991年2月及2000年8月和11月资料，三沙湾大型底栖生物4季平均生物量为17.98克/米^2，平均栖息密度124个/米^2。数量组成，生物量以棘皮动物居首位7.57克/米^2，多毛类居第二位3.72克/米^2；栖息密度以多毛类占第一位70个/米^2，甲壳动物占第二位30个/米^2。

三沙湾大型底栖生物数量分布不均匀。生物量夏季有2个高区，分别位于三都澳西北部和官井洋西南部，为100.00～500.00克/米^2；25.00～100.00克/米^{2}的站位主要分布在官井洋和东吾洋；5.00～25.00克/米^{2}的站位主要分布在三都岛南部和官井洋中部；0～5.00克/米^{2}的站位主要分布在三都澳东部和东吾洋中部。秋季，有2个高区，分别位于三都澳西北部和官井洋中部，为100.00～500.00克/米^2；25.00～100.00克/米^{2}的站位主要分布在官井洋和东吾洋西南部；5.00～25.00克/米^{2}的站位主要分布在东吾洋东部；0～5.00克/米^{2}的站位主要分布在三都岛周边海域。栖息密度，夏季最高出现在三都澳北部、官井洋和东吾洋北部，为250～1000个/米^2；低区出现在三都澳东部，0～10个/米^2；余下大多水域为50～250个/米^2。秋季最高出现在三都澳东北部、官井洋北部和东吾洋的西南部、东部和东北部，为 250～1000 个/米^2；50～250 个/米^2 站位主要分布在三都岛西部和南部、官井洋南部和东吾洋的北部和东北部（李荣冠，2010）。

（3）生态特征值

1）三都澳

三都澳大型底栖生物群落 I，物种丰富度指数 2.8101 和多样性指数 2.3164 分别较群落 II（0.6680 和 1.0400）高，均匀度指数（J）和优势度指数（D）分别为 0.8762 和 0.1551，较群落 II（0.9460 和 0.3750）低。群落 I，物种丰富度指数以 SS8 站位最高（3.3650），SS2 站位最低（1.9100）；物种多样性值指数以 SS6 站位最高（2.6000），SS5 站位最低（1.8900）；均匀度指数以 SS2 站位最高（0.9555），SS8 站位最低（0.8165）；优势度指数以 SS5 站位最高（0.2595），SS6 站位最低（0.1015）。群落 II，物种丰富度指数和多样性指数都较低，分别为 0.6680 和 1.0400；均匀度指数和优势度指数都较高，分别为 0.9406 和 0.3750（表 2-15）（李荣冠，2010）。

表 2-15　三沙湾大型底栖生物群落生态特征值

海区	站位	物种丰富度指数	物种多样性指数	均匀度指数	优势度指数
三都澳	SS1	2.650 0	2.310 0	0.874 5	0.155 7
	SS2	1.910 0	2.090 0	0.955 5	0.145 0
	SS3	2.900 0	2.300 0	0.835 0	0.155 5
	SS4	3.175 0	2.520 0	0.880 0	0.120 6
	SS5	2.330 5	1.890 0	0.877 5	0.259 5
	SS6	3.340 0	2.600 0	0.894 5	0.101 5
	SS8	3.365 0	2.505 0	0.816 5	0.148 0
	群落 I	2.810 1	2.316 4	0.876 2	0.155 1
	SS7	0.668 0	1.040 0	0.946 0	0.375 0
	群落 II	0.668 0	1.040 0	0.946 0	0.375 0
官井洋	SG5	0.958 0	1.380 0	0.856 0	0.302 0
	SG6	2.240 0	1.930 0	0.761 0	0.212 5
	SG1	1.275 5	1.231 5	0.603 5	0.482 5
	SG2	1.930 0	1.995 0	0.865 5	0.178 5
	SG3	3.385 0	1.995 0	0.641 0	0.253 0
	群落 I	1.957 7	1.706 3	0.745 4	0.285 7
	SG4	0.882 0	1.240 0	0.896 0	0.333 0
	群落 II	0.882 0	1.240 0	0.896 0	0.333 0
东吾洋	SD2	1.466 0	1.551 0	0.743 0	0.373 0
	SD3	2.435 0	2.270 0	0.917 5	0.132 0
	SD4	1.985 0	2.140 0	0.977 0	0.125 0
	SD5	1.959 0	1.940 0	0.890 0	0.191 0
	SD6	2.560 0	2.200 0	0.820 0	0.163 5
	SD7	2.535 0	2.205 0	0.869 0	0.156 0
	SD9	2.860 0	2.220 0	0.786 5	0.181 0
	群落 I	2.257 1	2.075 1	0.857 6	0.188 8
	SD1	2.585 0	2.275 0	0.829 0	0.159 8
	SD8	1.575 0	1.825 0	0.905 5	0.198 0
	SD10	4.300 0	2.640 0	0.821 0	0.133 0
	群落 II	2.820 0	2.246 7	0.851 8	0.163 6

2）官井洋

官井洋大型底栖生物群落Ⅰ，物种丰富度指数 1.9577 和物种多样性指数 1.7063 分别较群落Ⅱ（0.8820 和 1.2400）高，均匀度指数和优势度指数分别为 0.7454 和 0.2857，较群落Ⅱ（0.8960 和 0.3330）低。群落Ⅰ，物种丰富度指数以 SG3 站位最高（3.3850），SG5 站位最低（0.9580）；物种多样性指数以 SG2 和 SG3 站位最高（分别为 1.9950），SG1 站位最低（1.2315）；均匀度指数以 SG2 站位最高（0.8655），SG1 站位最低（0.6035）；优势度指数以 SG1 站位最高（0.4825），SG2 站位最低（0.1785）。群落Ⅱ的各参数值见表 2-16。

3）东吾洋

东吾洋大型底栖生物群落Ⅰ，物种丰富度指数 2.2571 和物种多样性指数 2.0751 分别较位于湾口的群落Ⅱ（2.8200 和 2.2467）低，均匀度指数和优势度分别为 0.8576 和 0.1888，较群落Ⅱ（0.8518 和 0.1636）高。群落Ⅰ，物种丰富度指数以 SD9 站位最高（2.8600），SD2 站位最低（1.4660）；物种多样性指数以 SD3 站位最高（2.2700），SD2 站位最低（1.5510）；均匀度指数以 SD3 站位最高（0.9175），SD2 站位最低（0.7430）；优势度指数以 SD2 站位最高（0.3730），SD4 站位最低（0.1250）。群落Ⅱ，物种丰富度指数和物种多样性指数以 SD10 站位最高，分别为 4.3000 和 2.6400；均匀度指数和优势度指数分别以 SD8 站位最高，分别为 0.9055 和 0.1980（表 2-16）。

7. 潮间带生物

（1）种类组成

2005 年 9 月和 2006 年 4 月，三沙湾潮间带生物有 198 种，其中春季（145 种）高于秋季（120 种）。

2005 年 9 月，甲壳动物为潮间带生物主要类群，共有 52 种，依次为软体动物、多毛类、其他动物和棘皮动物，分别有 38 种、19 种、8 种和 3 种。优势种有珠带拟蟹守螺、短拟沼螺（*Assiminea brevicula*）、弧边招潮、秀丽长方蟹、宽身闭口蟹（*Cleistostoma dilatatum*）、日本大眼蟹［*Macrophthalmus*（*Mareotis*）*japonicus*］、双扇股窗蟹（*Scopimera bitympana*）、扁平岩虫（*Marphysa depressa*）等。常见的种类还有不倒翁虫、长吻沙蚕、加州齿吻沙蚕、异足索沙蚕、日本角吻沙蚕（*Goniada japonica*）、泥螺（*Bullacta exarata*）、纵肋织纹螺［*Nassarius*（*Varicinassa*）*variciferus*］、缢蛏、彩虹明樱蛤、鲜明鼓虾、刺螯鼓虾（*Alpheus hoplocheles*）、悦目大眼蟹［*M.*（*Mareotis*）*erato*］、淡水泥蟹、宁波泥蟹（*I. ningpoensis*）、弹涂鱼（*Periophthalmus cantonensis*）和红狼牙鰕虎鱼（*Odontamblyopus rubicundus*）等。

2006 年 4 月，软体动物为潮间带生物主要类群，共有 59 种，依次为甲壳动物、多毛类、棘皮动物和其他动物，分别为 37 种、29 种、14 种和 6 种。优势种有缢蛏、彩虹明樱蛤、薄云母蛤、光滑河蓝蛤（*Potamocorbula laevis*）、珠带拟蟹守螺、短拟沼螺、鲜明鼓虾、刺螯鼓虾、沙蟹、日本大眼蟹、宁波泥蟹、背褶沙蚕（*Tambalagamia fauveli*）、似蛰虫、长吻沙蚕、异足索沙蚕和鰕虎鱼等。常见的还有泥螺、纵肋织纹螺、淡水泥蟹、悦目大眼蟹、弧边招潮、日本角吻沙蚕、海棒槌（*Paracaudina chilensis*）、弹涂鱼等。

（2）栖息密度

2005年9月三沙湾潮间带生物平均栖息密度为85.7个/米²。其中，软体动物栖息密度最大，为51.6个/米²，占总密度的60.21%；依次为甲壳动物19.8个/米²，占23.10%；多毛类7.3个/米²，占8.52%；棘皮动物5.2个/米²，占6.07%；其他动物1.8个/米²，占2.10%。软体动物栖息密度优势种有珠带拟蟹守螺、短拟沼螺，甲壳动物则是弧边招潮、秀丽长方蟹、宽身闭口蟹、日本大眼蟹、双扇股窗蟹，多毛类有扁平岩虫、不倒翁虫，棘皮动物有海棒槌等（图2-34）。数量垂直分布，高潮区栖息密度以东冲口断面最高为324个/米²，其次为金蛇头和三都澳断面，分别为260个/米²和180个/米²，最低是沙江断面，为36个/米²；中潮区栖息密度最高的是白马港断面，为152个/米²，最低是漳湾断面，为28个/米²；低潮区栖息密度的是最高三都澳断面，为60个/米²，最低的是溪南断面为4个/米²。

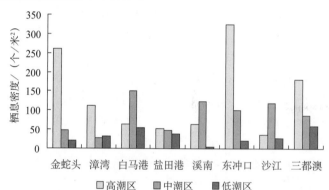

图2-34　2005年9月三沙湾潮间带生物高、中、低潮区栖息密度

2006年4月三沙湾潮间带生物平均栖息密度为262.9个/米²。其中，软体动物栖息密度最大，为167.5个/米²，占总生物密度的63.71%；依次为多毛类动物为58.2个/米²，占22.14%；甲壳类动物为31.2个/米²，占11.87%；其他动物为4.2个/米²，占1.60%；棘皮动物为1.8个/米²，占0.68%。软体动物栖息密度优势种有缢蛏、彩虹明樱蛤、薄云母蛤、光滑河蓝蛤、珠带拟蟹守螺、短拟沼螺，甲壳动物则为鲜明鼓虾、刺螯鼓虾、沙蟹、日本大眼蟹，多毛类动物则为背褶沙蚕、似蛰虫、长吻沙蚕、异足索沙蚕，其他动物有鰕虎鱼等（图2-35）。数量垂直分布，高潮区栖息密度以盐田港断面最高，为568个/米²；其次是金蛇头和东冲口断面，分别为352个/米²和288个/米²；最低的是沙江断面，为64个/米²。中潮区栖息密度最高的是漳湾断面，为1356个/米²；最低的是三都澳断面，为76个/米²。低潮区栖息密度最高的是盐田港断面，为596个/米²；最低的是沙江断面和三都澳断面，均为80个/米²。2006年4月潮间带生物栖息密度潮区变化为中潮区＞低潮区＞高潮区。

（3）生物量

2005年9月三沙湾潮间带生物平均生物量为48.57克/米²。其中甲壳动物最高，为25.37克/米²，占总生物量的52.23%。其次为软体动物，为18.12克/米²，占

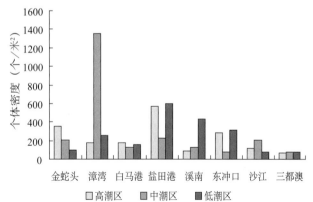

图 2-35 2006 年 4 月三沙湾潮间带生物高、中、低潮区栖息密度

37.41％。其余依次是棘皮动物 2.20 克/米²，占 4.53％；其他动物 1.80 克/米²，占 3.71％；多毛类动物 1.03 克/米²，占 2.12％。优势种有日本大眼蟹、双扇股窗蟹、弧边招潮、宽身闭口蟹、活额寄居蟹、沈氏长方蟹（*Metaplax sheni*）、清白招潮［*Uca* (*Celuca*) *lactea*］、珠带拟蟹守螺、青蛤、异足索沙蚕、海棒槌、海豆芽和红狼牙鰕虎鱼（图 2-36）。生物量垂直分布，高潮区以东冲口断面最高，为 124.4 克/米²；盐田港断面最低，为 14.8 克/米²。中潮区白马港断面最高，为 84.4 克/米²；漳湾断面最低，为 10.8 克/米²。低潮区盐田港断面最高，为 184.8 克/米²；溪南断面最低，为 1.2 克/米²。

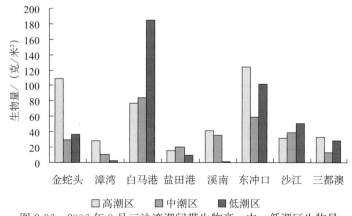

图 2-36 2006 年 9 月三沙湾潮间带生物高、中、低潮区生物量

2006 年 4 月三沙湾潮间带生物平均生物量为 61.50 克/米²。其中甲壳动物最高，为 24.06 克/米²，占总生物量的 39.12％；其次是软体动物，为 19.38 克/米²，占 31.51％；其他动物为 9.9 克/米²，占 16.10％；多毛类动物为 4.55 克/米²，占 7.40％；棘皮动物为 3.61 克/米²，占 5.87％。优势种有弧边招潮、日本大眼蟹、鲜明鼓虾、沙蟹、锯眼泥蟹、珠带拟蟹守螺、缢蛏、彩虹明樱蛤、异足索沙蚕、歪刺锚参（*Protankyra asymmetrica*）、弹涂鱼和矛尾鰕虎鱼（图 2-37）。生物量垂直分布，高潮区白马港断面最高（124.4 克/米²），三都澳断面最低（27.3 克/米²）；中潮区沙江断面最高（205.20 克/米²），盐田港断面最低（31.60 克/米²）；低潮区漳湾断面最高（71.6

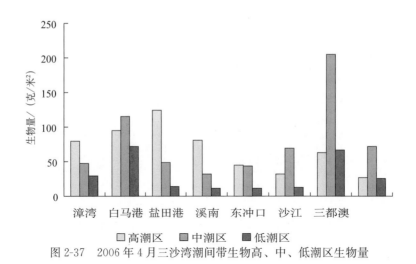

图 2-37　2006 年 4 月三沙湾潮间带生物高、中、低潮区生物量

克/米^2），盐田港断面最低（10.98 克/米^2）。2006 年 4 月潮间带生物生物量潮区变化为中潮区＞高潮区＞低潮区。

（4）生态特征值

2005 年 9 月，三沙湾潮间带生物高、中、低潮区的物种丰富度指数、多样性指数、均匀度指数和优势度指数范围值分别为 0.61～1.84、0.75～2.75、0.32～0.98 和 0.38～0.96；平均值分别为 1.17、1.90、0.82 和 0.68。2006 年 4 月，高、中、低潮区的物种丰富度指数、多样性指数、均匀度指数和优势度指数范围值分别为 0.50～3.57、1.27～3.93、0.34～0.98 和 0.25～0.94；平均值分别为 1.93、2.49、0.73、0.64（表 2-16）。

表 2-16　2005 年 9 月和 2006 年 4 月三沙湾潮间带生物生态特征值

生态特征值	物种丰富度指数		物种多样性指数		均匀度指数		优势度指数	
	9 月	4 月	9 月	4 月	9 月	4 月	9 月	4 月
最小值	0.61	0.50	0.75	1.27	0.32	0.34	0.38	0.25
最大值	1.84	3.57	2.75	3.93	0.98	0.98	0.96	0.94
平均值	1.17	1.93	1.98	2.49	0.82	0.73	0.66	0.64

物种多样性指数较高的有漳湾、盐田港断面的高潮区、中潮区，白马港、盐田港、沙江断面的低潮区，其中盐田港断面的高、中、低潮区的多样性指数高，物种丰富；多样性指数较低的有金蛇头、东冲口、沙江断面的高潮区，金蛇头、白马港、溪南断面的中潮区，东冲口、沙江断面的低潮区，其中东冲口断面的高、中、低潮区的多样性指数低，物种较贫乏（图 2-38）。

2006 年 4 月，物种多样性指数较高的有白马港、东冲口断面的高潮区，白马港、溪南、东冲口、沙江的中潮区，以及金蛇头、白马港、溪南、东冲口、沙江、三都澳断面的低潮区，白马港和东冲口断面的高、中、低潮区的多样性指数较高，物种较丰富；盐田港断面的高、中、低潮区的多样性指数较低，物种较贫乏（图 2-39）。

2005 年 9 月，潮间带高、中、低潮区种类均匀度指数较高的为漳湾和盐田港断面，

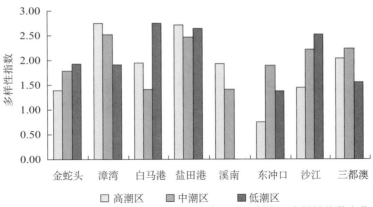

图 2-38　2005 年 9 月三沙湾潮间带生物高、中、低潮区多样性指数变化

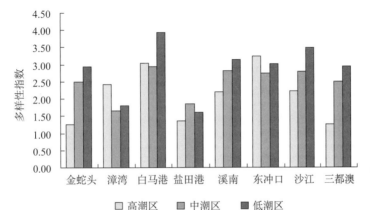

图 2-39　2006 年 4 月三沙湾潮间带生物高、中、低潮区多样性指数变化

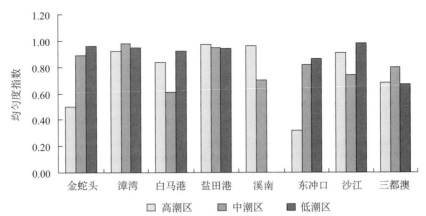

图 2-40　2006 年 9 月三沙湾潮间带生物高、中、低潮区均匀度指数变化

分布相对较均匀；金蛇头、东冲口的高潮区的均匀度指数相对较低，分布不均匀（图 2-40）。2006 年 4 月，潮间带断面中，高、中、低潮区种类均匀度指数较高的为白马港、溪南、东冲口、沙江和三都澳断面，分布相对较均匀；漳湾和盐田港的高中低潮区的种

类均匀度指数相对较低，分布不均匀（图 2-41）。

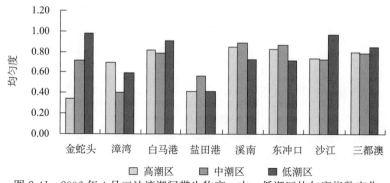

图 2-41　2006 年 4 月三沙湾潮间带生物高、中、低潮区均匀度指数变化

8. 渔业资源

三沙湾是多种渔业品种索饵、产卵、仔稚鱼生长的场所，主要鱼类有大黄鱼、马鲛鱼（*Scombermorus* sp.）、带鱼（*Trichiurus haumela*）、石斑鱼（*Epinephelus* sp.）、鲳鱼（*Pampus chinensis*）、海鳗（*Muraenesox cinereus*）、龙头鱼、棘头梅童鱼、鲻鱼（*Mugil cephalus*）、鳎鱼（*Cynoglossus* sp.）和小公鱼（*Stolephorus chinensis*）等。贝类主要种有牡蛎、菲律宾蛤仔、泥蚶、缢蛏、凸壳肌蛤、贻贝、文蛤、扇贝、泥螺、杂色蛤、蓝蛤、棒锥螺（*Turritella bacillum*）等。甲壳动物，主要种有长毛对虾〔*P.(F.) penicillatus*〕、中国对虾〔*Penaeus (Fenner openaeus) chinensis*〕、日本对虾〔*P. (Marsupenaeus) japonicus*〕、哈氏仿对虾（*Parapenaeopsis hardwickii*）、周氏新对虾（*Metapenaeus joyneri*）、中华管鞭虾（*Solenocera crassicornis*）、鹰抓虾、毛虾、梭子蟹、锯缘青蟹（*Scylla serrata*）、虾蛄、日本大眼蟹和长足长方蟹等。经济藻类以海带、紫菜、浒苔、裙带菜和石花菜等为常见种。

三、 滨海湿地环境质量

湿地环境质量评价是湿地保护的基础，通过评价湿地生态环境质量及其发展趋势，为湿地生态系统保护和恢复提供理论依据。

（一）滨海湿地环境质量评价方法

1. 评价方法

滨海湿地环境质量评价采用单因子环境质量指数法与营养指数法相结合的评价方法。

（1）单因子环境质量指数法

计算公式为

$$P_i = \frac{C_i}{S_i}$$

式中，P_i 为环境质量指数；C_i 为 i 污染因子在环境中的实测浓度；S_i 为 i 污染因子的环境质量标准值。环境质量指数是无量纲数，表示污染物在环境中实际浓度超过评价标准的程度，即超标倍数。P_i的数值越大表示该单项的污染质量越差。

（2）营养指数法

水体富营养化是水体衰老的一种表现，随着有机质和营养盐的不断输入，当其含量超过该生态系统的自净能力时，水体就出现富营养化，一般认为，造成海洋水体富营养化的主要物质是有机质、氮、磷。本书采用营养指数的大小来表示该水域的富营养化状况，计算公式如下：

$$E = COD \times 无机氮 \times 无机磷 \times 10^6 / 4500$$

单位为毫克/分米^3，如$E \geqslant 1$，则水体呈富营养化状态。E值越高，富营养化程度越严重。

2. 评价内容与标准

水质评价因子有 pH、DO、COD_{Mn}、无机氮、活性磷酸盐、石油类、重金属（铜、铅、锌、镉、汞）、砷，评价标准为《中华人民共和国国家标准海水水质标准》（GB3097—1997）。

沉积物评价因子有硫化物、有机碳、石油类、重金属（铜、铅、锌、镉、汞）、砷，评价标准为《中华人民共和国国家标准海洋沉积物质量》（GB18668—2002）。

海洋生物体质量评价因子为赤潮毒素（DSP、PSP）、PCB、DDT、六六六、石油类、重金属（铜、铅、锌、镉、汞）、砷，评价标准为《中华人民共和国国家标准海洋生物质量》（GB18421—2001）。

（二）污染源

三沙湾面源污染源强 COD_{Cr} 为 159 064.65 吨/年。其中，水产养殖、生活污染、水土流失占绝大比重。总氮排放量为 12 808.72 吨/年，主要污染源为水产养殖和化肥污染。总磷排放量为 1228.54 吨/年，以水产养殖、化肥和生活污染为主。石油类污染主要来源于船舶排放，年排放量 57.08 吨/年。污染主要来自水产养殖，水产养殖 COD 排放强度为 155 463.27 吨/年，占总强度的 97％多。水产养殖总氮排放强度为 9181.11 吨/年，占总强度的 72％。水产养殖总磷强度为 891.6 吨/年，占总强度的 73％。三沙湾入海污染物源强汇总见表 2-17。

表 2-17 三沙湾入海污染物源强汇总表

污染源	污染物总量/（吨/年）			
	COD_{Cr}	总氮	总磷	石油类
水产养殖	154 463.27	9 181.11	891.6	
船舶污染	51.88	17.63	0.42	57.08
水土流失	1 392.38	196.58	23.75	
生活污染	1 481.47	350.5	73.85	
畜禽养殖	675.65	302.1	69.12	
化肥污染		2 760.8	169.8	
合计	159 064.65	12 808.72	1 228.54	57.08

（三）潮间带环境质量

1. 沉积物环境质量

（1）现状评价

2005 年三沙湾潮间带表层沉积物硫化物和镉含量高值出现在东吾洋霞浦沙江断面，有机碳、铜、锌和油类含量高值出现在覆鼎洋附近的霞浦溪南断面，溪南断面附近为港口区，船舶频繁作业可能对当地环境造成严重影响，铅、汞和砷高值则出现在福安白马港断面。铜、铅、砷、汞和有机碳的低值出现在湾口附近霞浦东冲口断面，油类和硫化物含量漳湾断面较低，锌和镉低值则出现在三都澳断面。东吾洋、白马港及霞浦溪南镇附近的潮间带沉积物质量相对较差，而湾口和三都澳南岸的漳湾及三都澳环境相对较好。潮间带沉积环境质量各评价因子中，硫化物、石油类、砷、镉和汞含量均满足海洋沉积物质量第一类标准，主要超标因子为有机碳、铜、铅和锌，其海洋沉积物质量第一类标准的超标率分别为 16.7%、4.2%、4.2% 和 4.2%，但均可满足海洋沉积物质量第二类标准（表 2-18）。

表 2-18   三沙湾表层沉积物质量监测与评价结果

项目	样品数	监测结果/10^{-6}		P_i		超标率/%
		范围	均值	范围	均值	
有机碳	24	0.0086~0.0293	0.0148	0.43~1.47	0.74	16.7
硫化物	24	0.0~149.6	45.6	0.00~0.50	0.15	0
石油类	24	15.0~122.1	43.9	0.03~0.24	0.09	0
砷	24	10.71~13.84	12.47	0.54~0.69	0.62	0
铜	24	17.39~35.07	25.88	0.50~1.00	0.74	4.2
铅	24	17.89~61.63	46.19	0.30~1.03	0.77	4.2
锌	24	97.07~156.51	115.34	0.65~1.04	0.77	4.2
镉	24	0.000~0.135	0.092	0.00~0.27	0.18	0
汞	24	0.037~0.067	0.050	0.19~0.34	0.25	0

（2）回顾分析评价

三沙湾潮间带沉积物历史变化数据，从 20 世纪 80 年代全国海岸带和海涂资源调查至今，三沙湾潮间带表层沉积物有机碳、硫化物、石油类和重金属含量（铜、汞、锌、铅和镉）均符合海洋沉积物质量一类标准。除了锌和汞较以往有小幅下降外，其他沉积物指标有不同幅度的增长，尤其硫化物和石油类含量，较以往有了较大幅度的增加（表 2-19）。三沙湾潮间带沉积环境质量一直保持良好状态，尽管水产养殖、港口建设和海上运输加大造成部分污染物浓度明显上升，但目前仍处于合理范围内。

表 2-19   三沙湾潮间带沉积物各项指标历史变化

项目	有机质/%	硫化物/10^{-6}	石油类/10^{-6}	铜/10^{-6}	锌/10^{-6}	铅/10^{-6}	镉/10^{-6}	汞/10^{-6}
1985 年	1.16	2.95	14	24.6	120	37.5	0.046	0.77
2005 年	1.48	39.9	43.9	25.88	115.34	46.19	0.088	0.05

续表

项目	有机质/%	硫化物/10^{-6}	石油类/10^{-6}	铜/10^{-6}	锌/10^{-6}	铅/10^{-6}	镉/10^{-6}	汞/10^{-6}
第一类标准	2.0	300.0	500.0	35.0	150.0	60.0	0.50	0.20
变化	增加	大幅增加	大幅增加	增加	降低	增加	增加	降低

2. 生物体质量

（1）现状评价

2005年10月和2006年4月，根据三沙湾潮间带生物（牡蛎、缢蛏和海带）质量监测与评价结果，三沙湾生物质量各评价因子中，锌、汞、六六六、多氯联苯（PCB）和赤潮毒素（DSP、PSP）含量均可满足海洋生物质量第一类标准，但牡蛎生物体砷、铜、铅和镉含量超标较为严重（表2-20）。

表 2-20　三沙湾潮间带生物质量监测与评价结果

项目	2005年10月 牡蛎		2006年4月 缢蛏		海带		贝类生物海洋生物质量第一类标准
	监测值	P_i	监测值	P_i	监测值	P_i	
铜	71.7	7.17	0.54	0.05	6.39	0.64	10
铅	0.26	2.6	0.1	1	0.4	4	0.1
锌	0.12	0.01	5.5	0.28	10.2	0.51	20
镉	0.71	3.55	0.51	2.55	0.41	2.05	0.2
汞	0.008	0.16	0.012	0.24	0.016	0.32	0.05
砷	2.76	2.76	0.28	0.28	0.07	0.07	1
六六六	ND	—	ND	—	ND	—	0.02
DDT	0.000 63	0.06	0.000 01	0.000 1	0.000 001	0	0.01
PCB	0.001 46	0.01	0.000 001	0.00	ND	—	0.1
PSP	<0.35	<0.44	ND	—	ND	—	0.8
DSP	<0.2	<0.001	ND	—	ND	—	200

（2）回顾分析评价

三沙湾缢蛏体中砷、汞、六六六、DDT、PCB的含量有所下降，这与污染源的减少有关；镉、铅的污染程度有波动，尤其镉含量总体上升，可能与这些重金属元素的污染源变化波动有关（表2-21）。三沙湾海域很少出现赤潮，海域的浮游植物有毒藻类较少，海洋生物体中没有富集成贝毒，或者体内贝毒含量不超过海洋生物质量第一类标准。

表 2-21　三沙湾缢蛏生物质量历史数据统计　　　　（单位：毫克/千克）

污染物	1998年	2003年	2006年
砷	3.07	2.86	0.28
汞	0.031	0.012	0.012
镉	0.14	0.081	0.51
铅	0.25	0.49	0.1
六六六		<0.01	ND
DDT	0.018	<0.01	0.006 2
PCB	0.014	<0.01	0.000 8

（四）浅海环境质量

1. 水体环境质量

（1）现状评价

2005年9月，三沙湾表层水体环境质量各评价因子中，pH、DO、COD_{Mn}、砷、铜、铅、锌、镉和汞含量均可满足海水水质第二类标准（表2-22）。主要超标因子为无机氮、活性磷酸盐和石油类。表层水体无机氮海水水质第二类标准的超标率为73.7%，海水水质第三类标准的超标率为73.7%，海水水质第四类标准的超标率是42.1%，除了东冲半岛和东吾洋海域无机氮含量较低外，其余站点测值均较高，各测站之间差别较小。活性磷酸盐超标现象较为普遍，表层水体按海水水质第二类、第三类、第四类标准评价，其超标率分别为78.9%、78.9%和15.8%，活性磷酸盐含量高值区出现在漳湾、三都岛以南及东吾洋东北部海域，低值位于白马港、盐田港和三都岛北部海域。石油类海水水质第二类标准的超标率为68.4%，但均可满足海水水质第三类标准，含量高值出现在东吾洋和三都岛南部海域，低值则位于东冲半岛附近和三都岛北部海域。

表2-22　三沙湾2005年9月浅海表层水体环境评价结果

项目	样品数	测量结果（毫克/升）		P_i		超标率/%
		范围	均值	范围	均值	
pH	19	7.82～8.09	7.96	0.55～0.73	0.64	0
DO	19	5.16～6.49	5.78	0.501～0.94	0.73	0
COD_{Mn}	19	0.16～0.42	0.23	0.05～0.14	0.07	0
无机氮	19	0.175～0.621	0.428	0.58～2.07	1.46	73.7
活性磷酸盐	19	0.018～0.051	0.036	0.60～1.69	1.18	78.9
石油类	19	0.034～0.094	0.056	0.7～1.9	1.1	68.4
砷	19	$0.98×10^{-3}$～$1.84×10^{-3}$	$1.47×10^{-3}$	0.03～0.06	0.05	0
铜	18	ND～$4.62×10^{-3}$	$2.18×10^{-3}$	0.00～0.46	0.22	0
铅	16	ND～$4.35×10^{-3}$	$1.3×10^{-3}$	0.00～0.87	0.26	0
锌	19	$4.19×10^{-3}$～$48.39×10^{-3}$	$18.98×10^{-3}$	0.08～0.97	0.38	0
镉	16	ND～$0.19×10^{-3}$	$0.07×10^{-3}$	0.00～0.04	0.01	0
汞	19	$0.007×10^{-3}$～$0.065×10^{-3}$	$0.019×10^{-3}$	0.04～0.33	0.09	0

2006年4月，三沙湾表层水体环境质量各评价因子中，pH、DO、COD_{Mn}、砷、

铜、铅、镉和汞含量均可以满足海水水质第二类标准（表 2-23）。主要超标因子为无机氮、活性磷酸盐、石油类和锌。表层水体无机氮超标现象相当普遍，海水水质第二类、第三类、第四类标准的超标率为 100%、84.2% 和 68.4%，含量高值出现在三都岛东部和南部，低值区位于东冲口附近和东吾洋海域。表层水体活性磷酸盐按海水水质第二类、第三类标准评价，其超标率为 31.5%，但均可以满足海水水质第四类标准，东冲口和东吾洋大部分海域活性磷酸盐含量低，东吾洋东北部及其他海域含量相对较高。石油类海水水质第二类标准的超标率为 94.7%，但均可满足海水水质第三类标准，含量高值出现在东吾洋、各河口入海口附近和三都岛的北部海域，低值则位于东冲半岛附近和三都岛南部海域。锌仅在春季出现超标现象，超标率为 5.3%。

表 2-23 三沙湾 2006 年 4 月浅海表层水体环境评价结果

项目	样品数	测量结果/（毫克/升）		Pi		超标率/
		范围	均值	范围	均值	%
pH	19	8.02～8.29（无单位）	8.19	0.68～0.86	0.79	0
DO	19	7.98～9.02	8.38	0.17～0.36	0.28	0
COD_{Mn}	19	0.17～0.82	0.32	0.06～0.27	0.11	0
无机氮	19	0.359～0.715	0.539	1.2～2.38	1.80	100
活性磷酸盐	19	0.020～0.041	0.029	0.67～1.37	0.97	31.5
石油类	19	0.048～0.090	0.073	0.97～1.8	1.47	94.7
砷	19	$1.31×10^{-3}～1.80×10^{-3}$	$1.52×10^{-3}$	0.04～0.06	0.05	0
铜	18	$0.60×10^{-3}～5.44×10^{-3}$	$2.26×10^{-3}$	0.06～0.54	0.23	0
铅	19	$0.10×10^{-3}～1.75×10^{-3}$	$0.78×10^{-3}$	0.02～0.35	0.15	0
锌	19	$12.76×10^{-3}～108.28×10^{-3}$	$38.93×10^{-3}$	0.26～2.17	0.78	5.3
镉	19	$ND～0.194×10^{-3}$	$0.062×10^{-3}$	0.00～0.40	0.01	0
汞	19	$0.009×10^{-3}～0.141×10^{-3}$	$0.038×10^{-3}$	0.05～0.71	0.1	0

（2）回顾分析评价

三沙湾海水中的无机氮、活性磷酸盐和石油类含量呈持续上升的趋势，20 世纪 90 年代开始出现超标现象，且逐年加剧，2006 年超标现象十分显著（图 2-42）。根据历史数据，重金属含量基本符合海水水质第二类标准。其中，铜、铅、镉等含量显著升高，DO 和 COD_{Mn} 均符合海水水质第二类标准，浓度大体呈下降趋势。三沙湾水体环境质量良好，但无机氮、活性磷酸盐及石油类等含量呈明显上升趋势。营养盐的迅速升高与滩涂围垦造成的水产养殖规模扩大、生活污水和工业污水排放量增加有

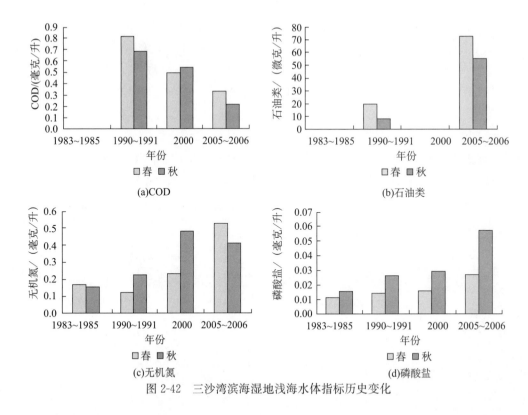

图2-42 三沙湾滨海湿地浅海水体指标历史变化

关，也可能与农田大量使用化肥、非点源污染的程度加重有关。由于三沙湾天然良港的优越条件，港口和拆船厂发展迅速，航运量增加，石油类污染物入海已对三沙湾造成一定的污染影响。

（3）海区富营养化分析

一般用营养指数 E 的大小来表示该水域的富营养化状况，计算公式如下：

$$E = COD \times 无机氮 \times 无机磷 \times 10^6 / 4500$$

单位为毫克/分米^3，如 $E \geqslant 1$，则水体呈富营养化状态。E 值越高，富营养化程度越严重。

2005 年 9 月三沙湾表层海水营养指数为 0.264～1.716，平均约为 0.782，T08 站营养指数最高，该站位于三都岛与青山岛中间；营养指数超过 1.0 的站位多数位于三都岛附近海域，低值区主要分布在湾口和东吾洋内大部分海域，营养指数大多在 0.4 以下。底层海水营养指数为 0.153～1.559，平均值为 0.653，最大值位于 T07 站，该站位于三都岛与长腰岛之间（表 2-24）。相应站位的底层营养指数低于表层，表明底层水质优于表层。秋季三沙湾表层整体水质未超过富营养化状态值，但湾内部分海域，如三都岛周边海域营养指数高，多数已富营养化的站位位于该海域；底层水质较好，仅个别站位（如 T07 站）呈富营养化状态。

表 2-24　三沙湾秋季营养指数值

层次	站号	监测结果/（毫克/分米³）			营养指数	水质评价
		COD	无机氮	活性磷酸盐		
表层	T01	0.29	0.192	0.031	0.386	正常
	T02	0.18	0.259	0.036	0.368	正常
	T03	0.18	0.200	0.033	0.264	正常
	T04	0.22	0.175	0.035	0.301	正常
	T05	0.16	0.226	0.041	0.327	正常
	T06	0.20	0.415	0.049	0.909	正常
	T07	0.25	0.514	0.039	1.114	呈富营养化状态
	T08	0.42	0.459	0.040	1.716	呈富营养化状态
	T09	0.18	0.532	0.047	0.993	正常
	T10	0.16	0.492	0.028	0.481	正常
	T11	0.30	0.582	0.027	1.032	呈富营养化状态
	T12	0.26	0.621	0.031	1.109	呈富营养化状态
	T13	0.22	0.604	0.051	1.497	呈富营养化状态
	T14	0.21	0.548	0.036	0.907	正常
	T15	0.16	0.518	0.022	0.410	正常
	T16	0.20	0.448	0.018	0.361	正常
	T17	0.22	0.466	0.039	0.881	正常
	T18	0.22	0.441	0.039	0.841	正常
	T19	0.27	0.449	0.036	0.957	正常
	平均	0.23	0.428	0.036	0.782	正常
底层	T01	0.13	0.178	0.030	0.153	正常
	T02	0.16	0.210	0.033	0.248	正常
	T03	0.19	0.171	0.032	0.234	正常
	T04	0.17	0.306	0.054	0.622	正常
	T07	0.43	0.452	0.036	1.559	呈富营养化状态
	T09	0.18	0.447	0.039	0.692	正常
	T10	0.18	0.510	0.028	0.567	正常
	T11	0.22	0.570	0.036	0.997	正常
	T12	0.29	0.482	0.028	0.854	正常
	T17	0.18	0.451	0.039	0.709	正常
	T18	0.16	0.420	0.036	0.544	正常
	平均	0.21	0.381	0.036	0.653	正常

　　2006 年 4 月表层营养指数为 0.278～3.572，平均约为 1.184，盐田港内的 T11 站营养指数最高，其次是漳湾附近的 T13 站，营养指数均超过 3.0；春季海区有 7 个站位已呈富营养化状态，站位多数位于三都岛南、北两侧海域，低值区主要在湾口、青山岛以东海域和东吾洋部分海域。底层海水营养指数为 0.285～3.043，平均值为 1.081，高值区仍主要在三都岛南北两侧海域，低值区在湾口（表 2-25）。春季，三沙湾表层和底层水体整体营养指数超过了阈值，海区呈富营养化状态，对应站位一般均为底层水质优

于表层，三都岛附近海域富营养状态明显，而湾口指数较低。

表 2-25　三沙湾春季营养指数值

层次	站号	监测结果／（毫克／分米³）			营养指数	水质评价
		COD	无机氮	活性磷酸盐		
表层	T01	0.17	0.360	0.021	0.278	正常
	T02	0.27	0.372	0.021	0.469	正常
	T03	0.21	0.411	0.023	0.443	正常
	T04	0.47	0.492	0.020	1.037	呈富营养化状态
	T05	0.17	0.500	0.021	0.402	正常
	T06	0.22	0.384	0.040	0.757	正常
	T07	0.19	0.631	0.025	0.676	正常
	T08	0.18	0.715	0.029	0.841	正常
	T09	0.45	0.703	0.035	2.453	呈富营养化状态
	T10	0.30	0.441	0.029	0.847	正常
	T11	0.82	0.508	0.039	3.572	呈富营养化状态
	T12	0.37	0.582	0.033	1.599	呈富营养化状态
	T13	0.63	0.564	0.041	3.254	呈富营养化状态
	T14	0.20	0.521	0.033	0.766	正常
	T15	0.40	0.520	0.030	1.388	呈富营养化状态
	T16	0.20	0.555	0.028	0.690	正常
	T17	0.25	0.666	0.027	0.992	正常
	T18	0.30	0.631	0.028	1.178	呈富营养化状态
	T19	0.20	0.693	0.028	0.863	正常
	平均	0.32	0.539	0.029	1.184	呈富营养化状态
底层	T01	0.23	0.326	0.019	0.317	正常
	T02	0.17	0.368	0.021	0.285	正常
	T03	0.45	0.415	0.023	0.946	正常
	T04	0.40	0.577	0.022	1.108	呈富营养化状态
	T07	0.38	0.635	0.023	1.223	呈富营养化状态
	T09	0.35	0.674	0.033	1.708	呈富营养化状态
	T10	0.33	0.341	0.028	0.705	正常
	T11	0.92	0.506	0.029	3.043	呈富营养化状态
	T12	0.28	0.500	0.033	1.024	呈富营养化状态
	T17	0.19	0.591	0.028	0.691	正常
	T18	0.26	0.595	0.025	0.842	正常
	平均	0.36	0.502	0.026	1.081	呈富营养化状态

三沙湾海水无机氮和活性磷酸盐含量高，造成海区处于富营养化状态，呈富营养状态的站位多数位于三都岛周边海域，湾口指数值较低，秋季海区富营养化状况优于春季，底层水体优于表层。

2. 沉积物环境质量

（1）现状评价

2005 年三沙湾潮下带沉积环境质量各评价因子中，有机碳、硫化物、石油类、铜、铅、锌、镉、砷和汞含量均满足海洋沉积物质量第一类标准（表 2-26）。

表 2-26　三沙湾 2005 年 9 月潮下带沉积物质量监测与评价结果

（单位：＊为 10^{-2}，其他为 10^{-6}）

项目	样品数	监测结果/10^{-6}		P_i		超标率/%
		范围	均值	范围	均值	
有机碳	18	0.02～1.51*	0.86*	0.01～0.76	0.43	0
硫化物	18	10.3～197.4	62.8	0.03～0.66	0.21	0
石油类	18	10.2～184.8	40.1	0.02～0.37	0.08	0
砷	18	6.01～13.75	10.82	0.30～0.69	0.54	0
铜	18	3.95～32.57	20.68	0.11～0.93	0.59	0
铅	18	19.04～48.18	37.78	0.32～0.80	0.63	0
锌	18	45.41～127.48	99.20	0.30～0.85	0.66	0
镉	18	0.036～0.222	0.106	0.07～0.44	0.21	0
汞	18	0.014～0.072	0.042	0.07～0.36	0.21	0

（2）回顾分析评价

三沙湾潮下带沉积物主要污染物评价因子含量符合海洋沉积物质量第一类标准（表 2-27）。与 20 世纪 90 年代初港湾调查数据相比较，2005 年潮下带沉积物总氮、总磷、油类、锌、铅和镉含量较以往呈上升趋势，其中石油类大幅上涨；有机碳、硫化物、铜和汞含量则较以往略有下降。三沙湾潮下带沉积物环境一直保持良好状态。

表 2-27　三沙湾潮下带沉积物各项指标历史变化

调查时间	有机碳/%	总氮/%	总磷/%	硫化物/10^{-6}	油类/10^{-6}	铜/10^{-6}	锌/10^{-6}	铅/10^{-6}	镉/10^{-6}	汞/10^{-6}
1991 年	1.42	0.074	0.065	82.2	15.6	26.2	91.2	32.2	0.062	0.0475
2005 年	0.86	0.079	0.086	62.8	40.1	20.68	99.20	37.78	0.106	0.042
第一类标准	2.0	—	—	300	500	35.0	150.0	60.0	0.50	0.20
趋势	降低	增加	增加	降低	大幅增加	降低	增加	增加	增加	降低

（五）环境质量综合评价

1. 三沙湾潮间带环境质量

三沙湾潮间带沉积物环境良好，硫化物、石油类、砷、镉和汞含量均满足海洋沉积物质量第一类标准，有机碳、铜、铅和锌量略有超标，但可以满足海洋沉积物质量第二类标准，东吾洋、白马港及霞浦县溪南镇附近的潮间带沉积质量较差，湾口和三都澳附近的潮间带沉积质量较好。历史变化：三沙湾潮间带表层沉积物有机碳、硫化物、石油类和重金属含量（铜、汞、锌、铅和镉）的总体均值符合海洋沉积物质量第一类标准，除锌和汞较以往有了小幅度的下降外，其余评价因子均值呈现一定的上升趋势，硫化物和石油类含量增长明显较快。潮间带生物（缢蛏、牡蛎和海带）的评价结果，锌、汞、六六六、PCB 和赤潮毒素（DSP、PSP）含量均可满足海洋生物质量第一类标准，但牡蛎生物体砷、铜、铅和镉等重金属不同程度地超海洋生物质量第一类标准，缢蛏受污染程度的历史变化，镉含量总体上升。

2. 三沙湾浅海环境质量

三沙湾滨海湿地浅海水体基本保持良好状态，环境要素大多可满足海水水质第二类标准，主要超标因子为无机氮、活性磷酸盐和石油类，表层海水无机氮和活性磷酸盐超标现象相当普遍，部分站位的无机氮和活性磷酸盐在春、秋两季出现超海水水质第四类标准，湾口附近海域和东吾洋大部分海域无机氮含量较低；石油类均可满足海水水质第三类标准，高值区主要位于东吾洋和三都岛附近海域。近 20 年来湾内海水质量变化，海水中的无机氮、活性磷酸盐和石油类含量自 20 世纪 90 年代以来便出现超标现象，且逐年加剧，DO、COD$_{Mn}$ 和重金属含量基本符合第二类标准，其中铜、铅和镉显著升高，DO 和 COD$_{Mn}$ 大体呈下降趋势。浅海水体环境值得重点关注的无机氮和活性磷酸盐的海水含量呈逐年增长趋势，部分海域已劣于海水水质第四类标准，三都岛周边海域富营养化指数值较高，多数呈富营养化状态（＞1.0），三沙湾东侧海域该指数值明显低于阈值，秋季富营养化状况优于春季，总体上底层水体优于表层。三沙湾潮下带沉积环境质量良好，各评价因子中，有机碳、硫化物、石油类、铜、铅、锌、镉、砷和汞含量均满足海洋沉积物质量第一类标准。历史变化，三沙湾潮下带沉积物的各项指标符合海洋沉积物质量第一类标准，其中 2005 年潮下带沉积物总氮、总磷、油类、锌和铅和镉含量较以往呈上升趋势，油类含量增长较快。

3. 三沙湾滨海湿地环境质量

三沙湾滨海湿地环境质量尚属良好，多数水质指标可满足海水水质第二类标准，甚至海水水质第一类标准，沉积物各评价因子也基本符合一类海洋沉积物质量标准。但一些现象应该引起足够的重视，其一，表层海水无机氮和活性磷酸盐超标率较高，部分站位已处于海水水质劣四类范围内。历史变化：这两种水体营养盐呈现逐年增长趋势，且浅海沉积物中的总氮和总磷较以往有所上升，影响海区呈现富营养化，尤其春季整个三沙湾富营养化指数总体均值超过阈值（1.0），多达 7 个站位的表层水体呈富营养化状态，少数站位指数甚至超过 3.0。其二，潮间带沉积物各评价指标总体均值满足海洋沉积物质量第一类标准，但有机碳、铜、铅和锌在部分断面存在超标现象，其三，潮间带牡蛎生物体中砷、铜、铅和镉含量超标较为严重，三沙湾海洋生物质量已受到一定程度的污染。其四，三沙湾西侧沿三都岛海域水体质量较差，靠东冲半岛的东侧海域水体质量较好；其五水体和沉积物中油类含量较以往有了较大增长。

三沙湾滨海湿地浅海无机氮和活性磷酸盐之所以出现大范围的超标现象，可能与海湾周边乡镇的"三废"排放和过度水产养殖相关。三沙湾入海污染物总氮和总磷排放量主要来自于水产养殖和化肥污染，尤以水产养殖排放强度为大，造成海区的富营养化。

第二节 兴化湾滨海湿地

一、 滨海湿地概况

（一）自然地理概况

兴化湾位于福建省沿海中部，是福建省最大的海湾，地理坐标为 119°06′28.26″E～

119°30′56.82″E，25°15′49.56″N～25°36′1.03″N。该湾北面为福州市所辖的福清市，南岸莆田市。海湾隐蔽，略呈长方形，海湾东西长 28 千米，南北宽 23 千米，由西北向东南展布，湾口宽度 16.09 千米，朝向东南，出南日群岛经兴化水道和南日水道与台湾海峡相通。兴化湾海域总面积 704.77 千米²，滩涂面积 223.70 千米²，滩涂宽阔，约占整个海湾面积的 31.7%，−5～0 米等深线浅海面积为 173.3 千米²，海岸线长 221.70 千米（垦区内），171.70 千米（垦区外）（图 2-43）。

图 2-43　兴化湾示意图

兴化湾深入内陆，岬湾相间，岸线曲折，岛礁棋布。周边为花岗岩山地丘陵环绕，台地和平原广阔，如莆田平原和江镜平原等。地势由陆向海降低，呈梯级地形分布。该湾是个淤积型的基岩海湾，湾内水浅，湾内大部分水深在 10 米之内，水深 20 米以上的深水区，仅见于湾口，多呈狭长的水道，如兴化水道和南日水道等，最大水深在 30 米以上。湾内有海岛 71 个，海岛岸线长 105.20 千米，总面积 83.16 千米^2。湾顶有木兰溪和萩芦溪等河流注入，木兰溪发源于戴云山东麓，经德化、永春、仙游、莆田至本海湾西侧入海，是沿河两岸及莆田市工农业及生活用水的主要水源。

（二）社会经济状况

兴化湾滨海湿地周边各区县包括福清市和莆田市所辖的涵江区、荔城区和秀屿区等，为福建省主要侨区之一，周边乡镇有涵江区的江口镇、三江口镇、白塘镇，荔城区的黄石镇和北高镇，秀屿区的埭头镇、东峤镇，福清市的东瀚镇、沙埔镇、港头镇、高山镇、三山镇、江镜镇、江阴镇、龙田镇、上迳镇、渔溪镇和新厝镇，合计 18 个乡镇。周边 3 区 1 市土地总面积为 3079 千米^2，2007 年年末周边常住总人口多达 277.52 万人，人口密度为 901 人/千米^2，远高于同期福建省平均人口密度（289 人/千米^2）。辖区 GDP 为 672.42 亿元，人均 GDP 达 24230 元，财政总收入为 55.1 亿元，其中地方级财政收入 34.21 亿元。兴化湾地理位置好，处于海峡西岸经济区的中部，周边水路交通便利，水深港阔，具备建设大型港口的自然条件。陆路四通八达，324 国道、福厦高速和福厦高铁贯穿涵江区和福清市，各区（市）乡村道路发达，随着向莆铁路、湄洲湾港口支线铁路及江阴港支线铁路的开建，必将把兴化湾的开发提升到一个新的层次（表 2-28）。

表 2-28　兴化湾滨海湿地周边区县社会经济概况

行政区域	土地面积/千米^2	常住人口/万人	GDP/亿元	财政收入/亿元
涵江区	786	46.70	147.39	7.31
秀屿区	506	63.50	85.01	5.21
荔城区	268	48.32	87.62	7.21
福清市	1 519	119	352.4	35.37

1. 秀屿区

秀屿区地处莆田沿海，2002 年 2 月经国务院批准将原莆田县的笏石、东庄、忠门、东埔、湄洲、东峤、埭头、平海、南日 9 个镇和山亭、月塘 2 个乡划归秀屿区管辖，共辖 9 个镇 2 个乡，面积 506 千米^2。秀屿区是海峡和平女神妈祖的故乡，具有独一无二的妈祖文化优势，同时秀屿区又是广大海内外投资者的乐园，不仅有得天独厚的港口优势、独占鳌头的区位优势和日臻完善的基础设施，而且有良好的投资服务环境。秀屿区目前拥有新文、新秀二条长达 53 千米、宽 56 米的高等级疏港公路，以及笏埭公路、笏枫公路、忠东公路等主干道，秀屿区港口拥有得天独厚的优势，海路运输发达，秀屿港已被开辟为国家一类口岸，是交通部规划的全国四大中转港口之一，年货物吞吐量达 1000 多万吨，与 27 个国家和地区近 50 个港口实现通航。秀屿建区以来，以建设新兴临港工业城市为目标，积极参与建设海峡西岸经济区。

与 2006 年相比，2007 年全年，秀屿区实现地区 GDP 85.01 亿元，增长 11.0%，人均 GDP 为 13 387 元。其中第一产业增加值为 20.04 亿元，第二产业增加值为 46.75 亿元，第三产业增加值为 18.22 亿元；工业总产值为 94.38 亿元，增长 14.1%，其中规模以上工业总产值为 85.27 亿元，增长 14.4%；农林牧渔业总产值为 33.02 亿元，增长 6.0%。全社会固定资产投资为 58.53 亿元，增长 54.9%，实际利用外资 4210 万美元，增长 4.0%。财政总收入达 5.21 亿元，增长 30.2%，其中地方级财政收入为 2.36 亿元，增长 30.7%。社会消费品零售总额 19.99 亿元，增长 16.6%。2007 年年末全区总人口 76.10 万人（户籍人口）、常住人口 63.50 万人。农民人均纯收入 5775 元，增长 14.2%。

2. 荔城区

荔城区是 2002 年经国务院批准设立的新城区，辖西天尾、黄石、新度、北高 4 个镇和镇海、拱辰 2 个街道，辖区总面积 268 千米^2，荔城区人民政府驻县巷。荔城区位于闽东南沿海中部，北接涵江区，西连城厢区，东临兴化湾，是莆田市的中心城区和政治、经济、文化中心，市政基础设施日臻完善。全区已形成了以蔬菜、畜禽、水果、水产为四大主导产业的农副产品生产格局，是福建省荔枝、枇杷、龙眼三大名果生产基地之一、著名的果乡，莆田市主要的"菜篮子"工程基地，其中新度镇还是全国最大的禽苗生产基地。荔城区旅游资源十分丰富，文化底蕴深厚，境内有闻名遐迩的南少林寺。区内交通便捷，福泉高速公路、324 国道、城笏路、涵黄路等公路贯穿全境。福厦高铁莆田车站就设在荔城区。

与 2006 年相比，2007 年荔城区全年实现地区 GDP 87.62 亿元，增长 24.6%。全年工业总产值为 139.49 亿元，增长 27.8%，其中规模以上工业产值为 120.45 亿元，增长 33.5%。农林牧渔业总产值为 16.47 亿元，增长 18.0%。全社会固定资产投资为 57.98 亿元，增长 51.4%。财政总收入达 7.21 亿元，同比增收 2.14 亿元，增长 42.1%，其中地方级收入为 3.94 亿元，增长 50.6%。旅游综合收入为 3.8 多亿元，共接待海内外游客 30 多万人次，增长 11.8%；2007 年年末全区总人口为 47.35 万人（户籍人口）、常住人口为 48.32 万人。城镇居民人均可支配收入达 14 406 元，增长 16.9%；农民人均纯收入达 5 969 元，增长 14.6%。

3. 福清市

福清简称"融"，雅称"玉融"，地处福建省海峡西岸经济区中部枢纽和省会城市福州南翼，是一座古老而又年轻的城市，1990 年 12 月撤县建市，现辖 7 个街道办事处、17 个镇，是全国首批综合改革试点县市，全国村镇建设试点县市、福清为全国著名侨乡，有华侨 80 多万人，遍布东南亚、欧美等 112 个国家和地区，历史悠久，素有"海滨邹鲁，文献名邦"之美誉。全市陆地面积达 1519 千米^2，海域面积达 911 千米^2。国道福厦线、省道大真线过境，有融侨集装箱码头、壁头盐运码头 3 万吨，福州新港位于福清江阴半岛，是福建省的两个重要发展港口之一，是未来对外经济发展的重要基地，未来的江阴港，必将成为海西枢纽港。福清市经济发达，拥有国家级的融侨经济技术开发区、元洪投资区，以及冠捷电子、捷联电子、福耀集团等一批龙头企业，江阴工业集中区、江阴港区等新兴的产业基地也正兴起建设开发的热潮。改革开放以来，福清市县域经济基本竞争力已跻身全国百强县（市）第17位，综合经济实力连续多年居全省10强县市前3强，围绕建设海峡西岸经济区、做大做强省会中心城市，福清市正着力建设海峡西岸现代化中等港口工业城市，锻造省会中心城市坚强南翼，成为海峡西岸经济区重要的生产制造基地、物流中转基地、闽台港澳合作基地和科技创新基地。

2007年，福清全市实现地区GDP 352.4亿元，按可比价格计算，同比增长13.4%。全年完成农林牧渔业总产值83.45亿元，按不变价格计算，增长4.1%。全年累计完成工业总产值790.50亿元，同比增长17.5%，其中规模以上工业产值726.70亿元，同比增产94.61亿元，同比增长18.1%；全年完成固定资产投资132.38亿元，同比增长36.7%。全年实现财政总收入35.37亿元，增长33.9%，其中地方财政收入24.2亿元，同比增长19.8%。全年共接待海内外游客2.46万人次，增长23%。实现旅游总收入3.5亿元，增长27.3%。沿海港口散杂货吞吐量386万吨，同比增长60.8%。年末，全市户籍户数为37.08万户，户籍人口为123.13万人，常住人口为119万人，其中，非农业人口为103.19万人。据抽样调查，全年城市居民人均可支配收入为15943元，增长20.4%。农民收入增长较快，人均纯收入达7611元，增长12%。

（三）湿地类型及分布

通过对2003年遥感图像的人工交互解译，对20世纪80年代的岸线至0等深线范围内的滨海湿地划分类型并统计其面积。兴化湾滨海湿地分为天然湿地和人工湿地两大类八种类型，天然湿地包括砂质湿地、粉砂淤泥质湿地、岩石性湿地、河流湿地和滨岸沼泽湿地，人工湿地分池塘、盐田和水田三种湿地类型。20世纪80年代岸线至0等深线范围内的滨海湿地总面积达31007.94公顷，其中天然湿地为24 893.05公顷，占80.28%，粉砂淤泥质滨海湿地占70.05%，分布最广，湾内大部分地方均有分布；砂质湿地占3.32%，主要分布在兴化湾南岸埭头镇黄岐至石城一带及小麦屿周边；涵江区三江口镇和江口镇一带分布着一大片滨岸沼泽湿地，面积有1190.96公顷。兴化湾人工湿地面积达6114.89公顷，占总湿地面积的19.72%，人工湿地主要由养殖池塘构成，盐田和水田面积所占比重均较小，该湾围垦的滩涂主要用于水产养殖，养殖池塘面积较大的乡镇有福清市的江镜镇和江阴镇、涵江区的三江口镇及荔城区的北高镇等（表2-29，图2-44）。

表2-29　兴化湾滨海湿地生态类型及其面积

大类	湿地类型	面积/公顷	比重/%
天然湿地	砂质湿地	1 029.06	3.32
	粉砂淤泥质湿地	21 721.91	70.05
	岩石性湿地	949.11	3.06
	河流湿地	2.01	0.01
	滨岸沼泽湿地	1 190.96	3.84
	合计	24 893.05	80.28

续表

大类	湿地类型	面积/公顷	比重/%
人工湿地	养殖池塘	5 490.16	17.71
	盐田	284.07	0.92
	水田	340.66	1.10
	合计	6 114.89	19.72
评价区域滨海湿地		31 007.94	100

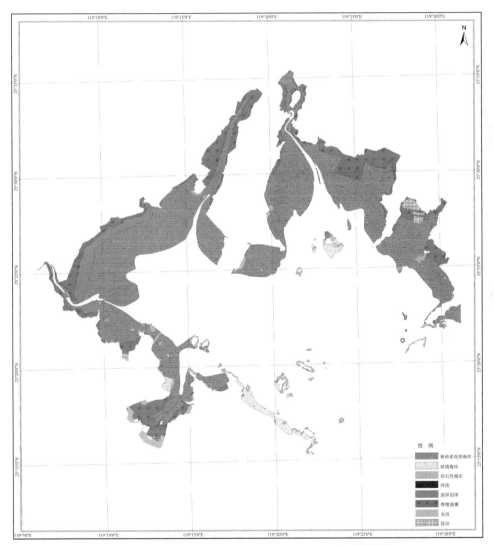

图 2-44　兴化湾滨海湿地类型分布示意图（文后附彩图）

（四）湿地开发利用现状

兴化湾滨海湿地主要用于发展海水养殖业和种植业，当地居民利用滩涂海域养殖海带、紫菜、龙须菜等，还养殖鲍鱼、大黄鱼等珍稀水产品。目前，滩涂利用的方向有所转变，以港口航运和临海工业建设为主。

1. 水产养殖

兴化湾滩涂广阔，面积达 223.70 千米^2，水产养殖业发达，海水增养殖是兴化湾的主导功能之一。近几年来，周边区和乡镇大力利用滩涂资源，积极开发海水养殖，兴办多种经营体制的海带场、紫菜场，以及蛏、牡蛎等贝类及对虾的水产养殖场。兴化湾水产生物中经济种达 200 多种。其中，底栖生物（包括潮间带）经济种初估有 130 多种，可供增养殖的有数十种。兴化湾也是重要的天然苗种场基地，缢蛏天然苗种区分布于江阴岛东部海区、江镜农场堤外海区及涵江区三江口哆头一带；滩涂牡蛎产区的中潮区可采到褶牡蛎苗种，秀屿区田边海区是全省闻名的褶牡蛎自然苗种生产区；花蛤育苗区主要分布在沙埔和东瀚等地滩涂。以龙田蛏苗、东营花蛤著名。根据 2001 年福建省水产研究所港湾水产养殖容量调查报告，兴化湾滩涂养殖开发率是 19.03%，浅海开发率是 1.78%，浅海滩涂合计总开发率是 6.54%。

2. 盐业生产

兴化湾盐业在 20 世纪 80 年代较发达，高峰期时国营盐场和乡镇办盐场共有几十家。进入 2000 年以来，由于盐业市场萎缩，价格下跌，盐出现了滞销，不少盐场难以为继，相继转变成养殖场或是工业用地。2000 年福州江阴工业区成立，征用废弃的江阴盐场和新港盐场，江镜农场也将 3000 公顷盐场改为池塘。兴化湾现有的盐场规模大为缩小，目前规模较大的盐场有北岸的三山镇泽岐盐场和南岸的北高镇埕头盐场。

3. 围海造田

兴化湾周边人口多耕地少，新中国成立后大规模进行围海造田，几乎整个海湾的海岸线分布有规模大小不同的围垦区。其中，围垦密度较大的围垦区位于福清江阴—渔溪—柯屿—江镜，且均为较大型围垦区。根据统计资料及地形图量算，20 世纪 50 年代后兴化湾围垦的总面积约为 122.08 千米^2，约占整个海湾的 19.62%。其中，万亩围垦区总面积占总围垦区的 65.84%（表 2-30）。兴化湾莆田一带的总围垦面积为 3783.13 公顷，以水产养殖为主，据调查该区共有水产养殖围垦区 18 处，面积共为 2755 公顷，占该区围垦总面积的 72.82%。福清一带的总围垦面积约为 8424.56 公顷。兴化湾围垦活动经历了两次高潮。第一次高潮为 20 世纪 50～60 年代，主要为了增加耕地面积、扩大种植，以解决粮食问题，如潭边围垦。第二次高潮为 20 世纪 90 年代，主要为开发海洋经济，发展养殖业、种植业等，部分用以解决"占补平衡"等问题，如过桥山围垦。近些年来，围填海大多用于发展工业及港口建设，尤其江阴岛岸线多用于发展港口，临港工业迅速发展。

表 2-30 兴化湾万亩以上围垦区

围垦区	建成年份	地理位置	兴化湾面积/公顷	福清面积/公顷	主要用途
江镜围垦	1957	福清江镜	25 550	1 703.33	侨办农场
江镜围垦	1982	福清江境	7 220	481.33	海水养殖
潭边围垦	1965	福清渔溪	10 500	700	军垦农场
柯屿围垦	1981	江阴—江镜	27 000	1 800	水产养殖

续表

围垦区	建成年份	地理位置	兴化湾面积/公顷	福清面积/公顷	主要用途
后海围垦	1992	埭头—北高	30 300	2 020	农业、养殖
过桥山围垦	1994	江阴—新厝	20 000	1 333.33	农业、养殖
合计			120 570	8 038	

4. 旅游开发

兴化湾岛礁遍布，具有独特的海岛地貌景观，是开展海岛观光、休闲度假旅游的理想资源。随着经济发展，兴化湾的旅游资源也逐渐开发，目前已开发利用的旅游资源主要有目屿海岛度假旅游区、小麦岛海上乐园、球尾海滨沙滩和柯屿-过桥山度假区等。其中，以江阴镇球尾沙滩、小麦屿及目屿岛最具吸引力。江阴岛海岸工程、临海工业及水产养殖，对球尾沙滩旅游景观已造成一定的影响。赤礁沙滩原是一个天然滨海沙滩，虽未开发，但潜在的旅游价值较大。赤礁围垦后，由于养殖及其淤积底质已逐渐转变为泥质滩，旅游功能大大降低。

5. 港口建设

兴化湾港口条件好，水深港阔，具备建设大型港口的自然条件；湾内自然水深条件适合建设 20 万吨级以上码头泊位的深水岸线主要在江阴港区。江阴港区已成为福州市重要的外港，东部作业区规划码头岸线长约 3200 米，可建深水泊位 10 余个。目前已建成 3 万吨级集装箱，船舶全天候进港双向航道。近期，另有几个大型泊位也在开工建设中。2006 年 4 月，在福建省政府第 51 次常务会议上审议通过《福建省大型深水港保护与开发方案》专门对兴化湾建设提出了前瞻性的规划，该方案提出对兴化湾等六大深水港湾的临港产业发展进行布局。由于兴化湾湾顶淤积日趋严重，对港口资源造成了影响，三江口港原是莆田、仙游重要港口，1958 年水深条件可建 5000 吨级泊位，现只能建 500～1000 吨级泊位。

（五）海岸滩涂调查状况

自 20 世纪 60 年代以来，随着当地经济和社会发展的需求，福建各级政府陆续组织对兴化湾进行综合与专项的海洋生态环境及资源调查。

1961～1964 年，开展福建省海岸带调查，由福建省科委海洋组对兴化湾进行水文气象、海洋化学、浮游生物、底栖生物、地质地貌及红树林等项目的调查。

1980～1986 年，开展福建省海岸带和海涂资源综合调查，由国家海洋局第三海洋研究所等 13 个单位，对兴化海进行气候、水文、地质、地貌、海水、环境保护、海洋生物、土壤、土地利用、植被、林业、社会经济、遥感、测绘等 14 个专业的调查。

1990 年，国家海洋局第三海洋研究所在编写《中国海湾志》中，又对该湾进行了水文、海水化学、海洋生物和地质地貌的补充调查。

1989～1992 年，开展福建省海岛调查。福建海洋研究所、厦门大学、福建水产研究所，又对兴化海内的岛屿进行水文、地质、海水化学、环境质量等内容的调查。

2000～2001 年，由福建省水产研究所主持，对兴化湾的营养盐、初级生产力水平，以及理化和生物环境要素进行调查研究，为估算海区养殖容量，合理调整养殖布局提供数据支撑。

2005～2006 年，福建省港湾环境数模研究，国家海洋局第三海洋研究所对兴化湾的海洋生物、海洋化学和海洋水文进行综合环境调查研究，为海湾围填海规划提供大量数据。

二、 自然条件和资源状况

(一) 气象

兴化湾气象条件参考莆田地区的气象资料。莆田地区的气候属亚热带海洋性季风气候，深受季风环流的影响，冬无严寒，夏无酷暑，四季分明，气候温和，温度适中，空气湿润，雨量充沛，光照充足，海岛多风，气候条件比较优越。

1. 一般特征

(1) 气温。兴化湾多年平均气温为 20.2℃，7 月最热 (28.2℃)，2 月最冷 (11.9℃)，极端最高气温为 39.2℃，极端最低气温为 −0.3℃。

(2) 降水。莆田地区多年平均降水量在 977.5～1316.6 毫米。降雨主要集中在 4～9 月，其降水量为全年的 80%。4 月下旬至 6 月下旬，由于太平洋热带气流与北方冷空气的空中交汇而形成的锋面雨为梅雨，面广势均。7～9 月多为台风过境、登陆或受外围影响时带来的降雨，一般历时 2～3 日，时间短，强度大。10 月至次年 1 月降水量较少，仅占全年总量的 10% 左右。

(3) 风。该区风向季节变化明显，冬季盛行东北风，夏季盛行偏西南向风，全年NNE～NE 向为常风向和强风向。

(4) 雾。该区多年平均雾日数（能见度小于 1 千米）崇武站 30 日、秀屿 14 日、山腰 8 日、三江口 12 日。雾多出现在冷暖气团交错的冬春季节，雾日主要集中在 3～6月。雾的日变化比较明显，多出现于下半夜到日出之前，日出后 2～3 小时内消失。

(5) 相对湿度。秀屿站多年平均相对湿度为 77%，每年 4～8 月较为潮湿，6 月的平均相对湿度为 89%；冬季较为干燥，12 月至次年 2 月平均相对湿度为 69%。

(6) 蒸发量。蒸发量资料取自前沁站 (119°09′E，25°17′N，海拔 29.1 米) 1954～1962 年现场观测资料。8 年平均蒸发量为 2173.3 毫米，7～10 月蒸发旺盛，月蒸发量均在 210.0 毫米以上，以 10 月最大 250.9 毫米，占全年的 11.5%。其他月份蒸发量平均为 150.0 毫米左右。最大月蒸发量为 300.2 毫米，出现在 1954 年 11 月。

崇武气象站多年平均雷暴日数为 27 日，最多年 45 日，最少年 13 日。秀屿多年平均雷暴日数为 11 日。

2. 灾害性天气

根据莆田市气象台《1987～2003 年莆田市气候影响评价》统计，近 17 年（1987～2003 年）共造成 822.36 万人受灾，115 人死亡，275 人受伤，11.6 万间房屋倒塌，

82.22万公顷农作物受灾，直接经济损失高达64.35亿元。根据莆田市近17年（1987～2003年）的气象灾害资料，分析了莆田市台风（包括热带风暴、强热带风暴和台风）、暴雨、冰雹、干旱、寒潮等主要灾害性天气。据该资料统计（表2-31）：近17年莆田市共发生干旱并造成灾害的有30次，影响莆田市并造成一定损失的台风有27个，冰雹等强对流性灾害共发生20次，寒潮低温冷害共发生16次，局地性强降水11次等，共有灾害记录105条，平均每年约有6.2次不同气象灾害发生，灾害发生频率高。

表 2-31　近 17 年（1987～2003 年）莆田市气象灾害发生次数统计　　（单位：次）

时间	暴雨	冰雹等强对流天气	干旱	寒潮	台风
1月			1	3	
2月			1	2	
3月		3	1	3	
4月		7	3	2	
5月	1	4	2		
6月	5	3	5		3
7月	2	1	1		5
8月			1	5	8
9月	2	1	4		6
10月			5		5
11月	1			1	
12月			2	4	
合计	11	20	30	16	27

资料来源：陈香，2005

（1）台风

莆田市位于中国东南沿海，为台风多发地区，每年7～10月受台风影响较大，据1884～2006年共123年历史资料记载，影响莆田的台风总计367个，平均每年约为3个，台风影响过程时间一般为2～3日。根据莆田市气象灾害数据库显示，近17年（1987～2003年）有15年产生过重大灾害的台风，发生概率为88.2%，共有29个台风影响莆田市，并产生重大灾情，平均每年1.93个。这与莆田市特殊的地理位置有关，莆田地处中国东南沿海，靠近台风源地，凡在广东和闽浙沿海登陆的台风均可能给莆田市带来巨大损失。

台风是影响莆田市的重大灾害性天气之一，且来势凶猛、危害大、损失惨重，尤其碰到天文大潮时损失更是巨大。据近17年资料统计，台风平均每年会给莆田市造成约7人死亡、15人受伤、5288间房屋倒塌、约4万公顷农作物受灾，直接经济损失每年高达3亿多元。1999年的14号台风于10月9日影响莆田市，产生巨大降水，雨量最大的仙游下张隆站，9号日降水量多达637.8毫米，莆田延寿溪上游东圳水库9日21时入库洪峰流量多达5321米³/秒，是200年一遇的特大洪水。据防汛办统计：全市有受灾人口109万人，死亡失踪28人，伤156人，倒塌房屋3.74万间，受淹农作物面积达27.09万公顷，其中绝收0.775万公顷，还造成水利基础设施和生命线工程损坏，全市直接经济损失高达31亿元。

（2）寒潮

寒潮是冬半年的主要气象灾害，常伴有剧烈降温、大风和霜冻，造成作物冻害。莆田市寒潮发生的概率虽然较高，达64.7%。近17年共发生寒潮16次，但寒潮对莆田市的影响相对较弱，因寒潮共有0.76万公顷农作物和5.1万公顷经济作物受灾，仅分别占莆田市气象灾害造成的农作物和经济作物受灾总面积的1.1%和9.8%。但是，个别强寒潮却能给莆田市农业生产造成严重损失。例如，1999年12月18～26日受寒潮袭击，全市气温剧降，日均气温下降12.1℃，山区地区更低，全市大部分地区出现霜冻。

（3）冰雹

冰雹等强对流性天气是莆田市常见的一种气象灾害，局地性强、群发性强、危害性大。据近17年（1987～2003年）气象灾害资料分析，有13年发生强对流性灾害，发生概率为76.5%，共发生21次，平均每年发生1.24次，发生频率高；莆田市强对流性灾害几乎全部发生在春夏两季，尤其以春季为多，占70%，夏季占30%，群发性强；强对流性灾害的分布规律是山区大于平原，莆田市以仙游、涵江山区为多，群聚性明显；冰雹等强对流性灾害给莆田市带来极大的危害。根据近17年资料统计，近17年共造成24人死亡，25人受伤，3万公顷农作物受灾，直接经济损失达4809万元，危害性大。

（4）暴雨

暴雨（日降雨量≥50毫米）是莆田市较严重的自然灾害之一。根据资料统计，近17年（1987～2003年）发生强降水11次，暴雨造成的人员伤亡占全市所有气象灾害造成人员伤亡总数的10.4%，农作物受灾面积占全市气象灾害受灾农作物总面积的7%，直接经济损失占9%。莆田市暴雨历时短、强度大，常给人民生命财产造成严重损失。据统计，全市平均每次暴雨日数为2.63日，最多为6日（1992年7月4～9日）。全市暴雨强度大，大暴雨（日降雨量≥100毫米）以上强度的占54.5%，以沿海地区最严重。暴雨造成的损失大，近17年暴雨共造成12人死亡，6.45万公顷农作物受灾，直接经济损失达5.9亿元，仅水利设施就损失6520万元。

（5）干旱

莆田市位于中国东南沿海，属多雨区域。但因受到台湾山脉的雨影作用，降水量为福建省最少的区域之一，多年平均降水量为1081毫米。而且，降水年内变率大，降水大多集中在春夏之交的梅雨和夏秋季的台风雨，降水稳定性差。旱灾还与台风灾害呈负相关关系，而影响莆田市的台风变化概率大，所以莆田市市干旱灾害较明显。根据近17年（1987～2003年）资料分析，有13年发生干旱灾害，发生概率为76.5%，受旱时间平均每年约90日，以春夏旱为主。旱灾主要危害农作物和经济作物。近17年（1987～2003年）旱灾给莆田市共造成25.43万公顷农作物和26.62万公顷经济作物受灾，占莆田市气象灾害造成的农作物和经济作物受灾总面积的31.8%和50.8%，成为制约莆田市农业经济发展的主要因素。

（6）台风暴潮

兴化湾风暴潮较频繁、严重，是福建省台风暴潮多发岸段之一，每年夏秋季节，时有台风及台风暴潮发生，台风暴潮在很大程度上受台湾海峡台风制约。历史上1969年曾发生过最强台风（6911号台风），在福建省晋江县登陆，其间恰遇农历八月大潮，沿海出现历史上罕见的特大海潮，崇武至福州一带沿海9月27日高潮位超过历史最高潮位1.10~1.60米，在这百年未遇的特大海潮冲击下，大部分海堤崩溃决口，大片田野和村庄被海水淹没。又如1973年的1号台风，莆田最大风速31米/秒左右，风雨交加，木兰溪洪峰水位达16.55米，超过1905年以来16.50米的最高纪录，农作物被淹，房屋倒塌，堤岸决口，造成很大损失。1990年8月中下旬的9012号台风恰遇福建天文大潮，全省沿海的高潮位超过警戒水位0.4~1.1米，海堤普遍遭严重破坏，莆田兴化湾外的南日海堤合龙口300米堤身严重沉陷，防浪墙倒塌，多次出现险情。时隔十余日，9018号台风再次正面袭击了福建省中部地区，沿海高潮位普遍超过警戒水位0.4~0.9米，潮洪顶托，造成莆田沿海近10万人被大水围困，受害匪浅。2005年0505号"海棠"台风，7月18日15时登陆台湾宜兰，登陆时近中心最大风速45米/秒，中心气压940百帕，7月19日17时10分两次次登陆福建连江黄歧镇，登陆时近中心最大风速33米/秒，中心气压975百帕。根据《2005年中国海洋灾害公报》公布，受"海棠"风暴潮影响，福建沿海多个潮位站潮位超过警戒潮位，兴化湾口的小山东、浮叶及石城等站，以及湾内东北岸的前薛半岛，有49~96厘米的台风增水发生，其中，前薛站的增水达84厘米。

（二）地质地貌

兴化湾位于华南加里东褶皱系东部浙—闽—粤中生代火山断折带中段，地壳表层具有二元结构特点。下古生代以前的变质岩系构成本区的结晶基底，加里东运动使该区褶皱、隆起，并开始相对稳定的地台发展阶段，使该区长期处于剥蚀状态。中生代以来，由于受到印支运动和燕山运动的影响，该区地壳又形成了一系列北东—北北东向的巨大深断裂带，至晚侏罗世达到高潮，导致大规模的区域性火山喷发和岩浆岩侵入，形成了一系列流纹质、流纹-英安质晶屑凝灰熔岩、凝灰岩等火山岩的堆积；早白垩世时代，早期火山活动略有间歇，形成了炎热干燥气候环境中的红色碎屑沉积。以后，地壳运动和火山-侵入活动又进入高潮，形成了白里系钾长流纹岩、流纹岩、熔结凝灰岩、英安岩、安山岩等堆积，以及燕山晚期含黑云花岗岩、晶洞钾长花岗岩等的侵入。至白垩世晚期，地壳运动和火山-侵入活动逐渐减弱，并趋于消失，该区地质构造又处于相对稳定的阶段，导致晚白垩系至第三系地层的缺失，但其构造变动并未止息，只是强度差别而已，主要表现为断块升降运动、海岸变迁和挽近时期的地震活动。

1. 地质

1）地层。该湾周边图幅内出露地层有中生界侏罗系上统长林组，南园组第二、第三段，小澳组上段；白垩系下统石帽山群上组及新生界第四系地层。

2）侵入岩。湾区周边图幅内侵入岩发育，分布广泛且类型复杂，从基性、中酸性到酸性岩均有出现，但以酸性、中酸性岩类为主，且多形成复式岩体，归属燕山早期第三阶段和燕山晚期第一阶段。

3）构造。由于湾区周边图幅内主要分布中生代火山岩和浸入岩，所以湾区图幅内褶皱构造不发育，但断裂和破碎极为发育，区域中的几条大断裂均从湾区经过，如长乐—笏石断裂带、平原—高山断裂带、漳平—兴化湾断裂带等。因此该区是地质构造相对较发育的地壳薄弱带。湾区内断裂构造主要为北东向，从西而东依次有：玉田断裂、福清—绵亭岭断裂、九龙山断裂、东洛岛—三山断裂、平原—原高山断裂带，它们均属福建省著名的长乐—南澳深大断裂带的平行派生断裂。东西向断裂有莆田—东汗断裂带。据福建地震局地形测量资料，本区除笏石半岛为下沉区外，其余均为相对上升区。

4）矿产。湾区周边矿产主要有花岗石、高岭土、玻璃砂、型砂等，而以花岗石矿最有开发前景。

2. 地貌

兴化湾是福建省最大的基岩海湾，地貌类型多，形态多样。周边陆地为构造侵蚀低山、丘陵和台地环绕，海湾伸入内陆，湾顶有木兰溪等河流注入，湾岸平原遍布，木兰溪口的莆田平原是福建四大平原之一。湾内潮滩发育，海域开阔，岛礁众多，星罗棋布。水深多半小于10米，水下浅滩地貌形态复杂，水下沙坝、沙脊等堆积形态多样。

（1）陆地地貌

1）冲海积平原：主要见于木兰溪和渔溪下游河口区，与海积平原连接成片，地面平坦，微向海倾斜，组成物质以黏土和砂黏土为主，通常在黏土或砂黏土层之下，沉积物较粗，多见有砂砾卵石层，中夹黏土。

2）海积平原：海拔2～5米，在湾内沿岸片布。面积大小不等，最大的莆田平原，面积达115千米²，其次为江镜平原。地势低平，水网发育。构成平原的物质，主要为黏土和沙黏土等。

3）风成沙地：分布面积小，仅见于石城角，即大蜡山东北沿海地带，以小型沙丘、沙垅和沙纹地等形态出现，一般沙丘高3～5米，沙垅长数十米，由中细砂组成，目前防风林成带，风砂已被固定。

（2）海岸地貌

兴化湾是淤积型的基岩海湾，岸滩普遍处于缓慢淤积夷平之中，其中以木兰溪入海口水道淤积尤为严重。海岸类型多种多样，既有岬湾曲折的基岩岸和砂质岸，又有平直的淤泥质平原和人工岸。前者多分布于湾口和半岛呷角突出地段，后者主要见于湾顶和河口地区。海岸总的特点是：周边丘陵和台地广布，沿岸平原坦荡，潮滩发育，海域开阔，湾中岛礁星罗棋布，水下浅滩复杂，沙坝和沙脊等堆积地形与水道深槽等冲蚀地形并存。

1）海蚀地貌。①海蚀崖：见于湾口两侧岬角和岛屿的迎风浪面，以石城角最典型，发育最好，崖高一般在5～10米，最大达15米，崖面不平整，常沿岩石节理发育成海蚀沟槽，崖麓常有岩砾堆积。②海蚀平台：在该湾分布较为广泛，一般在海岸突出部和岛屿的周围都可见到。宽度在数米至百余米不等，平均坡度在10°左右，多呈岩礁滩，成片散布。台面起伏，常见有海蚀岩柱，局部低处有砾石、岩块堆积。③海蚀残丘：该湾岛礁众多，除江阴岛和目屿等少数较大的岛屿外，绝大多数岛礁海拔在数米至数十米，孤立于海中，多数为石质残丘，成群遍布。

2）海积地貌。①潮滩：主要分布在湾的西部和北部湾顶。它是海积平原与水下浅滩之间的过渡带，以湾顶的莆田平原外的潮滩和江阴岛以东水道两侧潮滩范围最大，一般宽度为 3～4 千米，最宽达 7 千米，坡度为 1‰～2‰，滩面宽坦，潮沟发育，呈树枝状和蛇曲状分布。组成物质细，以淤泥为主，一般在水道边和近岸开阔地带，由于波浪参与作用，物质组成略粗，多为砂质泥或泥质砂等混合沉积物。目前较大潮滩，高潮区均已围垦种植。中低潮区多辟为蛏、牡蛎和紫菜养殖基地。②海滩：分布于湾口两侧及较大的半岛和岛屿开阔岸段，如石城一带，一般在波浪作用强烈的地带，都有海滩发育，滩宽在数百米至千米不等，坡度一般随潮区不同而异，滩坡坡折明显，高潮区较陡，坡度为 6°～8°，中低潮区坡度较缓为 1°～3°。物质组成有向海变细的分布特征，主要为中细砂，高潮区较粗以粗砂为主，分选性好。滩面常见滩肩、滩角、沙波纹和小沙堤发育，在少数呷角转弯处，还有沙嘴形成，如江阴岛东南端和前薛等处，沙嘴长 1～2 千米，宽 300～400 米，高约 0.5 米，由中细砂组成。

3）海底地貌。①水下浅滩：该湾潮滩以下的广阔水域，大部分水深在 10 米以内，是个平缓的水下浅滩，由西北向东南伸展至湾口，宽约 20 千米，倾向东南，坡度在 1% 左右，中部有深槽——兴化水道，把浅滩分割为南北两块，其上沙脊、沙坝发育。②水下沙脊和沙坝：在广阔的水下浅滩上，由于潮浪冲积作用，通常在潮汐通道中和潮沟口形成水下沙脊和沙坝，一般多沿潮汐通道呈连珠状分布，其分布方向与潮流基本一致，宽数十米至百米不等，长 1～2 千米。③潮汐通道与深槽：主要分布在江阴岛、目屿、南日岛等诸较大岛屿之间。在江阴岛两侧潮汐通道宽浅，绝大部分水深在 5 米之内，局部较深者也小于 10 米。由于湾顶围垦纳潮量减少，潮汐动力弱，未见冲刷深槽，是属淤积型潮汐通道，多淤泥沉积。在目屿和南日岛之间，主干潮汐通道有两支，北支为兴化水道，南支为南日水道，两水道在后青屿北汇合入湾，在水道口潮流速大，冲刷力强，形成深槽，长达数十公里，最大水深达 30～40 米，宽 300～400 米，逐向湾内变浅而消失。

3. 表层沉积物基本特征

兴化湾表层沉积物类型复杂，具有类型多、变化频繁的特点。湾内共沉积了从砾石（G）、砾砂（GS）、粗砂（CS）、中粗砂（MCS）、粗中砂（CMS）、砂（S）、细砂（FS）、粉砂质砂（TS）、中砂（MS）、砾石-砂-粉砂（GST）、砾石-粉砂-黏土（GTY）、粉砂（T）、砂-粉砂-黏土（STY）、黏土质粉砂（YT）到粉砂质黏土（TY）15 种类型。黏土质粉砂沉积物在湾内几乎是随处可见，其占据的面积在兴化湾内为第一，其次是砂-粉砂-黏土，该沉积物呈斑块状分布于湾内，同时在湾的东北侧有大面积出现。

整个兴化湾的 MDφ 值变化规律呈现从湾口到湾内，从南北两岸向湾口逐渐增大的趋势，MDφ 值的这些变化规律正好与水动力的强弱变化相符。兴化湾的分选系数 QDφ 值从 0.32 至 4.84 均有出现，该湾的表层沉积物分选性变化复杂，QDφ 值 1.4～2.2 即分选性中等的沉积区，是占兴化湾面积最大的沉积区，主导着整个兴化湾的沉积过程，绝大多数的潮下带和潮间带可见到这类的沉积区。

（三）海洋水文

1. 潮汐和潮位

（1）潮汐性质。对兴化湾 4 个水位观测站的实测潮位资料进行调和分析计算，兴化湾海域的潮汐形态数 F 为 0.2364～0.2527，均小于 0.50，海区的潮汐为正规半日潮型，且浅水分潮较小。实际验潮曲线同样表明该海区的正规半日潮现象，即在一太阴日中有两次高潮和两次低潮。

（2）理论深度基准面。鉴于兴化湾海域缺乏长期潮位实测资料，根据勘测期间 T1、T2、T3 和 T4 站实测潮位资料的调和分析常数，按弗拉基米尔斯基方法进行了相应计算，其中，因各站的浅水分潮较小，所以在计算时，则对上述 3 个分潮不作订正。2005 年秋季，兴化湾海域 T1、T2、T3 和 T4 临时潮位站的理论深度基准面，可暂采用本次计算值，即分别在当地平均海平面下 4.18 米、4.00 米、4.44 米和 4.38 米。2006 年春季，兴化湾海域 T1、T2、T3 和 T4 临时潮位站的理论深度基准面，可暂采用本次计算值，即分别在当地平均海平面下 4.28 米、4.42 米、4.46 米和 4.18 米。2006 年春季，考虑到潮位潜标投放的安全性，对 4 个临时潮位观测站的投放位置进行调整。因此，兴化湾海域 T1、T2、T3 和 T4 临时潮位站两个季节的观测位置是不一样的，从而 4 个临时潮位的理论深度基准面也是不一样的。

（3）潮位特征。根据实测潮位资料统计，各站验潮期间潮位特征值见表 2-32 和表 2-33。兴化湾海域潮位具有如下特点：①兴化湾海域的最高高潮位、平均高潮位和平均海平面系由湾口逐向湾内增大；②潮差系由湾口逐向湾内增大，至湾顶为最大；③兴化湾海域湾口和湾内潮历时相近，均是平均落潮历时长，平均涨潮历时短。

2. 波浪

兴化湾常浪向为北东向，频率 46.65%。次常浪向为南南西向，频率为 11.7%。强浪向为南东向，最大浪高为 7.5 米。次强浪向为南向，最大波高为 5.5 米。平均波高为 0.8 米，平均周期 3.4 妙。2～3 级浪出现最多，频率为 87.3%。风、涌浪频率比为 67.5/32.5，故该海域以风浪为主（表 2-32，表 2-33）。

表 2-32　2005 年秋季兴化湾海域潮位特征值　　　　　（单位：厘米）

验潮站	T1 潮位站	T3 潮位站	T4 潮位站	T2 前薛站
潮汐形态数	0.245 8	0.236 4	0.239 8	0.241 3
最高潮位	773	825		783
平均高潮位	670	716		659
平均海平面	418	444		400
平均低潮位	168	174		143
最低潮位	52	64		−26
最大潮差	689	753		771
平均潮差	502	542		516
最小潮差	225	244		237

续表

验潮站	T1 潮位站	T3 潮位站	T4 潮位站	T2 前薛站
平均涨潮历时	6 小时 7 分钟	6 小时 5 分钟		6 小时 7 分钟
平均落潮历时	6 小时 18 分钟	6 小时 20 分钟		6 小时 19 分钟
潮高基面		理论深度基准面		

表 2-33　2006 年春季兴化湾海域潮位特征值　　　　　（单位：厘米）

验潮站	T4 临时潮位站	T1 临时潮位站	T2 临时潮位站	T3 临时潮位站
潮汐形态数	0.252 7	0.247 3	0.240 6	0.237 6
最高潮位	715	736	762	771
平均高潮位	651	669	695	702
平均海平面	418	428	442	446
平均低潮位	183	188	191	192
最低潮位	57	61	64	64
最大潮差	657	675	698	707
平均潮差	467	481	502	509
最小潮差	230	236	248	252
平均涨潮历时	6 小时 4 分钟	6 小时 2 分钟	6 小时 2 分钟	6 小时 2 分钟
平均落潮历时	6 小时 21 分钟	6 小时 23 分钟	6 小时 23 分钟	6 小时 23 分钟
潮高基面		理论深度基准面		

3. 潮流和泥沙

（1）潮流

兴化湾 2005 年秋季和 2006 年春季观测的实测流呈往复流状态，涨潮流大致西北向，落潮流大致东南向，大潮涨潮流速大于落潮流速。2006 年春季大潮实测最大涨潮流流速 110 厘米/秒，流向 298°，最大落潮流流速 111 厘米/秒，流向 117°，分别出现在位于主航道 C3 站的 0.2H 层和表层。位于江阴岛东港的 C2 站和西港的 C4 站，水浅流速较小。兴化湾潮差很大，因此大、小潮流速相差很大。

实测最大流速一般出现在次表层或表层，往下递减，底层流速最小。垂线平均涨、落潮流速 C3 站最大，2006 年春季大潮时 C3 站垂线平均最大涨潮流速 90 厘米/秒，流向 294°，2005 年秋季大潮垂线平均最大落潮流速 80 厘米/秒，流向 125°。

涨、落潮流历时相差不大，落潮流历时稍大于涨潮历时。各站、层平均涨潮流历时 6 小时 10 分钟，平均落潮流历时 6 小时 15 分钟，平均潮流周期 12 小时 25 分钟。从表层到底层涨潮流历时稍增长，落潮流历时稍缩短。

由椭圆要素，计算各站、层的潮流形态数 $F = (W_{O1} + W_{K1})/W_{M2}$（表 2-34），潮流形态数 F 值都小于 0.5，潮流属半日潮流，M_2 分潮流在潮流组成中均占主要成分。潮流主要成分的 M_2 分潮流的椭圆率绝对值都不大于 0.04，潮流为往复流。可能最大潮流流速以 C3 站的 0.2H 层最大，可能最大潮流流速达 123 厘米/秒、流向 117°；水深较浅的 C2 站和 C4 站，可能最大潮流较小，流速都不到 100 厘米/秒；可能最大潮流流向与所处地形相适应。

表 2-34 潮流性质形态数 F 值

层次	C1	C2	C3	C4	C5
表层	0.137	0.094	0.153	0.109	0.146
0.2H	0.156	0.075	0.137	0.100	0.14
0.4H	0.151	0.098	0.122	0.130	0.128
0.6H	0.154	0.087	0.117	0.112	0.114
0.8H	0.164	0.103	0.099	0.143	0.12
底层	0.167	0.089	0.123	0.113	0.137

（2）悬浮泥沙

兴化湾两个季节大、小潮各站、各层的实测含砂量最大值为 0.2635 千克/米³（2005 年秋季大潮，C5 站），最小值为 0.0188 千克/米³（2006 年春季小潮，C5 站表层）。2005 年秋季和 2006 年春季两个季节的总平均含砂量为 0.0503 千克/米³。总的来说，大潮含砂量大于小潮，2005 年秋季含砂量略高于 2006 年春季。位于三江口的 C5 站含砂量较高，其次为水深较浅的 C2 和 C4 站，水深较深的 C1 和 C3 站，含砂量较低。

水深较深的 C1 和 C3 站，上、中层含砂量的垂直分布比较均匀，下层含砂量随深度的增加而迅速增大。水深较浅的 C2、C4、C5 站各层平均含砂量随深度的增加而迅速增大。2005 年秋季小潮期间，各站含砂量的垂直分布比较均匀。小潮各站的含砂量比大潮小。

含砂量的周日变化不太明显，尤其是小潮，但仍然具有潮效应特性。含砂量的高值一般出现在潮流涨、落急时段；而高、低平潮，潮流缓慢时段，含砂量也低。底层含砂量的日变化比较大，含砂量峰值显著；而表层含砂量的日变化不大，含砂量峰值不甚明显。

兴化湾悬沙类型主要集中于粉砂，占 81.678%；兴化湾悬沙中值粒径的平均值为 6.19φ；兴化湾悬沙分选系数的平均值为 1.62；最大为 1.78，最小为 1.40，属于分选性"中等"。各站平均分选系数大到小分别为 C4、C1、C5、C2、C3 站。悬沙偏态系数介于-0.091～0.096，有 9 站次出现负偏，11 站次出现正偏。

兴化湾泥沙主要来自于木兰溪的入海泥沙及沿岸小溪或冲沟向海的输沙。木兰溪，河长 105 千米，流域面积小，分别经漱溪和三江口两处入海。砂量较高，仅次于晋江、漳江、诏安东溪，为福建高含砂量的河流之一。根据木兰溪于漱溪和三江口两入海处 20 年来资料的统计，年平均入海砂量共计 75.7×10⁴ 吨，而且多集中在 6、7、8、9 月，此期外海水正处于强盛时期，河流下泄物质受潮水顶托，大部分粗粒物质落淤河口附近地区，细顺粒物质呈悬浮状态向南扩散，并向东南侧浅滩运移。此外，来自湾口的来砂不断向湾里并指向湾顶，该湾由于不断地承受河流下泄泥沙及湾外来沙，港湾的淤积现象日趋严重，1962～1984 年 22 年里低潮滩向海延伸 200～300 米。

（四）海洋环境化学

2005 年 9 月（秋季）和 2006 年 5 月（春季），兴化湾布设 4 条断面和 12 个浅海调查站位（表 2-35，表 2-36，图 2-45）。

表 2-35　兴化湾调查大面站和连续站

序号	站名	经度	纬度	备注
1	H1	119°23.284′E	25°16.920′N	水质与底质，生物大面
2	H2	119°25.758′E	25°18.681′N	水质与底质，生物大面
3	H3	119°27.281′E	25°20.061′N	水质与底质，生物大面
4	H4	119°20.714′E	25°21.869′N	水质与底质，生物大面
5	H5	119°22.712′E	25°23.392′N	水质与底质，生物大面；连续点
6	H6	119°24.758′E	25°24.868′N	水质与底质，生物大面
7	H7	119°22.980′E	25°28.036′N	水质与底质，生物大面；连续点
8	H8	119°22.378′E	25°29.610′N	水质与底质，生物大面
9	H9	119°16.811′E	25°24.248′N	水质与底质，生物大面
10	H10	119°14.371′E	25°25.712′N	水质与底质，生物大面；连续点
11	H11	119°11.909′E	25°25.771′N	水质与底质，生物大面
12	H12	119°13.243′E	25°23.249′N	水质与底质，生物大面

表 2-36　兴化湾潮间带生物调查断面

断面	起点		终点	
	经度	纬度	经度	纬度
S1 湖尾	119°19.260′E	25°17.400′N	119°19.680′E	25°17.580′N
S2 东山	119°07.620′E	25°23.640′N	119°08.040′E	25°24.060′N
S3 东沃	119°13.740′E	25°28.800′N	119°14.040′E	25°28.320′N
S4 琯下	119°30.060′E	25°23.040′N	119°29.940′E	25°23.160′N

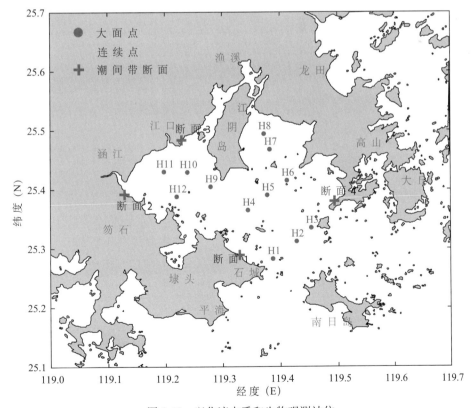

图 2-45　兴化湾水质和生物观测站位

1. 海水化学

1）海水中诸化学要素的含量及分布

（1）水温：2005 年 9 月表层水温为 26.3～28.6℃，平均为 27.4℃。表层等温线大体呈东北—西南走向，东部海域水温高于西部海域。2006 年 5 月表层水温为 21.2～22.3℃，平均约为 21.6℃。表层水温高值区出现在江阴岛东侧海域，大致呈西南向东北逐渐递增趋势。

（2）盐度：2005 年 9 月表层盐度为 28.827～31.865，平均约为 31.132。表层等盐度线呈西北—东南走向，东部和湾口海域盐度较高，木兰溪附近海域盐度较低。2006 年 5 月表层盐度为 22.404～30.913，平均约为 27.929。表层盐度呈现自西向东逐步增高趋势，高值区出现在湾口处，低值区出现在木兰溪附近海域。

（3）pH：2005 年 9 月表层 pH 为 8.02～8.21，平均约为 8.12。表层 pH 高值出现在东部海域，大致由西向东，pH 呈升高趋势。2006 年 5 月表层 pH 为 8.21～8.33，平均约为 8.30。表层 pH 平面分布大致呈由湾口向内湾逐渐递减趋势。

（4）DO：2005 年 9 月表层 DO 含量为 6.36～7.14 毫克/分米^3，平均约为 6.68 毫克/分米^3。兴化湾 DO 含量均符合国家海水水质第一类标准。表层 DO 含量高值出现在兴化湾中部壁头附近海域。2006 年 5 月表层 DO 在 6.54～7.42 毫克/分米^3，平均约为 7.09 毫克/分米^3。兴化湾 DO 含量均符合国家海水水质第一类标准。表层 DO 高值出现在兴化湾东部海域，大致呈现西低东高的趋势。

（5）COD：2005 年 9 月兴化湾表层 COD 为 0.43～3.98 毫克/分米^3，平均约为 0.91 毫克/分米^3。兴化湾 COD 均值含量均符合国家海水水质第一类标准，但是在 H4 站表层 COD 含量达 3.98，仅符合海水水质第三类标准。表层 COD 高值出现在兴化湾中部，即 H4 号站位处海域；低值区出现在湾口处海域。2006 年 5 月表层 COD 为 0.67～1.26 毫克/分米^3，平均约为 0.89 毫克/分米^3。兴化湾 COD 均值含量均符合国家海水水质第一类标准。表层 COD 高值出现在兴化湾西部海域，大致呈西高东低的趋势。

（6）总无机氮：2005 年 9 月表层总无机氮含量为 0.170～0.544 毫克/分米^3，平均约为 0.260 毫克/分米^3。兴化湾表层总无机氮含量均值低于国家海水水质第二类标准的上限值 0.30 毫克/分米^3。表层总无机氮高值出现在兴化湾中部壁头邻近海域，低值出现在湾口处。2006 年 5 月表层总无机氮为 0.180～0.965 毫克/分米^3，平均约为 0.420 毫克/分米^3。兴化湾表层总无机氮含量均值符合第四类水质标准。表层总无机氮高值区出现在兴化湾西部海域，大致呈西高东低的趋势。

（7）活性磷酸盐：2005 年 9 月表层磷酸盐含量为 0.014～0.059 毫克/分米^3，平均约为 0.029 毫克/分米^3。兴化湾表层海水磷酸盐含量均值均符合国家海水水质第二、第三类标准。表层磷酸盐平面分布表现出自西向东递减趋势。2006 年 5 月表层磷酸盐为 0.015～0.072毫克/分米^3，平均约为 0.036 毫克/分米^3。兴化湾表层磷酸盐含量均值符合国家海水水质第四类标准。表层磷酸盐平面分布表现西高东低的趋势。

（8）活性硅酸盐：2005 年 9 月表层硅酸盐含量为 0.601～1.72 毫克/分米^3，平均约为 0.917 毫克/分米^3。表层硅酸盐平面分布呈现自西向东逐渐递减的趋势。2006 年 5 月表层硅酸盐为 0.345～1.55 毫克/分米³，平均约为 0.669 毫克/分米³。硅酸盐平面分布呈现自西向东逐渐递减的趋势。

（9）总氮：2005 年 9 月总氮含量为 0.222～0.737 毫克/分米³，平均约为 0.443 毫克/分米³。表层总氮高值出现在木兰溪邻近海域，低值出现在球尾附近海域和江阴岛西侧海域。2006 年 5 月表层总氮 0.355～1.28 毫克/分米³，平均约为 0.666 毫克/分米³。表层总氮平面分布大致呈现西高东低的分布趋势。

（10）总磷：2005 年 9 月表层总磷含量在 0.021～0.109 毫克/分米³ 之间，平均约为 0.063 毫克/分米³。表层总磷高值出现在兴化湾西部近岸海域，低值出现在湾口、球尾邻近海域。2006 年 5 月表层总磷在 0.025～0.106 毫克/分米³，平均约为 0.057 毫克/分米³。表层总磷平面分布大致呈西高东低的分布趋势。

（11）悬浮物：2005 年 9 月表层悬浮物含量为 9.5～18.8 毫克/分米³，平均约为 13.3 毫克/分米³。表层悬浮物高值出现在北部海域，低值出现在西南及湾口海域。2006 年 5 月表层悬浮物为 6.4～18.9 毫克/分米³，平均约为 12.4 毫克/分米³。表层悬浮物高值区出现在北部海域，低值区出现在石城邻近海域。

（12）油类：2005 年 9 月表层油类含量为 6.5～10.5 微克/分米³，平均约为 6.4 微克/分米³；符合国家海水水质第一类标准。表层油高值出现在西部近岸海域和牛屿与野马屿之间海域，低值出现在中部和湾口海域。2006 年 5 月表层油类为 7.8～13.0 微克/分米³，平均约为 10.4 微克/分米³；符合国家海水水质第一类标准。表层油类高值区出现中部和北部海域。

（13）铜：2005 年 9 月表层铜含量为 0.416～0.742 微克/分米³，平均约为 0.554 微克/分米³；符合国家海水水质第一类标准。表层铜高值出现在西部近岸至湾口海域；低值出现球尾邻近海域。2006 年 5 月表层铜为 0.619～1.03 微克/分米³，平均约为 0.804 微克/分米³；符合国家海水水质第一类标准。表层铜高值区出现在涵江邻近海域；低值区出现在湾口海域。

（14）铅：2005 年 9 月表层铅含量为 0.001～0.0577 微克/分米³，平均约为 0.0175 微克/分米³；符合国家海水水质第一类标准。表层铅高值出现在湾口海域，低值出现在北部海域。

2006 年 5 月表层铅为 0.001～0.0823 微克/分米³，平均约为 0.0143 微克/分米³；符合国家海水水质第一类标准。表层铅高值区出现江阴岛西侧海域，中部和湾口海域含量均低于检测限。

（15）锌：2005 年 9 月表层锌含量为 0.884～1.87 微克/分米³，平均约为 1.44 微克/分米³；符合国家海水水质第一类标准。表层锌高值出现在兴化湾中部海域，低值出现在东部近岸海域。

2006 年 5 月表层锌为 0.17～1.4 微克/分米³，平均约为 0.48 微克/分米³；符合国家海水水质第一类标准。表层锌平面分布大致呈西低东高的趋势。

（16）镉：2005 年 9 月表层镉含量在 0.0143～0.0618 微克/分米³，平均约为 0.0255 微克/分米³；符合国家海水水质第一类标准。表层镉高值出现在壁头以西海域，大致呈由西向东递减趋势。

2006年5月表层镉为0.0155～0.0254微克/分米^3，平均约为0.0200微克/分米^3；符合国家海水水质第一类标准。表层镉平面分布大致呈西高东低的趋势。

(17) 汞：2005年9月表层汞含量均小于0.007微克/分米^3，均符合国家海水水质第一类标准。

2006年5月表层汞含量为0.012～0.031微克/分米^3，平均约为0.021微克/分米^3；符合国家海水水质第一类标准。表层汞高值出现涵江邻近海域，低值出现在湾口海域。

(18) 砷：2005年9月表层砷含量为0.8～2.0微克/分米^3，平均约为1.2微克/分米^3；符合国家海水水质第一类标准。表层砷高值出现牛屿和野马屿之间海域，低值出现在东部近岸海域。

2006年5月表层砷含量为1.4～2.1微克/分米^3，平均约为1.7微克/分米^3；符合国家海水水质第一类标准。表层砷高值出现江阴岛至南日岛连线海域。

2. 沉积化学

2005年9月兴化湾调查资料。

(1) 潮下带沉积物各化学要素的含量及分布

1) 硫化物：兴化湾潮下带表层沉积物中硫化物为4.0～327毫克/千克，平均约为67.7毫克/千克；除H7站仅符合国家海洋沉积物质量第二类标准之外，其余均符合国家海洋沉积物质量第一类标准。潮下带表层沉积物中硫化物高值主要出现在球尾以东海域，兴化湾西北近岸海域和湾口海域潮下带表层沉积物中硫化物含量较低。

2) 有机碳：兴化湾潮下带表层沉积物中有机碳含量在0.15％～1.32％，平均约为0.90％；均符合国家海洋沉积物质量第一类标准。潮下带表层沉积物中有机碳高值出现在西部近岸、牛屿和野马屿之间，以及野马屿以西湾口海域；低值出现在野马屿以东的湾口海域。

3) 总氮：兴化湾潮下带表层沉积物中总氮含量为0.15～1.37毫克/千克，平均约为0.86毫克/千克。潮下带表层沉积物中总氮高值主要出现在野马屿和石城角之间海域，低值出现在兴化湾中部海域。

4) 总磷：兴化湾潮下带表层沉积物中总磷含量为0.141～0.441毫克/千克，平均约为0.302毫克/千克。潮下带表层沉积物中总磷高值出现在西部近岸海域，低值出现在中部和湾口海域。

5) 铜：兴化湾潮下带表层沉积物中铜含量为10.9～27.6毫克/千克，平均约为18.5毫克/千克；均符合国家海洋沉积物质量第一类标准。潮下带表层沉积物中铜高值出现在牛屿和野马屿之间海域，低值出现在中部以西部分海域和湾口海域。

6) 铅：兴化湾潮下带表层沉积物中铅含量为12.71～39.75毫克/千克，平均约为33.46毫克/千克；均符合国家海洋沉积物质量第一类标准。潮下带表层沉积物中铅高值主要出现在西部近岸和球尾邻近海域；低值出现在野马屿邻近湾口海域。

7) 锌：兴化湾潮下带表层沉积物中锌含量为19.1～1701毫克/千克，平均约为253毫克/千克；符合国家海洋沉积物质量第二类标准。潮下带表层沉积物中锌高值出现在 H12 站位处，低值出现在湾口部分海域。

8）镉：兴化湾潮下带表层沉积物中镉含量为 0.028～0.149 毫克/千克，平均约为 0.075 毫克/千克；均符合国家海洋沉积物质量第一类标准。潮下带表层沉积物中镉高值出现在西部近岸海域，低值出现在中部海域。

9）汞：兴化湾潮下带表层沉积物中汞含量为 0.0027～0.012 毫克/千克，平均约为 0.0083 毫克/千克；均符合国家海洋沉积物质量第一类标准。潮下带表层沉积物中汞高值出现在西部近岸海域、牛屿和野马屿之间海域，低值出现在牛屿和野马屿连线西北海域。

10）砷：兴化湾潮下带表层沉积物中砷含量为 3.2～10.3 毫克/千克，平均约为 7.3 毫克/千克；均符合国家海洋沉积物质量第一类标准。潮下带表层沉积物中砷高值出现在牛屿和野马屿之间海域，低值主要出现在西北近岸海域。

11）油：兴化湾潮下带表层沉积物中油含量为 2.0～2.6 毫克/千克，平均约<2.0 毫克/千克；均符合国家海洋沉积物质量一类标准。

12）氧化还原电位：兴化湾潮下带表层沉积物中氧化还原电位为 76.3～443.8 毫伏，平均约 263.9 毫伏。潮下带表层沉积物中氧化还原电位高值出现壁头西北海域，低值主要出现牛屿和野马屿之间海域。

（2）潮间带沉积物各化学要素的含量及分布

2005 年 11 月兴化湾潮间带沉积物化学要素。

1）硫化物：兴化湾潮间带表层沉积物中硫化物含量为 4.00～351 毫克/千克，平均约为 106 毫克/千克；除个别站位外，其余均符合国家海洋沉积物质量第一类标准。潮间带表层沉积物中硫化物含量高值出现在东山断面，低值出现在湖尾断面。

2）有机碳：兴化湾潮间带表层沉积物中有机碳含量为 0.012%～0.86%，平均约为 0.50%；均符合国家海洋沉积物质量第一类标准。潮间带表层沉积物中有机碳含量高值出现在东山断面，低值出现在湖尾断面。

3）总氮：兴化湾潮间带表层沉积物中总氮含量为 0.06～1.28 毫克/千克，平均约为 0.76 毫克/千克。潮间带表层沉积物中总氮含量高值出现东山断面，低值出现在湖尾断面。

4）总磷：兴化湾潮间带表层沉积物中总磷含量为 0.033～0.445 毫克/千克，平均约为 0.268 毫克/千克。潮间带表层沉积物中总磷高值出现东山断面，低值出现在湖尾断面。

5）铜：兴化湾潮间带表层沉积物中铜含量为 1.51～19.7 毫克/千克，平均约为 11.5 毫克/千克；均符合国家海洋沉积物质量第一类标准。潮间带表层沉积物中铜高值出现东山断面，低值出现在湖尾断面。

6）铅：兴化湾潮间带表层沉积物中铅含量为 1.20～33.0 毫克/千克，平均约为 21.2 毫克/千克；均符合国家海洋沉积物质量第一类标准。潮间带表层沉积物中铅高值出现在东山断面，低值出现在湖尾断面。

7）锌：兴化湾潮间带表层沉积物中锌含量为 5.00～123 毫克/千克，平均约为

67.2毫克/千克；均符合国家海洋沉积物质量第一类标准。潮间带表层沉积物中锌高值出现在东沃断面，低值出现在湖尾断面。

8）镉：兴化湾潮间带表层沉积物中镉含量为0.001～0.1021毫克/千克，平均约为0.0461毫克/千克；均符合国家海洋沉积物质量第一类标准。潮间带表层沉积物中镉高值出现在东山断面，低值出现在湖尾断面。

9）汞：兴化湾潮间带表层沉积物中汞含量为0.002～0.139毫克/千克，平均约为0.064毫克/千克；均符合国家海洋沉积物质量第一类标准。潮间带表层沉积物中汞高值出现在东山断面，低值出现在湖尾断面。

10）砷：兴化湾潮间带表层沉积物中砷含量为2.0～11.3毫克/千克，平均约为6.5毫克/千克；均符合国家海洋沉积物质量第一类标准。潮间带表层沉积物中砷高值出现在东山断面，低值主要出现在湖尾断面。

11）油：兴化湾潮间带表层沉积物中油含量均小于2.0毫克/千克；均符合国家海洋沉积物质量第一类标准。

12）氧化还原电位：兴化湾潮间带表层沉积物中氧化还原电位为430.8～470.0毫伏，平均约450.5毫伏。

3. 生物体质量

2005年9月和2006年5月，兴化湾虾、鱼、缢蛏、紫菜、海带和牡蛎等生物样品中铜、铅、锌、镉、汞、砷、油类、PCBs、六六六、DDTs，以及赤潮毒素PSP和DSP的含量如下（表2-37，图2-46）。

表2-37　生物体内重金属含量比值（干重计）

航次	生物体	铜	铅	锌	镉	汞	砷
2005年9月	蛏	10.7	26.2	12.1	16.1	0.8	0.6
	虾	4.4	1.1	3.4	1.1	0.4	2.2
	鱼	1.0	1.0	1.0	1.0	1.0	1.0
	紫菜	2.6	2.6	1.8	22.7	0.2	0.4
2006年5月	鱼	1	1.0	1.0	1.0	1.0	1.0
	虾	59.8	12.1	3.7	23.9	0.5	0.2
	海带	8.9	210.0	3.7	18.9	0.7	2.2
	牡蛎	410.5	126.9	45.4	158.3	0.6	0.7

（1）不同生物体重金属含量比值（干重计，设鱼的含量为基数1）

以鱼中重金属的含量为基数1，得出生物体中重金属含量相对鱼中含量的比值。从不同比值可以看出不同生物体中重金属含量的差异。

2005年秋季样品中，铜、铅和锌在缢蛏中富集倍数较其他三种生物高，铅的富集倍数尤为明显，含量是鱼体的26.2倍；镉在紫菜中含量最高，为鱼体含量的22.7倍；汞在鱼体含量最高，砷则在虾中的富集倍数较高。2006年春季样品中，铜、铅、锌、镉、汞和砷在海带、虾和牡蛎中相对在鱼中的含量比值：铜、锌和镉在牡蛎中的含量远大于在其他生物体中的含量，铅和砷在海带中含量最高，而汞则在鱼中含量最高（表2-37，图2-47）。

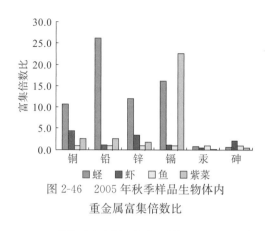

图 2-46　2005 年秋季样品生物体内
重金属富集倍数比

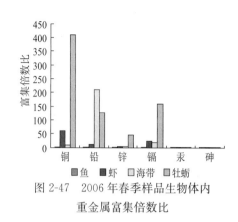

图 2-47　2006 年春季样品生物体内
重金属富集倍数比

（2）不同重金属的富集系数（以湿重计）

生物体对水体中的重金属有一定的富集作用；富集系数＝某重金属在生物体的平均含量/该重金属在水体中的平均含量（以湿重计）；表 2-38 为 2005 年秋季蛏、虾和鱼三种生物重金属含量及富集系数；以及 2006 年春季鱼、虾、海带和牡蛎四种生物重金属含量及富集系数。

2005 年秋季生物样品中，除虾对砷的富集系数最高外，蛏中其他重金属和油类的含量及富集系数均明显高于鱼、虾（表 2-38）。参照国家海洋生物质量标准（以湿重计）：缢蛏中铜含量为 4.41 毫克/千克，符合第一类标准；铅含量为 0.272 毫克/千克，符合第二类标准；锌含量为 18.1 毫克/千克，符合第一类标准；镉含量为 0.0912 毫克/千克，符合第一类标准；汞含量为 0.047 毫克/千克，符合第一类标准；砷含量为 0.15 毫克/千克，符合第一类标准；油类含量为 18.3 毫克/千克，符合第一类标准。

2006 年春季生物样品中，牡蛎中铜、锌、镉和铅含量及富集系数均明显高于鱼、虾、海带；鱼对汞、砷的富集系数最高。参照国家海洋生物质量标准（以湿重计）：牡蛎中铜含量为 51.0 毫克/千克，仅符合第三类标准；铅含量为 0.386 毫克/千克，仅符合第二类标准；锌含量为 119 毫克/千克，仅符合第三类标准；镉含量为 1.15 毫克/千克，仅符合第二类标准；汞含量为 0.0012 毫克/千克，符合第一类标准；砷含量为 0.4 毫克/千克，符合第一类标准。

表 2-38　重金属含量及不同生物的富集系数（以湿重计）

航次	项目	单位	铜	铅	锌	镉	汞	砷
	蛏	毫克/千克	4.41	0.272	18.1	0.0912	0.047	0.15
	虾	毫克/千克	3.08	0.02	8.61	0.0106	0.04	0.96
	鱼	毫克/千克	0.746	0.019	2.71	0.0102	0.01	0.47
2005 年 9 月	水体	微克/分米^3	0.554	0.0175	1.44	0.0255	<0.007	1.2
	蛏富集系数		7 960	15 543	12 569	3 576	13 429	125
	虾富集系数		5 560	1 143	5 979	416	11 429	800
	鱼富集系数		1 347	1 086	1 882	400	2 857	392

航次	项目	单位	铜	铅	锌	镉	汞	砷
2006 年 5 月	鱼	毫克/千克	0.229	0.005 6	4.85	0.013 4	0.040	1.0
	虾	毫克/千克	12.2	0.060 5	15.8	0.287	0.018	0.2
	海带	毫克/千克	0.491	0.285	4.32	0.061 3	0.006	0.6
	牡蛎	毫克/千克	51.0	0.386	119	1.15	0.012	0.4
	水体	微克/分米^3	0.804	0.014 3	0.48	0.020 0	0.021	1.7
	鱼富集系数		284.8	391.6	10 104.2	670.0	1 904.8	588.2
	虾富集系数		15 174.1	4 230.8	32 916.7	14 350.0	857.1	117.6
	海带富集系数		610.7	19 930.1	9 000.0	3 065.0	285.7	352.9
	牡蛎富集系数		63 432.8	26 993.0	247 916.7	57 500.0	571.4	235.3

（3）生物体农残含量比值（以湿重计）

2005 年秋季样品中，缢蛏对六六六、PCBs 和 DDTs 的富集较虾和鱼高（表 2-39），缢蛏体中 PCBs 含量为 0.270×10^{-9}，六六六含量为 0.0703×10^{-9}，DDTs 含量为 0.381×10^{-9}，均符合海洋生物质量第一类标准。同时对鱼、虾、缢蛏和紫菜进行 PSP 和 DSP 检测，其中缢蛏中含有 DSP，含量为 0.1 鼠单位。

2006 年春季样品中，鱼中六六六含量最高，牡蛎中 DDTs 含量最高，海带中 PCBs 含量最高（表 2-39）。参照海洋生物质量标准，牡蛎中 PCBs 含量为 3.26×10^{-9}；六六六含量为 0.220×10^{-9}，符合第一类标准；DDTs 含量为 11.5×10^{-9}，符合第二类标准。同时对牡蛎、鱼和虾进行 PSP 和 DSP 检测，均未检出。

表 2-39　生物体内农残含量及富集倍数比

(a)

航次	生物体	农残含量（富集倍数）		
		六六六	DDTs	PCBs
2005 年 9 月	缢蛏	0.070 3 (3.9)	0.381 (1.9)	0.270 (2.3)
	虾	0.038 3 (2.2)	0.092 7 (0.5)	0.042 5 (0.4)
	鱼	0.017 8 (1.0)	0.201 (1.0)	0.116 (1.0)

(b)

航次	生物体	农残含量（比值）		
		六六六	DDTs	PCBs
2006 年 5 月	鱼	0.355 (1.00)	3.83 (1.00)	2.15 (1.00)
	虾	0.032 (0.09)	0.792 (0.21)	0.048 (0.02)
	海带	nd (0.00)	3.14 (0.82)	7.19 (3.34)
	牡蛎	0.220 (0.62)	11.5 (3.00)	3.26 (1.52)

注：湿重计，设鱼的富集倍数为 1，含量单位 10^{-9}

（五）陆地生物资源

1. 陆地植被

福清市海岸带位于福州市所属海岸带的南端，地貌植被生境条件主要由泥岸、台地和丘陵交替组成。新厝、渔溪、江阴、江镜、港头、三山一带地区的海岸带多为泥滩，局部有一些砂泥海岸，以防护林植被、草丛植被、滨海盐生植被、滨海砂生植被、沼生水生植被交替为主。砂埔、东瀚一带地区海岸带发育有花岗岩低丘，森林植被与灌丛、草丛、滨海盐生植被、滨海砂生植被、沼生水生植被交替出现。在渔溪镇滨海岸边有少许秋茄红树林。

莆田海岸带北段从江口镇、三江口镇到黄石镇，地形特点为平原地区，几无山地，海岸带范围多泥湾、泥岸、农田、滩涂，河渠众多，其植被分布类型有秋茄红树林、常绿灌丛、草丛、滨海盐生植被、滨海砂生植被、沼生水生植被、木麻黄防护林、粮食作物、蔬菜作物等，无山地森林植被。从北高镇、东峤镇、埭头镇等中南段海岸带为低丘与台地交替地貌，森林植被与灌丛、草丛、滨海盐生植被、滨海砂生植被、沼生水生植被交替出现。

2. 湿地鸟类

(1) 鸟类种类

2009年4月在涵江、江阴和后海3个样地共记录水鸟42种（表2-40），涵江、江阴和后海3个样地分别调查到水鸟35种、17种及17种，涵江滩的水鸟种类要比其他两地丰富。在42种水鸟中以涉禽为主，有36种，另有游禽6种。涉禽中的鸻鹬类所占比重最大，共有28种，占总调查水鸟种类的66.7%，其次为鹭类，有6种，占14.3%，另有秧鸡类2种；游禽以鸥类为主，有4种，另有鸭类和鸬鹚类各1种（表2-41）。综合以前的调查资料（厦门观鸟会、莆田观鸟会的调查记录等），在兴化湾共记录水鸟69种，其中27种为此次未调查到的水鸟。这27种鸟类也主要为候鸟，一些种类在此次调查之前已经北迁，如鸭类的绿翅鸭（*Anas crecca*）、琵嘴鸭（*Anas clypeata*）、绿头鸭（*Anas platyrhychos*）等，鸥类的黑嘴鸥（*Larus saundersi*）、鸬鹚（*Phalacrocorax sp.*）等；而有些种类尚未到达，如鸻鹬类的灰尾漂鹬（*Heteroscelus brevipes*），鸥类的须浮鸥（*Chlidonias hybrida*）、白翅浮鸥（*C. leucoterus*）等。

表 2-40　兴化湾水鸟调查样地及调查点

样地	调查点	北纬	东经
涵江	鳌山村	25°27′14.1″	119°09′57.2″
	赤港	25°27′51.6″	119°11′37.7″
江阴	江阴1	25°29′57.0″	119°15′39.2″
	江阴2	25°27′20.0″	119°16′24.0″
	江阴3	25°26′52.6″	119°17′11.0″
	江阴4	25°29′51.2″	119°15′14.9″
后海	埭头1	25°26′49.6″	119°17′14.2″
	埭头2	25°18′10.5″	119°18′09.5″
	汀港	25°17′59.0″	119°14′35.3″
	后海	25°18′18.7″	119°13′04.0″

在兴化湾记录的水鸟大多为候鸟，其中冬候鸟及过境鸟有56种，占水鸟种数的81.16%，另有夏候鸟3种及留鸟10种。在这些候鸟中大部分种类被列入国际候鸟保护协定名录中，如列入《中澳保护候鸟协定》的种类有38种，占兴化湾水鸟种类的55.07%，占协定名录上的水鸟种数（70种）的54.29%；列入《中华人民共和国政府

和日本政府保护候鸟及其栖息环境协定》的种类有 50 种，占水鸟种类的 72.46％，占协定名录上的水鸟种数（124 种）的 40.32％。兴化湾是候鸟迁徙的重要越冬地或停息地，是候鸟保护的重要区域。还记录到 2 只带橙色脚旗的弯嘴滨鹬，为澳大利亚东南部环志的鸟类，同时近年来复旦大学在兴化湾赤港进行黑腹滨鹬环志的研究也说明兴化湾是鸟类迁徙研究的重要区域。

表 2-41　兴化湾水鸟种类组成　　　　　　　　　　（单位：种）

目	科	此次调查水鸟种数	综合资料水鸟种数
雁形目	鸭科	1	5
鹤形目	秧鸡科	2	2
鸻形目	鸻科	6	6
	鹬科	20	29
	燕鸻科	1	1
	反嘴鹬科	1	2
	砺鹬科	0	1
	瓣蹼鹬科	0	1
鹳鹬目	鹳鹬科	1	1
鹈形目	鸬鹚科	0	1
鸥形目	鸥科	2	4
	燕鸥科	2	5
鹳形目	鹭科	6	10
	鹳科	0	1
合计		42	69

（2）水鸟数量

2006 年 2 月，在兴化湾共记录到 2.8 万只水鸟，是福建省水鸟分布最多的海湾。2006 年 4 月兴化湾水鸟分布密度最大的区域为木兰溪至荻芦溪之间的滩涂（赤港农场东）、福清江镜农场南面区域。兴化湾鸟类以涵江滩水鸟数量最多，共 3829 只，其中鳌山村样点 547 只，赤港为 3282 只；江阴的 4 个样点共 196 只，根据调查面积及滩涂面积的比例（约 1/5），估计江阴滩涂上水鸟数量大约有 980 只；后海水鸟 564 只。3 个样地水鸟数量为 5373 只（表 2-42）。

涵江滩的水鸟数量主要由弯嘴滨鹬（*Calidris ferruginea*）、铁嘴砂鸻（*Charadrius leschenaullii*）、红脚鹬（*Tringa totanus*）、翘嘴鹬（*Xenus cinerea*）、白鹭（*Egretta garzetta*）、黑腹滨鹬（*Calidris alpina*）和环颈鸻（*Charadrius alexandrinus*）等组成，它们的数量都超过 100 只，分别为 1238 只、940 只、402 只、171 只、148 只、118 只和 114 只，这些种类共有 3131 只，占总数量的 81.77％。江阴主要水鸟数量较多的有铁嘴砂鸻、白鹭、苍鹭（*Adrea rectirostris*）、弯嘴滨鹬和红脚鹬，在 4 个调查点分别调查到 94 只、27 只、12 只、12 只和 12 只，这 5 种鸟类的数量占总数量的 80.10％；后海样地的主要水鸟有铁嘴砂鸻、红脚鹬、黑腹滨鹬、青脚鹬（*Tringa nebularia*）、金斑鸻（*Pluvialis fulva*）、白鹭和小杓鹬，数量分别为 276 只、132 只、40 只、34 只、21 只、18 只和 18 只，这些种类占总数量的 95.40％。综合 3 个样地分析，2006 年 4 月兴化湾数量比较多的水鸟种类主要有弯嘴滨鹬、铁嘴砂鸻、红脚鹬和黑腹滨鹬等。

2006 年 2 月数量最多的为黑腹滨鹬，主要水鸟种类是鸻鹬科、鸥科和鹭科鸟类，这些鸟类基本具有迁徙特性，鹭科、鸥科鸟类多以鱼虾为食，鸻鹬科鸟类则以潮间带底栖生物为食。

表 2-42　兴化湾各样地水鸟数量

样地	调查点	数量/只	总计/只
涵江	鳌山村	547	3 829
	赤港	3 282	
江阴	江阴 1	3	196
	江阴 2	151	
	江阴 3	6	
	江阴 4	36	
后海	埭头 1	161	564
	埭头 2	18	
	汀港	230	
	后海	155	

3. 珍稀濒危物种

兴化湾记录到的珍稀濒危物种有国家二级重点保护动物黑脸琵鹭、黄嘴白鹭、小青脚鹬、小杓鹬 4 种；列入《中国濒危动物红皮书》濒危等级的有黄嘴白鹭、黑脸琵鹭，稀有等级的有半蹼鹬（*Limnodromus semipalmatus*），未定等级的有黑尾塍鹬（*Limosa melanuroides*）和小青脚鹬；列入 CITES 附录 I 的有小勺鹬、小青脚鹬；列入世界自然保护联盟濒危等级的有小青脚鹬、黑嘴鸥、黄嘴白鹭、黑脸琵鹭。

兴化湾中的珍稀濒危鸟类物种比较丰富，是福建省非常重要的水鸟越冬地和迁徙过境觅食地。

（1）黑脸琵鹭：冬候鸟，在兴化湾有比较稳定的越冬种群。黑脸琵鹭全球约有 2000 只，兴化湾的最高纪录为 2006 年 2 月的 67 只，约占全球数量的 3%，在 2009 年 3 月底的爱鸟周活动中在兴化湾的涵江滩埭头村记录了 30 余只，但在此次调查中没有发现，估计它们已经北迁了。兴化湾是黑脸琵鹭的重要越冬地，其数量已经超过了国际重要湿地的 1%标准（15 只），主要分布在江镜农场、赤港农场。

（2）黄嘴白鹭：夏候鸟，主要在我国沿海海岛繁殖，在兴化湾仅在 2007 年 5 月由厦门观鸟会记录 1 只，主要分布在江镜农场。

（3）小青脚鹬：过境鸟，全球数量非常稀少，估计数量在 1000 只以下，2007 年 4 月记录了 1 只，主要分布在赤港农场。

（4）小杓鹬：过境鸟，主要在沿海的干草地中出现，通常在 4 月途经福建，此次调查在后海湾边上的农田中记录到 18 只。

（5）半蹼鹬：过境鸟，2007 年 4 月记录到 1 只。

（6）黑尾塍鹬：过境鸟，此次调查在赤港记录 1 只，以前在赤港也有零星记录。

（7）黑嘴鸥：冬候鸟，主要在滩涂上觅食，在兴化湾有较大的越冬数量，2006 年 2 月兴化湾的数量有 905 只，而在 2007 年 2 月记录了 1710 只，远远高于国际重要湿地的 1%标准（85 只）。此次调查没有记录到，是因为黑嘴鸥通常在 3 月已经基本南迁。主要分布在江镜农场、赤港农场、三江口。

（六）海洋生物资源

1. 细菌

2005 年秋季兴化湾全区表层水中的细菌总量平均值为 107×10^6 个/厘米^3。细菌数量呈不均匀分布，细菌密度差异较大，湾口表层水体中细菌数量密度最高，其中湾口的 H2 站为 640×10^6 个/厘米^3，次高出现在 H3 站（560×10^6 个/厘米^3），表层海水中细菌数量自湾口向湾内递减，最低密度出现在湾内的 H12 站。底层水体中，全区平均细菌数量为 27.67×10^6 个/厘米^3，高密度细菌数量沿着兴化湾西岸分布，并延伸到湾内，湾中部水域的细菌密度较低，一般不高于 10×10^6 个/厘米^3。在上下水层中，最低密度出现在小麦屿周围水域（图 2-48）。比较上下表层水体中细菌数量的差别，表层水体中的细菌密度高于底层水体，表层水体密度是底层密度的 6 倍。

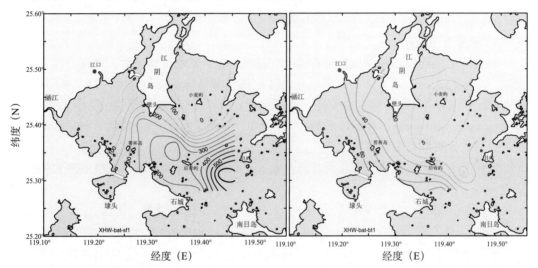

图 2-48 秋季兴化湾表层（左）和底层（右）水体中细菌数量的分布（单位：10^6 个/厘米^3）

2006 年春季兴化湾表层水中的细菌数量总体上低于秋季，全区的细菌总量平均值为 96.83×10^6 个/厘米^3。表层海水中高密度区仍存在于湾口水域 H2 站，达到 466×10^6 个/厘米^3，此外，H1 站也有较高值，略低于 H2 站。底层水体中的细菌数量分布趋势类似于表层，高密度出现在 H2 站，密度从湾外向湾内递减，低密度区出现在湾内的站位上（图 2-49）。从平均值看，底层水体中细菌数量（72.28×10^6 个/厘米^3）略低于表层水体，表层水体中的细菌总量仅是底层水体的 1.3 倍。

秋季兴化湾水体细菌总量的总平均值（107.3×10^6 个/厘米^3）高于春季（84.55×10^6 个/厘米^3），水体表层细菌总量高于底层。春季表底层水体中的细菌数量分布比较均匀，没有出现秋季那样的较大反差，表明春季表底层水体混合程度较高于秋季（表 2-43）。秋季表底层水体中细菌生物量的差别，说明表层水受到污染，具有较高的细菌数量，且水体中存在跃层，表层和底层细菌数量扩散交换差，从而形成细菌数量的差异。

细菌总量最高密度出现在湾口石城以东海域，以致细菌总量的分布呈现湾口高于湾内水域的格局。这一现象可能提示，湾口水域存在着细菌能够利用的物质或污染源。悬浮物检测表明，石城以东水域具有较高值。

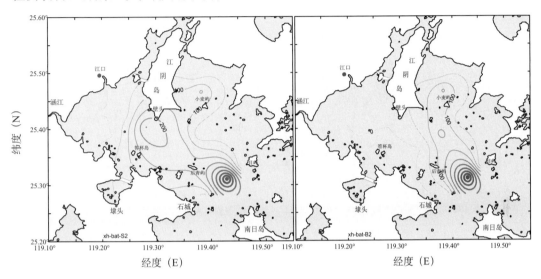

图 2-49　春季兴化湾表层（左）和底层（右）水体中细菌数量分布（单位：10^6个/厘米^3）

表 2-43　兴化湾两个季节细菌总量比较　　　　（单位：10^6个/厘米^3）

项目	2005 年 9 月		2006 年 5 月	
	表层	底层	表层	底层
平均值	186.99	27.67	96.83	72.28
最大值	640	66	466	471
最小值	0.012	1.2	1.26	0.71
水柱平均值	107.3		84.55	

2. 叶绿素 a 与初级生产力

（1）叶绿素 a

秋季，兴化湾表层叶绿素 a 含量的变化范围为 1.40～9.50 毫克/米^3，平均为 3.98 毫克/米^3；底层叶绿素 a 含量的变化范围为 0.95～7.50 毫克/米^3，平均为 2.82 毫克/米^3。多数测站表底层测值比较接近，表、底层叶绿素 a 分布为西高东低，从三江口向湾口递减。叶绿素 a 测值高值见于江阴附近的 H9 站，达到 10 毫克/米^{3}左右，三江口至江阴中间的整个内湾呈现 5 毫克/米^{3}以上的高值分布（图 2-50）。

春季，兴化湾表层叶绿素 a 含量的变化范围为 0.61～3.63 毫克/米^3，平均为 1.90 毫克/米^3；底层叶绿素 a 含量的变化范围为 0.66～1.71 毫克/米^3，平均为 1.18 毫克/米^3。多数测站表底层测值比较接近，表层叶绿素 a 高值区在江阴岛以南的兴化湾中部，高于 3 毫克/米^3，朝涵江方向递减。底层叶绿素 a 高值区在江阴岛以东，高于 2 毫克/米^3，同表层朝涵江方向递减（图 2-51）。

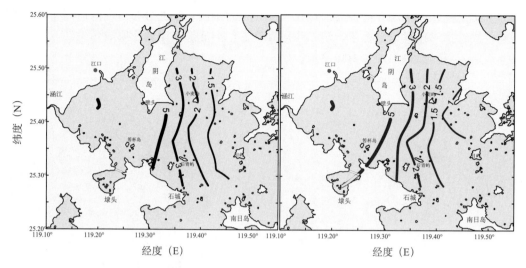

图 2-50　兴化湾秋季表（左）、底层（右）叶绿素 a 分布（单位：毫克/米³）

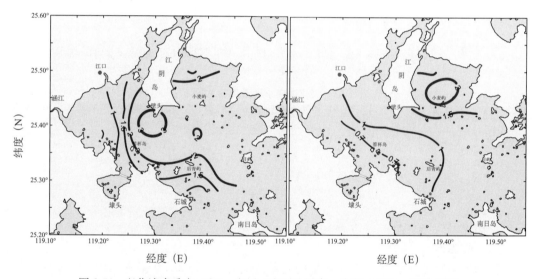

图 2-51　兴化湾春季表（左）、底层（右）叶绿素 a 分布（单位：毫克/米³）

秋季（9月）叶绿素 a 在表、底层含量平均为 3.40 毫克/米³，春季表、底层平均为 1.55 毫克/米³，秋季叶绿素 a 平均值约是春季的 2.2 倍，季节变化比较明显。

（2）初级生产力

秋季初级生产力的变化范围为 134～869 毫克碳/（米²·天），平均 365 毫克碳/（米²·天）。其与表层叶绿素 a 具有相同的分布和变化趋势，即初级生产力高值分布于三江口至江阴中间的整个内湾［＞500 毫克碳/（米²·天）］。同时，表层叶绿素 a 值和初级生产力值具有很好的相关性（r＝0.93）。春季初级生产力的变化范围为 53.88～323.29 毫克碳/（米²·天），平均 168.83 毫克碳/（米²·天）。与表层叶绿素 a 具有相同的分布和变化趋势,高值分布区同样在江阴岛以南的兴化湾中部[>200毫克碳/(米²·天)]。同时,表层叶绿素a值和初级生产力值具有很好的相关性(r值等于0.92)(图2-52)。

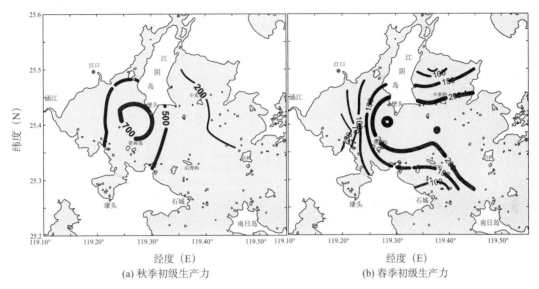

图2-52 兴化湾秋季和春季初级生产力分布[单位:毫克碳/(米²·天)]

秋季(9月),初级生产力平均为365毫克碳/(米²·天),春季平均为169.76毫克碳/(米²·天),秋季初级生产力平均值是春季的2倍,季节变化比较明显。

3. 浮游植物

(1)种类组成

2005年秋季和2006年春季兴化湾浮游植物141种,分别隶属于4个门类60属。其中硅藻类最多,57属121种。其次是甲藻类,8属13种;金藻类和蓝藻类较少,分别为3属4种和2属3种。两季相比,秋季种类(49属109种)比春季(42属89种)更为丰富(表2-44)。

表2-44 兴化湾秋、春季浮游植物种类分布

类别	春季、秋季合计	秋季小计	秋季		春季小计	春季	
			网采	水采		网采	水采
种	141	109	69	77	89	75	58
属	60	49	37	41	42	37	32
门	4	4	4		3		
蓝藻	2属3种	2属3种	1属2种	2属2种			
硅藻	57属121种	38属94种	28属55种	34属70种	34属76种	30属65种	26属50种
金藻	3属4种	1属2种	1属1种	1属1种	2属2种	1属1种	2属2种
甲藻	8属13种	8属13种	7属11种	4属4种	6属11种	6属9种	4属6种

(2)网采浮游植物

兴化湾水采浮游植物主要优势种包括广温广盐种奇异棍形藻(*Bacillaria*

paradoxa）和近海广布种星脐圆筛藻（*Coscinodiscus asteromphalus*），仅这两种的细胞密度都在 30% 以上，春季甚至高达 50.6%。其次广温广盐种中肋骨条藻（*Skeletonema costatum*）也较丰富，尤其在水温相对高（各层平均 27.27℃）的秋季，由于调查期间个体小（通常≤10 微米），其优势地位在水采样品要比网采样品明显。此外，网采植物还出现一些季节性强的优势种，如秋季的 *Ditylum brightwellii*、菱形海线藻小型变种（*Thalassionema nitzschioides v. parva*）和菱形海线藻（*Thalassionema nitzschioides*）、*Licmophora abbreviata*；春季的印度角毛藻（*Chaetoceros indicum*）、密联角毛藻（*Chaetoceros densus*）、旋链角毛藻（*Chaetoceros curvisetus*）、北方劳德藻（*Lauderia borealis*）及夜光藻（*Noctiluca scintillas*）等福建沿海的常见种。上述常见种，出现率一般在 60.0% 以上。

兴化湾春季站位种类数变化范围为 19~42 种/站，平均 31 种/站，平均细胞总密度可达 373.474×10⁴个/米³，站位密度变动范围是 17.80×10⁴（H3）~1564.58×10⁴个/米³（H8）。秋季站位种类数变化范围为 8~34 种/站，平均 21 种/站，平均细胞总密度可达 92.855×10⁴个/米³，站位密度变动范围是 0.76×10⁴（H2）~315.07×10⁴个/米³（H9）。春季平均细胞密度为秋季的 4 倍，秋季变化幅度（414 倍）远高于春季（88 倍）。秋、春两季总细胞密度和主要优势种的密度分布模式明显不同，秋季基本上呈现自东（湾外）向西（湾内）递增的格局。春季则呈现自南（湾外）往北（湾内）递增的趋势（图 2-53）。

与历史资料相比，2005 年秋季植物平均细胞密度是 1984 年 11 月（海岸带调查）平均细胞密度水平（10.4×10⁴个/米³）的 9 倍，而春季和福建海岛调查（1990 年 5 月）的平均细胞密度水平（216.0×10⁴个/米³）相当。2005 年秋季的密度水平较高可能与采样时间在较早的初秋（9 月）有关，其时水温还高，优势种组成还带有一定的夏季特点。

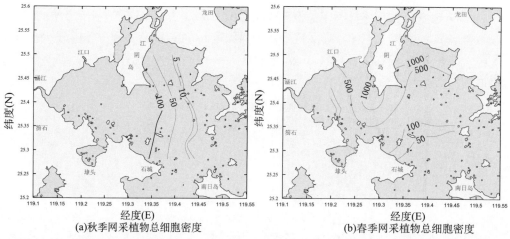

(a)秋季网采植物总细胞密度　　　　　　　　(b)春季网采植物总细胞密度

图 2-53　秋季网采植物总细胞密度和春季网采植物总细胞密度的平面分布（单位：10⁴个/米³）

（3）水采浮游植物

2005 年秋季表层、底层平均总细胞密度（分别为 375.2×10²个/分米³和 363×10²

个/分米^3）明显高于 2006 年春季（分别为 78.8×10^2 个/分米^3 和 73.4×10^2 个/分米^3），
与网采植物的季节变化完全相反。对表层、底层浮游植物丰度的时空分布起支配作用的
关键种类是中肋骨条藻（图 2-54 和图 2-55）。奇异棍形藻、星脐圆筛藻、具槽直链藻
（*Melosira sulcata*）、菱形海线藻（*Thalassionema nitzschioides*）等也是两季水采植物
聚群的常见优势种。2006 年春季还出现较多网采植物优势种组成的物种，如北方劳德
藻和叉分角藻（*Ceratium furca*）等。

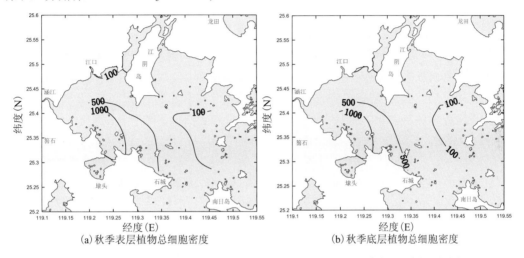

(a) 秋季表层植物总细胞密度　　(b) 秋季底层植物总细胞密度

图 2-54　秋季水采浮游植物表、底层总细胞密度平面分布（单位：10^2 个/分米^3）

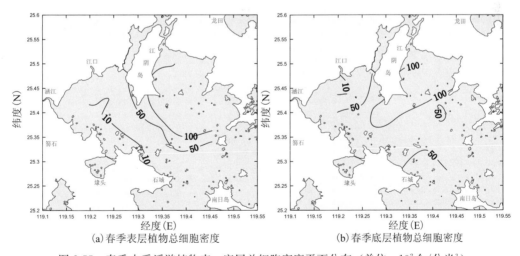

(a) 春季表层植物总细胞密度　　(b) 春季底层植物总细胞密度

图 2-55　春季水采浮游植物表、底层总细胞密度平面分布（单位：10^2 个/分米^3）

2006 年春季网采浮游植物平均细胞总密度可达 373.474×10^4 个/米^3，约为 2005 年
秋季（92.855×10^4 个/米^3）的 4 倍，2005 年秋季变化幅度远高于 2006 年春季。而春
季、秋季水采植物平均细胞总密度的季节变化特征与网采植物相反，2005 年秋季表层、
底层（375.2×10^2 个/分米^3 和 363×10^2 个/分米^3）分别高于 2006 年春季（78.8×10^2 个

/分米^{3}和 73.4×10^{2}个/分米^3）。网采植物的春季高峰除了常见的奇异棍形藻和星脐圆筛藻外，角毛藻和夜光藻等特别丰富，中肋骨条藻仅占一定比重。但水采植物的密度分布主要受制于骨条藻等的季节性波动。由于骨条藻喜暖的生态特点，其在相对于 2005 年秋季水温较低的 2006 年春季细胞密度大减。加之骨条藻细胞个体较小，是许多海洋动物的良好饵料，其所承受的摄食压力在 2006 年春季也远大于 2005 年秋季。

4. 浮游动物

（1）种类组成

2005 年秋季和 2006 年春季浮游动物 115 种，其中 2006 年春季出现的种数（78 种）略多于 2005 年秋季（74 种）。浮游动物种数组成中，两个季度月均以桡足类和水母类占比最大，其次秋季是毛颚类、十足类、介形类和糠虾类，春季则是毛颚类、糠虾类、介形类和端足类，其他类别如磷虾类和被囊类所占比重较小（图 2-56）。此外，还记录了若干类阶段性浮游幼虫，以及少量的鱼卵仔稚鱼和底栖端足类等。

除了 H2 站位以外，在已记录到种的浮游动物中，优势度指数≥0.02 的种类共有19 种（表 2-45），同时具 3 种生态类群共存。2005 年秋季出现 11 种，以暖水种居多，尤以驼背隆哲水蚤（Acrocalanus gibber）和齿形海萤（Cypridina dentata）优势度指数最高。2006 年春季出现 9 种，暖温种的比例和优势度指数相对提高，其优势度指数最突出的两个种类为瘦尾胸刺水蚤（Centropages tenuiremis）和拿卡箭虫。2006 年春季两个最主要种在秋季没有出现，2006 年春季和 2005 年秋季共呈优势的浮游动物仅出现 1 种刺尾纺锤水蚤（Acartia spinicauda），该区浮游动物优势种的季节更替极为明显。

表 2-45　浮游动物主要种的优势度指数

种　名		秋季	春季
驼背隆哲水蚤	Acrocalanus gibber	0.08	—
齿形海萤	Cypridina dentata	0.08	*
刺尾纺锤水蚤	Acartia spinicauda	0.06	0.02
美丽箭虫	Sagitta pulchra	0.06	*
精致真刺水蚤	Euchaeta concinna	0.06	*
钳形歪水蚤	Tortanus forcipatus	0.05	*
亚强真哲水蚤	Eucalanus subcrassus	0.04	—
真刺唇角水蚤	Labidocera euchaeta	0.04	*
短角长腹剑水蚤	Oithona. brecicornls	0.03	*
中华假磷虾	Pseudeuphausia sinica	0.03	*
微刺哲水蚤	Canthocalanus pauper	0.02	*
瘦尾胸刺水蚤	Centropages tenuiremis	—	0.12
拿卡箭虫	Sagitta. nagae	—	0.09
锥形多管水母	Aequorea conoica	*	0.08
中华哲水蚤	Calanus sinicus	—	0.06
肥胖箭虫	Sagitta enflata	*	0.06
拟细浅室水母	Lensia subtiloides	*	0.05
单囊美螅水母	Clytia folleatum	*	0.03
大西洋五角水母	Muggiaea atlantica	—	0.02

* 表示 Y 值小于 0.02；— 表示没有出现

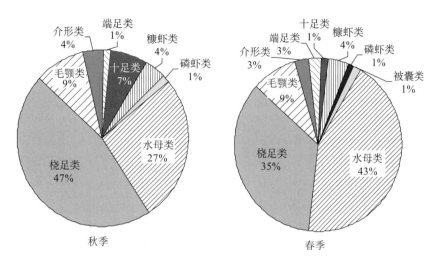

图2-56 浮游动物主要类别种类数组成

根据自身的生态属性与分布特点，浮游动物可分为3种生态类群。

1）广温类群。该类群由适温范围较广的种类组成，其代表种瘦尾胸刺水蚤是2006年春季最主要的优势种，真刺唇角水蚤和短角长腹剑水蚤（*Oithona brecicornis*）在2005年秋季数量较大。双刺唇角水蚤（*Labidocera bipinnata*）、小拟哲水蚤和太平洋纺锤水蚤（*Acartia pacifica*）等代表种在2006年春季和2005年秋季很常见。

2）暖温类群。该类群的种类数较少，主要代表种拿卡箭虫和中华哲水蚤在2006年春季占重要优势，中华假磷虾（*Pseudeuphausia sinica*）和大西洋五角水母（*Muggiaea atlantica*）是2005年秋季或春季的主要种之一。代表种还有漂浮囊糠虾（*Gastrosaccus pelagicus*）、双毛纺锤水蚤（*Acartia bifilosa*）和近缘大眼剑水蚤等。

3）暖水类群。其种类数多、个体密度大，是该区最重要的生态类群。代表种有较近岸的微刺哲水蚤、锥形宽水蚤（*Temora turbinate*）、强额拟哲水蚤（*Paracalanus crassirostris*）、汤氏长足水蚤（*Calanopia thompsoni*）、锥形多管水母（*Aequorea conoica*）、球形侧腕水母（*Pleurobrachia globosa*）、拟细浅室水母、百陶箭虫、小型箭虫（*S. neglecta*）、齿形海萤、针刺真浮萤（*Euconchoecia aculeata*）和亨生莹虾（*Lucifer hanseni*），以及相对较广高盐的肥胖箭虫、凶形箭虫（*S. ferox*）、普通波水蚤（*Undinula vulgaris*）、亚强真哲水蚤、伯氏平头水母（*Candacia bradyi*）精致真刺水蚤、驼背隆哲水蚤（*Acrocalanus gibber*）、尖头巾虫戎（*Tullbergella cuspidata*）、半口壮丽水母（*Aglaura hemistoma*）、气囊水母（*Physophora hydrostatica*）和四叶小舌水母等。其中驼背隆哲水蚤、齿形海萤、锥形多管水母、精致真刺水蚤和肥胖箭虫等为本区的主要种。

（2）总生物量（湿重）的分布

2005年秋季和2006年春季浮游动物湿重生物量均值为663.1毫克/米³，显著高于1990年秋季和春季在江阴岛近岸水域（均值约208.3毫克/米³）及福建省多个主要海岛近岸水域（1990年秋季和春季）的平均水平（约168.1毫克/米³）。秋季全区的量值为47.50～451.19毫克/米³，南部水域的生物量普遍较高（＞230毫克/米³），尤以H2站位量值最高，相反北部的生物量较低，大多在200毫克/米³以下（图2-57）。2006年春季生物量的区间变化范围为201.0～4383.3毫克/米³，全区共有5个站位的量值在1000毫克/米³以上，主要出现于西半部，尤以西北部H10和H12站位的量值最高（2200～4683毫克/米³）。相反，测区中部的H5站位生物量较低，量值仅201.0毫克/米³（图2-58）。海区总生物量的季节变化非常明显，2006年春季均值（1096.6毫克/米³）显著高于2005年秋季（229.5毫克/米³），这主要因春季出现较多含水量大的胶质类浮游动物（如锥形多管水母等）所致。

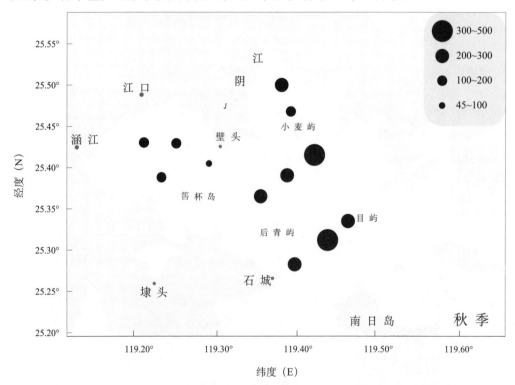

图2-57 秋季浮游动物总生物量的平面分布（单位：毫克/米³）

（3）主要类别个体密度的组成

浮游动物总个体密度的组成中以桡足类最重要。2005年秋季和2006年春季分别占总量的84%和81%，其次是阶段性浮游幼虫（分别为11%和7%），水母类（7%）和毛颚类（4%）在2006年春季也相对较多，此外，其他各类别，如十足类、糠虾类、磷虾类、端足类、被囊类及秋季的水母类等所占比重极小（图2-59）。

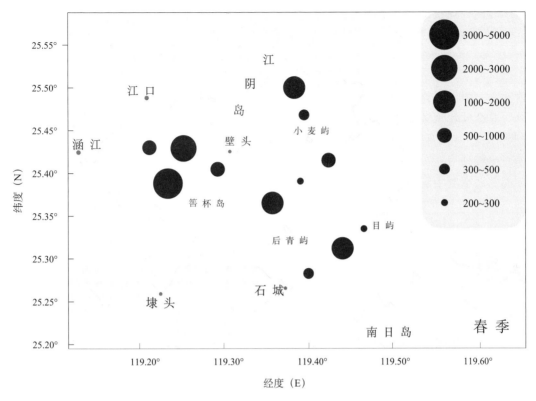

图 2-58 春季浮游动物总生物量的平面分布（单位：毫克/米³）

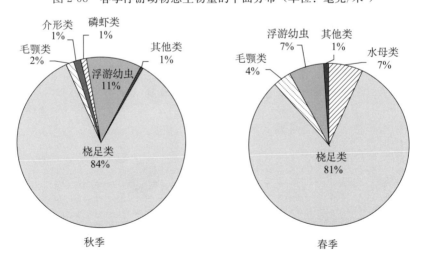

图 2-59 浮游动物主要类别总个体密度的组成

（4）总个体密度的分布

2005 年秋季和 2006 年春季浮游动物总个体密度平均值（420.4 个/米³）显著高于同期邻近的湄州湾水域（55.8 个/米³），但与 2002 年 11 月和 5 月在邻近的惠安山前近岸水域的平均水平（372.5 个/米³）相对较接近。浮游动物总个体密度的季节变化大，2005 年秋季均值（560.3 个/米³）是 2006 年春季（280.6 个/米³）的 2 倍。在平面分布上，2005 年秋季的变化范围为 29.5～5384.7 个/米³，较高密度区（＞120 个/米³）位于测区南部，其中除密集中心（位于湾口中部的 H2 站位）由小型浮游动物，如针刺拟哲水蚤、强额拟哲水蚤、短角长腹剑水蚤、简长腹剑水蚤和桡足类幼体大量聚集所致外，其余大片水域主要以美丽箭虫、驼背隆哲水蚤、精致真刺水蚤、亚强真哲水蚤、微刺哲水蚤、真刺唇角水蚤和短尾类蚤状幼虫等密度较大。在测区东北部的 H8 站位个体密度也较高（107.5 个/米³），以短尾类蚤状幼虫和长尾类幼虫的数量居多。相反，测区西北部水域丰度较贫乏（＜60 个/米³）。

2006 年春季全区浮游动物总个体密度为 32.5～2488.1 个/米³。5 个量值大于 100 个/米³ 的站位分别位于湾口水域，以及测区西北部和东北部，其中湾口水域除了密集中心（仍位于湾口中部的 H2 站位）主要由桡足类幼体，以及小拟哲水蚤和挪威小毛猛水蚤等组成外，瘦尾胸刺水蚤、中华哲水蚤、肥胖箭虫，拿卡箭虫、齿形海萤和中华假磷虾等的密度较大。测区西北部以锥形多管水母和刺尾纺锤水蚤居多，测区东北部则以短尾类蚤状幼体占优势。相反，在测区东南部丰度低，在 50 个/米³ 以下（图 2-60，图 2-61）。

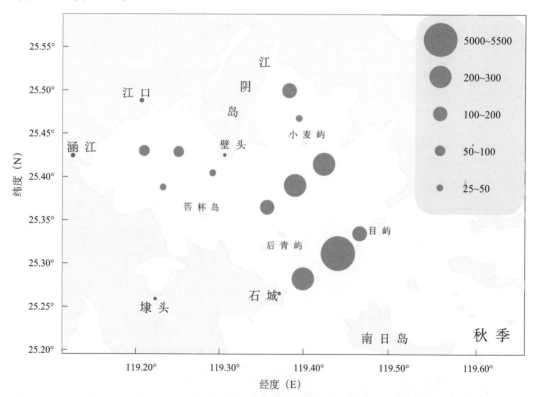

图 2-60 秋季浮游动物总个密度的平面分布（单位：个/米³）

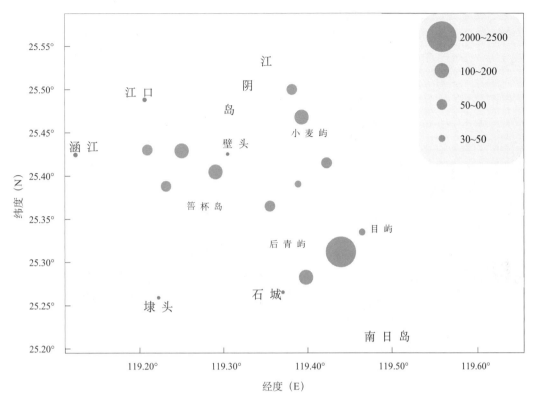

图 2-61　春季浮游动物总个密度的平面分布（单位：个/米³）

2005 年秋季和春季处于季风转换期，测区内浮游动物群落组成均处于台湾海峡暖流，以及南、北沿岸流的综合影响下，优势种相应呈现生态属性的多样化（均具广温、暖温和暖水 3 种生态类群共存）。2005 年秋季优势种以暖水性为主，暖水种优势度突出。2006 年春季则暖温性趋强，暖温种的站位出现率和优势度明显提高。秋季测区浮游动物群落组成受暖水系的影响较突出，春季则受浙闽沿岸流的影响明显。

与其他站位相比，湾口中部 H2 站位浮游动物分布具有两个显著特点，首先个体密度高度密集，2005 年秋季和 2006 年春季的量值均为测区其他站位的 20 倍以上。其二密度百分比中以小型浮游动物（包括 *Oithona* spp.、*Paracalanus* spp.、*Corycaeus* spp. 及猛水蚤和桡足幼体）为主，2005 年秋季和 2006 年春季分别占该站位总量的 91% 以上。而其他站位的平均比例不足 6%（表 2-46）。以往生态调查（1984 年 5 月～1985 年 2 月）曾在该局部水域（与 H2 站位几乎重叠）布设站位，但其 4 个季度月的调查结果均未出现小型浮游动物高度聚集的现象。而 2003 年 12 月（江阴岛周围海域生态调查）在兴化湾江阴岛东南近岸的局部水域也曾出现这一特殊现象。由于缺少更多长期连续生态监测资料，局部水域小型浮游动物高度聚集而与周边水域显著差异的这一特殊现象的原因还有待于进一步观测与探讨。地形地貌、潮汐路径及采样时潮汐状况等的差异可能是其中因素之一。

表 2-46　H2 站位浮游动物分布特点及其与其他测站的比较

时间	H2 站位		其他 11 个站位		
	密度/ (个/米³)	小型浮游动 物比重/%	密度变化范围/ (个/米³)	平均密度/ (个/米³)	小型浮游动物 比重/%
2005 年 9 月	5 384.1	96.8	29.5～267.8	121.7	5.8
2006 年 5 月	2 488.1	91.8	32.5～123.6	72.9	5.5

5. 鱼卵与仔稚鱼

（1）种类组成

2005 年秋季和 2006 年春季，兴化湾共记录鱼卵和仔稚鱼 38 种（含未定种），隶属 21 科 26 属。其中秋季和春季各为 10 种和 31 种（含未定种）。在种类上，以鳀科和鲾科种类居多，各为 6 种和 5 种，其他各科为 1～2 种。

（2）鱼卵数量的季节变化和分布

1）季节变化。秋季鱼卵数量较低，尤其垂直拖网鱼卵平均为 9.6 粒/米²，水平拖网平均为 26.1 粒/网。春季鱼卵的数量大幅度回升，其中垂直拖网和水平拖网的鱼卵分别为 38.9 粒/米² 和 251.8 粒/网（表 2-47）。在数量上，秋季垂直拖网以舌鳎、鲾科和鳀科鱼卵居多，它们各占卵总量的 42%、28% 和 25%（图 2-62）；水平拖网则以舌鳎和鲷科鱼卵占优势，约占卵总量的 62% 和 23%（图 2-63）。春季垂直拖网主要种类是鲾科的小沙丁鱼（23%）和鳀科的小公鱼（23%）。水平拖网则以鲾科、石首鱼科、鲾科和鳀科占优势，它们各占卵总量的 25%、23%、9% 和 4%，其他种类仅少量出现。

表 2-47　鱼卵和仔稚鱼数量的季节变化

时间	垂直拖网		水平拖网	
	鱼卵/（粒/米²）	仔稚鱼/（尾/米²）	鱼卵/（粒/网）	仔稚鱼/（尾/网）
秋季	9.6	2.88	26.1	2.25
春季	38.9	14.4	251.8	14.3

2）平面分布。秋季垂直拖网鱼卵仅出现于江阴岛至南日岛之间湾南部水域，其中以 H1 站位数量最为密集，达 50 粒/米²。其他水域均未采到。水平拖网全区除 H11 站位鱼卵未出现外，其他各站位均有分布，并在 H7 和 H4 站位形成两个高数量密集区，前者主要为舌鳎，后者主要种类是鲷科、鲾和舌鳎（图 2-64）。

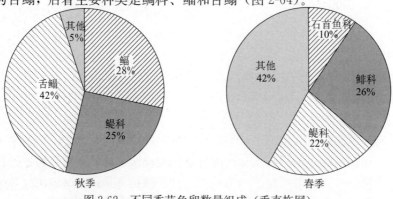

图 2-62　不同季节鱼卵数量组成（垂直拖网）

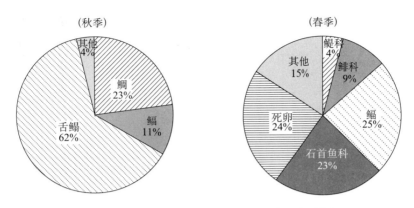

图 2-63　不同季节鱼卵数量的百分比组成（水平拖网）

春季鱼卵数量大幅度回升，垂直拖网和水平拖网分别达 37 粒/米² 和 251.8 粒/网。其中垂直拖网以湾中的 H5 站位和 H4 站位最为密集，达 150 粒/米² 和 80 粒/米²，主要种类是小沙丁鱼和小公鱼。在湾西南侧（H1 站位）、东北侧（H8 站位）和西北部（H11 站位）等边缘水域鱼卵未采到（图 2-65）。水平拖网的平面分布呈现出以江阴岛为界、东部及东南部高、西南部低的分布格局，并以江阴岛东南部水域的 6 号站位数量最高，达 1430 粒/网，占该月卵总量的 47.3%。其次是 5 站位和 3 站位，数量分别为538 粒/网和 438 粒/网。在密集区内，主要的种类是石首鱼科的白姑鱼、鳓和鲱科的小沙丁鱼和青鳞小沙丁鱼、鳀科的小公鱼和中颌棱鳀等。江阴岛西南部水域数量较低，除H11 站位较高外，其数量均小于 25 粒/网（图 2-66）。

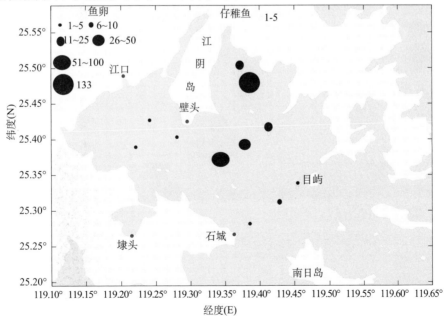

图 2-64　秋季兴化湾鱼卵和仔稚鱼的数量分布（水平拖网）（单位：鱼卵：粒/网；仔稚鱼：尾/网）

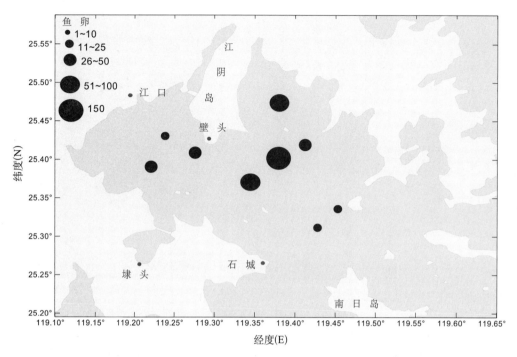

图 2-65　春季兴化湾鱼卵的数量分布（垂直拖网）（单位：粒/米^2）

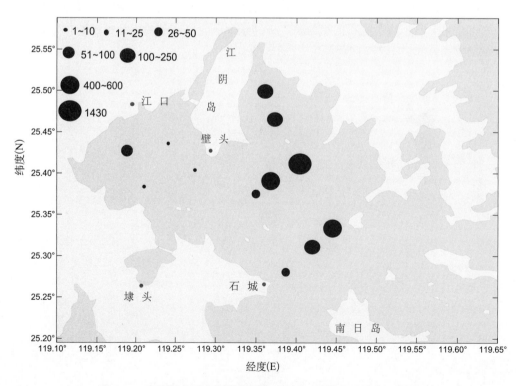

图 2-66　春季兴化湾鱼卵的数量分布（水平拖网）（单位：粒/网）

（3）仔稚鱼的季节变化与分布

1）季节变化。仔稚鱼的数量明显低于鱼卵，其中秋季垂直拖网和水平拖网的数量平均各为 2.89 尾/米² 和 2.25 尾/网，在数量上，垂直拖网以鰕虎鱼占比最大，而水平拖网以美肩鳃鰕最占优势，约占仔稚鱼总量的 51.8%，其他种类，如小公鱼仅少量出现。春季，无论是垂直拖网还是水平拖网，仔稚鱼均有较明显上升，平均数量分别为 14.52 尾/米² 和 14.3 尾/网，其中垂直拖网数量居多的种类是鰕虎鱼、鳀科和鲱科种类，它们分别占仔稚鱼总量的 25.7%、22% 和 15%。水平拖网则以鰕虎鱼和鳀科的美肩鳃鰕占优势，分别占 42% 和 30%，其他类别仅少量出现（图 2-67）。

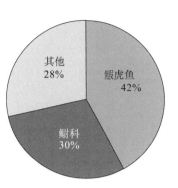

图 2-67　春季仔稚鱼数量组成（水平拖网）

2）平面分布。秋季垂直拖网的仔稚鱼仅出现于 H2 站位和 H4 站位；水平拖网仔稚鱼的站位出现率较低，为 66.7%，而且其数量为 1～5 尾/网（图 2-68）。春季垂直拖网仔稚鱼主要分布在江阴岛南部的 H1 站位、H4 站位，以及西部的 H9 站位和 H10 站位，其中以南部水域最高（>25 尾/网），其他站位仅少量出现（图 2-69）；水平拖网仔稚鱼不仅遍及全区，并在湾中的 H4 站位和 H6 站位形成数量大于 25 尾/网的高数量区。该密集区的形成主要是鰕虎鱼科的黄鳍刺鰕虎鱼和鳀科的美肩鳃鰕大量出现所致，同时还出现少量的康氏小公鱼，小沙丁鱼和鳓鱼等种类的仔稚鱼。其他水域数量一般为 3～19 尾/网。

兴化湾鱼卵总量均呈春季高、秋季低的分布格局。在数量分布上，春季和秋季无论是垂直拖网或水平拖网，鱼卵高数量密集区均位于江阴岛至南日岛之间湾中南部水域，尤其湾中的 H4～H6 站位最为密集。仔稚鱼密度以春季为高，其中水平拖网以湾中的 H4 和 H6 站位数量最高，而垂直拖网以湾中 H5 和 H4 站位最密集。秋季鱼卵和仔稚鱼的数量均明显低于春季，高数量区仍位于湾中 H4 站位和湾东北侧 H7 站位。兴化湾中南部水域（江阴岛以南水域）是鱼类的主要繁殖区，可能与该水域受湾外不同水系影响及饵料丰富有关。

兴化湾鱼卵数量较多的种类是鳀、石首鱼科、鲱科和舌鳎，其中前三种大量出现于春季，而后一种则以秋季占优势。仔稚鱼的主要种类为鳀科的美肩鳃鰕和鰕虎鱼，鰕虎鱼以春季高，秋季少见，而美肩鳃鰕无论是秋季或是春季均为常见种。

春季鱼卵和仔稚鱼的水平拖网平均数量分别为 251.8 粒/网和 14.4 尾/网。若与相邻海域湄州湾相比，仔稚鱼的数量虽略多于湄洲湾，但鱼卵却明显较低。与泉州湾和同安湾海域比较，无论是鱼卵或仔稚鱼，数量明显较低，其鱼卵低于同安湾（表 2-48）。在鱼类主要繁殖期，出现的种类不少，鱼卵和仔稚鱼仍有一定的数量，但与邻近海域相比，数量明显较低。兴化湾仍适合一些鱼类栖居和繁殖，资源量不高，根据所获的鱼卵和仔鱼种类和优势种组成，有经济价值的种类少，大多数种类为一些浅海小型鱼类。

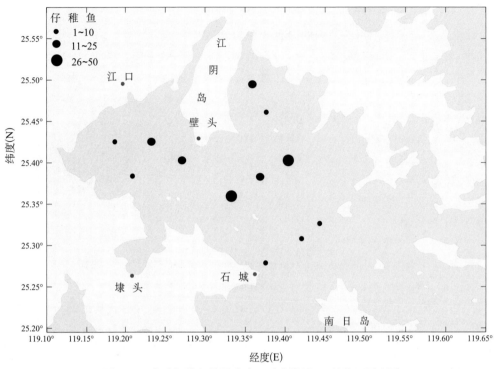

图 2-68 春季仔稚鱼数量分布（垂直拖网）（单位：尾/米²）

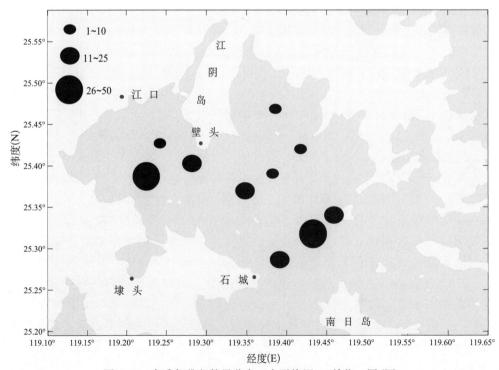

图 2-69 春季仔稚鱼数量分布（水平拖网）（单位：尾/网）

表 2-48 鱼卵和仔稚鱼数量的比较 (水平拖网)

海 区	兴化湾	湄洲湾	同安湾	泉州湾
调查时间	2006 年 5 月	2006 年 5 月	2006 年 5 月	2002 年 5 月
鱼卵/ (粒/网)	251.8	453.3	1 953.2	1 416
仔稚鱼/ (尾/网)	14.3	3.54	24.6	356.7

6. 大型底栖生物

(1) 种类组成

兴化湾秋、春两季大型底栖生物共 197 种。多毛类最多 34 科 88 种；其次为甲壳动物，有 27 科 46 种；软体动物有 24 科 34 种；棘皮动物和其他生物分别有 7 科 15 种和 14 科 14 种。季节比较，种数以秋季 (127 种) 大于春季 (120 种)。

兴化湾大型底栖生物优势种和经济种有矛毛虫 (*Phylo* sp.)、丝鳃稚齿虫 (*Prionospio mamgreni*)、独毛虫 (*Tharyx* sp.)、中蚓虫、背蚓虫、似蛰虫、刀明樱蛤 (*Moerella culter*)、棒锥螺、塞切尔泥钩虾、夏威夷亮钩虾 (*Photis hawaiensis*)、近缘新对虾、对虾 (*Penaeus* sp.)、模糊新短眼蟹、棘刺瓜参 (*Pseudocnus echinatus*)、棘刺锚参 (*Protankyra bidentata*) 和厦门文昌鱼等。

(2) 种数的分布

兴化湾大型底栖生物物种丰富，秋季平均每站有 21 种，各站种数为 7 (H1 站位) ～29 种 (H10 站位)，多数站位种数在 20 种以上 (含 20 种)，但均低于 30 种。除了靠近石城的 H1 站位种数明显偏少外，其余各站位种数相差不大 (图2-70)。春季平均每站有 27 种，多于秋季，有 5 个站位的种类数超过了 30 种，种数最多位于 H7 站 (44 种)，其次 H8 站 (33 种)；H1 和 H6 站位种数较少，分别仅 13 种和 12 种。春季种数分布的总体趋势以江阴半岛周边的站位种数较多，湾口种数较少 (图 2-71)。

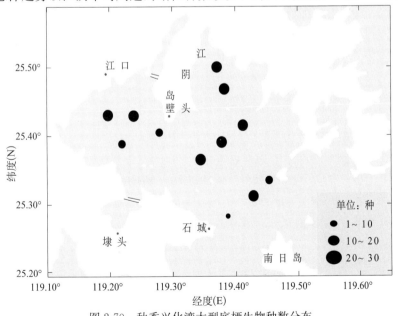

图 2-70 秋季兴化湾大型底栖生物种数分布

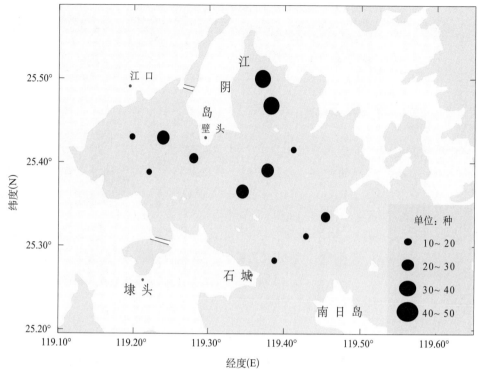

图 2-71　春季兴化湾大型底栖生物种数分布

（3）生物量组成与分布

兴化湾大型底栖生物两个季度平均生物量为 88.77 克/米²。其中软体动物生物量达 70.52 克/米²；其次为棘皮动物和其他生物，分别为 6.4 克/米² 和 5.98 克/米²；多毛类和甲壳动物较低，分别为 2.27 克/米² 和 2.61 克/米²。

兴化湾大型底栖生物生物量季节变化，以秋季（146.27 克/米²）大于春季（29.27 克/米²）。秋季生物量大于 50.00 克/米² 的站位位于石城附近的 H1 站位及木兰溪入海处的 H12 站位（图 2-72）。春季大于 50.00 克/米² 较高生物量站位位于湾中的 H4 和 H6 站位（图 2-73）。

（4）栖息密度组成与分布

兴化湾大型底栖生物两季平均栖息密度为 383 个/米²。其中，多毛类最多，达 177 个/米²；其次为甲壳动物 126 个/米²；软体动物、棘皮动物和其他生物分别为 36 个/米²、34 个/米² 和 9 个/米²。

兴化湾大型底栖生物栖息密度季节变化，以春季（515 个/米²）＞秋季（250 个/米²）。秋季栖息密度介于 72（H3 站位）～408 个/米²（H10 站位），高低值相差近 6 倍（图 2-74）。春季栖息密度介于 95（H3 站位）～1235 个/米²（H10 站位）。平面分布，高密度区域集中于江阴半岛周边（图 2-75）。

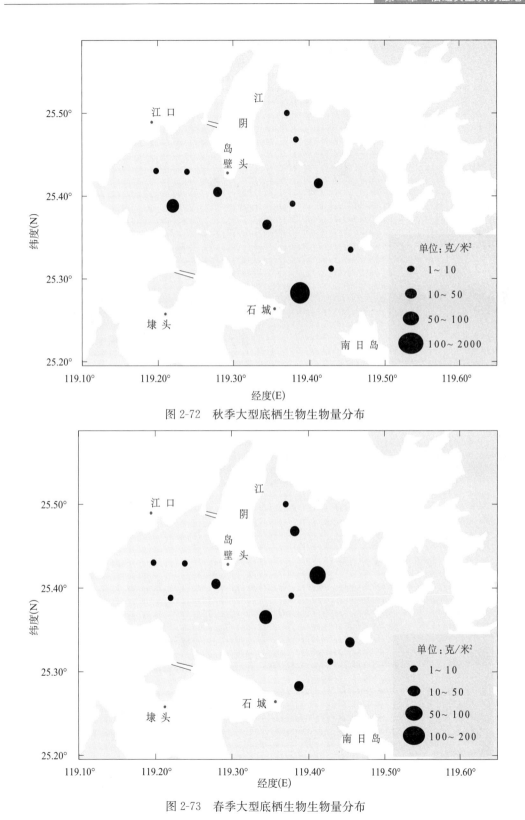

图 2-72　秋季大型底栖生物生物量分布

图 2-73　春季大型底栖生物生物量分布

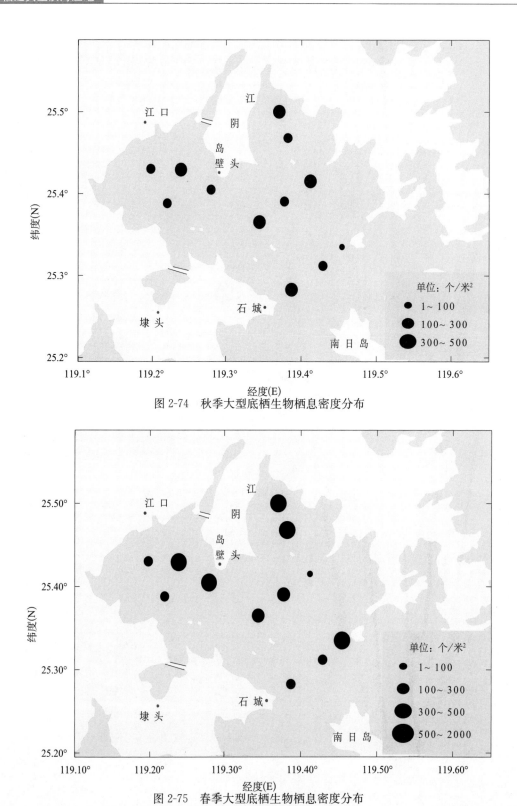

图 2-74　秋季大型底栖生物栖息密度分布

图 2-75　春季大型底栖生物栖息密度分布

（5）生态特征值

秋季兴化湾大型底栖生物多样性指数平均为 2.402，各站位多样性指数为 0.54（H1 站位）～2.91（H6 站位）；丰富度指数平均为 3.60，各站位丰富度指数小于 5，最大值为 4.70（H6 站位），最小为 1.21（H1 站位）；均匀度指数平均为 0.797，仅 1 个站位大于 0.90，最大值为 0.949（H3 站位），最小仅为 0.26（H1 站位）；优势度指数平均为 0.182，有 5 个站位优势度指数大于 0.15，H1 站位优势度指数最大，达 0.797。

春季兴化湾大型底栖生物多样性指数平均为 2.658，有 3 个站位大于 3.0，各站多样性指数为 2.05（H12 站位）～3.22（H8 站位）；丰富度指数平均为 4.157，有 5 个站位丰富度指数大于 5.0，最大值为 6.21（H8 站位），最小为 2.20（H6 站位）。春季均匀度指数平均为 0.839，最大值为 0.942（H1 站位），最小值为 0.673（H12 站位）；优势度指数平均为 0.126，有 3 个站位优势度指数大于 0.15，最大值为 0.287（H12 站位）。

春、秋两季大型底栖生物多样性指数、丰富度指数和均匀度指数的平均值均以春季＞秋季。

7. 潮间带生物

（1）种类组成与季节变化

兴化湾有软相潮间带生物 199 种，属于 11 门 95 科，其中海藻有 6 种，多毛类 94 种，软体动物 35 种，节肢动物 49 种，棘皮动物 6 种和其他生物 9 种。多毛类、甲壳动物和软体动物构成软相潮间带生物主要类群。

主要种和优势种有寡鳃卷吻沙蚕（*Nephtys oliobranchia*）、中蚓虫、异蚓虫、卷吻沙蚕（*Nephtys* sp.）、背蚓虫（*Notomastus* sp.）、长锥虫（*Haploscoloplos elongatus*）、侧底理蛤（*Theora lata*）、彩虹明樱蛤（*Moerella iridescens*）、珠带拟蟹守螺、粒结节滨螺 [*Nodilittorina*（*N.*）*radiata*]、粗糙滨螺 [*Littoraria*（*Palustorina*）*articulata*]、缢蛏、短拟沼螺、秀丽织纹螺（*Nassarius festivus*）、织纹螺（*Nassarius* sp.）、痕掌沙蟹（*Ocypode stimpsoni*）、直背小藤壶（*Chthamalus moro*）、大角玻璃钩虾、模糊新短眼蟹、塞切尔泥钩虾、薄片裸赢蜚（*Corophium lamellatum*）和棘刺锚参。

兴化湾 4 条断面的种数为 25～71 种，春季湾口北岸的琯下断面种数最多，秋季湾口南岸湖尾断面种数最少。湖尾断面属于沙质类型，春、秋季种数波动较明显，其余各断面春、秋季种数分布呈现自湾内向湾口递增趋势。种数的季节变化，以春季（150种）＞秋季（117 种），各断面的种数季节变化为春季＞秋季。

兴化湾软相潮间带生物种数垂直分布，各断面各潮区的种数介于 0～58 种，高潮区种类最少（9 种），其中春季 5 种，秋季 6 种；中潮区物种最多（167 种），其中春季 122种、秋季 102 种；低潮区 94 种，其中春季 78 种，秋季有 42 种（表 2-48）。各断面主要种垂直分布见图 2-76。

表 2-49 各断面各潮区种数垂直分布 （单位：种）

断面	春季种数				秋季种数			
	东山	东沃	琯下	湖尾	东山	东沃	琯下	湖尾
高潮区	2	4	0	1	4	6	1	1
中潮区	29	58	57	28	24	33	55	13
低潮区	18	25	46	30	13	8	27	7
合计	42	52	71	54	30	42	66	25

高潮区各断面春、秋季出现的种数为 0～6 种，不同底质出现的种类有明显差别。湖尾和琯下属于沙质断面，主要特征种是痕掌沙蟹为主，东山和东沃断面的高潮区为堤石和山岩属于岩石底质，以几种滨螺为主，如粗糙滨螺、短滨螺和黑口滨螺等。

中潮区各断面的种数为 13～58 种，东沃和东山泥滩断面中潮区主要种以寡鳃卷吻沙蚕、中蚓虫、长锥虫、异蚓虫、彩虹明樱蛤、侧底理蛤、珠带拟蟹守螺、短拟沼螺等为主；湖尾和琯下沙质中潮区以独指虫、背蚓虫、双唇索沙蚕（*L. cruzensis*）、稚虫、塞切尔泥钩虾、大角玻璃钩虾、模糊新短眼蟹等为主。大角玻璃钩虾仅出现在春季湖尾断面中潮区上层，塞切尔泥钩虾和模糊新短眼蟹仅出现在琯下断面。

低潮区各断面的种数为 7～46 种，主要种有中蚓虫、异蚓虫、背蚓虫、塞切尔泥钩虾、模糊新短眼蟹、棘刺锚参。其中背蚓虫、塞切尔泥钩虾、模糊新短眼蟹仅出现在湖尾和琯下沙质断面，棘刺锚参只在春季出现。

（2）生物量组成与分布

兴化湾软相潮间带平均生物量为 32.64 克/米²。其中软体动物为 21.19 克/米²，甲壳动物和棘皮动物分别为 5.84 克/米² 和 4.99 克/米²，多毛类仅 1.32 克/米²，其他生物和藻类分别为 0.13 克/米² 和 0.03 克/米²。生物量季节变化，以春季（34.59 克/米²）＞秋季（32.33 克/米²）。

春季各断面生物量为 2.97～58.06 克/米²，最高生物量出现在湖尾断面，依次为东沃断面、东山断面，最低生物量出现在琯下断面。各断面的生物量波动较大，如果剔除含水量大的棘刺锚参，各断面生物量的水平分布以湾内泥滩断面大于湾口沙质断面。

秋季各断面的生物量为 5.68～48.59 克/米²，东沃断面生物量为各断面之首，湖尾断面的生物量最小。生物量的水平分布特征，各断面生物量呈现自湾内向湾口递减的趋势。

（3）栖息密度组成与分布

兴化湾软相潮间带生物平均栖息密度为 312 个/米²。其中多毛类为 137 个/米²，依次为软体动物和甲壳动物分别为 94 个/米² 和 74 个/米²；棘皮动物和其他生物分别仅 4 个/米² 和 5 个/米²。栖息密度季节变化，以春季（390 个/米²）＞秋季（234 个/米²），除甲壳动物外，各大类群栖息密度均以春季高于秋季。

春季兴化湾软相潮间带生物栖息密度为 390 个/米²。各断面栖息密度为 203～615 个/米²，湾内东山断面的栖息密度最高（615 个/米²），东沃次之（484 个/米²），湾口北岸的琯下断面和湾口南岸的湖尾断面属于沙质断面，栖息密度明显减少，分别为 259 个/米² 和 203 个/米²。

秋季各断面栖息密度为 39～432 个/米²，湾内东沃断面的栖息密度最高，湾口南岸湖尾断面的密度最低。各断面栖息密度的水平分布呈自湾内向湾口递减趋势，且泥滩断面栖息密度高于沙滩断面。

兴化湾软相潮间带生物栖息密度垂直分布，以中潮区＞低潮区＞高潮区，栖息密度季节变化以春季高于秋季。

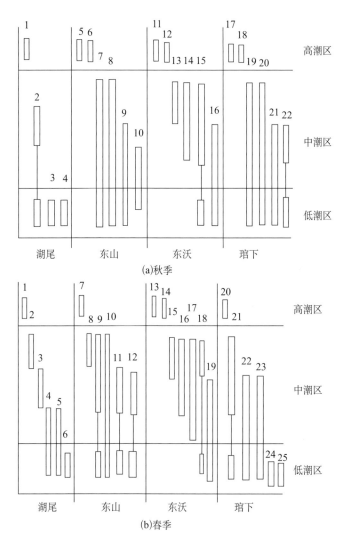

图 2-76　潮间带生物各断面主要种垂直分布

图（a）中湖尾断面的主要种：1. 痕掌沙蟹　2. 四索沙蚕　3. 背蚓虫　4. 吐露内卷齿蚕；东山断面的主要种：5. 粗糙滨螺　6. 纹藤壶　7. 寡鳃卷吻沙蚕　8. 中蚓虫　9. 薄片裸赢蜚　10. 缢蛏；东沃断面的主要种：11. 粗糙滨螺 12. 直背小藤壶　13. 织纹螺　14. 珠带拟蟹守螺　15. 花冈钩毛虫　16. 中蚓虫；琯下断面的主要种：17. 粒结节滨螺 18. 痕掌沙蟹　19. 模糊新短眼蟹　20. 背蚓虫　21. 独指虫　22. 塞切尔泥钩虾

图（b）中湖尾断面的主要种：1. 痕掌沙蟹　2. 大角玻璃钩虾　3. 秀丽织纹螺　4. 中蚓虫　5. 异蚓虫；东山断面的主要种：7. 粗糙滨螺　8. 卷吻沙蚕　9. 中蚓虫　10. 寡鳃卷吻沙蚕　11. 侧理蛤　12. 薄片裸赢蜚；东沃断面的主要种：13. 粗糙滨螺　14. 直背小藤壶　15. 织纹螺　16. 秀丽织纹螺　17. 寡鳃卷吻沙蚕　18. 彩虹明樱蛤 19. 长锥虫；琯下断面的主要种：20. 粒结节滨螺　21. 单壳幼体　22. 塞切尔泥钩虾　23. 双唇索沙蚕　24. 背蚓虫　25. 棘刺锚参

（4）生态特征值

春季潮间带生物各断面丰富度指数、多样性指数和均匀度指数的分布特征，自湾内东山断面向湾口琯下断面呈现递增的趋势，湾口南侧湖尾断面有所回落；优势度指数的分布正相反，湾内东山断面较高到湾口北侧琯下断面呈现递减趋势，湾口南侧的湖尾断面回升，与各断面物种数分布变化趋势相吻合（表 2-50）。秋季的丰富度指数和多样性指数分布类似性于春季，但不如春季明显，且均匀度指数和优势度指数成不规则分布。

表 2-50　潮间带生物各断面生态特征值季节变化

特征值	春季				秋季			
	东山	东沃	琯下	湖尾	东山	东沃	琯下	湖尾
丰富度指数	3.08	5.43	7.04	4.92	2.95	3.75	5.93	3.11
多样性指数	2.22	4.48	5.34	2.79	4.06	3.79	4.98	4.09
均匀度指数	0.411	0.744	0.857	0.483	0.827	0.703	0.823	0.891
优势度指数	0.339	0.082 3	0.039	0.306	0.083	0.134	0.05	0.078 4

8. 渔业资源

兴化湾生物种类繁多，是多种渔业品种索饵、产卵、仔稚鱼生长的场所。

兴化湾主要鱼类有马鲛鱼、鳓鱼（*Ilisha elongata*）、带鱼、三角鱼、鳀鱼、鲳鱼、黄姑鱼（*Nibea albiflora*）、鲷鱼、中华海鲇（*Arius sinensis*）、鲻鱼、小公鱼、弹涂鱼等。

贝类主要种有褶牡蛎、菲律宾蛤仔、缢蛏、凸壳肌蛤、文蛤、青蛤、四角蛤蜊 [*Mactra*（*M.*）*veneriformis*]、泥蚶、杂色蛤子、波纹巴菲蛤等。

甲壳动物主要种有长毛对虾、日本对虾、哈氏仿对虾、周氏新对虾、独角新对虾、近缘新对虾、中华管鞭虾、三疣梭子蟹（*Portunus trituberculatus*）、锯缘青蟹等。

经济藻类以海带、紫菜、石花菜和江蓠等为常见种。

2005 年兴化湾福清一侧海洋捕捞的主要经济种类有海鳗、鳓鱼、鳀鱼、鲱鱼、石斑鱼、鲷鱼、蓝圆鲹（*Decapterus maruadsi*）、黄姑鱼、大黄鱼、小黄鱼（*Pseudosciaena polyactis*）、带鱼、梭鱼、鲀鱼、鲳鱼、毛虾、对虾、梭子蟹、青蟹等。一些珍稀生物资源种类已消失，如赤礁围垦外侧海域的中国鲎。

三、 滨海湿地环境质量

（一）污染源

兴化湾入海污水量达 5942.35 万吨/年，主要污染物是 COD，排放总量为 101 880.63 吨/年。其中，生活污染、农业污染占绝大比重。BOD 排放量为 37 017.77 吨/年；NH_3-N 为 3830.4 吨/年；总氮总排放量为 40 132.72 吨/年，主要污染源为农业污染；总磷总排放量为 5762.8 吨/年，主要来源于农业和生活污染。因此，海区主要污染物 COD、总氮和总磷均主要源自农业污染，兴化湾入海污染物源强汇总见表 2-51。

表 2-51　兴化湾入海污染物源强汇总表

污染源	污水量/ (万吨/年)	COD	污染物总量/(吨/年)			
			BOD	NH3-N	TN	TP
工业污染	506	6 000				
生活污染	5 435.13	40 700	34 000	3 200	4 300	1 600
畜禽污染		3 899.50	3 017.77	629.10	1 157.74	285.50
农业污染		51 273.36			33 473.22	3 429.59
水产养殖					1 201.76	447.71
港口船舶	1.22	7.77		1.3		
合计	5 942.35	101 880.63	37 017.77	3 830.4	40 132.72	5 762.8

（二）潮间带环境质量

1. 沉积物环境质量

（1）现状评价

2005 年兴化湾湾顶及湾口沿岸 4 条软相潮间带沉积环境质量各项指标评价结果见表 2-52。

表 2-52　兴化湾表层沉积物质量监测与评价结果

项目	样品数	监测结果/10⁻⁶		Pi		超标率/%
		范围	均值	范围	均值	
有机碳	11	0.0001~0.0113	0.0069	0.01~0.57	0.35	0
硫化物	11	4.0~351.0	106.1	0.01~1.17	0.35	18.2
石油类	11	<2.0	<2.0	<0.004	<0.004	0
砷	11	3.50~11.30	6.49	0.18~0.57	0.32	0
铜	11	6.96~19.70	11.48	0.20~0.56	0.33	0
铅	11	1.2~33.0	21.2	0.02~0.55	0.35	0
锌	11	5.0~123.0	76.9	0.03~0.82	0.51	0
镉	11	0.014~0.102	0.046	0.03~0.20	0.09	0
汞	11	0.002~0.139	0.065	0.01~0.70	0.32	0

兴化湾潮间带表层沉积物除锌高值在福清东沃断面外，其余各项环境要素高值均位于莆田东山断面，低值出现在莆田湖美断面。湾顶沉积环境不如湾口，这可能跟底质与断面所处位置等因素相关，湾顶的东山和东沃两条断面为泥滩，湾口处的湖美断面则是沙滩，泥滩比沙滩更容易滞留各种污染物，湾顶萩芦溪和木兰溪等径流可携带陆地污染物入海。潮间带沉积环境质量各评价因子中，有机碳、石油类、铜、铅、锌、镉、砷和汞含量均满足海洋沉积物质量第一类标准，仅硫化物含量略有超标，超标率为 18.2%（表 2-71）。兴化湾潮间带沉积环境质量较好，少数站位表层沉积物的锌含量已接近海洋沉积物质量第一类标准。

（2）回顾分析评价

自 20 世纪 80 年代全国海岸带和海涂资源综合调查至今，兴化湾潮间带表层沉积物有机碳、硫化物、石油类和重金属含量（铜、汞、锌、铅和镉）均符合海洋沉积物质量第一类标准（表 2-53）。除了汞和镉含量较以往有了小幅度的增长外，其余评价因子均值呈现一定程度的下降。

表 2-53　兴化湾潮间带沉积物各项指标历史变化

时间	有机质/%	硫化物/10^{-6}	石油类/10^{-6}	铜/10^{-6}	锌/10^{-6}	铅/10^{-6}	镉/10^{-6}	汞/10^{-6}
1984 年	1.16	141	120	19.30	116.00	33.8	0.034	0.052
2005 年	0.69	106.09	<2.0	11.48	76.94	21.2	0.046	0.065
第一类标准	2.0	300.0	500.0	35.0	150.0	60.0	0.50	0.20
变化	降低	降低	降低	降低	降低	降低	增加	增加

2. 生物体质量

2005 年 9 月和 2006 年 5 月，兴化湾潮间带生物质量各评价因子中，汞、砷、六六六、PCB 和赤潮毒素（DSP、PSP）含量均可满足海洋生物质量第一类标准。铜、锌、铅、镉、石油类和 DDT 含量在不同生物体中不同程度地超海洋生物质量第一类标准。其中，牡蛎体中这些因子均出现超标现象，但均符合海洋生物质量第二类标准（表2-54）。

表 2-54　兴化湾潮间带生物质量监测与评价结果

项目	2005 年 9 月		2006 年 5 月				贝类生物质量第一类标准
	缢蛏		牡蛎		海带		
	监测值	P_i	监测值	P_i	监测值	P_i	
铜	4.41	0.44	51.00	5.10	0.49	0.05	10
铅	0.272	2.72	0.386	3.86	0.285	2.85	0.1
锌	18.1	0.91	119.00	5.95	4.32	0.22	20
镉	0.091	0.46	1.150	5.75	0.061	0.31	0.2
汞	0.047	0.94	0.012	0.24	0.006	0.12	0.05
砷	0.15	0.15	0.4	0.40	0.6	0.60	1
六六六	0.000 07	0.004	0.000 22	0.011	ND	ND	0.02
DDT	0.000 38	0.038	0.011 50	1.150	0.003 14	0.314	0.01
PCB	0.000 27	0.002 7	0.003 26	0.032 6	0.007 19	0.071 9	0.1
PSP	ND	ND	ND	ND	ND	ND	0.8
DSP	ND	ND	ND	ND	ND	ND	200

（三）浅海环境质量

1. 水体环境质量

（1）现状评价

2005 年 9 月和 2006 年 5 月，兴化湾滨海湿地浅海水体环境质量根据单因子评价指标，主要超标因子为无机氮、活性磷酸盐和 COD_{Mn}，其他指标均可满足海水水质第二类标准。2005 年 9 月，表层海水无机氮海水水质第二类标准的超标率为 25%，海水水质第四类标准的超标率为 8.3%；表层活性磷酸盐含量均有超标现象，海水水质第二类标准的超标率为 41.7%，但基本可满足海水水质第三类标准。个别站位表层 COD_{Mn} 含量略超海水水质第二类标准，超标率为 8.3%，其余各站均可满足海水水质第二类标准（表 2-55）。

2006 年 5 月，表层无机氮海水水质第二类标准的超标率为 58.3%，第三类标准的超标率为 33.3％，第四类标准的超标率为 25％；表层活性磷酸盐含量海水水质第二类标准的超标率为 50％，第四类标准的超标率为 33.3％，达劣四类标准（表 2-56）。

表 2-55 兴化湾 2005 年 9 月浅海表层水体环境评价结果

| 项目 | 样品数 | 测量结果/（毫克/升） | | Pi | | 超标率/％ |
		范围	均值	范围	均值	
pH	12	8.02～8.21（无单位）	8.12	0.68～0.81	0.75	0
DO	12	6.36～7.14	6.68	0.31～0.53	0.43	0
COD_{Mn}	12	0.43～3.98	0.91	0.14～1.33	0.30	8.3
无机氮	12	0.170～0.544	0.260	0.57～1.81	0.87	25.0
活性磷酸盐	12	0.014～0.059	0.029	0.47～1.97	0.98	41.7
石油类	12	0.007～0.011	0.008	0.13～0.21	0.15	0
砷	12	$<0.50\times10^{-3}$～2.0×10^{-3}	1.0×10^{-3}	<0.02～0.07	0.03	0
铜	12	0.42×10^{-3}～0.74×10^{-3}	0.55×10^{-3}	0.04～0.07	0.06	0
铅	12	$<0.001\times10^{-3}$～0.058×10^{-3}	0.018×10^{-3}	<0.0002～0.0115	0.0069	0
锌	12	0.88×10^{-3}～1.87×10^{-3}	1.44×10^{-3}	0.02～0.04	0.03	0
镉	12	0.014×10^{-3}～0.062×10^{-3}	0.026×10^{-3}	0.003～0.012	0.005	0
汞	12	$<0.007\times10^{-3}$	$<0.007\times10^{-3}$	<0.04	<0.04	0

表 2-56 兴化湾 2006 年 5 月浅海表层水体环境评价结果

| 项目 | 样品数 | 测量结果/（毫克/升） | | Pi | | 超标率/％ |
		范围	均值	范围	均值	
pH	12	8.21～8.33（无单位）	8.30	0.81～0.89	0.86	0
DO	12	6.54～7.42	7.09	0.36～0.60	0.45	0
COD_{Mn}	12	0.67～1.26	0.89	0.22～0.42	0.30	0
无机氮	12	0.180～0.965	0.420	0.60～3.22	1.40	58.3
活性磷酸盐	12	0.015～0.072	0.036	0.50～2.41	1.21	50
石油类	12	0.008～0.013	0.011	0.16～0.26	0.21	0
砷	12	1.40×10^{-3}～2.1×10^{-3}	1.7×10^{-3}	0.05～0.07	0.06	0
铜	12	0.62×10^{-3}～1.03×10^{-3}	0.80×10^{-3}	0.06～0.10	0.08	0
铅	12	$<0.001\times10^{-3}$～0.823×10^{-3}	0.015×10^{-3}	<0.0002～0.0165	0.0298	0
锌	12	0.17×10^{-3}～1.40×10^{-3}	0.48×10^{-3}	0.003～0.014	0.010	0
镉	12	0.016×10^{-3}～0.025×10^{-3}	0.020×10^{-3}	0.003～0.005	0.004	0
汞	12	0.012×10^{-3}～0.031×10^{-3}	0.021×10^{-3}	0.06～0.16	0.10	0

（2）回顾分析评价

近 20 年来，兴化湾滨海湿地浅海水体环境，DO 和石油类含量均符合海水水质第二类标准，其均值大体上呈下降趋势；重金属（镉、铅、汞）和砷均符合海水水质第二类标准，与 1998 年相比，2005～2006 年海水重金属含量均有所降低；COD_{Mn} 含量均符合海水水质第二类标准，略有上升趋势；2006 年春季无机氮及活性磷酸盐出现超标，其余各时期各季节无机氮及活性磷酸盐含量均符合海水水质第二类标准，其含量基本呈上升趋势。值得关注的无机氮和活性磷酸盐的海水含量呈逐年增长趋势，部分海域已超过海水水质劣四类标准（图 2-77）。兴化湾海水水质基本保持良好状态，但无机氮和活性磷酸盐变化趋势必须重点关注。

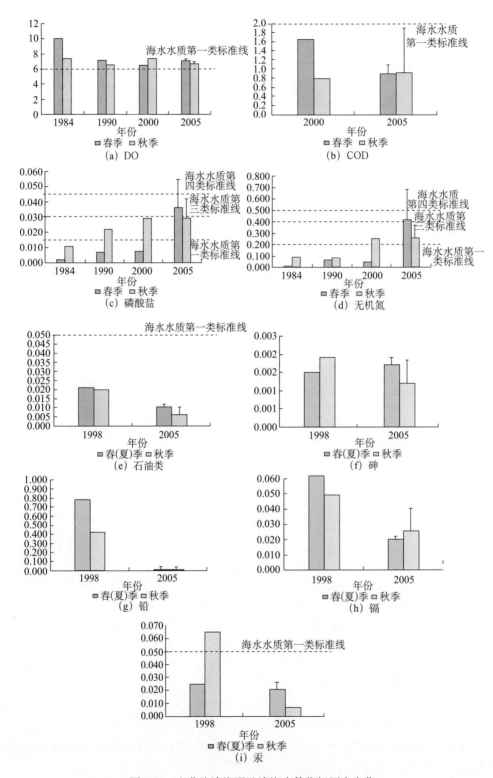

图 2-77　兴化湾滨海湿地浅海水体指标历史变化

（3）海区富营养化分析

采用营养指数（E）法计算：

$$E＝COD×无机氮×无机磷×10^6/4500$$

单位是毫克/分米^3，如$E≥1$，则水体呈富营养化状态。

2005年9月表层海水营养指数为0.301～8.885，平均约为1.855。位于兴化湾中部的H4站位营养指数值最高；呈富营养化状态的站位位于兴化湾南部，湾顶木兰溪入海口的站位指数超过或接近2.0，正常水质的站位位于兴化湾北部，指数值均小于0.5。底层海水营养指数介于0.299～1.217，平均值为0.614，仍是H4站位指数值最大。相应站位的底层营养指数值低于表层，表明底层水质优于表层。营养指数表明，秋季兴化湾表层整体水质呈富营养化状态，南部的站位特别是木兰溪入海口的站位已富营养化，底层水质稍好，但部分站位超标（表2-57）。

表 2-57　兴化湾秋季营养指数

层次	站位	监测结果/（毫克/分米^3）			E	水质评价
		COD	无机氮	无机磷		
表层	H1	0.63	0.253	0.029	1.029	呈富营养化状态
	H2	0.48	0.208	0.021	0.467	正常
	H3	0.55	0.177	0.020	0.432	正常
	H4	3.98	0.312	0.032	8.885	呈富营养化状态
	H5	0.52	0.192	0.022	0.487	正常
	H6	0.43	0.184	0.020	0.352	正常
	H7	0.89	0.180	0.014	0.497	正常
	H8	0.47	0.170	0.017	0.301	正常
	H9	0.60	0.544	0.038	2.734	呈富营养化状态
	H10	0.92	0.281	0.033	1.922	呈富营养化状态
	H11	0.60	0.379	0.047	2.359	呈富营养化状态
	H12	0.88	0.242	0.059	2.798	呈富营养化状态
	平均	0.91	0.260	0.029	1.855	呈富营养化状态
底层	H1	0.52	0.222	0.023	0.591	正常
	H2	0.49	0.161	0.017	0.299	正常
	H3	0.48	0.164	0.018	0.315	正常
	H4	0.60	0.283	0.032	1.217	呈富营养化状态
	H5	0.56	0.206	0.018	0.461	正常
	H6	0.40	0.190	0.024	0.405	正常
	H9	0.82	0.145	0.038	1.009	呈富营养化状态
	平均	0.55	0.196	0.024	0.614	正常

2006年5月表层营养指数为0.455～17.985，平均约为4.716，木兰溪入海口处的H12站位指数值最高；春季多数站位已呈富营养化状态，仅湾口及湾中部分站位未超标，湾顶木兰溪入海处的站位营养指数值整体较高。底层海水营养指数值介于0.267～3.181，平均值为0.882，仅湾顶的H12站位呈富营养化状态。春季兴化湾表层水质营养指数值大大超过阈值，海区富营养化状态严重，底层水质稍好，对应站位均为底层水质优于表层，木兰溪入海口的站位严重污染（表2-58）。

兴化湾海水无机氮和活性磷酸盐整体含量高，造成海区处于富营养化状态。春季富营养化状况比秋季严重，由于春季降水较秋季充沛，带来更多陆源污染物。湾顶木兰溪入海口污染严重，必须引起高度重视。

表 2-58　兴化湾春季营养指数

层次	站位	监测结果/（毫克/分米³）			E	水质评价
		COD	无机氮	无机磷		
表层	H1	0.67	0.180	0.017	0.455	正常
	H2	0.67	0.210	0.015	0.470	正常
	H3	0.86	0.358	0.028	1.917	呈富营养化状态
	H4	0.95	0.581	0.051	6.304	呈富营养化状态
	H5	0.76	0.240	0.023	0.931	正常
	H6	0.87	0.270	0.023	1.201	呈富营养化状态
	H7	0.71	0.263	0.026	1.078	呈富营养化状态
	H8	0.78	0.315	0.037	2.031	呈富营养化状态
	H9	1.11	0.447	0.045	4.918	呈富营养化状态
	H10	0.90	0.303	0.030	1.818	呈富营养化状态
	H11	1.26	0.906	0.069	17.479	呈富营养化状态
	H12	1.16	0.965	0.072	17.985	呈富营养化状态
	平均	0.89	0.420	0.036	4.716	呈富营养化状态
底层	H1	0.59	0.155	0.015	0.305	正常
	H2	0.59	0.170	0.012	0.267	正常
	H3	0.67	0.199	0.017	0.504	正常
	H4	0.54	0.231	0.025	0.694	正常
	H5	0.61	0.217	0.021	0.619	正常
	H6	0.59	0.239	0.020	0.626	正常
	H9	0.81	0.218	0.022	0.864	正常
	H12	0.91	0.415	0.038	3.181	呈富营养化状态
	平均	0.66	0.231	0.021	0.882	正常

2. 沉积物环境质量

（1）现状评价

2005 年兴化湾潮下带沉积环境质量各评价因子中，有机碳、石油类、铜、铅、镉、砷和汞含量均满足海洋沉积物质量第一类标准，主要超标因子为硫化物和锌，海洋沉积物质量第一类标准的超标率分别为 8.3％和 16.7％，但符合第二类标准（表 2-59）。

（2）回顾分析评价

兴化湾潮下带沉积物主要污染物评价因子的历史变化，有机碳、硫化物含量一直符合海洋沉积物质量第一类标准，其中，2005 年潮下带沉积物有机碳含量较以往呈下降趋势，硫化物含量则较以往略有升高，总氮和总磷增长较快。不同重金属含量变化有所差异，铜和镉略有增加，而汞和锌呈明显下降态势，除锌含量超海洋沉积物质量第一类标准，但符合第二类标准外，其他重金属长期以来均符合海洋沉积物质量第一类标准（表 2-60）。

表 2-59 兴化湾 2005 年 9 月潮下带沉积物质量监测与评价结果

(单位：＊为 10^{-2}，其他为 10^{-6})

项目	样品数	监测结果/10^{-6}		Pi		超标率/%
		范围	均值	范围	均值	
有机碳	12	0.15～1.32＊	0.90＊	0.08～0.66	0.45	0
硫化物	12	4.0～327	67.91	0.01～1.09	0.23	8.3
石油类	12	2.00～2.60	2.0	0.004～0.005	0.004	0
砷	12	3.20～10.30	7.31	0.16～0.52	0.37	0
铜	12	10.90～27.60	18.52	0.31～0.79	0.53	0
铅	12	12.71～39.75	33.46	0.21～0.66	0.56	0
锌	12	19.10～1701.0	253.75	0.13～11.34	1.69	16.7
镉	12	0.028～0.149	0.075	0.06～0.30	0.15	0
汞	12	0.003～0.012	0.008	0.01～0.06	0.04	0

表 2-60 兴化湾潮下带沉积物各项指标历史变化

调查时间	有机碳/%	总氮/‰	总磷/‰	硫化物/10^{-6}	铜/10^{-6}	锌/10^{-6}	铅/10^{-6}	镉/10^{-6}	汞/10^{-6}
1984 年	1.22	—	—	—	16.2	425	40.5		
1991 年	1.18	0.084	0.075	—					
1998 年	0.93			41.86	3.1		15	0.07	0.05
2005 年	0.90	0.86	0.302	67.7	18.5	253	33.46	0.075	0.0083
第一类标准	2.0			300	35.0	150.0	60.0	0.50	0.20
趋势	降低	增加	增加	增加	增加	降低	降低	不变	降低

(四) 环境质量综合评价

1. 兴化湾潮间带环境质量

兴化湾潮间带沉积物环境良好，有机碳、石油类和重金属指标均满足海洋沉积物第一类质量标准，硫化物含量略有超标，湾口沉积物质量优于湾顶。历史变化，兴化湾潮间带表层沉积物有机碳、硫化物、石油类和重金属含量（铜、汞、锌、铅和镉）的均值符合海洋沉积物质量第一类标准。除汞、镉和有机碳含量较以往小幅度地增长外，其余评价因子均值呈现一定的下降。潮间带生物（缢蛏、牡蛎和海带）的评价结果，汞、砷、六六六、PCB 和赤潮毒素（DSP、PSP）含量均可满足海洋生物质量第一类标准。铜、锌、铅、镉、石油类和 DDT 含量在不同生物体中不同程度地超海洋生物质量第一类标准。其中，牡蛎体中这些因子均出现超标现象，但均符合海洋生物质量第二类标准。兴化湾潮间带环境质量尚属良好。

2. 兴化湾浅海环境质量

兴化湾滨海湿地浅海水体基本保持良好状态，环境要素大多可满足海水水质第二类标准，主要超标因子为无机氮、活性磷酸盐和 COD_{Mn}，表层海水无机氮和活性磷酸盐超标率较高，部分站位的无机氮在春、秋两季出现超海水水质第四类标准。近 20 年海水质量变化：DO 和石油类含量均符合海水水质第二类标准，其均值大体上呈下降趋势；重金属（镉、铅、汞）和砷均符合海水水质第二类标准，与 1998 年相比，2005～2006 年海水重金属含量均有所降低；COD_{Mn} 含量均符合海水水质第二类标准；值得重点关注的无机氮和活性磷酸盐的含量呈逐年增长趋势，部分海域已超过海水水质劣四类标准。兴化湾潮下带沉积环境质量尚属良好，各评价因子中，有机碳、石油类、铜、铅、镉、砷和汞含量均满足海洋沉积物质量第一类标准，主要超标因子为硫化物和锌，海洋沉积物质量第一类标准的超标率分别为 8.3% 和 16.7%，但符合海洋沉积物质量第二类标准。历史变化，兴化湾潮下带沉积物的有机碳、硫化物含量一直以来符合海洋沉积物质量第一类标准，其中，2005 年潮下带沉积物有机碳含量较以往呈下降趋势，硫化物含量则较以往略有升高，总氮和总磷增长较快。不同重金属含量变化有所差异，除锌含量超海洋沉积物质量第一类标准，但符合第二类标准外，其他重金属长期以来均符合海洋沉积物质量第一类标准。

3. 兴化湾滨海湿地环境质量

兴化湾滨海湿地环境质量尚处在较好水平，多数水质指标可满足海水水质第二类标准，甚至第一类标准，沉积物各评价因子也基本符合海洋沉积物质量第一类标准，潮间带生物质量未超第二类标准。但一些现象应该引起重视。一是表层海水无机氮和活性磷酸盐超标率较高，部分站位已处于劣四类标准范围内。历史上这两种水体营养盐呈现逐年增长趋势，且浅海沉积物中的总氮和总磷增长较快，海区富营养化严重，尤其春季，不仅多数调查站位呈富营养化状态，且指数值超过标准值甚多。二是沉积物中的硫化物和锌，部分海区存在超标现象。三是内湾富营养化严重，但东岸的福清沿岸环境质量较好，二者形成鲜明的对照。

兴化湾滨海湿地浅海之所以出现大范围的富营养状态，可能与海湾周边乡镇的"三废"排放相关。兴化湾入海污染物总氮和总磷排放量大，主要来自于农业和生活废水。由于木兰溪和萩芦溪流经的区域人口密度高，如三江口和江口镇，乡镇工农业发展迅猛，产生大量废水，周边多数乡镇又缺少污水处理设施，废水直接排入河里，经木兰溪和萩芦溪入海，这也是湾顶木兰溪入海口处的站位污染比湾口严重的原因所在。

第三节　诏安湾滨海湿地

一、 滨海湿地概况

（一）自然地理概况

诏安湾滨海湿地是福建省南部一重要的港湾湿地，地理坐标 $23°34'25.61''N$～$23°48'09.85''N$、$117°14'55.86''E$～$117°25'36.07''E$，分布在诏安县宫口半岛东侧和东山岛西面（图 2-78）。诏安湾口窄腹大，海湾略呈南北伸展，湾口朝南，宽度为 7.82 千米，东北角原经八尺门海峡水道与东山湾相连，20 世纪 50 年代筑堤截断，现与东山湾彼此之间无海水交流。诏安湾海岸线长为 110.70 千米（垦区内），99.30 千米（垦区外），所属海域总面积为 211.28 千米^2，其中滩涂面积 32.40 千米^2，0～－5 米等深线浅海面积为 111.6 千米^2。

图 2-78　诏安湾示意图

　　诏安湾周围多剥蚀低丘陵和台地，岬角伸入湾内，岬湾相间，港湾众多，较大的有西埔湾，该湾海堤于 1983 年完工，围垦水域面积 1800 公顷，现依靠闸门与诏安湾发生水体交换。诏安湾海底宽浅平缓，海域水深皆小于 20 米。湾内有海岛 5 个，面积较大的是口门处的城洲岛和西屿，海岛岸线总长 10.22 千米，总面积 1.95 千米^2。港湾内主要河流是梅洲溪，长 26.3 千米，与公子店溪、石枫溪和林瞭溪汇聚港口渡注入湾内。

（二）社会经济状况

诏安湾滨海湿地周边行政区域（表 2-61）包括诏安县和东山县，该湾为福建省重要的海水增养殖区，邻近诏安湾的乡镇有东山县所辖的陈诚镇、前楼镇、杏陈镇和西埔镇，诏安县所辖的四都镇、金星乡和梅岭镇等。两个县土地总面积为 1539.34 千米^2，2007 年底常住总人口为 79.68 万人，人口密度为 518 人/千米^2，是同期福建省平均人口密度（289 人/千米^2）近两倍。周边两个县 2007 年 GDP 为 102.89 亿元，人均 GDP 为 12 913 元，财政总收入为 46 757 万元，其中地方财政收入为 33 065 万元。诏安湾周边区县水陆交通十分方便，货流通畅。漳汕高速和国道 324 线从诏安县四都镇和金星乡穿过，乡镇公路四通八达，陆上交通便捷。诏安湾是天然的深水良港，漳州七大港区之一，可开发深水岸线 12 千米，水路可通往厦门、汕头、福州等地，初步形成港口、码头、道路等基础设施齐全的良好投资环境。随着未来厦深高铁的贯通，必将对诏安湾的开发起到一个重要作用。

表 2-61　诏安湾滨海湿地周边区县社会经济概况（2007 年）

行政区域	土地面积/千米^2	常住人口/万人	GDP/亿元	财政收入/万元
诏安县	1291	58.45	58.6	22 088
东山县	248.34	21.23	44.29	24 669

1. 诏安县

诏安县，地处福建省最南端、闽粤交界处，毗邻广东省饶平县，素称"福建南大门"，是海西对接珠江三角洲的"桥头堡"，是著名的"中国青梅之乡"和"书画艺术之乡"，也是著名的侨乡和台胞祖籍地。现下辖 16 个乡镇（区），县域面积 1291 千米^2，海岸线长 63.5 千米，县域内整合规划了省级诏安工业园区，拥有全国最大的青梅生产、加工和出口创汇基地，全国重点对虾无节幼体繁育基地和全省重点牡蛎吊养基地。诏安历史悠久，山川毓秀，人杰地灵，书画艺术在群艺中独领风骚，名家辈出。

2007 年全县 GDP 达 58.60 亿元，按可比价计算，比 2006 年增长 14.3%。全县农林牧渔业及其服务业完成总产值 36.53 亿元，比 2006 年增长 22.2%。全年全社会工业总产值达 57.72 亿元，比 2006 年增长 27.7%，其中，规模以上工业企业总产值 39.28 亿元，增长 38.1%。全县实现财政总收入 22 088 万元，按可比口径计算，比 2006 年增收 5130 万元，增长 30.3%。地方级财政收入为 16 392 万元，比 2006 年增收 4185 万元，增长 34.3%。2007 年年末全县总人口为 57.88 万人（户籍人口）、常住人口为 58.45 万人，城镇化水平为 33%。城镇单位在岗职工年平均工资为 13 258 元，农民人均纯收入为 5227.3 元，城乡居民恩格尔系数分别为 45.7%、47.1%。

2. 东山县

东山县位于福建省南部沿海，是全国第六、全省第二大海岛县，是海内外驰誉的"东海绿洲"、旅游胜地。东山岛由主岛和周边 67 个小岛组成，总面积 248.34 千米^2，主岛面积 220.18 千米^2，下辖 7 个镇。东山旅游资源丰富，国家 4A 级"风动石—塔屿"景区、马銮湾景区等一批风景名胜享誉海内外，是一座最适合旅游度假休闲不可多得的海岛。东山海产资源富饶，是国家级鲍鱼标准化养殖示范区，全县水产品加工总量、出口创汇值均列全省县级第一位。东山海岸线得天独厚。东山海岸线长 141 千米，规划深水岸线 42 千米，东山为国家一类开放口岸、福建最大的对台小额贸易港口之一，设立了国家级经济技术开发区、国家级可持续发展实验区、海峡两岸（福建东山）水产品加工集散基地。硅沙资源享誉海内外，含硅量高达 97% 以上，是全国最大的优质硅沙生产基地。东山具有深厚的历史文化底蕴，是理学家黄道周的出生地，是戚继光抗倭扎寨的练兵地，是郑成功、施琅收复台湾的出征地，是东山保卫战的发生地，是谷文昌精神的发祥地。

2007 年全县 GDP 达 44.29 亿元，按可比价计算，比 2006 年增长 14.7%。全县农林牧渔业及其服务业完成总产值 29.1 亿元，比 2006 年增长 6.7%，增幅为四年来最高。2007 年全年工业总产值达 48.2 亿元，比 2006 年增长 21.9%，其中，规模以上工业企业总产值达 40.3 亿元，增长 24.6%。2007 年全年全县旅游接待达到 102.6 万人次，比 2006 年增长 14.6%，全年港口货物吞吐量 100.4 万吨。全县实现财政总收入 24669 万元，按可比口径计算，比 2006 年增收 5953 万元，增长 31.8%。地方级财政收入 16 673 万元，比 2006 年增收 4593 万元，增长 38.0%。2007 年年末全县总人口为 20.48 万人（户籍人口），常住人口为 21.23 万人，城镇化水平为 44%。城镇单位在岗职工年平均工资为 15 479 元，农民人均纯收入为 6226 元，城乡居民恩格尔系数分别为 47.6%、53.9%。

（三）湿地类型及分布

诏安湾滨海湿地类型及面积计算，主要包括 20 世纪 80 年代的岸线至 0 等深线的区域范围。通过对 2003 年遥感图像的人工交互解译，将诏安湾滨海湿地分为天然湿地和人工湿地两大类六种类型，天然湿地包括砂质、粉砂淤泥质和岩石性湿地，人工湿地分池塘、盐田和水田三种湿地类型。统计不同湿地类型表明，诏安湾滨海湿地总面积达 8 516.41 公顷，天然湿地类型占 39.51%，以粉砂淤泥质滨海湿地为主，主要分布于湾顶和西埔湾，砂质滨海湿地主要分布于湾口两侧，占诏安湾滨海湿地总面积的 5.35%（表 2-62，图 2-79）。多年来，诏安湾滨海湿地开发较大，表现在人工湿地占总湿地面积的 60.49%，主要由养殖池塘和盐田组成，该湾围垦的滩涂主要用于海盐生产和水产养殖。

表 2-62　诏安湾滨海湿地生态类型与面积统计

大类	湿地类型	面积/公顷	比重/%
天然湿地	砂质海岸	455.71	5.35
	粉砂淤泥质海岸	2 820.6	33.12
	岩石性海岸	88.34	1.04
	合计	3 364.65	39.51
人工湿地	养殖池塘	3 047.27	35.78
	盐田	2 077.68	24.4
	水田	26.81	0.31
	合计	5 151.76	60.49
评价区域滨海湿地		8 516.41	100

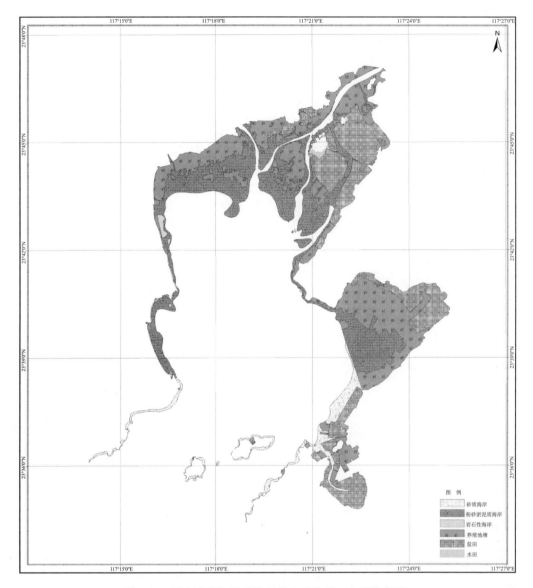

图 2-79　诏安湾滨海湿地类型分布示意图（文后附彩图）

（四）湿地开发利用现状

诏安湾滨海湿地开发利用尚处于初期状态，海洋开发以自然属性为主，基本上还只是根据海域的自然功能进行开发活动，主要海洋行业仍以传统的捕捞和养殖为主。

1. 水产养殖

诏安湾海域广阔，水产资源丰富，种类繁多，是多种渔业品种索饵、产卵、仔稚鱼生长的场所。根据海洋功能区规划，该港湾的主导功能是海水增养殖。滨海湿地渔业品种近 300 种，其中鱼类约有 200 种，甲壳类 30 多种，头足类 6 种，贝类约 17 种，经济藻类约 7 种，其他水生动物约 3 种。周边乡镇多以渔业为主，丰富的渔业资源给人们经营水产品奠定了基础，已开发养殖的有牡蛎、泥蚶、缢蛏、文蛤、扇贝、海蚌、对虾、青蟹等，收到良好的经济效益。福建主要港湾水产养殖容量研究报告表明，诏安湾海域面积为 186.4 千米^2，其中滩涂面积为 33.4 千米^2，已养面积为 1348 公顷，开发率达40.36%；浅海面积为 153.0 千米^2，已养面积为 3325 公顷，开发率达 21.73%，浅海滩涂合计开发率达 25.07%。诏安湾拥有东山沃角和诏安赤石湾两个一级渔港，宫前、岐下、田垱国家二级渔港，西埔湾围垦区是东山县重要的水产品养殖基地，西埔湾巴非蛤和牡蛎两大水产品远近闻名，畅销省内外。梅岭镇现有牡蛎吊养面积 867 公顷，是全省规模最大的深水抗风浪牡蛎吊养基地，杏陈镇建有全省最大的八尺门网箱养殖基地。

　　由于对水产养殖自身污染和海洋捕捞认识的不足，现有的养殖规模造成局部水域的污染，捕捞强度超过海区渔业资源的承受能力。受利益驱使，牡蛎吊养面积达 1533 公顷，个别海区还出现侵占航道养殖现象，高密度养殖使诏安湾海区处于饱和状态。网箱养殖，尤其在湾顶近八尺门一带水域，高密度不合理的布局，降低流速，影响水体交换，残饵和排泄物滞留，水体有机物增加，造成养殖自身污染，病害日趋严重。湾内围垦区内，以及沿岸养虾池和养鱼池等高密度的养殖，导致海区水质有机质污染较为严重。养殖业导致滩涂底质发生改变。在湾顶的中潮区和低潮区，到处可见密密麻麻的围网，外加浅海区的定置网，将经济生物的食饵、栖息场所和洄游路线完全阻断，对海区渔业资源造成重大破坏。海洋捕捞强度已超过海区渔业资源的承受能力。

　　2. 海盐生产

　　诏安湾具有发展盐业的先天优势，盐业资源主要在东侧东山岛，有向阳红盐场、双东盐场、西港盐场三个国营盐场。东山县是福建省三大海盐产区之一，拥有盐田9333.3 公顷，年产原盐可达 11 万吨以上。诏安一侧主要盐场是四都镇林头盐场。现有的海盐生产处于单一原料级产品水平，未进行精细加工、综合利用，技术和工艺也比较落后，因此，盐业产值和效益都比较低。随着其他海洋产业的迅速发展，盐业生产规模正在缩小，一些盐场，如西港盐场、林头盐场也逐渐将部分或全部盐场改造成海水养殖场。

　　3. 滩涂围垦

　　诏安湾海底宽浅又平坦，现有滩涂面积 32.40 千米^2。历史上围垦了 14 次，围垦面积为 40.84 千米^2，万亩以上大型围垦有四都港口渡围垦 700 公顷（10 500 亩）和西埔湾围垦 2173.33 公顷（32 600 亩）（表 2-63）。从空间分布看，诏安湾围垦以大规模围垦为主，主要位于诏安湾湾顶和东侧岸段。从时间分布看，诏安湾的围垦活动主要集中于20 世纪 70 年代，其次为 50～60 年代。80 年代后的围垦较少，且多为一些小型围垦。历史上的围填海主要用于发展养殖业和海盐业。诏安湾沿岸的围垦，使大部分的滩涂高潮区和中潮区上层变成围堤、养虾池和养鱼池，滩涂面积减少，湾内水域面积缩小，水深明显降低，与 20 年前相比降低了近 1 米，减少纳潮量，也影响湾顶河流入海口的排洪能力，围垦开发已使该湾区的河流和滨海湿地逐渐退化，现在诏安湾很难找到完整的滩涂。

表 2-63　诏安湾现有千亩以上围垦项目

序号	围垦区	建成年份	地理位置	围垦面积/（亩/公顷）	主要用途
1	港口渡围垦	1957	四都港口	10 500/700	养殖
2	林头围垦		诏安林头	2000/133	养殖
3	大梧围垦		诏安东、西梧	5300/353	养殖
4	向阳围垦	1975	东山杏陈镇	4200/280	盐场
5	西埔湾围垦	1983	东山陈城镇	32 600/2173.33	养殖、盐场
6	县西港围垦	1958	东山陈城镇	4500/300	养殖、盐场

4. 旅游开发

诏安湾滨海湿地旅游资源主要分布在西岸线附近及近湾口处，有奇山异洞、沙滩、海岛、万亩护林带。海滨沙滩沙质优良，各项质量标准达到国际海滨浴场条件，适宜旅游季节相对较长，但目前旅游基础设施和服务质量标准等方面尚有一定的差距。从现状看，旅游经济欠发达，丰富的旅游资源远未得到充分开发，旅游活动项目比较单一，档次比较低，影响经济效益的提高。

5. 港口建设

诏安湾港口主要由诏安港区和东山港区组成。诏安港区年综合通过能力 6 万吨，东山港区大嶝作业点年综合通过能力 2 万吨。深水岸线主要分布于湾口的东西两侧，西侧岸线分布于诏安县竹桁山—东门海岸即赭角岸段，东侧岸线分布于东山县后岐—下垵岸段。当前港口经济不发达，开发规模小，港口资源未得充分利用，设施相对落后，港口集疏系统不配套，生产效率低，管理水平还有待于进一步提高。条件不够优越。

6. 矿业资源

诏安一侧沿海矿产以硅砂、锆英石、钛铁矿砂和建筑用海砂、贝壳为主。

（五）海岸滩涂调查状况

1961～1964 年开展福建省海岸带资源综合调查，由福建省科委海洋组组织对诏安湾进行水文气象、海洋化学、海洋生物及地质地貌等项目的调查。

1980～1986 年开展福建省海岸带和海涂资源综合调查，由国家海洋局第三海洋研究所等 13 个单位，又对诏安湾进行气候、水文、地质、地貌、海水、环境保护、海洋生物、土壤、土地利用、植被、林业、社会经济、遥感、测绘等 14 个专业的调查。

1990 年国家海洋局第三海洋研究所，在编写《中国海湾志》过程中，又对该湾进行了水文、海水化学、海洋生物和地质地貌的补充调查。

1989～1992 年开展福建省海岛资源综合调查。国家海洋局第三海洋研究所、福建海洋研究所、厦门大学、福建水产研究所联合，又对诏安湾内的岛屿进行水文、地质、海水化学、环境质量等内容的调查。

2000～2003 年开展福建主要港湾水产养殖容量研究。福建省水产研究所和国家海洋局第三海洋研究所开展对诏安湾海洋生物、海洋化学、海流和海水半交换期等内容的调查。

2005～2006 年福建省港湾环境容量调查，国家海洋局第三海洋研究所对诏安湾的海洋生物、海洋化学和海洋水文进行综合调查研究。

二、　自然条件和资源状况

(一) 气象

诏安湾属南亚热带海洋性季风气候，因受大气环流、海洋潮汐、季风调剂、地理纬度和地形地势等综合因素的影响，构成气候的特点是：气候温和、雨量充沛、雨热同期。春季多阴雨连绵；夏季长而无酷暑，多雷阵雨；秋季常受热带风暴的影响；冬季短，无严寒，干旱少雨。主要灾害天气有热带风暴、旱、涝、寒流、海潮等。

1. 气温

累年平均气温都在 21℃ 以上，极端最高气温为 39.2℃，极端最低气温为 −0.6℃。

2. 相对湿度

累年平均相对湿度 79%，年中各月的变化在 71%～85%，其中 6 月为 85%，10 月和 11 月均为 71%，年际变化范围为 74%～82%。

3. 降雨

诏安湾地区雨量较为丰富，年平均降雨量为 1200～1800 毫米，累年平均 1442.3 毫米，年最少降雨量为 1964 年 920.6 毫米；年最多降雨量为 1983 年的 2253.5 毫米。6 月份最多 274.5 毫米，12 月份最少 25.7 毫米。其中 1983 年 4 月 9 日日降雨 287.6 毫米，为历史上最大单日雨量。

4. 风

累年平均风速 2.7 米/秒。2 月最大平均 3.1 米/秒，8 月最小平均 2.5 米/秒。其中，1990 年 6 月 29 日，受 9006 号台风影响，瞬间最大风速达 39 米/秒。季风明显，春、冬、秋多偏东—东北风，风力偏大；夏季多偏南风，风力略小。

5. 霜

初霜日最早出现是 1960 年 12 月 4 日，最迟出现是 1978 年 1 月 22 日，平均初霜日为 1 月 2 日。终霜日最迟出现是 1963 年 3 月 1 日，平均终霜日为 1 月 16 日。平均年霜期为 10.8 日，最长霜期是 1962～1963 年达 88 日。但也有 8 年全年不见霜。若以最低气温 3℃ 作为霜日的指标，其中 1958～1984 年平均年霜日 2.6 日。累年平均无霜期 349 日，最短年份也有 305 日，多数年份无霜期在 340 日以上（出现频率达 74%）。

6. 雾

雾多出现于冬春和秋季。累年平均年雾日 11 日，最多的为 1983 年 28 日，最少的为 1974 年 2 日。

7. 蒸发量

累年平均年蒸发量为 1950 毫米，年中以 10 月最多，为 224.8 毫米；2 月最少，为 105.2 毫米。年中除 4～6 月和 8 月的蒸发量略小于降雨量外，其余各月的蒸发量都超过降雨量，尤其是 1 月，蒸发量约为降雨量的 4 倍（表 2-64）。

表 2-64　诏安湾气象要素表

月份	平均气温/℃	最高气温/℃	最低气温/℃	降雨量/毫米	相对湿度/%	蒸发量/毫米	日照时数/小时	平均风速/（米/秒）
1	13.4	28.2	-0.6	27.6	76	115.2	160.3	2.7
2	13.8	29.8	1.8	60.6	78	105.2	111.3	3.0
3	16.1	31.5	3.3	90.3	81	116.9	113.6	2.9
4	20.3	33.4	8.1	145.9	81	145.6	127.8	2.8
5	24.1	35.2	13.1	179.7	83	169.2	151.0	2.7
6	26.5	36.5	16.6	274.5	85	174.5	171.0	2.7
7	28.2	39.2	21.1	196.1	83	204.0	249.7	2.6
8	28.0	38.4	21.5	222.5	82	190.3	229.3	2.4
9	26.8	38.5	14.8	130.9	79	194.0	208.0	2.6
10	23.7	34.9	10.0	57.3	71	224.8	218.2	3.0
11	19.8	33.2	3.0	31.1	71	180.1	189.6	2.8
12	15.4	28.9	0.1	25.7	73	130.3	182.2	2.6
年度值	21.3	39.2	-0.6	1442.3	79	1950.0	2112.2	2.7

8. 台风暴潮

诏安湾地处福建最南海岸，每年夏秋两季则常受台风与台风暴潮的影响和侵袭，台风带来强降雨，容易引发洪涝灾害，造成房屋倒塌。2006 年福建沿海遭遇多次台风袭击，损失惨重，如"桑美"强台风。2006 年第一号台风"珍珠"正面影响了诏安湾，中心附近最大风力 12 级，诏安湾周边地区发生特大暴雨，日降雨量均达 200 毫米以上，东溪发生超危险水位洪水，养殖业受损严重，渔民投资化为乌有。2006 年 7 月，第 4 号热带风暴"碧利斯"，罕见强降水造成严重的洪涝灾害，平均过程降雨量达 433 毫米，给渔业造成重大损失。据诏安县海洋与渔业局不完全统计，全县渔业直接经济损失 8370 万元。其中渔船损毁 10 艘，损失 20 万元；网箱损毁 500 口，损失 100 万元；牡蛎吊养受灾 1000 公顷，损失 750 万元；浅海底播养殖受灾 333.33 公顷，损失 1000 万元；虾、蟹池养殖受灾 1333.33 公顷，损失 2000 万元；淡水鱼池养殖受灾 1133.33 公顷，损失 2500 万元；鳗鱼养殖受灾 20 公顷，损失 2000 万元。

（二）地质地貌

诏安湾位于华南加里东褶皱系东部之闽东沿海中生代火山断折带南段之长乐—南澳北东向深大断裂带与云霄—上杭北西向深大断裂带的交汇复合处。区内地壳具二元结构特点，前泥盆系变质岩、混合岩、混合花岗岩等组成结晶基底，中生界三叠系上统大坑组、侏罗系下统梨山组、上统南园组、白垩系下统石帽山群等陆相碎屑沉积岩、火山岩、火山碎屑沉积岩等组成盖层。该区下古生代以前为一片汪洋，接收了一套巨厚的海相碎屑沉积物，下古生代晚期的加里东运动，使之产生区域变质作用和混合岩化作用，并隆起上升接收剥蚀，构成华夏古陆的一部分。晚古生代时期地壳处于相对稳定期，至中生代早期，由于受到印支运动的巨大影响，地壳运动又趋于剧烈，主要表现为断块升降运动，规模巨大的长乐—南澳深大断裂带和云霄—上杭北西向深大断裂带在此时已初步形成，在某些断陷地带接收了陆相碎屑沉积（大坑组、梨山组）。到燕山运动中期，地壳运动达到高潮，断陷规模巨大，导致区域性大规模的火山喷发和岩浆侵入，长乐—南澳与云霄—上杭二深大断裂带也已基本成形。到燕山运动末期，大规模的地质构造运动及火山作用，岩浆作用已经减弱，但构造活动（主要沿长乐—南澳北东向深大断裂带）仍较活跃和频繁。第三纪以来的喜马拉雅运动和新构造运动过程中，主要继承了燕山运动的特点，沿该深大断裂带（长乐—南澳）的构造活动频繁，局部地段见有基性岩浆的喷发。地壳运动总体以间歇性的上升隆起为主。海岸线逐渐东移，陆地不断扩大，最终形成如今的地貌。

1. 地质

1）地层。区内出露地层有前泥盆系变质岩、混合岩、中生界三叠系上统大坑组、侏罗系系统梨山组、上统南园组、白垩系下统石帽山群及新生界第四系地层等。

2）侵入岩。区内出露侵入岩主要为燕山早期第三阶段第一次侵入的二长花岗石。片麻状碎裂花岗岩及第三次侵入的黑云母花岗岩；次为燕山晚期第一阶段第一次侵入的石英闪长岩、第二次侵入的二长花岗岩和第四次侵入的花岗斑岩，以及花岗斑岩、闪长岩、闪长玢岩等脉岩。

3）构造。该区位于长乐—南澳北东向深大断裂带南段，云霄—上杭北西向深大断裂带从该区北东侧经过，因此该区是长期地质构造活动较强的地壳薄弱带。受上述深大断裂带的影响，区内构造轴迹以北东向为主，次为北西向。受长乐-南澳深大断裂带的影响，区内新构造运动表现十分强烈，主要表现在海岸线的变迁、海岸阶地的发育、挽近时期（第三纪和第四纪）基性岩浆的活动、频繁的地震（邻近区域）等方面。区内新构造运动是在燕山和喜马拉雅运动的基础上继续发展的，以继承性的断裂活动和区域性的断块升降运动为基本特征，但总体表现为间歇性的缓慢上升。

4）矿产。区内已知东山县山只大型型砂、玻璃砂矿床一处，石英砂矿点二处，高岭土矿点三处，硫铁矿点一处，铸石原料一处，泥煤矿点三处。其中东山山只大型矿床已经大规模开采，产品远销国内外，其他矽砂和高岭土等矿点，地方也有进行小规模开采的。

2. 地貌

（1）陆地地貌

1）冲海积平原：分布于港口至金星农场一带，原是一条深入陆地的港道，有十余条溪流入港，沿岸为冲海积平原，宽200～300米，地势低平。由砂质黏土或黏土组成。目前港口已筑堤围垦，为水稻种植区。

2）海积平原：一般分布于滨岸小海湾内，呈片状分布，海拔2～5米，地面低平，其中大部分属围垦的潮滩。由粉砂质黏土或黏土组成，为水稻种植区，局部围垦潮滩辟为盐田。

3）风成沙地：主要分布于湾口东西两侧，即宫口半岛的东岸和东山岛的南部沿岸，风沙带宽达数百米至数千米不等，多数沙丘高3~5米，高者达10米余。目前沿岸防风林成带，风沙已被固定，林间沙地已垦种。

（2）海岸地貌

①海滩：主要分布于湾的西岸，沿湾呈半月形展布，宽200~300米，一般坡度2°~6°。高潮区坡度较陡，组成物质较粗，为粗砂细砾，中潮区坡度较缓，组成物质较细，为中细砂，局部含泥。因受风沙影响，冬夏变化较大。②潮滩：分布于湾顶，滩宽达2~3千米，潮滩发育，水道纵横，把潮滩分割成片。滩面平缓，坡度小于1°。由粉砂质黏土组成，滩面有浮泥，厚1~2厘米。高潮区已围垦为盐田，中低潮区辟为养殖场。

（3）海底地貌

诏安湾海阔水浅，0线以下的水下浅滩，是潮滩的水下延伸，地形宽坦，坡度小于1°，一般水深在2~3米，其上潮汐通道发育，把浅滩分割成块，呈舌状向口门伸展。沉积物主要是粉砂质黏土，局部为砂，在湾口有潮流沙脊和深槽发育。

3. 表层沉积物基本特征

本海湾表层沉积物可划分为13种类型：砂砾、粗砂、中粗砂、砂、中砂、细砂、沙质粉砂、粉砂质砂、黏土质砂、砂质黏土、黏土质粉砂、粉砂质黏土、砂 - 粉砂 - 黏土。其中，粉砂质黏土（TY）为本湾内最主要的沉积类型，几乎占据了本湾的整个浅海底，砂 - 粉砂 - 黏土（STY）为湾内主要沉积类型之一，呈片状分布在湾北部和西南侧的潮下带及近岸浅海底。

诏安湾沉积物自岸和湾口向湾内粒径由粗变细，中值粒径 MD 值相应增大，在该湾的西部和湾的南部（湾口），这种趋势尤为明显。四分位离差系数 $QD\phi$ 值基本为自四周岸边（含湾口）向湾中部递增。分选性由很好逐渐变差，大致以 23°41′N 为界，在此界以北海区为分选差至很差；此界以南海区为分选中等；在该湾的东、西两侧潮滩和南部湾口海区为分选很好；而北侧潮滩为分选中等。

（三）海洋水文

1. 潮汐和潮位。

（1）潮汐性质。

根据3个水位观测站的实测潮位资料进行调和分析计算，诏安湾海域的潮汐形态数 F 为 0.50~1.0，海区的潮汐为不正规半日潮型，浅水分潮较小。实际验潮曲线同样表明本海区的不正规半日潮现象。

（2）理论深度基准面。

鉴于诏安湾海域缺乏长期潮位实测资料，且诏安湾海域 T1、T2 和 T3 等临时潮位站，2005年12月25日~2006年01月24日和2006年04月12日~2006年05月11日的两次理论深度基准面计算结果十分相近，诏安湾海域 T1、T2 和 T3 等临时潮位站的理论深度基准面，可近似采用同一计算值，即在当地平均海平面下 2.00 米（图 2-80、图 2-81）。

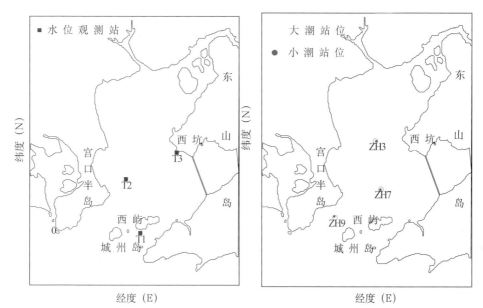

图 2-80　诏安湾水位观测站位示意图　图 2-81　诏安湾定点周日连续观测站位示意图

（3）潮位特征

根据实测潮位资料统计，潮位特征值见表 2-65。诏安湾海域潮位具有如下特点：①最高高潮位、平均高潮位、平均海平面和潮差系由湾口的 T1 站逐向湾内的 T2、T3 站增大；②诏安湾海域湾口 T1 站与湾内 T2、T3 站的潮历时相近，均是平均涨潮历时比平均落潮历时长 1.5 小时左右，且湾口比湾内稍明显；③现有的历史资料表明，诏安湾的潮汐为不正规半日潮型，且浅水分潮较小。平均涨潮历时长，平均落潮历时短，平均涨潮历时比落潮历时长 1 小时 23 分钟。

表 2-65　诏安湾海域潮位特征值表　　　　　　　　　　　　　　　（单位：厘米）

验潮站	春季航次			冬季航次		
	T1 临时潮位站	T2 临时潮位站	T3 临时潮位站	T1 临时潮位站	T2 临时潮位站	T3 临时潮位站
潮汐形态数	0.7450	0.7328	0.7160	0.7140	0.7055	0.6935
最高潮位	340	346	348	(376)	356	360
平均高潮位	284	287	287	(289)	286	292
平均海平面	200	201	201	(200)	202	203
平均低潮位	115	115	111	(117)	118	117
最低潮位	19	21	20	(19)	20	20
最大潮差	284	290	296	(311)	316	320
平均潮差	169	172	177	(173)	171	175
最小潮差	46	48	51	(83)	84	87
平均涨潮历时	7 小时	7 小时	6 小时 55 分钟	6 小时 57 分钟	6 小时 55 分钟	6 小时 52 分钟
平均落潮历时	5 小时 24 分钟	5 小时 24 分钟	5 小时 29 分钟	5 小时 29 分钟	5 小时 29 分钟	5 小时 32 分钟
潮高基面	理论深度基准面			理论深度基准面		
资料时限	2006.04.12～2006.05.11			2005.12.25～2006.01.24		

2. 波浪

诏安湾海域常浪向为北西向，频率为 22.5%。次常浪向为东北东向，频率为 19.6%。强浪向为南西向、西南西向，最大浪高为 6.5 米。次强浪向为南南西向，最大波高为 5.0 米。平均波高为 0.9 米，平均周期为 3.7 米。3～4 级浪出现最多，频率为 64.9%。风、涌浪频率比为 67/33，海域以风浪为主。

3. 潮流和泥沙

(1) 潮流

诏安湾涨潮流由南向北流入湾内，落潮流则相反，实测海流流速很小。实测流呈往复流状态，位于湾口的 ZH9 站，涨潮流东北向，落潮流西南向，从湾口往湾顶，受地形制约，涨潮流偏转为北向流，落潮流偏转为南向流。实测最大涨潮流流速 60 厘米/秒，流向 54°，最大落潮流流速 59 厘米/秒，流向 209°。靠近湾顶的 ZH3 站实测最大流速很小。

实测最大流速一般出现在表层，往下递减，底层流速最小。可能最大潮流流速以湾口的 ZH9 站 0.2H 层最大，可能最大潮流流速为 62 厘米/秒、流向 238°，其余各站层可能最大潮流流速都在 50 厘米/秒左右，流向与所处地理位置一致。

由椭圆要素，计算各站、层的潮流形态数 $F=(W_{O1}+W_{K1})/W_{M2}$（表 2-66），可见 F 值都小于 0.5，按我国潮流分类法，潮流属半日潮流，M_2 分潮流是潮流组主要成分；但是，浅水分潮 M_4 与 M_2 分潮振幅之比为 0.18～0.28，平均为 0.248，可见浅水分潮对潮流的影响颇大。

湾口以外为不正规半日潮流，湾内为正规半日潮流，但是浅水分潮对潮流的影响颇大。平均涨潮历时 6 小时 51 分钟，平均落潮历时 5 小时 38 分钟。

表 2-66 潮流性质形态数 F 值

测站	ZH3	ZH7	ZH9
表层		0.397	
0.2H	0.442	0.429	0.395
0.4H		0.388	
0.6H	0.437	0.374	0.386
0.8H	0.427	0.319	0.357
底层		0.345	

(2) 悬浮泥沙

悬浮泥沙含量最大值为 0.0872 千克/米³（2005 年冬季、ZH9 站、0.8H 层），最小值为 0.0228 千克/米³（2006 年春季、ZH3 站、0.2H 层）。大潮含沙量大于小潮，2005 年冬季含沙量略高于 2006 年春季。

含沙量的日变化不太明显，但仍然具有潮效应特性。含沙量的高值一般出现在潮流涨、落急时段；而高、低平潮，潮流缓慢时段，含沙量也低。底层含沙量的日变化比较大，含沙量峰值显著；而表层含沙量的日变化不大，含沙量峰值不甚明显。

诏安湾浮泥沙类型主要集中于粉砂，占 56.94%；诏安湾悬沙中值粒径的平均值为 6.35φ；诏安湾浮泥沙分选系数一般为 1.43～2.13。悬沙偏态系数只有 ZH9 站 2005 年冬季的小潮和2006年春季的大潮出现负偏，其余为正偏。

（四）海洋环境化学

1. 海水化学

海水中诸化学要素的含量及分布如下。

1）水温：2005年12月表层水温为14.3～18.0℃，平均约为16.0℃，表层水温高值出现在湾口附近海域，湾内向湾口水温逐渐增高。2006年4月表层水温在20.2～22.3℃，平均约为21.5℃，表层水温高值出现在湾内，湾内向湾口水温逐渐递减。

2）盐度：2005年12月表层盐度为31.715～32.513，平均盐度约为32.104，表层盐度呈现湾口向湾内逐渐增高趋势，这可能是由观测时间不同造成的。2006年4月表层盐度为25.567～32.729，平均约为30.322，表层盐度呈现湾内向湾口逐渐增高趋势。

3）pH：2005年12月表层pH为8.09～8.49，平均约为8.30，表层pH高值出现在东北部海域，向湾口处逐渐递减，在pH的高值区范围，DO含量相对较高，总无机氮含量较低，这可能是这个浮游植物的生长较为旺盛造成的。2006年4月诏安湾表层pH为8.18～8.30，平均约为8.22，表层pH高值出现在西北部海域，向湾口处逐渐递减。

4）DO：2005年12月表层DO含量为6.70～10.2毫克/分米^3，平均约为8.63毫克/分米^3。诏安湾DO含量均符合国家海水水质第一类标准。2006年4月表层DO为7.13～10.1毫克/分米^3，平均约为7.90毫克/分米^3。诏安湾DO含量均符合国家海水水质第一类标准。

5）COD：2005年12月表层COD为0.40～0.82毫克/分米^3，平均约为0.58毫克/分米^3，表层COD高值出现在诏安湾西部西坑到港口连线海域，低值区出现在诏安湾中部海域。诏安湾COD均值含量均符合国家海水水质第一类标准。2006年4月表层COD在0.42～1.08毫克/分米^3，平均约为0.62毫克/分米^3，表层COD低值区出现在诏安湾西屿北部邻近海域，向湾内呈逐渐递增趋势。诏安湾COD均值含量均符合国家海水水质第一类标准。

6）总无机氮：2005年12月表层总无机氮含量为0.022～0.206毫克/分米^3，平均约为0.131毫克/分米^3。诏安湾总无机氮含量均值低于国家海水水质第二类标准的上限值0.30毫克/分米^3，总体均值符合国家海水水质第一类标准。表层总无机氮平面分布呈现由湾内向湾口逐渐递增的趋势。2006年4月诏安湾表层总无机氮为0.022～0.209毫克/分米^3，平均约为0.120毫克/分米^3。诏安湾仅一个站位即ZH1号站位总无机氮含量高于国家海水水质第一类标准的上限值0.20毫克/分米^3，其余均符合国家海水水质第一类标准。表层总无机氮高值区出现在湾顶，低值区出现在中部海域。

7）活性磷酸盐：2005年12月表层活性磷酸盐含量为0.011～0.034毫克/分米^3，平均约为0.024毫克/分米^3。表层活性磷酸盐平面分布表现出自东向西递增趋势。诏安湾活性磷酸盐含量均值符合国家海水水质第二类、第三类标准。2006年4月表层活性磷酸盐为 0.003~0.026 毫克/分米^3，平均约为 0.015 毫克/分米^3。表层活性磷酸盐平面分布表现出大体上呈自西向东递增趋势。诏安湾活性磷酸盐含量均值符合国家海水水质一类标准。

8）活性硅酸盐：2005 年 12 月表层活性硅酸盐含量为 0.932~1.36 毫克/分米^3，平均约为 1.12 毫克/分米^3。表层活性硅酸盐高值区出现在诏安湾中部海域，呈现湾内和湾口逐渐向中部逐渐递增的趋势。2006 年 4 月诏安湾表层活性硅酸盐含量为 0.27~1.35 毫克/分米^3，平均约为 0.68 毫克/分米^3。表层活性硅酸盐表层平面分布总体上呈现从西南部向东部海域和湾顶北部海域逐渐递增趋势。

9）总氮：2005 年 12 月表层总氮含量为 0.270~0.440 毫克/分米^3，平均约为 0.333 毫克/分米^3。表层总氮高值出现在湾口城洲岛邻近海域，呈现东北海域逐渐向湾口逐渐递增的趋势。2006 年 4 月诏安湾表层总氮含量为 0.23~0.38 毫克/分米^3，平均约为 0.29 毫克/分米^3。表层总氮高值区出现在湾顶北部海域和东南近岸海域。

10）总磷：2005 年 12 月表层总磷含量为 0.029~0.055 毫克/分米^3，平均约为 0.046 毫克/分米^3。表层总磷高值出现在诏安湾东部和北部近岸海域，低值出现在西屿邻近海域。2006 年 4 月诏安湾表层总磷含量为 0.020~0.051 毫克/分米^3，平均约为 0.035 毫克/分米^3。表层总磷高值区出现在诏安湾东南近岸海域，低值出现在湾口和西部近岸海域。

11）悬浮物：2005 年 12 月表层悬浮物含量为 7.0~17.6 毫克/分米^3，平均约为 12.2 毫克/分米^3。表层悬浮物高值出现在中西部海域，低值区出现在东南部海域。2006 年 4 月诏安湾表层悬浮物含量为 8.1~34.4 毫克/分米^3，平均约为 15.3 毫克/分米^3。表层悬浮物平面分布大致呈现从湾口向湾内逐渐递减趋势。

12）油类：2005 年 12 月表层油类含量为 7.9~10.2 微克/分米^3，平均约为 10.2 微克/分米^3；符合国家海水水质第一类标准。油含量低值区出现在西屿邻近海域。2006 年 4 月诏安湾表层油类含量为 8.2~19.3 微克/分米^3，平均约为 13.2 微克/分米^3；符合国家海水水质第一类标准。油含量低值区出现在西屿和城洲岛邻近海域。

13）铜：2005 年 12 月表层铜含量为 0.435~0.615 微克/分米^3，平均约为 0.510 微克/分米^3；符合国家海水水质第一类标准。表层铜高值区出现在中部和东部西坑和港口连线一带海域；低值出现在内湾和湾口城洲岛和西屿邻近海域。2006 年 4 月表层铜含量为 0.278~0.615 微克/分米^3，平均约为 0.496 微克/分米^3；符合国家海水水质第一类标准。表层铜高值区出现在湾顶北部大梧村邻近海域和东部西坑邻近海域，向湾口呈逐渐递减趋势。

14）铅：2005 年 12 月表层铅含量为 0.0010~0.0466 微克/分米^3，平均约为 0.0157 微克/分米^3；符合国家海水水质第一类标准。表层铅高值出现中部和湾口下桉邻近海域，低值出现在北部湾顶海域。2006 年 4 月表层铅含量为 0.0010~0.054 微克/分米^3，平均约为 0.009 微克/分米^3；符合国家海水水质第一类标准。表层铅含量极低，大多数站位含量都低于检测限 0.0010 微克/分米^3。

15）锌：2005 年 12 月表层锌含量为 0.645~1.93 微克/分米^3，平均约为 1.02 微克

/分米^3；符合国家海水水质第一类标准。表层锌平面分布大致呈现由东向西南湾口逐渐递增趋势。2006 年 4 月诏安湾表层锌含量为 0.16～0.61 微克/分米^3，平均约为 0.30 微克/分米^3；符合国家海水水质第一类标准。表层锌平面分布高值区出现在西坑至港口连线海域，向湾口和湾内呈逐渐递减趋势。

16）镉：2005 年 12 月表层镉含量为 0.0274～0.0581 微克/分米^3，平均约为 0.0366 微克/分米^3；符合国家海水水质第一类标准。表层镉高值区出现竹桁山邻近海域，大致呈由东北向西南递增趋势。2006 年 4 月诏安湾表层镉含量为 0.0077～0.0236 微克/分米^3，平均约为 0.0160 微克/分米^3；符合国家海水水质第一类标准。表层镉平面分布大致呈现由湾顶东北部海域向湾口逐渐递减趋势。

17）汞：2005 年 12 月表层汞含量为 0.007～0.012 微克/分米^3，平均约为 0.0073 微克/分米^3，只略高于检测限，含量极低，均符合国家海水水质第一类标准。表层汞高值区出现中部偏西海域，许多站位均低于检测限 0.007 微克/分米^3。2006 年 4 月表层汞含量为 0.011～0.046 微克/分米^3，平均约为 0.022 微克/分米^3，均符合国家海水水质第一类标准。表层汞高值区出现西屿偏西海域。

18）砷：2005 年 12 月表层砷含量为 0.5～2.8 微克/分米^3，平均约为 1.5 微克/分米^3；符合国家海水水质第一类标准。表层砷高值出现中部偏西海域；低值出现在城洲岛和西屿邻近海域和湾顶海域。2006 年 4 月表层砷含量为 1.4～1.8 微克/分米^3，平均约为 1.6 微克/分米^3；符合国家海水水质第一类标准。表层砷低值区出现在西屿偏西海域和中部海域。

2. 沉积化学

（1）潮下带沉积物各化学要素的含量及分布

1）硫化物：诏安湾潮下带表层沉积物中硫化物含量为<4.0～202 毫克/千克，平均约为 62.8 毫克/千克；所有样品均符合国家海洋沉积物质量第一类标准。潮下带表层沉积物中硫化物高值区主要出现在诏安湾中部海域；诏安湾湾顶北部海域和湾口含量较低。

2）有机碳：诏安湾潮下带表层沉积物中有机碳含量为 0.02%～1.06%，平均约为 0.70%；均符合国家海洋沉积物质量第一类标准。潮下带表层沉积物中有机碳高值区出现西坑近岸海域；低值区出现在诏安湾西北部海域。

3）总氮：诏安湾潮下带表层沉积物中总氮含量为 0.09～1.25 毫克/克，平均约为 0.92 毫克/克。潮下带表层沉积物中总氮高值区主要在中部海域，低值区出现在诏安湾湾口海域。

4）总磷：诏安湾潮下带表层沉积物中总磷含量为 0.076～0.371 毫克/克，平均约为 0.290 毫克/克。潮下带表层沉积物中总磷平面分布和总氮极为相似，即高值区出现在中部海域，低值区出现在湾口海域。

5）铜：诏安湾潮下带表层沉积物中铜含量为 1.92～15.1 毫克/千克，平均约为 10.8 毫克/千克；均符合国家海洋沉积物质量第一类标准。潮下带表层沉积物中铜高值区出现在中部海域，向湾口含量逐渐递减。

6）铅：诏安湾潮下带表层沉积物中铅含量为 19.7～56.8 毫克/千克，平均约为 42.6 毫克/千克；均符合国家海洋沉积物质量第一类标准。潮下带表层沉积物中铅高值区主要出现在中部偏西海域；向湾口海域含量逐渐递减。

7）锌：诏安湾潮下带表层沉积物中锌含量为 7.11～173 毫克/千克，平均约为 80.3 毫克/千克，仅 ZH3 号站位沉积物锌含量超出海洋沉积物质量第一类标准的上限值，其余均符合沉积物质量第一类标准。潮下带表层沉积物中锌高值区出现在 ZH3 号站位处，低值区出现在湾口部分海域。

8）镉：诏安湾潮下带表层沉积物中镉含量为 0.0223～0.0758 毫克/千克，平均约为 0.0459 毫克/千克；均符合国家海洋沉积物质量第一类标准。潮下带表层沉积物中镉高值区出现在梅岭镇近岸海域和湾口下桉临近海域；低值区出现在西坑近岸海域。

9）汞：诏安湾潮下带表层沉积物中汞含量为 0.0048～0.016 毫克/千克，平均约为 0.011 毫克/千克；均符合国家海洋沉积物一类标准。潮下带表层沉积物中汞高值区出现在西屿邻近海域；低值区出现在湾口下桉邻近海域。

10）砷：诏安湾潮下带表层沉积物中砷含量为 0.8～3.9 毫克/千克，平均约为 2.1 毫克/千克；均符合国家海洋沉积物质量第一类标准。潮下带表层沉积物中砷高值区出现在西屿以东近岸海域，低值主要出现在西北部海域。

11）油：诏安湾潮下带表层沉积物中油含量为 2.0～8.1 毫克/千克，平均约 4.2 毫克/千克；均符合国家海洋沉积物质量第一类标准。油类含量高值区出现在西屿以西邻近海域和西坑至港口连线近岸海域。

12）氧化还原电位：诏安湾潮下带表层沉积物中氧化还原电位为 234.2～527.5 毫伏，平均约 433.0 毫伏。潮下带表层沉积物中氧化还原电位高值区出现城洲岛邻近海域，以及梅岭镇和西坑连线以北海域；低值区出现西屿与西坑连线中部海域。

（2）潮间带沉积物各化学要素的含量及分布

1）硫化物：诏安湾潮间带表层沉积物中硫化物含量为 8.71～41.6 毫克/千克，平均约为 27.4 毫克/千克；所有站位均符合国家海洋沉积物质量第一类标准。潮间带表层沉积物中硫化物含量较高的断面出现在 ZCH4 断面；潮间带表层沉积物中硫化物含量较低的断面出现在 ZCH1。

2）有机碳：诏安湾潮间带表层沉积物中有机碳含量为 0.31%～0.89%，平均约为 0.52%；均符合国家海洋沉积物质量第一类标准。潮间带表层沉积物中有机碳含量较高断面为 ZCH1 断面；有机碳含量较低断面为 ZCH4 断面。

3）总氮：诏安湾潮间带表层沉积物中总氮含量为 0.51～1.25 毫克/克，平均约为 0.76 毫克/克。潮间带表层沉积物中总氮含量较高断面出现在 ZCH1 断面；含量较低断面出现在 ZCH2 断面。

4）总磷：诏安湾潮间带表层沉积物中总磷含量为 0.146～0.376 毫克/克，平均约为 0.244mg/g。潮间带表层沉积物中总磷高值出现 ZCH1 断面；低值出现在 ZCH2

断面。

5）铜：诏安湾潮间带表层沉积物中铜含量为 4.45～14.9 毫克/千克，平均约为 8.38 毫克/千克；均符合国家海洋沉积物质量第一类标准。潮间带表层沉积物中铜高值出现 ZCH1 断面；低值出现在 ZCH2 断面。

6）铅：诏安湾潮间带表层沉积物中铅含量为 22.5～57.2 毫克/千克，平均约为 34.3 毫克/千克；均符合国家海洋沉积物质量第一类标准。潮间带表层沉积物中铅高值出现在 ZCH1 断面；低值出现在 ZCH4 断面。

7）锌：诏安湾潮间带表层沉积物中锌含量为 16.8～84.5 毫克/千克，平均约为 42.7 毫克/千克；均符合国家海洋沉积物质量第一类标准。潮间带表层沉积物中锌高值出现在 ZCH1 断面；低值出现在 ZCH2 断面。

8）镉：诏安湾潮间带表层沉积物中镉含量为 0.0211～0.061 毫克/千克，平均约为 0.033 毫克/千克；均符合国家海洋沉积物质量第一类标准。潮间带表层沉积物中镉高值出现在 ZCH1 断面；低值出现在 ZCH4 断面。

9）汞：诏安湾潮间带表层沉积物中汞含量为 0.091～0.015 毫克/千克，平均约为 0.011 毫克/千克；均符合国家海洋沉积物质量第一类标准。潮间带表层沉积物中汞高值出现在 ZCH1 断面；ZCH2 和 ZHC4 断面含量均较低。

10）砷：诏安湾潮间带表层沉积物中砷含量为 1.3～5.4 毫克/千克，平均约为 3.3 毫克/千克；均符合国家海洋沉积物质量第一类标准。潮间带表层沉积物中砷高值出现在 ZCH1 断面；低值主要出现在 ZCH4 断面。

11）油：诏安湾潮间带表层沉积物中油类含量为 2.3～5.1 毫克/千克，平均约为 3.7 毫克/千克；均符合国家海洋沉积物质量第一类标准。潮间带表层沉积物中砷高值出现在 ZCH1 断面；低值主要出现在 ZCH2 断面。

12）氧化还原电位：诏安湾潮间带表层沉积物中氧化还原电位在 435.3～454.6 毫伏，平均约 446.3 毫伏。

3. 生物体质量

2005 年 12 月和 2006 年 4 月，诏安湾虾、鱼、牡蛎等生物样品中铜、铅、锌、镉、汞、砷、PCBs、六六六、DDTs，以及赤潮毒素 PSP 和 DSP 的含量如下所述。

由于重金属测定均以干样测定，而海洋生物质量标准的标准值是以湿重计，所以，生物体的重金属含量以干重和湿重两种形式表示。

（1）不同生物体重金属含量比值（干重计，设鱼的含量为基数1）

以鱼中重金属的含量为基数 1，得出生物体中重金属含量相对鱼中含量的比值。从不同比值可以看出不同生物体中重金属含量的差异。

诏安湾生物体的铜、铅、锌、镉、汞和砷在虾和牡蛎中相对在鱼中的含量比值，2005 年样品中，铜、铅、锌、镉在牡蛎中的含量远大于在其他生物体中的含量，牡蛎中汞的含量也最高，砷在虾中含量最高。2006 年样品中，铜和镉在牡蛎中的含量远大于在其他生物体中的含量，牡蛎中锌的含量也最高，铅和汞在鱼中含量最高，而砷则在海带中有较高的含量（表 2-67）。

表 2-67　生物体内重金属含量比值（干重计）

时间	生物体	铜	铅	锌	镉	汞	砷
2005 年 12 月	鱼	1.0	1.0	1.0	1.0	1.0	1.0
	虾	5.5	6.5	1.5	13.8	0.6	2.5
	牡蛎	29.9	138.0	25.9	1 287.9	1.7	1.4
2006 年 4 月	鱼	1.0	1.0	1.0	1.0	1.0	1.0
	海带	7.3	0.3	63.0	2.3	0.04	6.1
	虾	20.1	0.1	4.7	9.0	0.4	0.3
	牡蛎	161.3	0.7	75.8	1 390.9	0.5	0.8

（2）不同重金属的富集系数（以湿重计）

生物体对水体中的重金属有一定的富集作用；富集系数＝某重金属在生物体的平均含量/该重金属在水体中的平均含量（以湿重计）；表 2-67 为鱼、虾、牡蛎和海带四种生物重金属含量及富集系数。

2005 年生物样品中，除汞、砷外，牡蛎中其他重金属和油类的含量及富集系数均明显高于鱼、虾。鱼对汞的富集系数最高，虾对砷的富集系数最高。参照国家海洋生物质量标准（以湿重计）：牡蛎中铜含量为 16.6 毫克/千克，仅符合第二类标准；铅含量为 1.41 毫克/千克，仅符合第二类标准；锌含量为 86.0 毫克/千克，仅符合第三类标准；镉含量为 0.62 毫克/千克，仅符合第二类标准；汞含量为 0.0076 毫克/千克，符合第一类标准；砷含量为 0.39 毫克/千克，符合第一类标准；油类含量为 14.1 毫克/千克，符合第一类标准（表 2-68）。

表 2-68　重金属含量及不同生物的富集系数（以湿重计）

时间	生物体或富集系数	单位	铜	铅	锌	镉	汞	砷
2005 年 12 月	鱼	毫克/千克	1.16	0.021 2	6.88	0.001 0	0.009 5	0.59
	虾	毫克/千克	5.93	0.129	9.51	0.013	0.005 3	1.4
	牡蛎	毫克/千克	16.6	1.41	86.0	0.62	0.007 6	0.39
	水体	微克/分米^3	0.510	0.015 6	1.02	0.036 6	0.007 3	1.5
	鱼富集系数		2 275	1 359	6 745	27	1 301	393
	虾富集系数		11 627	8 269	9 324	355	726	933
	牡蛎富集系数		32 549	90 385	84 314	16 940	1 041	260
2006 年 4 月	鱼	毫克/千克	0.41	0.027 1	3.80	0.001 0	0.051	1.2
	海带	毫克/千克	1.29	0.320	11.1	0.402	0.007	1.1
	虾	毫克/千克	8.30	0.007 42	18.2	0.009 5	0.019	0.4
	牡蛎	毫克/千克	50.3	0.080 2	220	1.105 6	0.021	0.8
	水体	微克/分米^3	0.496	0.009	0.30	0.016 0	0.022	1.6
	鱼富集系数		827	3 011	12 667	63	2 318	750
	海带富集系数		2 601	35 556	37 000	25 125	318	688
	虾富集系数		16 734	824	60 667	594	864	250
	牡蛎富集系数		101 411	8 911	733 333	69 100	955	500

2006 年生物样品中，除铅、汞、砷外，牡蛎中其他重金属含量及富集系数均明显高于鱼、虾、海带。海带对铅的富集程度最高，鱼对汞、砷的富集系数最高。参照国家海洋生物质量标准（以湿重计）：牡蛎中铜含量为 50.3 毫克/千克，仅符合第三类标准；

铅含量为 0.0802 毫克/千克，符合第一类标准；锌含量为 220 毫克/千克，仅符合第三类标准；镉含量为 1.1056 毫克/千克，仅符合第二类标准；汞含量为 0.0021 毫克/千克，符合第一类标准；砷含量为 0.5 毫克/千克，符合第一类标准。

（3）生物体农残含量比值（湿重计）

2005 年生物样品中，鱼体中 PCBs 和 DDTs 含量比牡蛎和虾低，参照海洋生物质量标准，牡蛎中 PCBs 含量为 0.670×10^{-9}；六六六含量为 0.037×10^{-9}；DDTs 含量为 1.69×10^{-9}，含量极低，均符合国家海洋生物质量第一类标准。牡蛎、鱼和虾的 PSP 和 DSP 检测，牡蛎中含有 DSP，含量为 0.05 鼠单位/克。

2006 年生物样品中，鱼体中六六六和 DDTs 含量最高，牡蛎中 PCBs 含量最高。参照海洋生物质量标准，牡蛎中 PCBs 含量为 4.98×10^{-9}；六六六含量为 0.24×10^{-9}，符合国家生物质量第一类标准；DDTs 含量为 23.1×10^{-9}，符合国家生物质量第二类标准。牡蛎、鱼虾的 PSP 和 DSP 检测，均未检出（表 2-69）。

表 2-69　生物体内农残含量及富集倍数

(a) 农残含量及富集倍数

时间	生物体	含量（富集倍数）		
		六六六	DDTs	PCBs
2005 年 12 月	牡蛎	0.037（0.5）	1.69（1.9）	0.670（4.2）
	虾	0.045（0.6）	7.05（8.0）	1.37（8.5）
	鱼	0.073（1.0）	0.886（1.0）	0.161（1.0）

(b) 农残含量及含量比值

时间	生物体	含量（比值）		
		六六六	DDTs	PCBs
2006 年 4 月	鱼	0.555（1）	32.1（1）	3.35（1）
	海带	nd（—）	0.331（0.01）	0.845（0.25）
	虾	0.068（0.12）	11.5（0.36）	1.42（0.42）
	牡蛎	0.24（0.43）	23.1（0.72）	4.98（1.49）

注：湿重计，设鱼的富集倍数为 1，含量单位为 10^{-9}

（五）陆地生物资源

1. 陆上植被

诏安县海岸带位于漳州市所属海岸带的南端，海岸带由泥岸、台地和丘陵交替组成，植被以防护林植被、草丛植被、滨海盐生植被、滨海沙生植被、沼生水生植被交替为主。

2. 湿地鸟类

诏安湾共记录到 20 种水鸟，分属 6 目 8 科，历史上诏安湾鸟类资源也未见记载和相关报道（表 2-70）。所记录的鸟类中除小鹛鹛、三趾滨鹬和小白鹭外，其余鸟类均列入国家林业局 2000 年 8 月 1 日发布的《国家保护的有益的或者有重要经济、科学研究价值的陆生野生动物名录》；池鹭、大白鹭和中白鹭列入世界自然保护联盟：2008 年鸟类红色名录；小白鹭属于《濒危野生动植物种国际贸易公约》附录 3 物种。

表 2-70　诏安湾水鸟资源名录

种　　名	分布生境
鸊鷉目 PODICIPEDIFORMES	
一、鸊鷉科 Podicipedidae	
1. 小鸊鷉　*Tachybaptus ruficollis* Little Grebe	鱼塘
鹳形目 CICONIIFORMES	
二、鹭科 Ardeidae	农田
2. 池鹭 *Ardeola bacchus* Chinese Pond Heron	围垦地
3. 大白鹭 *Egretta alba* Large Egret	围垦地
4. 中白鹭 *Egretta intermedia* Intermediate Egret	鱼塘、滩涂
5. 小白鹭 *Egretta garzetta* Little Egret	
鹤形目 GRUIFORMES	鱼塘
三、秧鸡科 Rallidae	鱼塘
6. 白胸苦恶鸟 *Amaurornis phoenicurus* White-breasted WaterHen	
7. 黑水鸡 *Gallinula chloropus* Moorhen	
鸻形目 ChaRADRIIFORMES	滩涂、盐田
四、鸻科 Charadriidae	滩涂、盐田
8. 环颈鸻 *Charadrius alexandrinus* Kentish Plover	
9. 铁嘴沙鸻 *Charadrius leschenaultii* Large Sand Plover	滩涂、盐田
五、鹬科 Scolopacidae	滩涂、盐田
10. 红脚鹬 *Tringa totanus* Redshank	滩涂、盐田
11. 泽鹬 *Tringa stagnatilis* Marsh Sandpiper	滩涂、盐田
12. 青脚鹬 *Tringa nebularia* Greenshank	滩涂、盐田
13. 矶鹬 *Tringa hypoleucos* Common Sandpiper	滩涂、盐田
14. 翘嘴鹬 *Xenus cinereus* Terek Sandpiper	滩涂、盐田
15. 黑腹滨鹬 *Calidris alpina* Dunlin	滩涂、盐田
16. 三趾滨鹬 *Crocethia alba* Sanderling	
六、反嘴鹬科 Recurvirostridae	
17. 黑翅长脚鹬 *Himantopus himantopus* Black-winged Stint	海域
鸥形目 LARIFORMES	海域
七、鸥科 Laridae	
18. 红嘴鸥 *Larus ridibundus* Black-headed Gull	鱼塘
19. 黑尾鸥 *Larus crassirostris* Black-tailed Gull	
佛法僧目 CORACIIFORMES	
八、翠鸟科 Aleedinidae	
20. 普通翠鸟 *Alcedo atthis* Common Kingfisher	

　　由于诏安湾沿岸高密度养殖，滩涂面积很少，鸟类分布数量和种类非常有限，分布较多的区域为诏安金星螺寮滨海滩涂和林头周边盐场，最多数量仅 192 只。水鸟是湿地健康与否的指标物种，诏安湾鸟类多样性和数量低少，反映出高强度的开发已经导致该湾区的湿地退化较严重，应该引起政府部门的重视。

（六）海洋生物资源

1. 细菌

诏安湾冬、春两季细菌数量几何平均值为 9.62（$\times 10^8$ 分米^3，单位下同（$n=24$）），最高值（17.2）出现在春季 ZH3 站，最低值（5.41）出现于冬季 ZH7 站，高值是低值的 3.5 倍左右。ZH10 站表层、底层菌数具有一定差别，2 个季节均以表层高于底层。

诏安湾海水表层细菌数量分布具有明显的季节差异：所有测站表层和底层水的细菌数量均以春季高于冬季，冬季菌数的几何平均值为 7.92（变化范围：5.41～12.9），春季为 11.7（变化范围：7.96～17.2）。冬季高值区呈现于该湾的西北角和东部的局部区域，舌状低值区由湾口向湾的中部延伸；春季的细菌数量，表现为由该湾的东北向西南递减的特征。这种分布特征，可能与陆源有机物的输入和降雨量有关。

2. 叶绿素 a 与初级生产力

冬季叶绿素 a 变化范围为 1.01～6.64 毫克碳／（米^3·天），均值为 2.63 毫克碳／（米^3·天）。初级生产力的变化范围为 48.4～461.1 毫克碳／（米^2·天），均值为 136.5 毫克碳／（米^2·天）。虽然各测站表层、底层叶绿素 a 变化幅度小，但湾内外水平分布差别明显。叶绿素 a 含量和初级生产力在湾顶和近西埔湾海区均出现较高值。叶绿素 a 值的高低是决定初级生产力量值高低的主要因素。湾内连续点的周日叶绿素 a 变化昼高夜低，变化幅度比较小，波动在 2 毫克碳／（米^3·天）左右。

春季叶绿素 a 变化范围为 1.71～5.45 毫克／米^3，均值为 2.90 毫克／米^3，初级生产力的变化范围为 174.67～554.34 毫克碳／（米^2·天），均值为 246.39 毫克碳／（米^2·天）。各测站表层、底层叶绿素 a 变化幅度小，叶绿素 a 高值主要见于湾顶东梧以南海区，高初级生产力主要分布于湾西部。湾内连续点的周日叶绿素 a 变化昼低夜高，变化幅度比较大，波动在 3 毫克碳／（米^3·天）左右。浮游植物高数量水团可能随潮汐的退潮和涨潮流经测站而形成的（图 2-82、图 2-83）。

3. 浮游植物

（1）种类组成

诏安湾冬、春两季有浮游植物 96 种，隶属于 4 个门类。硅藻 84 种，甲藻 9 种，蓝藻 2 种，金藻 1 种。其中硅藻是浮游植物的主体，在浮游植物细胞总量中占 98.34%，甲藻仅占 1.58%，其他门类更少。该海区主要优势种有刚毛根管藻（*Rhizosolenia setigera*）和中肋骨条藻。此外，菱形海线藻、布氏双尾藻（*Ditylum brightwellii*）和细弱海链藻（*Thalassiosira sublitis*）等较为常见。

（2）种类数分布

冬季浮游植物的种类较贫乏，仅 61 种。种数平面分布不均匀，变化范围为 2～20 种，除大梧村附近水域较多外（20 种），其余水域均在 15 种以下，西坑附近仅发现 4 种。

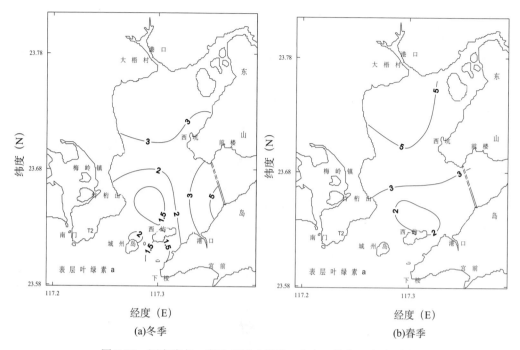

图 2-82　诏安湾冬、春季表层叶绿素 a 分布（单位：毫克/米³）

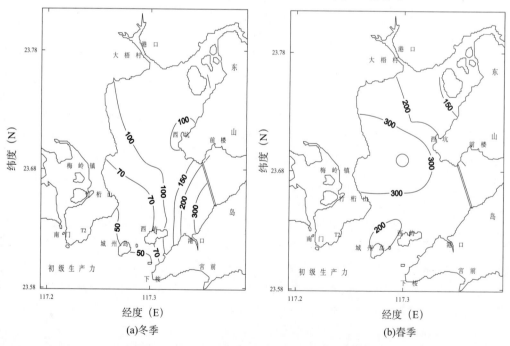

图 2-83　诏安湾冬、春季表层初级生产力分布［单位：毫克碳/（米²·天）］

春季由于外海水影响逐渐增强，带来较多的外海高温高盐种，浮游植物的种类较丰富（82 种），其种数的平面分布差别不大，除湾中部水域的种类较丰富外，其余水域介于 10～20 种。

（3）细胞总量的分布

冬季浮游植物平均总细胞密度为 9.6×10^4 个/米^3，其数量平面分布不均匀，站密度变动范围为 $1.67 \times 10^4 \sim 50.0 \times 10^4$ 个/米^3，相差近 30 倍，密集中心位于西屿北侧，由中肋骨条藻大量繁殖所致［图 2-84（a）］。总量的分布受该季优势种中肋骨条藻所支配。

春季浮游植物总细胞密度平均为 23.79×10^4 个/米^3，其平面分布不均匀，站密度变动范围为 $1.48 \times 10^4 \sim 74.25 \times 10^4$ 个/米^3。密集中心位于港口北侧，由刚毛根管藻大量繁殖所致（图 2-84b）。总量的分布受该季优势种刚毛根管藻所支配。

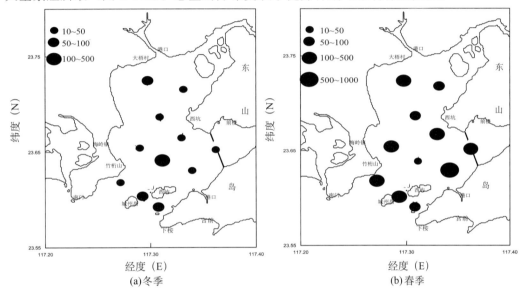

图 2-84　诏安湾浮游植物细胞总量平面分布（单位：10^3 个/米^3）

春季外海水影响逐渐增强，带来较多的外海高温高盐种，如相反角藻和拟镰角藻等均为台湾暖流的指示种。春季浮游植物的种类比冬季丰富，由 64 种增加到 80 种。同时水温开始回升，加上冬季期间营养盐的再生、积累及大陆径流带来丰富营养盐，浮游植物进入增殖季节，其细胞总量有所增加，由冬季 9.6×10^4 个/米^3 上升到 23.79×10^4 个/米^3。诏安湾浮游植物总量曾居全省各港的榜首，2006 年春季浮游植物丰度远远低于 1984 年 5 月福建海岸带和 1989 年 5 月海岛的观测结果。浮游植物总量大幅下降可能有以下两方面原因：一是本次调查时间比上述的调查早，水温还偏低，浮游植物未进入繁殖旺季；二是与该湾水产养殖过度有关，过度的水产养殖给浮游植物增加摄食压力，另外，残饵和排泄物带来严重有机污染，引起浮游植物种群结构改变。浮游植物的种类组成，其优势种高度集中，刚毛根管藻和中肋骨条藻居绝对优势，分别占浮游植物细胞总量的 49.72% 和 25.14%，个别测站刚毛根管藻所占比例高达 98%，种间个体分配极不均匀，多样性指数和均匀度指数低（表 2-71），所有测站的多样性指数值均低于轻度污染指标（3.0），属中度污染（1.0～2.0）的测站占 32%，属重度污染（<1.0）的测站占 36%。在水交换条件较差的内湾（ZH1 测站），有害赤潮种夜光藻占

细胞总量的 24.56%。

表 2-71　诏安湾浮游植物丰度和多样性季节变化

季节	种类数/种	细胞总量/（10⁴个/米³）	多样性指数	均匀度指数
冬季（12月）	61	9.6	1.56	0.49
春季（4月）	82	23.79	1.41	0.48

4. 浮游动物

（1）种类组成

2005 年 12 月（冬季）和 2006 年 4 月（春季），诏安湾有浮游动物 50 种，其中 2006 年 4 月出现的种数较多（36 种），2005 年 12 月（冬季）较少（33 种）。浮游动物种数组成中以桡足类和水母类占比较大，其次是毛颚类，其他类别如糠虾类、十足类、介形类、磷虾类、异足类、翼足类、枝角类和被囊类占比较小（图 2-85）。还有若干类阶段性浮游幼虫，以及少量的涟虫和底栖端足类等。

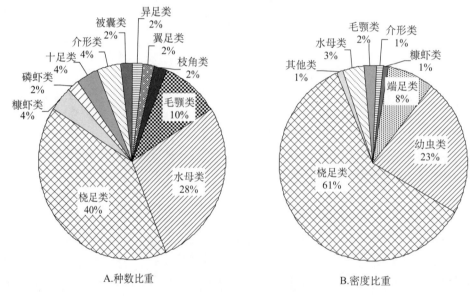

A.种数比重　　　　　　　　B.密度比重

图 2-85　浮游动物各主要类别组成

根据自身的生态属性与分布特点，浮游动物可大致分为三种生态类群。

1）广温类群：该类群由适温范围较广的种类组成，出现率和个体数量相对较高。瘦尾胸刺水蚤、真刺唇角水蚤、小拟哲水蚤、太平洋纺锤水蚤、短角长腹剑水蚤和挪威小毛猛水蚤（*Microsetella norvegica*）等是该区浮游动物的主要种之一。

2）暖温类群：这一类群的种数较少，但主要代表种中华哲水蚤在春季的数量相对较大，此外，代表种还有中华假磷虾、拿卡箭虫、大西洋五角水母和漂浮囊糠虾等。

3）暖水类群：该类群的种类数较多但单一种类不具优势，代表种有较近岸的微刺哲水蚤、锥形宽水蚤、厦门矮隆哲水蚤（*Bestiola amoyensis*）、球形侧腕水母、拟细浅室水母、百陶箭虫和齿形海萤，以及相对较广高盐的肥胖箭虫、凶形箭虫、亚强真哲水蚤、精致真刺水蚤和四叶小舌水母等。

（2）总生物量（湿重）的分布

两个季节浮游动物湿重生物量均值为 191.7 毫克/米^3。总生物量的季节变化较小，2005 年 12 月（冬季）和 2006 年 4 月（春季）均值分别为 189.8 毫克/米^3 和 191.6 毫克/米^3。2005 年 12 月（冬季）全区为 65.0～405.0 毫克/米^3，较高生物量区（＞200 毫克/米^3）位于梅岭镇东部近侧和湾口水域，尤以梅岭镇东部近侧的 ZH6 测站量值最高（405.0 毫克/米^3）。相反，在测区北部的 ZH1、ZH2 测站及港口西北近侧的 ZH8 测站生物量最低，其量值介于 65～100 毫克/米^3。2006 年 4 月（春季）生物量的区间变化范围为 95.0～415.0 毫克/米^3，高生物量区（＞300 毫克/米^3）位于测区东南部，尤以测区东南角的 ZH11 测站量值最高（415.0 毫克/米^3）。而在港口东北部的 ZH4 和 ZH8 测站生物量贫乏，量值为 95～100 毫克/米^3（图 2-86）。

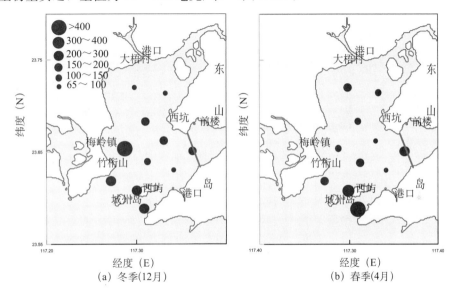

图 2-86　浮游动物总生物量的平面分布（单位：毫克/米^3）

（3）总个体密度的分布

浮游动物总个体密度均值以 2005 年 12 月（冬季）较高（30.0 个/米^3），区间变化幅度较大（3.3～130 个/米^3）。2006 年 4 月（春季）个体密度均值较低（21.5 个/米^3），区间变化幅度也相对较小（5.0～56.0 个/米^3）。平面分布，2005 年 12 月（冬季）的分布趋势与生物量相似，以梅岭镇东部近侧 ZH6 站最密集（130 个/米^3），主要由小型桡足类，如挪威小毛猛水蚤、短角长腹剑水蚤、小拟哲水蚤及桡足类幼体大量聚集所致。湾口水域个体密度也较高（≥30 个/米^3），以瘦尾胸刺水蚤、精致真刺水蚤、小拟哲水蚤和桡足类幼体占优势。测区北部大片水域和港口西北近侧水域数量贫乏（≤10 个/米^3）。

2006 年 4 月（春季）全区有 3 个大于 30 个/米^3 的测站分别位于西屿附近的 ZH10、ZH11 及西埔海堤西面近侧的 ZH5 测站，其中西埔海堤西面近侧以底栖端足类为主，西屿附近则以瘦尾胸刺水蚤和短尾类蚤状幼虫占优势。在测区中部和北部共 4 个测站的个体密度低，量值皆在 10 个/米^3 以下（图 2-87）。

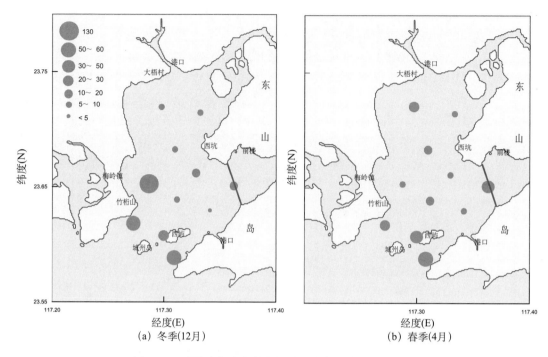

图 2-87　浮游动物总个密度的平面分布（单位：个/米³）

诏安湾位于福建南部沿海，其口小腹大，湾口朝南，内湾水浅。水文状况终年不同程度地受南部或北部沿岸流及台湾海峡暖流的影响。2005 年 12 月（冬季）和 2006 年 4 月（春季）处于季风转换期，测区内浮游动物群落组成均受台湾海峡暖流及南、北沿岸流的综合影响，2005 年 12 月和 2006 年 4 月浮游动物群落的生态特点基本相似，个体密度均以广温和暖温类群共占优势，种数则以暖水类群居多。两个季节相对高盐的暖水种大多仅出现于外海水影响最甚的湾口水域，导致该水域浮游动物物种多样性明显较高。相反，测区北部浮游动物均出现低丰富度、低多样性的分布特点与该内湾水浅、潮流不畅、水交换能力差的环境特点相吻合。

2005 年 12 月和 2006 年 4 月浮游动物总生物量和总个体密度的平均水平（191.7 毫克/米³和 26.3 个/米³）分别仅为 1989 年 10 月和 5 月（均值 570.0 毫克/米³和 142.2 个/米³）的 1/3 和 1/5，出现明显下降趋势。由于缺少长期有效的生态监测资料，这种下降趋势是否是浮游动物对区域生态环境长期变化的响应，还有待于进一步观测研究。当然，由于浮游动物群落自身具明显的季节变化和块状分布等特点，采样的月份、测站布设的范围和密度，以及潮汐状况等也可能是影响因素之一。

5. 鱼卵与仔稚鱼

（1）种类组成

诏安湾出现浮性鱼卵和仔稚鱼 18 科 20 属 25 种（含未定种），其中以 2006 年 4 月种类较多（22 种）。2005 年 12 月较少（8 种）。种类组成以鳀科和鲱科的种类最多，分别是 4 种和 3 种，其他各科仅 1～2 种。

（2）鱼卵数量的季节变化和分布

1）季节变化。诏安湾鱼卵数量具有明显的季节变化，以 2006 年 4 月的数量较高。其中垂直拖网和水平拖网的鱼卵数量平均分别为 11.36 粒/米² 和 2080.5 粒/网。2005 年 12 月数量较低，垂直拖网均未采到样品，水平拖网的均值为 10.5 粒/网。数量上，2005 年 12 月以舌鳎居首，约占卵总量的 17%；2006 年 4 月以鳓鱼和石首鱼科占绝对优势分别为 68% 和 10%。

2）平面分布。2005 年 12 月（冬季）鱼卵不仅数量少，出现率也低（36.4%），仅分布在调查区外侧 6~10 号站，其中南部水域 10 号站数量较高，达 106 粒/网，占全区卵总量的 92.2%（图 2-88）。其他测站仅少量分布或未出现。2006 年 4 月（春季），鱼卵遍及全区，其中垂直拖网以西屿北部的 7 号站水域较为密集，数量达 70 粒/米²。水平拖网的分布不均匀，最高值与最低值相差 861 倍。并呈现出东高西低的分布趋势，其中以西屿至西坑之间的东部一带水域（4 号站和 7~8 站）数量最高，大于 2000 粒/网，尤以 8 号站数量达 10 120 粒/网，占全区卵种量达 44.2%（图 2-89）。这主要由鳓鱼和石首鱼科的白姑鱼大量出现所致。同时还分布少量的蛇鲻、小公鱼和鬼鲉等种类。

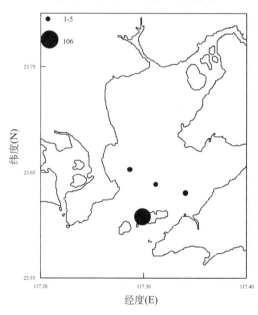

图 2-88　冬季鱼卵的数量分布（水平拖网）
（单位：粒/网）

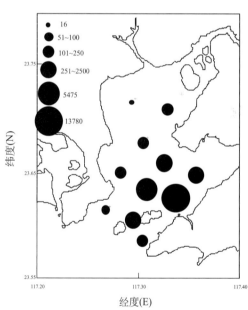

图 2-89　春季鱼卵的数量分布（水平拖网）
（单位：粒/网）

（3）仔稚鱼的季节变化和分布

1）季节变化。与鱼卵相比，仔稚鱼的数量明显较低，尤其 2005 年 12 月垂直拖网不但未采到，而水平拖网的数量也很低，仅为 4 尾/网。2006 年 4 月数量明显回升至 10.36 尾/网（表 2-72）。在数量上 2005 年 12 月以褐菖鲉居多，约占仔稚鱼总量的 77%，2006 年 4 月（春季）却以美肩鳃鳚和鰕虎鱼主导地位，占 79% 和 13%。其他种类仅少量出现。

191

表 2-72　鱼卵和仔稚鱼数量的季节变化

季节	垂直拖网		水平拖网	
	鱼卵/（粒/米²）	仔稚鱼/（尾/米²）	鱼卵/（粒/网）	仔稚鱼/（尾/网）
冬季	0	0	10.5	4
春季	11.36	0	2 082.5	10.36

2）水平分布。数量分布格局基本上与鱼卵一样，由湾内向湾口逐渐增加，并在湾口 11 站形成数量达 28 尾/网的高数量区，主要是褐鲳鲹。最靠湾内的 1～3 站未见其分布。2006 年 4 月仔稚鱼的分布，垂直拖网仅少量出现于 7 号站，其他各站均未见其分布。水平拖网和鱼卵分布几趋一致，也是以湾东的西屿至西坑之间的水域高。并在湾东的 4 号站和 7 号站形成数量大于 29 尾/网的密集区，在该密集区内，主要种类是美肩鳃鳚和鰕虎鱼。在东部 8 号站鳀及康氏小公鱼数量达 20 尾/网。其余水域均在 1～5 尾/网或未出现。春季鱼类的繁殖区主要在东部。

沼安湾鱼卵和仔稚鱼 36 种（含未定种），隶属于 14 科 21 属，在数量上，以近岸浅海小型鱼类为优势。其中浮性鱼卵以鳀科、鲱科和石首鱼科和舌鳎出现的数量最多。仔稚鱼却以鳚科的美肩鳃鳚、鲹科的褐鲳鲹和鰕虎鱼科等种类的数量较多。

垂直拖网和水平拖网鱼卵总量均为 2006 年 4 月数量高，主要密集于湾东的西屿至西坑一带水域。仔稚鱼密度也以 2006 年 4 月为高，其分布格局与鱼卵一样，均以湾东西屿至西坑之间的水域最为密集。2005 年 12 月鱼卵和仔稚鱼的数量均明显低于 2006 年 4 月，其高数量区位于湾南部的 11 号站。

鱼卵出现数量较多的种类是鳀、白姑鱼和舌鳎，其中前两种主要出现于 2006 年 4 月，并大量聚集于湾东的西屿至西坑之间水域。后者仅出现于 2005 年 12 月。仔稚鱼的主要种类是美肩鳃鳚和鲹科的褐鲳鲹。其中美肩鳃鳚的仔稚鱼仅出现于 2006 年 4 月。并密集于湾中东部的 4 号站。鲹科的褐鲳鲹只出现于 2005 年 12 月，并以湾南部的 9 号站最为密集。诏安湾中东部西屿至西坑之间水域及南部水域是鱼类的主要繁殖区。

6. 大型底栖生物

（1）种类组成和优势种

诏安湾大型底栖生物有 196 种。其中甲壳动物 64 种，多毛类 58 种，软体动物 48 种，棘皮动物 4 种、其他生物 17 种和藻类 5 种。季节比较，春季（137 种）大于冬季（123 种），种数的季节变化主要为多毛类与甲壳类的季节变化。

诏安湾大型底栖生物优势种主要有海蛹（*Ophelina* sp.）、不倒翁虫、似蛰虫、波纹巴非蛤、美原双眼钩虾（*Ampelisca miharaensis*）、塞切尔泥钩虾和弯指伊氏钩虾（*Idunella curvidactyla*）。

（2）种数分布

诏安湾大型底栖生物种数分布不均匀，8 站种类最多，春季达 33 种；9 站种数最少，春季仅 1 种。种数分布以湾口海域种数较低，湾中部种数较高，湾顶种数最多。

（3）生物量组成与分布

诏安湾大型底栖生物两季平均生物量为 101.28 克/米²，生物量以软体动物占绝对优势（86.15 克/米²）。其中波纹巴非蛤春季最大生物量达 132.12 克/米²，冬季可达 986.20 克/米²（图 2-90）。

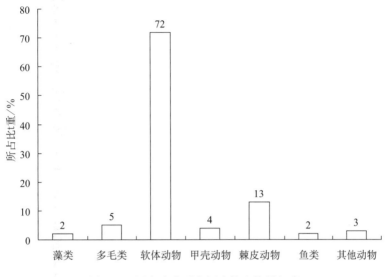

图 2-90　诏安湾大型底栖生物生物量组成

诏安湾大型底栖生物生物量季节变化明显，春季平均生物量为 40.67 克/米²，冬季平均生物量为 161.88 克/米²。生物量的季节变化，主要取决于软体动物生物量的变化。生物量最大位于冬季的 4 号站（1003.16 克/米²），最小位于春季 9 站（0.24 克/米²）。海区各测站生物量大小相差悬殊，分布也极不均匀（图 2-91）。

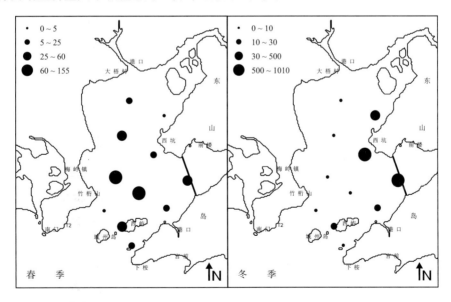

图 2-91　诏安湾大型底栖生物生物量分布（单位：克/米²）

（4）栖息密度组成与分布

诏安湾大型底栖生物两季平均栖息密度为 329 个/米²，栖息密度以甲壳动物占优势

（205 个/米²）。冬季甲壳动物平均密度达 283 个/米²，占冬季总密度的 73％，其中塞切尔泥钩虾和美原双眼钩虾最大密度分别达 488 个/米² 和 192 个/米²。多毛类两季平均占总密度的 28％，软体动物两季平均占总密度的 11％。棘皮动物和其他生物栖息密度较低（图 2-92）。

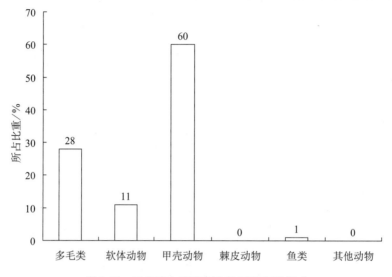

图 2-92　诏安湾大型底栖生物栖息密度组成

　诏安湾大型底栖生物栖息密度以冬季（386 个/米²）高于春季（271 个/米²），栖息密度的季节变化，取决于甲壳动物及多毛类栖息密度的变化。冬季，1 站栖息密度最大（1356 个/米²），春季 9 站最小（4 个/米²）。栖息密度分布以湾顶向湾外递减，湾口附近最低仅 87 个/米²（图 2-93）。

　（5）生态特征值

　诏安湾大型底栖生物物种多样性指数两季平均为 3.178，春季多样性指数为 3.268，略高于冬季 3.088。多样性指数大于 3 的有 16 站次，占总站次的 73％。两季平均均匀度指数为 0.798，冬季为 0.823，高于春季（0.773）。两季平均丰富度指数为 2.980，春季为 3.294，高于冬季（2.665）。

　7. 潮间带生物

　（1）种类组成

　诏安湾潮间带生物有 299 种，其中多毛类 91 种，软体动物 81 种，甲壳动物 52 种，棘皮动物 6 种，藻类 48 种，其他动物 21 种（表 2-70）。多毛类、软体动物和甲壳动物占总种数的 74.92％，三者构成诏安湾潮间带生物主要类群。

　诏安湾潮间带生物 4 条断面种数和种类组成不尽相同，Zch3 西屿断面的种数最多（136 种），Zch2 浮塘断面的种数最少（102 种）。各断面的种类组成均以多毛类、软体动物和甲壳动物占多数（表 2-73）。诏安湾潮间带生物种数季节变化为春季（217 种）＞冬季（180 种），各断面种数也均以春季＞冬季。

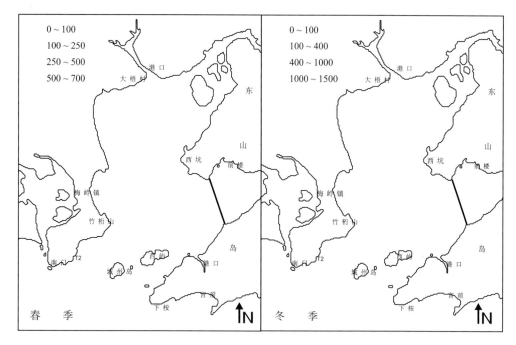

图 2-93　诏安湾大型底栖生物栖息密度分布（单位：个/米²）

表 2-73　诏安湾潮间带生物各断面种类组成　　　　　（单位：种）

断面	藻类	多毛类	软体动物	甲壳动物	棘皮动物	其他动物	合计
邱厝 Zch1	16	51	24	21	0	5	117
浮塘 Zch2	8	43	20	26	1	4	102
西屿 Zch3	35	18	40	29	5	9	136
大铲 Zch4	12	60	23	28	0	3	126
合计	48	91	81	52	6	21	299

根据数量和出现率，诏安湾潮间带生物主要种和优势种有宽扁叉节藻（*Amphiroa dilatata*）、铁丁菜（*Ishige okamurai*）、半叶马尾藻（*Sargassum hemiphyllum*）、瓦氏马尾藻（*S. vachellianum*）、条浒苔（*Enteromorpha clathrata*）、花石莼（*Ulva conglobata*）、背褶沙蚕、长锥虫、尖锥虫（*Scoloplos armiger*）、持真节虫（*Euclymene annandalei*）、欧努菲虫（*Onuphis emerita*）、四索沙蚕（*Lumbrineris tetraura*）、似蛰虫、变化短齿蛤（*Brachidontes variabilis*）、棘刺牡蛎（*Saccostrea echinata*）、鸟爪拟帽贝（*Patelloida saccharina lanx*）、覆瓦小蛇螺（*Serpulorbis imbricata*）、珠带拟蟹守螺、纵带滩栖螺（*Batillaria zonalis*）、小翼拟蟹守螺（*C. microptera*）、直背小藤壶、鳞笠藤壶（*Tetraclita squamosa squamosa*）、细螯原足虫（*Leptochelia dubia*）、施氏玻璃钩虾（*Hyale schmidti*）、强壮藻虾（*Ampithoe valida*）和角突麦杆虫（*Caprella scaura*）等。

（2）数量组成

诏安湾 4 条断面潮间带生物平均生物量 1185.67 克/米²，平均栖息密度为 1700 个/米²。生物量以藻类居第一位（1025.48 克/米²），甲壳动物居第二位（91.47 克/

米²），软体动物居第三位（53.86 克/米²）；栖息密度以甲壳动物居第一位（936 个/米²），多毛类居第二位（640 个/米²），软体动物居第三位（118 个/米²）。各类群数量组成见表 2-74。

表 2-74　潮间带生物数量组成

数量	生物量/（克/米²）				栖息密度/（个/米²）			
潮区	高潮区	中潮区	低潮区	平均	高潮区	中潮区	低潮区	平均
藻类	0	138.02	2938.43	1025.48	0	0	0	0
多毛类	0	9.50	21.17	10.22	0	626	1295	640
软体动物	11.67	87.63	62.29	53.86	113	188	52	118
甲壳动物	4.90	262.44	7.08	91.47	1	1300	1509	936
棘皮动物	0	0	0.01	0	0	0	1	0
其他动物	0	11.20	2.68	4.62	0	11	7	6
合计	16.57	508.79	3 031.65	1 185.67	114	2 125	2 863	1 700

诏安湾潮间带 4 条断面生物数量和组成，各断面不尽相同。生物量以西屿 mch3 岩石滩断面（4449.70 克/米²）较大，邱厝 Zch1 泥沙滩断面（38.00 克/米²）较小；栖息密度同样以西屿 Zch3 岩石滩断面（3141 个/米²）较大，大铲 Zch4 泥沙滩断面（831 个/米²）较小。生物量和栖息密度均以 Zch3 岩石滩断面为大（表 2-75、表 2-76）。

表 2-75　诏安湾潮间带生物生物量分布　　　　　　（单位：克/米²）

断面	季节	藻类	多毛类	软体动物	甲壳动物	棘皮动物	其他动物	合计
Zch1	冬季	0.64	5.47	31.64	1.41	0	4.68	43.83
	春季	0.51	9.88	20.38	1.41	0	0.01	32.18
	平均	0.57	7.67	26.01	1.41	0	2.34	38.00
Zch2	冬季	1.07	1.48	12.56	2.84	0.01	0	17.96
	春季	0.54	47.51	40.98	17.30	0	0.31	106.64
	平均	0.81	24.50	26.77	10.07	0	0.15	62.30
Zch3	冬季	126.52	1.56	135.48	249.09	0.03	6.61	519.31
	春季	7 782.15	0.06	135.17	441.29	0	21.41	8 380.09
	平均	3954.34	0.81	135.33	345.19	0.01	14.01	4 449.70
Zch4	冬季	285.47	4.25	25.47	2.16	0	0	317.35
	春季	6.94	11.58	29.20	16.28	0	3.97	67.97
	平均	146.20	7.92	27.33	9.22	0	1.99	192.66

（3）垂直分布

诏安湾潮间带生物数量垂直分布，生物量以低潮区（3031.65 克/米²）＞中潮区（508.79 克/米²）＞高潮区（16.57 克/米²）；栖息密度同样以低潮区（2863 个/米²）＞中潮区（2125 个/米²）＞高潮区（114 个/米²），生物量和栖息密度均以低潮区最大，高潮区最小。

表 2-76　诏安湾潮间带生物栖息密度分布　　　　　　　　（单位：个/米²）

断面	季节	多毛类	软体动物	甲壳动物	棘皮动物	其他动物	合计
Zch1	冬季	193	78	473	0	8	752
	春季	1 187	64	30	0	7	1 288
	平均	690	71	252	0	8	1 020
Zch2	冬季	111	28	1 065	0	0	1 205
	春季	2 260	116	33	0	4	2 413
	平均	1 186	72	549	0	2	1 809
Zch3	冬季	72	305	4 959	3	9	5 348
	春季	8	164	745	0	17	934
	平均	40	234	2 852	2	13	3 141
Zch4	冬季	178	71	100	0	0	348
	春季	1 113	115	85	0	1	1 314
	平均	645	93	92	0	1	831

诏安湾潮间带生物数量垂直分布，各断面也不尽相同。冬季邱厝泥沙滩 Zch1 断面生物量以中潮区（100.56 克/米²）＞低潮区（24.04 克/米²）＞高潮区（6.88 克/米²）；栖息密度以中潮区（1137 个/米²）＞低潮区（1024 个/米²）＞高潮区（96 个/米²）。浮塘 Zch2 断面生物量以中潮区（39.29 克/米²）＞低潮区（8.76 克/米²）＞高潮区（5.84 克/米²）；栖息密度同样以低潮区（3256 个/米²）＞中潮区（303 个/米²）＞高潮区（56 个/米²）。西屿岩石滩 Zch3 断面生物量以中潮区（1452.33 克/米²）＞低潮区（67.04 克/米²）＞高潮区（38.56 克/米²）；栖息密度以中潮区（8117 个/米²）＞低潮区（7576 个/米²）＞高潮区（352 个/米²）。大铲泥沙滩 Zch4 断面生物量以低潮区（750.20 克/米²）＞中潮区（195.85 克/米²）＞高潮区（6.00 克/米²）；栖息密度以低潮区（616 个/米²）＞中潮区（357 个/米²）＞高潮区（72 个/米²）。

春季邱厝泥沙滩 Zch1 断面生物量以中潮区（49.75 克/米²）＞低潮区（32.80 克/米²）＞高潮区（14.00 克/米²）；栖息密度以低潮区（2828 个/米²）＞中潮区（972 个/米²）＞高潮区（64 个/米²）。浮塘 Zch2 断面生物量以低潮区（148.84 克/米²）＞中潮区（132.75 克/米²）＞高潮区（38.32 克/米²）；栖息密度同样以低潮区（4768 个/米²）＞中潮区（2432 个/米²）＞高潮区（40 个/米²）。西屿岩石滩 Zch3 断面生物量以低潮区（23 145.40 克/米²）＞中潮区（1980.64 克/米²）＞高潮区（14.24 克/米²）；栖息密度以中潮区（1975 个/米²）＞低潮区（668 个/米²）＞高潮区（160 个/米²）。大铲泥沙滩 Zch4 断面生物量以中潮区（119.12 克/米²）＞低潮区（76.08 克/米²）＞高潮区（8.72 克/米²）；栖息密度以低潮区（2164 个/米²）＞中潮区（1705 个/米²）＞高潮区（72 个/米²）。

（4）群落类型和结构

1）邱厝 Zch1 泥沙滩群落，该群落所处滩面底质类型，高潮区石堤，部分岸段为沙滩，中潮区上层以沙为主，中层至低潮区由泥沙组成。①高潮区：粒结节滨螺—粗糙滨螺带。该潮区种类贫乏，数量不高，代表种粒结节滨螺的生物量和栖息密度分别为 4.24 克/米² 和 56 个/米²。粗糙滨螺的生物量和栖息密度分别为 2.40 克/米² 和 32 个/米²。还有塔结节滨螺［N.（N.）trochoides］等。②中潮区：角海蛹（Ophelina acuminata）—伊萨伯雪蛤（Clausinella isabellina）—纵带滩栖螺—上野螺赢蜚（*Corophiium ueni*）带。该潮区主要种角海蛹，自该区可向下延伸分布至低潮区，在该区上层的生物量和栖息密度分别为 0.04 克/米² 和 4 个/米²，中层为 2.00 克/米² 和 80 个/米²，下层为 1.40 克/米² 和 52 个/米²。伊萨伯雪蛤，仅在该区中层出现，生物量和栖息密度分别为 25.08 克/米² 和 80 个/米²。优势种纵带滩栖螺，仅在中潮区出现，生物量和栖息密度分别为 179.84 克/米² 和 204 个/米²。优势种上野螺赢蜚，自该区可向下延伸分布至低潮区，在该区上层的生物量和栖息密度分别为 1.32 克/米² 和 512 个/米²，中层为 4.16 克/米² 和 1292 个/米²，下层为 0.16 克/米² 和 88 个/米²。其他主要种和习见种有腺带刺沙蚕、红刺尖锥虫［*Scoloplos*（*Leodamas*）*rubra*］、须鳃虫（*Cirriformia tentaculata*）、四索沙蚕、彩虹明樱蛤、薄壳镜蛤［*Dosinia*（*Dosinella*）*corrugata*］、珠带拟蟹守螺、秀丽织纹螺、二齿半尖额涟虫（*Hemileucon bidentatus*）、美原双眼钩虾、强壮藻虾（*Ampithoe valida*）、莫顿蝾赢蜚（*Corophium mortonii*）、纹尾长眼虾（*Ogyrides striaticauda*）和乳突皮海鞘（*Molgula manhattensis*）等。③低潮区：须鳃虫—短竹蛏（*Solen dunkerianus*）—莫顿蝾赢蜚带。该潮区主要种须鳃虫，从中潮区可延伸分布至低潮区，在本区的生物量和栖息密度分别为 4.80 克/米² 和 192 个/米²。短竹蛏，仅在该区出现，生物量和栖息密度分别仅 0.32 克/米² 和 4 个/米²。优势种莫顿蝾赢蜚，从中潮区下层延伸分布至低潮区上层，在该区的生物量和栖息密度分别为 0.48 克/米² 和 272 个/米²。其他习见种和主要种有背褶沙蚕、寡节甘吻沙蚕（*Glycinde gurjanovae*）、多鳃卷吻沙蚕（*Nephtys polybranchia*）、角海蛹、四索沙蚕、梳鳃虫（*Terebellides stroemii*）、美原双眼钩虾、塞切尔泥钩虾、强壮藻虾、上野螺赢蜚、纹尾长眼虾、变态蟳、乳突皮海鞘和犬牙细棘鰕虎鱼（*Acentrogobius caninus*）等（图 2-94）。

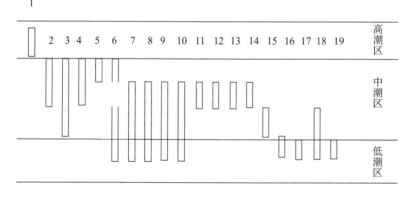

图 2-94　邱厝 Zch1 泥沙滩群落主要种垂直分布

1 粗糙滨螺　2 光滑河蓝蛤　3 珠带拟蟹守螺　4 纵带滩栖螺　5 织纹螺
6 日本大鳌蜚　7 背褶沙蚕　8 持真节虫　9 似蚤虫　10 刺缨虫　11 彩虹明樱蛤
12 伊萨伯雪蛤　13 焦河篮蛤　14 明秀大眼蟹　15 戈芬星虫　16 秀丽织纹螺
17 细鳌原足虫　18 莫顿蝾赢蜚　19 短竹蛏

2）浮塘 Zch2 泥沙滩群落，该群落所处滩面长度为 700～800 米，底质类型高潮区石堤，中潮区至低潮区以泥沙主。①高潮区：粗糙滨螺—粒结节滨螺带。该潮区代表种粗糙滨螺，数量不高，生物量和栖息密度分别为 4.24 克/米² 和 40 个/米²。粒结节滨螺，生物量和栖息密度分别为 1.60 克/米² 和 16 个/米²。②中潮区：腺带刺沙蚕—小翼拟蟹守螺—明秀大眼蟹带。该区优势种腺带刺沙蚕，自本区可向下延伸分布至低潮区，在本区上层的生物量和栖息密度分别为 8.00 克/米² 和 1012 个/米²，中层为 10.00 克/米² 和 508 个/米²，下层为 2.00 克/米² 和 140 个/米²。优势种小翼拟蟹守螺，在该区的生物量和栖息密度分别高达 157.20 克/米² 和 416 个/米²。明秀大眼蟹，自该区可向下延伸分布至低潮区，在该区上层的生物量和栖息密度分别为 11.86 克/米² 和 32 个/米²，中层为 2.88 克/米² 和 36 个/米²。其他主要种和习见种有背褶沙蚕、长锥虫、独指虫（*Aricidea* sp.）、奇异稚齿虫（*Paraprionospio pinnata*）、持真节虫、欧努菲虫、四索沙蚕、似蛰虫、树蛰虫（*Pista cristata*）、刺缨虫（*Potamilla* sp.）、斯氏满月蛤（*Phacoides scarlatoi*）、蹄蛤（*Phlyctiderma* sp.）、伊萨伯雪蛤、鸭嘴蛤〔*Laternula（Laternula）anatina*〕、珠带拟蟹守螺、纵带滩栖螺、秀丽织纹螺、哥伦比亚刀钩虾（*Aoroiudes columbiae*）、上野蜾蠃蜚、弧边招潮、隆背大眼蟹（*Macrophthalmus convexus*）和豆形拳蟹（*Philyra pisum*）等。③低潮区：尖锥虫—大竹蛏（*Solen grandis*）—细螯原足虫带。该区优势种尖锥虫，仅在本区出现，生物量和栖息密度分别为 40.40 克/米² 和 1888 个/米²。大竹蛏，自中潮区延伸分布至该区上层，在本区的生物量和栖息密度较低分别为 0.92 克/米² 和 4 个/米²。优势种细螯原足虫，仅在本区出现，生物量和栖息密度分别为 5.68 克/米² 和 2712 个/米²。其他主要种和习见种有，腺带刺沙蚕、红刺尖锥虫、直线竹蛏（*Solen linearis*）、美叶雪蛤（*Clausinella calophylla*）、美原双眼钩虾、塞切尔泥钩虾、哥伦比亚刀钩虾、莫顿蜾蠃蜚、上野螺蠃蜚、天草旁宽钩虾（*Pareurystheus amakusaensis*）等（图 2-95）。

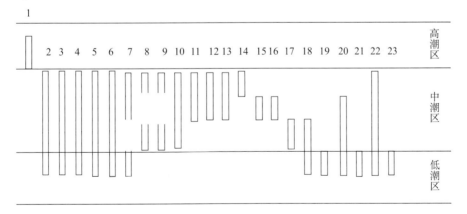

图 2-95　浮塘 Zch2 泥沙滩群落主要种垂直分布

1 粗糙滨螺　2 腺带刺沙蚕　3 长锥虫　4 持真节虫　5 欧努菲虫　6 四索沙蚕
7 斯氏满月蛤　8 蹄蛤　9 鸭嘴蛤　10 珠带拟蟹守螺　11 施氏玻璃钩虾
12 哥伦比亚刀钩虾　13 明秀大眼蟹　14 隆背大眼蟹　15 弧边招潮
16 伊萨伯雪蛤　17 小翼拟蟹守螺　18 秀丽织纹螺　19 尖锥虫　20 大竹蛏
21 短吻蛤 22 红刺尖锥虫　23 细螯原足虫

3）西屿 Zch3 岩石滩群落，该群落所处滩面长度约 200 米，高潮区至低潮区底质以大块花岗岩为主。①高潮区：粒结节滨螺—塔结节滨螺带。该潮区代表种粒结节滨螺，数量不高，生物量和栖息密度分别为 9.04 克/米^2 和 104 个/米^2。塔结节滨螺，生物量和栖息密度分别为 5.20 克/米^2 和 56 个/米^2。下层定性可采集到紫菜等。②中潮区：铁丁菜（*Ishige okamurai*）—花石莼—变化短齿蛤—鳞笠藤壶带。该区优势种铁丁菜，仅在该区出现，生物量达 1142.56 克/米^2。优势种花石莼，分布在该区中下层，在中层的生物量为 69.68 克/米^2，下层达 245.36 克/米^2。变化短齿蛤，分布在整个中潮区，在该区上层的生物量和栖息密度分别为 0.24 克/米^2 和 32 个/米^2，中层为 0.60 克/米^2 和 116 个/米^2，下层为 0.20 克/米^2 和 40 个/米^2。优势种鳞笠藤壶，分布在该区上、中层，在上层的生物量和栖息密度分别高达 3465.28 克/米^2 和 864 个/米^2，中层达 480.00 克/米^2 和 224 个/米^2。其他主要种和习见种有鹿角沙菜（*Hypnea cervicornis*）、脆江蓠（*Gracilaria chouae*）、小石花菜（*Gelidium divaricatum*）、小珊瑚藻（*Corallina pilulifera*）、条浒苔（*Enteromorpha clathrata*）、侧花海葵（*Anthopleura* sp.）、可口革囊星虫、日本花棘石鳖（*Liolophura japonica*）、黑荞麦蛤（*Xenostrobus atratus*）、褶牡蛎、棘刺牡蛎、嫁虫戚（*Cellana toreuma*）、鸟爪拟帽贝（*Patelloida saccharina lanx*）、单齿螺（*Monodonta labio*）、黑凹螺（*Chlorostoma nigerrima*）、渔舟蜒螺［*Nerita（Theliostyla）albicilla*］、齿纹蜒螺［*N.（R.）yoldii*］、粒花冠小月螺（*Lunella coronata granulata*）、疣荔枝螺（*Thais clavigera*）、黄口荔枝螺（*T. luteostoma*）、日本菊花螺（*Siphonaria japonica*）、腔齿海底水虱（*Dynoides dentisinus*）、小头弹钩虾（*Orchomene breviceps*）、施氏玻璃钩虾、日本大鳌蜚、上野螺蠃蜚、皱瘤海鞘（*Styela plicata*）和红贺海鞘（*Herdmania momus*）等。③低潮区：半叶马尾藻—瓦氏马尾藻—敦氏猿头蛤（*Chama dunkeri*）—覆瓦小蛇螺—施氏玻璃钩虾带。该区优势种半叶马尾藻，春季长度为 60～80 厘米，仅在该区出现，生物量高达 20 000.00 克/米^2。优势种瓦氏马尾藻，仅在该区出现，生物量高达 1760.00 克/米^2。敦氏猿头蛤，仅在该区出现，生物量和栖息密度分别达 145.20 克/米^2 和 8 个/米^2。覆瓦小蛇螺，仅在该区出现，生物量和栖息密度分别为 120.80 克/米^2 和 16 个/米^2。施氏玻璃钩虾，自中潮区可延伸分布至该区，在该区的生物量和栖息密度分别为 3.20 克/米^2 和 496 个/米^2。其他主要种和习见种有宽扁叉节藻、小珊瑚藻、网地藻（*Dictyota* sp.）、叉开松藻（*Codium divanicatum*）、太平洋侧花海葵（*Anthopleura pacifica*）、褐蚶（*Didimacar tenebrica*）、锈凹螺（*Chlorostoma rustica*）、角蝾螺（*Turbo cornutus*）、粒神螺（*Apollon olivator rubustus*）、黄口荔枝螺、褐棘螺（*Chicoreus brunneus*）、腔齿海底水虱、强壮藻虾、夏威夷亮钩虾、分岐阳遂足［*Amphiura（Amphiura）divaricata*］、紫海胆（*Anthocidaris crassispina*）、细雕刻肋海胆（*Temnopleurus toreumaticus*）和可疑翼手参（*Colochirus anceps*）等（图 2-96）。

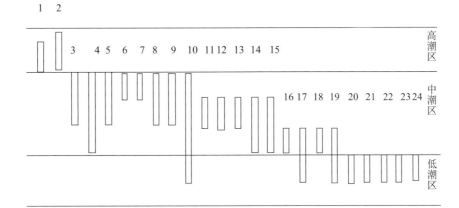

图 2-96　西屿 Zch3 岩石滩群落主要种垂直分布

1 粒结节滨螺　2 塔结节滨螺　3 花石莼　4 变化短齿蛤　5 黑荞麦蛤　6 棘刺牡蛎

7 日本菊花螺　8 鳞笠藤壶　9 腔齿海底水虱　10 施氏玻璃钩虾　11 铁丁菜

12 日本花棘石鳖　13 鸟爪拟帽贝　14 日本大鳌蜚　15 鹿角沙菜　16 小头弹钩虾

17 上野螺赢蜚　18 皱瘤海鞘　19 网地藻　20 半叶马尾藻　21 瓦氏马尾藻

22 敦氏猿头蛤　23 覆瓦小蛇螺　24 粒神螺

4）大铲 Zch4 泥沙滩群落，该群落所处滩面长度约 300 米，底质类型高潮区石堤，中潮区至低潮区底质以泥沙为主。①高潮区：粗糙滨螺带。该潮区代表种粗糙滨螺，数量不高，生物量和栖息密度分别为 8.72 克/米^2 和 72 个/米^2。②中潮区：背褶沙蚕—凸壳肌蛤—（*Plesiotrochus sp.*）—日本大鳌蜚（*Grandidierella japonica*）带。该区优势种背褶沙蚕，自该区可向下延伸分布至低潮区，在该区上层的生物量和栖息密度分别为 0.80 克/米^2 和 440 个/米^2，中层为 0.80 克/米^2 和 224 个/米^2，下层为 0.16 克/米^2 和 24 个/米^2。优势种凸壳肌蛤，仅在本区出现，最大生物量和栖息密度分别达 23.44 克/米^2 和 172 个/米^2。日本大鳌蜚，仅在该潮区出现，在该区上层的生物量和栖息密度分别为 0.04 克/米^2 和 16 个/米^2，中层为 0.08 克/米^2 和 36 个/米^2，下层为 0.08 克/米^2 和 48 个/米^2。其他主要种和习见种有芋根江蓠（*Gracilaria blodgettii*）、腺带刺沙蚕、红角沙蚕（*Ceratonereis erythraeensis*）、奇异角沙蚕（*Ceratonereis mirabilis*）、红刺尖锥虫、独指虫（*Aricidea sp.*）、伪才女虫（*Pseudopolydora sp.*）、刚鳃虫（*Chaetozone sp.*）、独毛虫、持真节虫、欧努菲虫、滑指矶沙蚕（*Eunice indica*）、四索沙蚕、似蛰虫、刺缨虫、明圆蛤（*Cycladicama cumingi*）、蹄蛤（*Phlyctiderma sp.*）、假蚶蛤（*Pseudopythina sp.*）、大竹蛏、伊萨伯雪蛤、鸭嘴蛤、珠带拟蟹守螺、（*Plesiotrochus sp.*）、秀丽织纹螺、中国鲎（*Tachypleus tridentatus*）、三叶针尾涟虫（*Diastylis tricincta*）、腔齿海底水虱、小头弹钩虾（*Orchomene breviceps*）、上野螺赢蜚、模糊新短眼蟹和下齿细鳌蟹寄居蟹（*Clibanrius infraspinatus*）等。③低潮区：腺带刺沙蚕—短竹蛏（*Solen dunkerianus*）—模糊新短眼蟹带。该区优势种腺带刺沙蚕，自中潮区延伸分布至该区上层，在该区的生物量和栖息密度分别为 3.60 克/米^2 和 304 个/米^2。特征种短竹蛏，仅在该区出现，生物量和栖息密度较低分别为 0.12 克/米^2 和 4 个/米^2。

模糊新短眼蟹，自中潮区延伸分布至该区上层，在该区的生物量和栖息密度分别为 18.84 克/米^2 和 44 个/米^2。其他主要种和习见种有背褶沙蚕、红刺尖锥虫、刚鳃虫、独毛虫、持真节虫、滑指矶沙蚕、四索沙蚕、梳鳃虫、西方似蛰虫（*Amaeana occidentalis*）、刺缨虫、蹄蛤、织纹螺、三角口螺（*Trigonaphera* sp.）、小头弹钩虾、梳肢片钩虾（*Elasmopus pectenicrus*）、上野螺蠃蜚和短脊鼓虾（*Alpheus breviristatus*）等（图 2-97）（李荣冠等，2012）。

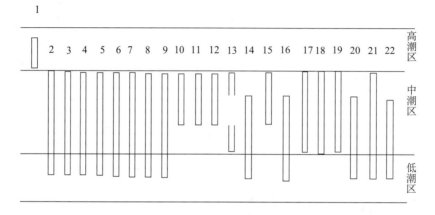

图 2-97　大铲 Zch4 泥沙滩群落主要种垂直分布

1 粗糙滨螺　2 背褶沙蚕　3 腺带刺沙蚕　4 独毛虫　5 持真节虫　6 滑指矶沙蚕

7 四索沙蚕　8 索沙蚕　9 刺缨虫　10 凸壳肌蛤　11 古明圆蛤　12 鸭嘴蛤

13 假蚶蛤　14 蹄蛤　15 珠带拟蟹守螺　16 *Plesiotrochus* sp. 17 三叶针尾涟虫

18 腔齿海底水虱　19 日本大蠃蜚　20 小头弹钩虾　21 上野螺蠃蜚　22 模糊新短眼蟹

8. 渔业资源

据 2003 年修编的《福建省诏安湾海区人工鱼礁建设项目可行性研究报告》，诏安湾海洋生物资料丰富、种类繁多，是多种渔业品种索饵、产卵、仔稚鱼生长的场所。

1）鱼类。鱼类资源据不完全统计有 200 多种，经济价格较高的有马鲛鱼、带鱼、康氏小公鱼（*Stolephorus commersoni*）、白姑鱼、英氏鲻、二长棘鲷、褐兰子鱼、斑鲦、鲨鱼、鰤鱼、黄鳍鲷、魟、中国团扇鳐（*Platyrhina sinensis*）、鲆、油魿等。

2）贝类。海域有贝类资源 30 多种，经济价值较高的有牡蛎、缢蛏、贻贝、泥蚶、花蛤、海蚌、短齿蛤、江珧、扇贝、文蛤、巴非蛤、青蛤、东风螺、杂色蛤、兰蛤 10 多种。

3）虾蟹类。海水虾蟹资源有 30 多种，经济价值较高的有长毛对虾、日本对虾、斑节对虾、刀额新对虾、近缘新对虾、哈氏仿对虾、墨吉对虾、周氏新对虾、剑额仿对虾、独角新对虾、中华管鞭虾、赤须虾、鹰爪虾、白虾、毛虾、虾蛄、三疣梭子蟹、远洋梭子蟹、锯缘青蟹等 20 种。

4）头足类。海水头足类资源有 20 多种，经济价格较高的有台湾枪乌贼、长枪乌贼（*Loligo bleekeri*）、小管枪乌贼（*L. oshimai*）、莱氏枪乌贼莱氏拟乌贼（*Sepioteuthis lessoniana*）、曼氏无针乌贼（*Sepiella maindroni*）、章鱼等。

5）海藻类。海藻类资源有 10 多种，经济价值较高的有铁丁菜、坛紫菜、石花菜、海萝、江蓠、鹧鸪菜、浒苔等。

三、 滨海湿地环境质量

(一) 污染源

诏安湾入海污水量达 751.94 万吨/年，COD 污染物总量为 14272.79 吨/年，其中，农业和生活污染占绝大比重。BOD 年排放量为 214.27 吨/年；NH3-N 为 438.62 吨/年。总氮和总磷排放量分别为 8214.31 吨/年和 1187.24 吨/年，主要来源为农业和水产养殖污染。农业污染是诏安湾主要入海污染物的重要来源（表 2-77）。

表 2-77　诏安湾入海污染物源强汇总表

污染源	污水量/（万吨/年）	污染物总量/（吨/年）				
		COD	BOD	NH₃-N	TN	TP
生活污染	751.94	5 639.55	12.87	438.62	600.87	219.31
畜禽污染		419.54	201.40		82.04	18.62
农业污染		8 213.7			5 828.79	553.26
水产养殖					1 702.61	396.05
合计	751.94	14 272.79	214.27	438.62	8 214.31	1 187.24

(二) 潮间带环境质量

1. 沉积物环境质量

（1）现状评价

2005 年诏安湾东、西两侧及湾顶沿岸 3 条软相潮间带沉积环境质量观测结果表明，潮间带表层沉积物除硫化物外，其他环境要素的高值均位于 Zch1 邱厝断面，湾内东侧沉积环境优于西侧。潮间带沉积环境质量各评价因子中，有机碳、硫化物、石油类、砷、铜、铅、锌、镉和汞含量均能满足海洋沉积物质量第一类标准。诏安湾潮间带沉积环境质量较好，但少数站位表层沉积物的铅含量已接近海洋沉积物质量第一类标准（表 2-78）。

表 2-78　诏安湾表层沉积物质量监测与评价结果

项目	样品数	监测结果/10⁻⁶		P_i		超标率/%
		范围	均值	范围	均值	
有机碳	6	0.0031~0.0089	0.0049	0.16~0.45	0.25	0
硫化物	6	8.71~41.60	28.09	0.03~0.14	0.09	0
石油类	6	2.3~5.1	3.6	0.005~0.010	0.007	0
砷	6	1.30~5.40	3.33	0.07~0.27	0.17	0
铜	6	4.45~14.90	7.94	0.13~0.43	0.23	0
铅	6	22.5~57.2	32.5	0.38~0.95	0.54	0
锌	6	16.8~84.5	40.0	0.11~0.56	0.27	0
镉	6	0.021~0.061	0.031	0.04~0.12	0.06	0
汞	6	0.009~0.015	0.011	0.05~0.08	0.05	0

（2）回顾分析评价

从 20 世纪 80 年代全国海岸带和海涂调查至今，诏安湾潮间带表层沉积物有机碳、硫化物、石油类和重金属含量均符合海洋沉积物质量第一类标准。除了铅含量较以往有了小幅度的增长外，其余评价因子均值有一定的下降（表 2-79）。诏安湾潮间带沉积环境质量一直处于较好状态。

表 2-79 诏安湾潮间带沉积物各项指标历史变化

调查时间	有机质/%	硫化物/10^{-6}	石油类/10^{-6}	铜/10^{-6}	锌/10^{-6}	铅/10^{-6}	镉/10^{-6}	汞/10^{-6}
1986 年	1.57	45.9	225	8.7	66	26.3	——	0.086
2005 年	0.84	28.09	3.6	7.94	40.0	32.5	0.031	0.011
第一类标准	2.0	300.0	500.0	35.0	150.0	60.0	0.50	0.20
变化	降低	降低	降低	降低	降低	增加		降低

2. 生物体质量

2005 年 12 月和 2006 年 4 月诏安湾潮间带生物（牡蛎和海带）质量监测与各评价因子中，六六六、PCB 和赤潮毒素（DSP、PSP）含量均可满足海洋生物质量第一类标准。砷、铜、铅、锌、镉、汞和 DDT 含量在不同生物体中存在不同程度超海洋生物质量第一类标准的现象，除汞和砷外的因子均在牡蛎体中出现超标现象，其中 2005 年 12 月铅含量在牡蛎体中超标倍数最高。此外，在牡蛎中检测出 DSP，其含量为 0.4 鼠单位/克（表 2-80）。诏安湾海洋生物质量已受到一定程度的污染，尤其牡蛎的质量。

表 2-80 诏安湾潮间带生物质量监测与评价结果

项目	2005 年 12 月		2006 年 4 月				贝类生物质量
	牡蛎		牡蛎		海带		
	监测值	P_i	监测值	P_i	监测值	P_i	第一类标准
铜	16.6	1.66	50.3	5.03	1.29	0.13	10
铅	1.41	14.1	0.08	0.8	0.32	3.2	0.1
锌	86	4.3	220	11	11.1	0.56	20
镉	0.62	3.1	1.106	5.53	0.402	2.01	0.2
汞	0.008	0.16	0.021	0.42	0.007	0.14	0.05
砷	0.39	0.39	0.8	0.8	1.1	1.1	1
六六六	0.000 037	0.002	0.000 24	0.012	ND	—	0.02
DDT	0.001 69	0.169	0.023 1	2.31	0.000 33	0.033	0.01
PCB	0.000 67	0.007	0.004 98	0.05	0.000 85	0.008	0.1
PSP	ND	ND	ND	ND	ND	ND	0.8
DSP	ND	ND	ND	ND	ND	ND	200

(三) 浅海环境质量

1. 水体环境质量

（1）现状评价

2005年12月和2006年4月，根据单因子评价指标，诏安湾滨海湿地浅海水体环境质量总体良好。2005年12月，除ZH9站附近水域（该站位于湾口诏安一侧）表层海水活性磷酸盐含量略超海水水质第二类标准，超标率为9.1％外，其余参数均符合国家海水水质第一类标准。2006年4月所有浅海水体参数均符合国家海水水质第一类标准。油类和重金属含量均明显低于海水水质第一类标准值（表2-81，表2-82）。

表2-81　2005年12月诏安湾浅海水体环境评价结果

项目	样品数	测量结果/（毫克/升）		Pi		超标率/%
		范围	均值	范围	均值	
pH	11	8.09～8.49（无单位）	8.30	0.73～0.99	0.87	0
DO	11	6.70～10.16	8.63	0.02～0.66	0.25	0
COD_{Mn}	11	0.40～0.82	0.58	0.13～0.27	0.20	0
无机氮	11	0.022～0.206	0.131	0.04～0.69	0.43	0
活性磷酸盐	11	0.011～0.034	0.024	0.37～1.13	0.78	9.1
石油类	11	0.008～0.013	.010	0.16～0.26	0.20	
砷	11	0.50×10^{-3}～2.80×10^{-3}	1.54×10^{-3}	0.02～0.09	0.05	0
铜	11	0.44×10^{-3}～0.62×10^{-3}	0.51×10^{-3}	0.04～0.06	0.05	0
铅	11	$<0.001\times10^{-3}$～0.047×10^{-3}	0.016×10^{-3}	<0.0002～0.0093	0.0031	0
锌	11	0.65×10^{-3}～1.93×10^{-3}	1.02×10^{-3}	0.01～0.04	0.02	0
镉	11	0.027×10^{-3}～0.058×10^{-3}	0.037×10^{-3}	0.005～0.012	0.007	0
汞	11	$<0.007\times10^{-3}$～0.012×10^{-3}	0.009×10^{-3}	<0.04～0.06	0.04	0

表2-82　2006年4月诏安湾浅海水体环境评价结果

项目	样品数	测量结果		Pi		超标率/%
		范围	均值	范围	均值	
pH	11	8.18～8.30（无单位）	8.22	0.79～0.87	0.81	0
DO	11	7.13～10.11	7.90	0.10～0.47	0.30	0
COD_{Mn}	11	0.42～1.08	0.62	0.14～0.36	0.21	0
无机氮	11	0.022～0.209	0.120	0.07～0.70	0.40	0
活性磷酸盐	11	0.003～0.026	0.015	0.10～0.87	0.51	0
石油类	11	0.008～0.019	0.013	0.16～0.39	0.26	0
砷	11	1.40×10^{-3}～1.80×10^{-3}	1.64×10^{-3}	0.05～0.06	0.06	0
铜	11	0.28×10^{-3}～0.62×10^{-3}	0.50×10^{-3}	0.03～0.06	0.05	0
铅	11	$<0.001\times10^{-3}$～0.054×10^{-3}	0.009×10^{-3}	0.0002～0.0108	0.0018	0
锌	11	0.16×10^{-3}～0.61×10^{-3}	0.30×10^{-3}	0.003～0.012	0.006	0
镉	11	0.008×10^{-3}～0.024×10^{-3}	0.016×10^{-3}	0.002～0.005	0.003	0
汞	11	0.011×10^{-3}～0.046×10^{-3}	0.022×10^{-3}	0.06～0.23	0.11	0

（2）回顾分析评价

诏安湾浅海海水水质历史变化如下。1989～2005年，COD_{Mn}、铜、铅和镉重金属基本可满足海水水质第一或第二类标准，其海水含量呈现逐年下降的趋势；DO 含量则呈现增加趋势；无机氮和活性磷酸盐各季节含量基本满足海水水质第二类标准，但年均值基本呈逐渐增长趋势（图 2-98）。诏安湾滨海湿地水体环境一直保持着良好状态，但是无机氮和活性磷酸盐呈增加态势。

（3）海区富营养化分析

采用营养指数（E）法，按下式计算：

$$E = COD \times 无机氮 \times 无机磷 \times 10^6 / 4500$$

单位为毫克/分米^3，如 $E \geqslant 1$，则水体呈富营养化状态。冬、春季营养指数（表 2-83 和表 2-84）表明：

2005 年 12 月表层营养指数为 0.044～0.756，平均约为 0.399；ZH10 站底层营养指数为 0.654，总体均值为 0.523。营养指数表明冬季诏安湾水质良好，海区未呈富营养化状态。

2006 年 4 月表层营养指数为 0.011～1.003，平均约为 0.252；ZH10 号站位底层营养指数为 0.108，总体均值为 0.172。湾顶营养指数值较高，其中 ZH1 已达富营养化状态，可能与湾顶高密度网箱养殖和陆源污染物排放，以及潮流不畅导致海区污染物不能及时稀释有关。

表 2-83　诏安湾冬季营养指数

层次	站位号	监测结果/（毫克/分米^3）			E	水质评价
		COD	无机氮	无机磷		
表层	ZH1	0.65	0.031	0.021	0.094	正常
	ZH2	0.56	0.061	0.022	0.167	正常
	ZH3	0.56	0.091	0.024	0.271	正常
	ZH4	0.57	0.130	0.024	0.395	正常
	ZH5	0.82	0.022	0.011	0.044	正常
	ZH6	0.53	0.164	0.027	0.522	正常
	ZH7	0.40	0.206	0.027	0.494	正常
	ZH8	0.50	0.145	0.022	0.354	正常
	ZH9	0.48	0.206	0.034	0.747	正常
	ZH10	0.62	0.187	0.023	0.593	正常
	ZH11	0.72	0.197	0.024	0.756	正常
	平均	0.58	0.131	0.024	0.399	正常
底层	H10	0.61	0.201	0.024	0.654	正常
总平均		0.60	0.166	0.024	0.523	正常

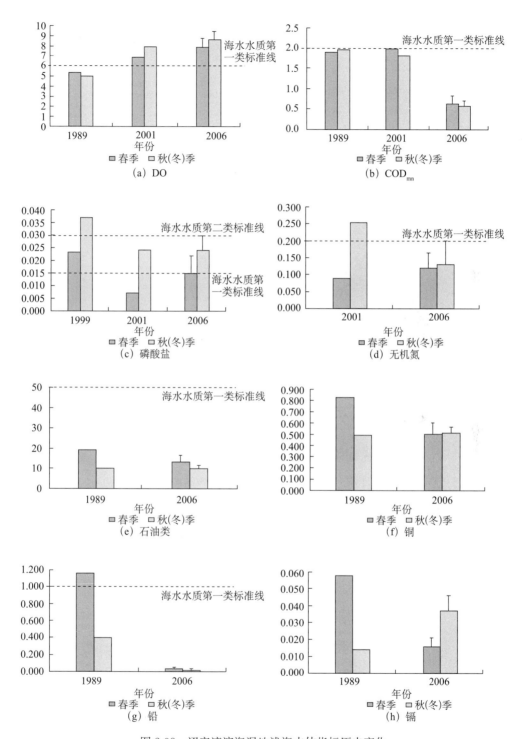

图 2-98　诏安湾滨海湿地浅海水体指标历史变化

表 2-84　诏安湾春季营养指数

层次	站位号	监测结果/（毫克/分米³）			E	水质评价
		COD	无机氮	无机磷		
表层	ZH1	1.08	0.209	0.02	1.003	呈富营养化状态
	ZH2	0.78	0.133	0.026	0.599	正常
	ZH3	0.77	0.022	0.003	0.011	正常
	ZH4	0.7	0.136	0.022	0.465	正常
	ZH5	0.57	0.129	0.02	0.327	正常
	ZH6	0.53	0.127	0.012	0.179	正常
	ZH7	0.42	0.109	0.013	0.132	正常
	ZH8	0.46	0.14	0.013	0.258	正常
	ZH9	0.53	0.13	0.014	0.214	正常
	ZH10	0.48	0.097	0.008	0.083	正常
	ZH11	0.5	0.091	0.011	0.111	正常
	平均	0.62	0.120	0.015	0.252	正常
底层	H10	0.53	0.102	0.009	0.108	正常
总平均		0.575	0.111	0.012	0.172	正常

2. 沉积物环境质量

1）现状评价

2005 年 12 月，诏安湾潮下带沉积环境质量各评价因子中，有机碳、硫化物、石油类、砷、铜、铅、镉和汞等指标含量均满足海洋沉积物质量第一类标准，锌含量在局部海域略有超标，仅符合海洋沉积物质量第二类标准，超标率为 9.1%；总体来说，诏安湾潮下带沉积环境质量较好（表 2-85）。

表 2-85　2005 年 12 月诏安湾潮下带沉积物质量监测与评价结果

项目	样品数	监测结果/10^{-6}		Pi		超标率/%
		范围	均值	范围	均值	
有机碳	11	0.02～1.06*	0.70*	0.01～0.53	0.35	0
硫化物	11	<4.0～202.0	63.0	<0.01～0.67	0.21	0
石油类	11	<2.00～8.10	4.38	<0.004～0.016	0.009	0
砷	11	0.8～3.9	2.1	0.04～0.20	0.11	0
铜	11	1.92～15.10	10.76	0.06～0.43	0.31	0
铅	11	19.7～56.8	42.6	0.33～0.95	0.71	0
锌	11	7.1～173.0	80.3	0.05～1.15	0.54	9.1
镉	11	0.022～0.076	0.046	0.05～0.15	0.09	0
汞	11	0.005～0.016	0.011	0.02～0.08	0.05	0

* 单位为 10^{-2}

2）回顾分析评价

诏安湾潮下带沉积物主要污染物指标的历史变化。20 世纪 80 年代至今，诏安湾潮下带表层沉积物有机碳、总氮、总磷、硫化物和重金属含量均符合海洋沉积物质量第一类标准。其中，铅含量较以往有了较大幅度的增长，其余评价因子总量总体变化不大（表 2-86）。

表 2-86　诏安湾潮下带沉积物各项指标历史变化

调查时间	有机碳/%	总氮/%	总磷/%	硫化物/10^{-6}	铜/10^{-6}	锌/10^{-6}	铅/10^{-6}	镉/10^{-6}
1989 年	1.05	0.78	0.5	45.5	13.32	77.14	9.34	0.056
2005 年	0.70	0.92	0.29	62.8	10.8	80.3	42.6	0.0459
第一类标准	2.0	—	—	300	35.0	150.0	60.0	0.50
变化	降低	增加	降低	增加	降低	增加	大幅增加	降低

（四）环境质量综合评价

1. 诏安湾潮间带环境质量

诏安湾潮间带沉积物环境较好，有机碳、硫化物、石油类和重金属指标均满足海洋沉积物质量第一类标准，湾内东侧潮间带沉积质量优于西面。但少数站位表层沉积物的铅含量已接近第一类标准的下限。20 世纪 80 年代至今，诏安湾潮间带沉积环境一直保持在较好状态，除了铅含量较以往有小幅度增长外，多数评价因子的均值有一定程度的下降。潮间带生物牡蛎体内的重金属和 DDT 不同程度超海洋生物质量第一类标准，尤其铅的含量是海洋贝类生物质量第一类标准的 10 倍以上；2005 年 12 月牡蛎样品检测出 DSP，湾内的潮间带经济生物已受到一定程度的污染。

2. 诏安湾浅海环境质量

诏安湾浅海水体环境质量良好，仅局部海域活性磷酸盐略超海水水质第二类标准。近 20 年（1989～2005 年）水体质量变化，诏安湾浅海水体各项指标基本满足海水水质第二类标准，DO 呈增加趋势，化学需氧量、铜、铅和镉等评价指标在海水中的含量则下降，但无机氮和活性磷酸盐年均值基本呈逐渐增长趋势。诏安湾浅海沉积物除锌在局部水域微超海洋沉积物质量第一类标准外，有机碳、硫化物、石油类及其他重金属均满足海洋沉积物质量第一类标准。历史变化，铅含量较以往有了较大幅度的增长，其余评价因子总量总体变化不大。诏安湾浅海环境质量一直处于较好状态。

3. 诏安湾滨海湿地环境质量

诏安湾滨海湿地环境质量长期以来保持在较好水平，水质指标均可满足海水水质第二类标准，甚至第一类标准；沉积物各评价因子基本符合海洋沉积物质量第一类标准；生物体中的铅、镉、DDT 等指标超标，总体环境属轻微污染。但一些现象应引起足够的重视：其一，沉积物中的铅含量较以往有了一定程度的增长，其在牡蛎生物体中的含量竟超过海洋贝类生物质量第一类标准的 10 倍；其二，牡蛎生物质量检测中众多指标不同程度超第一类标准；其三，浅海的无机氮和活性磷酸盐呈逐年增加态势，局部海区活性磷酸盐超海水水质第二类标准。春季诏安湾海区富营养化分析结果表明，湾顶站位已达到或接近富营养化状态。

诏安湾滨海湿地湾区周边工业、乡镇企业尚不发达，未形成大量工业"三废"直排入湾内。另外，湾内没有大型港口码头及商业性交通运输船只，无大量的垃圾、污染物、油类的污染。诏安湾水深较浅，风浪小，适合水产养殖，氧和磷污染物主要来源于农业污染和水产养殖，化学需氧量主要是由生活废水和农业污水造成的。

第四节　九龙江口红树林区

一、　红树林种类

1993 年，国际红树林生态系统协会（ISME）为了建立全世界红树林研究的数据库，在其技术规范报告的首卷（Clough，2009）里将全世界真红树植物（*exclusive mangrove*）汇总为 61 个种；并列出了 23 种半红树植物。九龙江口红树林区真红树植物有 4 科 4 属 4 种，分别为红树科秋茄、紫金牛科桐花树、马鞭草科白骨壤和爵床科老鼠簕。半红树植物主要有假茉莉（*Clerodendrum inerme*）、黄槿（*Hibiscus tiliaceus*）。近年引种成功和引种成活的木榄、尖瓣海莲（*Bruguiera sexangula var. rhynochopetala*）、海莲（*Bruguiera sexangula*）、红海榄（*Rhizophora stylosa*）、榄李（*Lumnitzera racemosa*）、无瓣海桑（*Sonneratia apetala*）、拉贡木（*Laguncularia racemosa*），在九龙江口附近的厦门市筼筜湖区，还引种成功了银叶树（*Heritiera littoralis*）。

二、　红树林面积与分布

根据《龙海九龙江口红树林省级自然保护区总体规划》，龙海九龙江口红树林省级自然保护区位于福建省龙海市，涉及紫泥、海澄、浮宫和角美 4 个镇。保护区地理坐标：24°23′33″N～24°27′38″ N，117°54′11″E～117°56′02″E。总面积为 420.2 公顷，其中核心区为 237.9 公顷，占保护区面积的 56.6％；缓冲区为 51.7 公顷，占 12.3％，实验区为 130.6 公顷，占 31.1％。

九龙江口红树林主要分布在浮宫片区（海门岛＋浮宫）、海澄片区（东园＋海澄＋玉枕洲＋大涂洲）、甘文片区（紫泥＋甘文农场）（图 2-99，表 2-87）。

表 2-87　九龙江口红树林分布现状　（调查时间：2009 年 7～8 月）

调查地点	经纬度	物种	现状
浮宫片区	24°23′8.07″E～24°24′31.05″N 117°54′15.33″E～117°58′48.90″E	秋茄 白骨壤 桐花树 无瓣海桑	浮宫片区红树林面积约 62.23 公顷，树高平均 6.5 米，最高可达 15 米，林带宽在 15～200 米。部分属于省级红树林自然保护区，管理严格。目前主要面临的威胁是滩涂外缘受过往快艇快速行驶引起的波浪的侵蚀，人为砍伐用于造船和工程建设占用。生长大体处于健康状况，海门岛南山和西山海岸小部分处于亚健康和基本健康状态。海门岛下山海岸地处厦漳大桥枢纽处有 1 公顷健康的红树林不得不让位经济建设而被推平
海澄片区	24°19′44.91″N～24°25′46.60″N 117°51′4.76″E～117°56′6.05″E	秋茄 桐花树 白骨壤 无瓣海桑	海澄片区红树林面积约有 30.3 公顷，平均树高约 5.5 米，最高 8 米。林带宽在 15～450 米。目前主要面临的威胁是滩涂外缘受过往快艇快速行驶引起的波浪的侵蚀，互花米草的入侵及生活垃圾在堤岸旁随意堆放。大涂洲几乎成为互花米草的地盘，总体生长处于健康状态，玉枕洲西南侧处于亚健康状态，东部基本健康
甘文片区	24°25′51.57″N～24°27′32.19″N 117°51′15.15″E～117°55′58.04″E	秋茄 桐花树 白骨壤 老鼠簕	甘文片区红树林主要分布在甘文农场外缘和紫泥大南坪农场沿岸两处，面积均在 180 公顷左右，平均树高约 6 米，最高 12 米。林带宽在 10～1 000 米，其中甘文农场是国家红树林重点自然保护区，人为干扰较少，是九龙江口红树林长势最佳的区域。目前主要面临的威胁是外缘滩涂受过往快艇快速行驶引起的波浪的侵蚀，互花米草的入侵。总体生长处于健康状况，紫泥中港的红树林被大量咸草（短叶茳芏）占据，郁闭度不高，处于基本健康状态

三、 保护区功能区划

九龙江口红树林省级自然保护区分为核心区、缓冲区和实验区。

（一）核心区

将集中分布连片的红树林、国家重点保护野生动物和"中日候鸟保护协定"、"中澳候鸟保护协定"的集中分布地划为核心区，核心区以紫泥镇的甘文农场外围和大涂洲红树林沼泽为主要部分，总面积 237.9 公顷，占保护区总面积的 56.6%，其中甘文片区204.2 公顷，大涂洲 33.7 公顷。大涂洲的"核心区"已严重遭受互花米草入侵。

（二）缓冲区

在核心区外围设置一条宽约 50 米的包围圈作为缓冲区，面积 51.7 公顷，占保护区总面积的 12.3%。其中甘文片区 35.6 公顷，大涂洲 16.1 公顷。

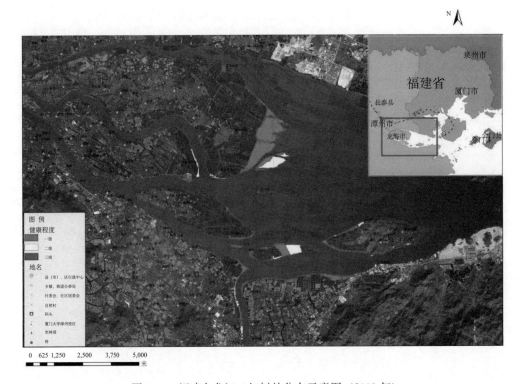

图 2-99　福建九龙江口红树林分布示意图（2009 年）

（三）实验区

除核心区和缓冲区之外的区域为实验区，面积 130.6 公顷，占保护区总面积的 31.1%，其中甘文片区 97.7 公顷，大涂洲 17.9 公顷，浮宫 15.0 公顷。

四、 红树林外的其他湿地类型

除了红树林生态系统外，九龙江口还有其他湿地类型（表 2-88）。

表 2-88　本区湿地类型与面积现状表

类型	面积/公顷	比重/%	备注
河口水域	245.43	29.8	
淤泥质海滩	240.72	29.3	
沙石海滩	100.73	12.2	
潮间盐水沼泽	55.65	6.8	植被盖度大于30%
水产养殖场	85.02	10.3	人工湿地

五、 其他生物资源

九龙江口红树林省级自然保护区与龙海市九龙江河口湿地自然保护区位于典型河口区域，分布范围有部分相重叠。根据《龙海九龙江口红树林省级自然保护区综合科学考察报告（2006）》和《龙海九龙江口红树林省级自然保护区总体规划（2006）》，两个保护区除了上述的红树林外，其他生物资源也十分丰富。

（一）植物种类和区系

九龙江红树林省级自然保护区分布的维管束植物有 55 科 113 属 134 种（含 4 变种，1 亚种），其中蕨类植物共有 8 科 8 属 10 种，被子植物 47 科 105 属 124 种，其中双子叶植物 39 科 79 属 91 种（含 3 变种，1 亚种），单子叶植物 8 科 26 属 33 种（含 1 变种）。

按《中国植被》的划分方法，龙海九龙江红树林省级自然保护区主要植被类型可以分为红树林、滨海盐沼、滨海陆生植被 3 个植被型，红树林有秋茄纯林、秋茄＋桐花树林、秋茄＋桐花树－白骨壤林、秋茄＋桐花树－老鼠簕等 4 个群落类型；盐沼和岸边植被有短叶茳芏盐沼、芦苇盐沼、互花米草盐沼、苦郎树群落、鸡矢藤群落等 5 个群落类型。保护区红树林属于全球东方类群的亚热带区系性质。

（二）野生脊椎动物种类和区系

保护区野生动物资源丰富。野生脊椎动物共有 21 目 54 科 211 种（不包括鱼类），其中兽类 3 目 3 科 6 种、鸟类 16 目 40 科 180 种、爬行类 1 目 6 科 17 种、两栖类 1 目 5 科 8 种，分别占福建省相应总种数的 5.5％、32.7％、14.8％、18.2％。

国家二级保护动物有赤颈鹏鹏、卷羽鹈鹕（Pelecanus crispus）、褐鲣鸟（Sula leucogaster）、海鸬鹚、黄嘴白鹭、岩鹭（Egretta sacra）、小天鹅（Cygnus columbianus）、黑翅鸢、鸢、赤腹鹰（Accipiter soloensis）、雀鹰（Accipiter nisus）、松雀鹰（Accipiter virgatus）、大鵟、普通鵟、白尾鹞（Circus cyaneus）、白头鹞（Circus aerguinosus）、鹗、游隼（Falco peregrinus）、燕隼（Falco subbuteo）、红隼（Falco tinnunculus）、花田鸡（Coturnicops exquistus）、小杓鹬、小青脚鹬、褐翅鸦鹃（Centropus sinensis）、草鸮（Tyto capensis）、雕鸮、斑头鸺鹠、短耳鸮（Asio flammeus）等 28 种。在保护区分布的 180 种鸟类中，具有众多的双边国际性协定保护的候鸟，其中《中日保护候鸟协定》96 种，《中澳保护候鸟协定》52 种。世界自然保护联盟（IUCN，1996）名单中的濒危物种（EN）1 种，易危种（VU）1 种，稀有种（R）1 种。中国濒危动物红皮书名单中的濒危物种（EN）3 种，易危种（VU）5 种，稀有种（R）4 种。保护区动物区系属于东洋界华南区闽广沿海亚区。

（三）水生生物资源

九龙江口红树林省级自然保护区水生生物资源丰富。九龙江口潮间带生物有 487

种，总平均生物量为 27.04 克/米^2，平均栖息密度为 164 个/米^2。互花米草湿地的潮间带生物 37 种，总生物量为 38.4 克/米^2，平均栖息密度为 760 个/米^2。

海区浮游植物 93 种，其中硅藻 75 种，占 80.6%；九龙江河口不同季节浮游植物细胞平均总个数分别是：春季为 45×10^4 个/米^3、夏季为 80×10^4 个/米^3、秋季为 46×10^4 个/米^{3}和冬季为 280×10^4 个/米^3。

（四）游泳生物

根据 2005 年 5 月 22 日资料，九龙江口水域游泳生物种类较为多样，游泳生物种类共有 87 种，以鱼类最多，为 55 种，占游泳生物总种数的 63.2%；甲壳类其次，29 种，占总种数的 33.3%；头足类稀少，3 种，仅占 3.5%。游泳生物的生态类型有洄游性、近岸性、河口性、岩礁性和栖居性的种类，而其中以近岸性和河口性种类为主，洄游性种类为次。游泳生物具有较高经济价值的种类约占一半以上：条纹斑竹鲨（*Chiloscyllium plagiosum*）、赤魟（*Dasyatis akajei*）、斑鰶、棱鯷、龙头鱼、凤鲚（*Coilia mystus*）、海鳗、中华海鲶、石斑鱼、鱚鱼、叫姑鱼（*Johnius* sp.）、梅童鱼、银鲈（*Gerres* sp.）、鲾、二长棘鲷、黄鳍鲷、鰤鱼、带鱼、鲳鱼、褐菖鲉、舌鳎（*Cynoglossus* sp.）、中华单角鲀、对虾、新对虾、仿对虾、管鞭虾、白虾、锯缘青蟹、梭子蟹、斑纹鲟、虾蛄、枪乌贼（*Loligo* sp.）和短蛸（*Octopus ocellatus*）等。

游泳生物以暖水性鱼类居优势，占鱼类总种数的 78.2%；暖温性鱼类为次，占鱼类总种数的 21.8%；未出现冷温性和冷水性鱼类，该海域鱼类区系仍属于热带和亚热带的特征。生活习性以底层鱼类居首，占鱼类总种数的 54.5%；中下层和中上层为次，各占鱼类总种数的 21.8%和 18.2%；岩礁鱼类稀少，约占鱼类总种数的 5.5%。

游泳生物渔获量较低，平均渔获量分别为 744 尾/（网·小时）和 14.118 千克/（网·小时），以鱼类渔获量居首，各占 60.0%［466 尾/（网·小时）］和 79.7%［11.250 千克/（网·小时）］；甲壳类为次，分别占 39.4%［293 尾/（网·小时）］和 19.5%［2.755 千克/（网·小时）］。头足类各仅占 0.6%［5 尾/（网·小时）］和 0.8%［0.113 千克/（网·小时）］。

海区试捕拖网所渔获的游泳生物种类，无论鱼类或甲壳类均以大屿海域和鼓浪屿以南海域种类较为多样，而鸡屿附近海域相对较少；游泳生物渔获物无论鱼类或甲壳类，其渔获量均以鼓浪屿与鸡屿之间海域较高；其他海区较低。

（五）中华白海豚

根据 2004 年 2～12 月厦门鼓浪屿外围至鸡屿和青屿海域的中华白海豚资料，中华白海豚 2～5 月鸡屿附近海域发现的个体数较多，仅次于厦门西海域，达到了 8.56 头/群，分布也较为集中；海沧大桥—鼓浪屿海域、鸡屿附近海域及同安湾海域为中华白海豚的主要活动区域，需要重点保护和管理的海域(图 2-100)。

7～12 月九龙江口发现频次和头次明显增多，分别占整个调查的 48.9%和66.21%，大约为 6.59 头/群，分布较为密集。7～12 月中华白海豚的分布与 2～5 月有较明显的

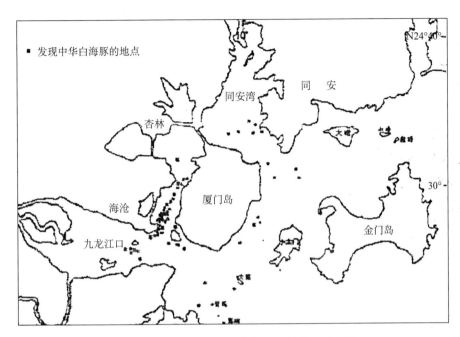

图 2-100 2～5 月厦门中华白海豚的分布示意图

变化，有向港口外迁移的趋势。7～12 月中华白海豚主要分布在鼓浪屿、鸡屿至青屿和浯屿水域，且均以大群为主（图 2-101）。

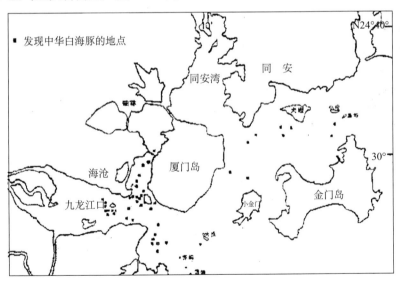

图 2-101 7～12 月中华白海豚的分布示意图

厦门西海域（海沧大桥—鼓浪屿海域）依然是中华白海豚的重要栖息地。在鸡屿—青屿一带海区，白海豚活动频率明显增加。通常白海豚繁殖季节在春夏之际，而厦门海域的白海豚繁殖季节较长，12 月仍有繁殖能力。

（六）微生物

九龙江口红树林区土壤细菌中，芽孢杆菌（*Bacillus*）是最占优势的属；放线菌以小单胞菌属（*Micromonospora*）最具优势；其次是链霉菌属（*Streptomyces*），从秋茄林到白骨壤林，由于潮位降低，小单胞菌比例增加，而链霉菌比例下降；丝状真菌以半知菌占绝对优势，木霉（*Trichoderma*）、曲霉（*Aspergillus*）和青霉（*Penicillum*）是最常见的属；随着土壤深度的增加，微生物类群减少，但芽孢杆菌和小单胞菌相对比例增加；红树林土壤微生物类群比对照光滩丰富，缘于林内土壤营养与微生物的栖息条件比光滩优越。

六、 红树林区环境质量

（一）地理环境与气象特征

九龙江河口北岸为厦门，南岸为龙海，河口湾周边发育潮滩、潮流沙脊，大致平行排列于河口湾内。

1. 地质地貌

九龙江口位于戴云山脉东南侧，地貌单元属闽东南低山丘陵—沿海平原区，地貌类型主要有低丘陵、残积台地及海积平原。九龙江口是海洋深入大陆内部形成的形似坛状的河口湾区，口门宽仅 3.5 千米，湾内宽却达 7~8 千米。九龙江河口湾水深多数在 5 米左右，靠近浮宫镇一边的河道水较深。江口水下地形由内向湾口倾斜，坡度 0.1%~0.2%。湾内水下沙洲发育，大部分呈指状向湾口方向伸展，长度达 8 千米。水下沙洲实质上是西侧湾头三角洲的水下延伸，其中大多是不同发育时期的不同级的系列拦门沙。因此，沟道发育，蜿蜒穿行于沙洲之中，构成了复杂的海底地貌。

九龙江口南侧为丘陵，主要出露燕山期花岗岩类岩石，局部有侏罗纪南园组火山沉积岩分布。西侧为河口段，系冲海积平原，其间因港道河汊发育而被分割成大小不同的几个区片，呈三角洲状，沉积物主要由黏土和粉砂质黏土组成，下层乃海相淤泥。

2. 气象气候

龙海市属南亚热带海洋性季风气候，暖热湿润，长夏短冬，雨量充沛，干、湿季节分明，夏少酷暑。多年平均气温为 21.1℃，最冷月（1 月）平均气温为 12.7℃，最热月（7 月）平均气温为 28.8℃，极端最高温度为 38.1℃，极端最低温度为 0，常年平均气温为 21℃，年积温 7662℃（≥10℃），无霜期 328 日，年日照时数为 2223.82 小时，年均有雾日数 14 日，平均雷暴日数 42 日，年均风速 3.41 米/秒，台风季节最大瞬时风速可达 62 米/秒。年降水量 1371.9 毫米，降水年内分配很不均匀，春夏多锋面雨，夏秋多台风雨，常造成洪水，4~9 月的降水量约占全年的 75%。

主要灾害性天气为台风，平均每年有 4 次台风，集中在 7~9 月。

（二）水文、水环境和沉积化学

1. 陆地水文

九龙江是福建省的第二大江，总长度 1923 千米，流域面积 14 741 千米^2，约占全省土地面积的 12%，流经范围包括三明、龙岩、泉州、漳州和厦门 5 个设区市的 18 个县（市、区）。

南溪流域发源于平和、漳浦两县交界的石屏山脉虎坑一带，主河道流经平和县南胜镇欧寮村后入漳浦县境，交错穿过漳浦、龙海两县（市），流经南浦、程溪、官浔、东泗、白水、东园和浮宫等七个乡镇，最后于龙海市浮宫镇处汇入九龙江南港，流域面积 660 千米^2，河道长 88.0 千米，河道平均坡降 2.70‰。

九龙江是北溪及西溪两个河系的共称。北溪为干流，全长 274 千米，流域面积 9640 千米^2，年平均径流量为 89 亿米^3。西溪全长 172 千米，流域面积 3940 千米^2，约为北溪流域面积的 40%，西溪年平均径流量为 37 亿米^3。九龙江的西溪和北溪在龙海市汇流，下纳九龙江南溪，河道长 68 千米、流域面积为 660 千米^2，经厦门港注入台湾海峡。

九龙江河口上段分为北港、中港、南港。历年来的水文资料统计，丰水期水量占 65%，约为 76 亿米^3；平水期水量占 20%，约为 23.4 亿米^3；枯水期水量占 15%，约为 17.6 亿米^3。九龙江河口区域石码镇以上是淡水区，中段是海水和淡水交汇区域，海水盐度受入海径流强烈影响，随着降水量的大小和潮汐的涨退而改变。保护区大涂洲片位于南港出口与海门岛之间，浮宫片位于南港与南溪汇流处，三片都属于海水和淡水交汇区域。

2. 潮流概况

九龙江口属断块沉降区，河口湾的发育深受北东向、北北西向及西东向几组断裂的控制，是在断裂构造背景下发育而成的山地河谷。九龙江流域中、上游地势起伏大，河床纵比降也大。下游河口湾的地貌以堆积型为主，这是大量陆源泥沙长期入海的结果，整个河口湾内为宽阔而平坦的淤积滩面。九龙江河口湾为一口小腹大的狭长海湾，形似倒坛状，河口最狭处约 3.5 千米，内部最宽处约 8.8 千米，总纳潮面积达 100 千米^2，平均水深不到 4 米。水下地形由西向东倾斜，平均坡度约 0.014%。九龙江为强潮河口湾，由于九龙江口小腹大，在强劲的潮流作用下，鸡屿南北形成两条潮流冲沟。在九龙江河口区，九龙江径流的加入，对涨、落潮流速有很大的影响。九龙江口潮流属半日潮流。潮流的流速流向因地而异，流向一般受地形制约。九龙江径流的加入，对涨、落潮流速有很大的影响。厦门湾潮汐为正规半日潮，潮流涨落历时在 11 小时 30 分钟至 12 小时 36 分钟，平均约 12 小时 24 分钟。潮波因受径流和水深逐渐变浅双重影响而致性变形，使涨潮流历时缩短，落潮流历时延长。这种历时的差值从九龙江往下游河口递减。根据 2000 年资料分析，九龙江北港口、中港口、南港口和南溪口由于受九龙江径流影响明显，洪水期落潮平均流速为 71～114 厘米/秒，而涨潮的平均流速只有 15～26 厘米/秒。九龙江口河口区由于处于九龙江入海的潮汐通道，流速较大。尤其其南侧深槽的涨落潮平均最大流速为 80～130 厘米/秒。位于嵩鼓水道与厦鼓水道的区域,是外海潮波进出西海域的通道,流速比较稳定,变化幅度较小。

3. 冲淤与沉积概况

九龙江河口区水域河床冲淤演变总趋势为 1938～1955 年为冲刷,1955～1974～1993 年持续淤积;从淤积强度看,三个阶段的冲淤值分别为－1.11 厘米/年、0.33 厘米/年和 1.58 厘米/年,其中 1974～1993 年的淤积强度较 1955～1974 年明显增大,反映了 20 世纪 60～70 年代人为活动造成来沙增大、纳潮量减小使九龙江河口区淤积加快;但冲淤幅度,最大时每年在 2 厘米以内,冲淤量每年不超过 70 万米^3,量值较小,说明九龙江河口又具有较强的排沙能力,无明显的河口拦门沙。1993～2000 年九龙江河口区冲淤变化特征的资料表明,九龙江河口区 82.74 千米^2 范围内 7 年间仅淤积了 140 万米^3,年均淤积 20 万米^3,年均淤厚度仅 0.24 厘米,可认为河口区进出泥沙相对平衡。河口区 5 米、10 米等深线平面总体变化不大,特别是河口区口门墓前礁至屿仔尾之间的 10 米等深线保持了较高的稳定性。九龙江河口区海床近期也基本达到了相对的稳定。总的来说,尽管九龙江河口区也受到较为剧烈人为活动的影响,但河口区排沙能力较强,海床总体稳定性较好,然湾内局区域仍存在较为强烈的冲淤现象,其中鸡屿北水道以冲刷为主,鸡屿南水道以淤积为主,因此,河口区的海床以湾内泥沙二次分配为主要特征。

4. 水质概况

九龙江河口区在 2005 年 6 月 1 日小潮期的水质指标如下。

1)盐度:为 2.8～27.06,越往九龙江的上游盐度越低,在河口区一般低平潮期间的海水盐度低于高平潮期间的海水盐度。低平潮期间海门岛南面水道的盐度最低降至 2.8,其余海门岛附近在低平潮期间的盐度也大多在 20.00 以下。

2)SPM:为 7.30～52.8 毫克/升,具有低平潮时高于高平潮时的普遍特征,这与所在海域水体较浅,低平潮期间水更浅,海底泥沙易悬浮及较洁净的外海水冲稀量减少等因素有关。

3)pH:为 7.64～8.19;高平潮大多在 8.10 以上,呈现海水弱碱性特征;而低平潮期间,由于淡水的作用较为突出,pH 较高平潮时有明显降低。

4)DO:为 5.85～7.35 毫克/升。总体而言,评价水域的水体的 DO 含量较正常。

5)COD$_{Mn}$:为 0.16～1.54 毫克/升,均低于海水水质第二类标准;海门岛南面 COD$_{Mn}$ 值最大,这与该处受陆源污染,包括海门岛南岸沿岸村庄、船坞等排污及九龙江水携带输入污染物等因素有关;总体上呈现越靠九龙江上游 COD$_{Mn}$ 越高的特点。

6)活性磷酸盐(PO$_4$-P):为 0.017～0.035 毫米/升,均低于海水水质第二类标准;海门岛南面低平潮期的值最大,与该处受陆源污染较明显有关。

7)总氮:为 0.446～2.345 毫克/升,均高于海水水质第二类标准;海门岛南面的低平潮期的值最高;在海门岛附近水域均呈现低平潮期间监测值明显高于高平潮期的特点,说明氮污染源主要来自陆源和九龙江径流输入。

8)石油类:为 7.3～14.3 微克/升,均低于海水水质第二类标准。

9) 粪大肠菌群：<20～1720 个/升，厦门海沧南面水域低平潮期的值最大。

九龙江河口区在 2005 年 12 月 14～15 日（大潮期）的水质指标如下。

1) 盐度：为 0.41～28.13，越往九龙江的上游盐度越低，在河口区一般低平潮期间的海水盐度低于高平潮期间的海水盐度。

2) SPM：为 24～372 毫克/升，SPM 值具有低平潮时高于高平潮时的普遍特征，这与所在海域水体较浅，低平潮期间水更浅，海底泥沙易悬浮及较洁净的外海水冲稀量减少等因素有关，并且这种特点在越靠九龙江上游越明显；在海门岛南北两侧，SPM 值在 44～97。

3) pH：为 7.14～7.96，呈现海水弱碱性特征；河口区大多区域的高平潮 pH 高于低平潮期间 pH，这是由于低平潮期间淡水的比重较大，pH 较高平潮时有明显降低。

4) DO：为 7.97～10.49 毫克/升。

5) COD_{Mn}：为 0.36～4.30 毫克/升，大部分区域低于海水水质第二类标准；海门岛西南面区域的值最大；总体上呈现越靠九龙江上游 COD_{Mn} 值越高的特点。

6) 活性磷酸盐：为 0.026～0.049 毫克/升，大多高于海水水质第二类标准；受陆源污染明显。

7) 总氮：为 0.524～2.174 毫克/升，均高于海水水质第二类标准；呈现低平潮期间的值明显高于高平潮期的特点，这说明氮污染源主要来自陆源和九龙江径流输入。

8) 石油类：为 14～58 微克/升，大部分区域低于海水水质第二类标准。

9) 粪大肠菌群：230～23 800 个/升。

九龙江河口区在 2005 年 12 月 20～21 日（小潮期）的水质指标如下。

1) 盐度：为 1.14～28.25，越靠九龙江的上游盐度越低，在河口区一般低平潮期间的海水盐度低于高平潮期间的海水盐度。

2) SPM：为 18～167 毫克/升，SPM 具有低平潮时高于高平潮时的普遍特征，这与所在海域水体较浅，低平潮期间水更浅，海底泥沙易悬浮及较洁净的外海水冲稀量减少等因素有关，并且这种特点在越靠九龙江上游越明显；在海门岛南北两侧，SPM 为 23～90 毫米/升。

3) pH：为 7.35～7.97，呈现海水弱碱性特征；河口区大多区域的高平潮 pH 高于低平潮期间 pH，这是由于低平潮期间淡水的比例较高，pH 较高平潮时有明显降低。

4) DO：为 7.83～10.06 毫克/升。

5) COD_{Mn}：为 0.32～2.65 毫克/升，均低于海水水质第二类标准；总体上呈现越靠九龙江上游 COD_{Mn} 值越高且低平潮的值高于高平潮的值的特点。

6) 活性磷酸盐：为 0.026～0.058 毫克/升，大多高于海水水质第二类标准；受陆源污染较明显。

7) 总氮：为 0.613～2.166 毫克/升，均高于海水水质第二类标准；呈现低平潮期间的值明显高于高平潮期且越靠近九龙江上游的值越高的特点，说明氮污染源主要来自陆源和九龙江径流输入。

8) 石油类：为 17～83 微克/升，大部分区域的值低于海水水质第二类标准。

9）粪大肠菌群：为 230～23800 个/升。

总体上，在 2005 年 6 月大潮期，2005 年 12 月大、小潮期，九龙江河口区除活性磷酸盐、无机氮、粪大肠菌群外，其他水质监测指标均符合相应的评价标准。九龙江河口区水质从区域分布上大体上有以下特点：营养盐无机氮、无机磷含量从湾口到湾内有略升高的趋势。九龙江河口区水质除无机氮明显超标外，活性磷酸盐的测值与历史资料对比也有明显升高的趋势，已基本上接近或略超过海水水质第三类标准。

九龙江河口区的沉积物情况如下。

1）有机碳含量为 0.13%～1.99%，符合海洋沉积物质量第二类标准。

2）铜含量为 3.62～25.4 毫克/千克，符合海洋沉积物质量第二类标准。

3）铅含量为 21.4～114 毫克/千克，符合海洋沉积物质量第二类标准。

4）锌含量为 23.1～266 毫克/千克，符合海洋沉积物质量第二类标准。

5）总铬含量为 9.24～54.2 毫克/千克，符合海洋沉积物质量第二类标准。

6）油类含量为 2.2～9.9 毫克/千克，符合海洋沉积物质量第二类标准。

7）硫化物含量为 6.02～441 毫克/千克，符合海洋沉积物质量二类标准。

8）汞含量为 0.0027～0.014 毫克/千克，符合海洋沉积物质量第二类标准。

9）砷含量为 2.9～18.6 毫克/千克，符合海洋沉积物质量第二类标准。

10）镉含量为 < 0.010～0.178 毫克/千克，符合海洋沉积物质量第二类标准。

总体上，九龙江河口区的沉积物中铅、铜、镉、锌、砷、汞、铬、有机碳、硫化物、油类 10 项的含量均符合海洋沉积物质量第二类标准，九龙江河口区的沉积物质量状况良好。

第三章
福建滨海湿地评价方法

第一节　滨海湿地生态服务价值评价方法

湿地生态服务价值评估可以为湿地及其资源的监测和研究提供数据，为决策者规划和开发湿地，建立湿地环境-经济综合核算体系提供可靠的科学依据，使不能直接度量的因素不再受到忽视，有利于湿地生态系统的恢复、重建和管理。

通过湿地各项服务的价值估算及其比较，说明湿地在哪些服务方面具有重要的作用，从而因地制宜进行合理的开发与利用。

福建典型滨海湿地主要生态服务类型包括供给服务、调节服务和支持服务。其中供给服务主要为物质生产；调节服务主要包括气体气候调节、干扰调节、废物处理等；支持服务主要为提供栖息地、生物多样性的维持等。

一、　供给服务

根据海域初级生产力与软体动物的转化关系、软体动物与贝类产品重量关系，以及贝类产品在市场上销售价格、销售利率等建立初级生产力的价值评估模型如下：

$$Vp_2 = \sum \frac{P_0 E}{\delta} \sigma P_s S$$

式中，Vp_2 为供给服务价值；P_0 是单位面积海域初级生产力（以碳计）；E 为转化效率，即初级生产力转化为软体动物的效率；δ 为贝类产品混合含碳率；σ 为贝类重量与软体组织重量的比（通过这个系数，可以将软体组织的重量转化为贝类产品的重量）；P_s 为贝类产品平均市场价格，S 为可收获面积。

根据 Tait 对近岸海域生态系统能流的分析，10% 的初级生产力会转化为软体动物；卢振彬等的研究表明，软体动物混合含碳率为 8.33%，各类软体组织与其外壳的平均重量比为 $1:5.52$。根据市场调查，贝类产品平均市场价格为 10 元/千克，销售利润率为 25%。

二、　调节服务

（一）气体调节服务

生态系统对气体的调节作用主要体现在植物光合作用固定大气中的 CO_2，向大气释放 O_2，

光合作用化学方程式：

$$6CO_2\ (264g)\ +12H_2O\ (108g)\ \xrightarrow{\text{太阳能}} C_6H_{12}O_6\ (108g)\ +6O_2\ (193g)\ \longrightarrow \text{多糖}$$

（162g）

植物生产干物质 162 克，可吸收 264 克 CO_2，释放 193 克 O_2；根据 CO_2 分子式和原子量，则固定 CO_2 量＝固定 C 量÷0.2729，释放 O_2 的量＝固定 CO_2 量×$\frac{193}{264}$，即释放 O_2 的量＝固定 C 量×$\frac{193}{264}$÷0.2729＝固定 C 量×2.6806。气体调节服务价值包括固定 C 的价值与释放 O_2 的价值两部分，即

$$V_a = (C_c + 2.6806C_{O_2})X_c$$

式中，V_a 为气体调节服务价值；C_c、C_{O_2} 为固定 C、释放 O_2 的成本；X_c 年固定 C 的量。C_c 取碳税率及造林成本价格的平均值，目前国际上通用的碳税率通常为瑞典的碳税率 150 美元/吨，我国造林成本为 250 元/吨，因此 C_c 取平均值 770 元/吨（C）。C_{O_2} 取造林成本价格及工业制氧价格的平均值，我国造林成本为 359.93 元/吨，根据陈应发等的研究，制造 O_2 的成本为 0.4 元/千克（段晓男等，2005），即 C_{O_2} 取平均值为 376.47 元/吨（O）。

（二）干扰调节服务

滨海湿地的干扰调节服务主要是使海岸线稳定，从而削弱风暴的破坏，可采取防护费用法或成果参照的方法计算干扰调节服务的价值。防护费用法的计算公式为 $V_{st} = CL$，V_{st} 为干扰调节服务价值；C 为建筑单位长度堤坝的成本；L 为占用的天然岸线长度。

（三）废物处理功能

滨海湿地的废物处理的价值估算采用替代工程法，将损失的环境容量转化为生活污水量，进而以人工去除数量污水的成本进行估算，模型如下：

$$V_d = \frac{X(C_i - C)P}{C_w}$$

式中，V_d 为废物处理功能价值；X 为滨海湿地引起的净水交换量；C 为海水 COD 背景浓度值，C_i 为海水污染物控制目标；P 为单位生活污水处理成本；C_w 为生活污水中平均 COD 浓度。

三、 支持服务

滨海湿地是许多生物（特别是水鸟）生息繁衍和越冬的场所。港湾滨海湿地是一典型的生态系统，是鸟类和海洋生物的重要栖息地，生物多样性价值高。生物多样性分为基因多样性、物种多样性和生态系统多样性。生物多样性维持价值包括生态系统在传粉、生物控制、庇护和遗传资源 4 方面的价值。湿地在生物庇护方面表现出极高的生态经济价值。根据资料显示，当前多采取成果参照法估算生物多样性价值。

第二节　滨海湿地生态系统综合评价模型

随着滨海沿岸区人口密度的增加和沿海经济的高速发展，人类对滨海湿地资源的物质生产需求越来越多，对当地造成的环境污染越来越严重。同时沿海地区的土地利用强度不断加大，围填海工程、港口码头和城市建设侵占了更多的滨海湿地资源，自然海岸线人工化程度也随之不断增加，阻断了滨海湿地海陆水文连通，改变了滨海湿地水文和生态系统状况。

滨海湿地生态系统处于动态平衡之中，当人类对滨海湿地资源的开发和利用或自然突发事件的强度超过滨海湿地生态系统承载力时，其良性平衡会被打破，滨海湿地生态系统就会受损，生态系统会发生逆向演变。滨海湿地生态系统受损在宏观上最直接表现状态就是自然滨海湿地大量被人工湿地或非湿地侵占，自然湿地面积大量减少，滨海湿地质量明显下降，同时伴随有内部生态结构特征破坏和功能价值的退化，滨海湿地污染加剧，生态景观破碎化明显，生物多样性减少。

滨海湿地生态系统评价是诊断和评估在自然因素和人类活动引起的外在压力情况下，从宏观尺度（如面积变化）到微观尺度（如景观破碎、环境污染等）对滨海湿地生态系统的生境状况和生态结构特征受损程度进行评估，以此发出预警，为管理者、决策者提供目标依据，以便更好地利用、保护和管理滨海湿地，同时为滨海湿地受损修复提供参考依据。

一、　压力—状态—响应模型与受损滨海湿地生态系统评价

（一）压力—状态—响应（PSR）模型原理

压力—状态—响应模型最初由 Tony Friend 和 David Rapport 提出，用于分析环境压力、现状与响应之间的关系。20 世纪 70 年代，经济合作与发展组织（OECD）对其进行了修改并用于环境报告，目的是全面地展现环境问题产生的逻辑（因果）关系；20 世纪 80 年代末 90 年代初，OECD 在进行环境指标研究时对模型进行了适用性和有效性评价；1997 年欧盟利用 PSR 模型实施《欧洲环境压力指标体系计划》；联合国可持续发展委员会（UNCSD）考虑加入非环境因素的作用，对 PSR 模型进行改进，提出"驱动力—状态—响应"模型（driver force-state-response，DSR）构建评价指标体系；20 世纪 90 年代后期，为了更好适应环境问题的复杂性以及进一步描述经济、社会等潜在因素对环境的影响，PSR 模型进一步发展为"驱动力—压力—状态—影响—响应力"（driving-pressure-state-impact-response，DPSIR）模型；PSR 模型及其演变模型（图 3-1）在环境科学及其相关研究中得到了广泛应用，至今，许多政府和组织认为 PSR 模

型仍然是用于环境指标组织和环境现状汇报最有效的框架。

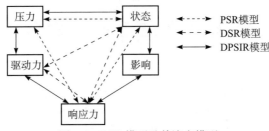

图 3-1　PSR 模型及其演变模型

1）压力，指造成负面环境问题的直接因素，如污染排放、湿地破坏等；理论上造成生态系统状态改变的压力可以分为自然作用力和人为作用力，在长时间尺度下，自然作用力是造成状态变化的主要因素；中短时间尺度下，人为作用力是造成生态系统组织、结构和功能产生变化的主要压力。

2）状态，指特定时间阶段的环境现状，在压力作用下能够观察到的生态系统组成、结构或功能变化，如环境质量、生态系统健康等，是生态系统对压力作用的直接响应。

3）响应力，指人类社会实施的解决环境问题的积极反馈。响应力是人类社会主动解决、补救、减轻或预防生态安全问题的积极作用，是人类社会对驱动力、压力、状态和影响作出的正反馈，包括实现生态安全的各种具体措施和途径。

（二）PSR 模型在受损滨海湿地生态系统评价中的应用

采用 PSR 模型作为受损湿地生态系统评价的模型框架，从湿地生态系统受损原因（社会和自然压力）出发，通过压力、状态和响应 3 方面综合指标把人类社会—经济活动—湿地生态环境之间的因果关系充分展示出来，同时每个框架指标都可以进行分级化处理形成次一级子指标体系，通过次一级指标可以进行补充和调整。

与其他的指标体系框架相比，PSR 框架指标体系更注重指标之间的因果关系及其多元空间联系。受损滨海湿地 PSR 模型从人类系统与受损滨海湿地生态系统之间的相互作用、相互影响的角度出发，对受损滨海湿地评价指标进行分类和组织，具有较强的系统性。采用 PSR 模型以因果关系为基础，即人类活动对滨海湿地生态环境施加了作用；受压力作用，湿地生态系统改变了其原有的性质或自然资源的数量（状态）；为了维护生态系统健康，人类又通过环境、经济和管理政策等方式的调整对滨海湿地生态系统变化和人类自身行为作出响应，以图恢复滨海湿地生态环境质量，防止其进一步退化，由此构成 3 个既相联系又相区别的指标（图 3-2）。PSR 模型回答了"发生了什么、为什么发生、我们将如何做"3 个可持续发展的基本问题，因而备受学者推崇。

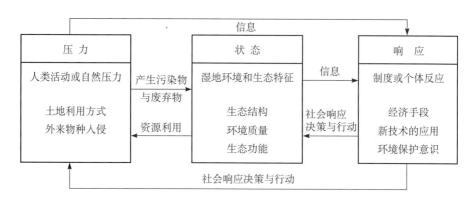

图 3-2 受损滨海湿地 PSR 模型框架结构

二、 受损滨海湿地生态系统评价方法构建

（一）评价目标

受损滨海湿地生态系统评价的总体目标如下：针对福建滨海湿地生态系统受到的日益显著的人为损害，基于 PSR 模型构建指标体系，获得滨海湿地生态系统受损状况，以便于进一步分析造成损害的原因，掌握受损的状况，指导滨海湿地生态系统的维护和管理。

（二）评价范围

滨海湿地是指沿岸线分布的低潮时水深不超过 6 米（此下限为大型海藻生长区的外缘）的滨海浅水区域至陆域受海水影响的过饱和低地的一片区域（《海洋灾害调查技术规程》，2006）。此区域为陆地生态系统和海洋生态系统的交错过渡地带，海陆交互作用明显。综合考虑滨海湿地的定义（海域−6 米等深线至陆域受海水影响的滨海沼泽湿地），以及港湾围填海规划调查和福建省海岛和海岸带调查的地理范围，选取各个评价港湾 20 世纪 80 年代的岸线（上界）至毗邻的浅水海域（下界）作为滨海湿地的综合评价范围，包括港湾内所属的滩涂湿地和浅海湿地。浅海湿地则因低潮−6 米线分布范围难以界定，采用港湾调查的潮下带数据来近似反映海区浅海湿地概况。这种处理方法在实际应用中还是具有一定可行性的，主要原因如下。

1）港湾水深整体不大，典型港湾除了三沙湾部分水域水深较大外，诏安湾和兴化湾整体水深并不大，尤其是诏安湾，低潮时湾内多数区域水深不足 6 米，仅湾口处稍为深些，兴化湾除了中心航道和湾口水较深外，其他区域水深也不大。

2）围填海规划调查中，潮下带调查站位远离中心航道，去除部分水深偏大的站位后，其调查数据可以近似反映浅海湿地状况。

评价单元，考虑到滨海湿地指标数据可获取性，以各个港湾地理范围内所属的所有类型滨海湿地作为滨海湿地的基本评价单元。

（三）指标体系框架

1）压力主要考虑土地利用方式的改变、人类活动的频繁、环境污染和外来生物入侵。土地利用方式的改变可以利用沿海土地利用强度、岸线人工化率表示；人为活动频率可以用沿海人口密度、人均 GDP 表示；环境污染可以利用人均污水排放量表示；外来物种入侵可以利用受到外来物种入侵（主要是互花米草）程度表示。

2）状态主要考虑环境质量、生境质量和生物质量三个方面。其中环境质量主要考虑水质和底质（沉积物）；生境质量主要考虑自然性、景观破碎度和海岸植被覆盖度；生物质量主要考虑鸟类多样性、底栖生物多样性和植物生物量（用海水叶绿素 a 含量代替）。

3）响应主要考虑城市发展战略（是否可持续发展，是否重视滨海湿地保护）及具体的湿地保护管理措施两个层面。前者可以通过相关政策法规中对滨海湿地保护的关注度进行评价，如是否有湿地保护相关政策和法规，是否建立湿地保护区？后者包括公众保护湿地的意识及湿地保护的具体措施，如公众保护湿地的意识如何，是否控制污染（污水处理率）。指标体系框架如表 3-1 所示。

表 3-1　受损滨海湿地生态系统评估指标体系框架

目标指标	1 级子指标	2 级子指标	操作指标
受损滨海湿地生态系统综合评价指标	压力	土地利用方式的改变	土地利用强度 岸线人工化率
		人为活动频繁	人口密度 人均 GDP
		环境污染	人均污水排放量
		外来物种入侵程度	外来物种入侵程度
	状态	环境质量	水质 底质
		生境质量	自然性 景观破碎度 海岸植被覆盖度
	响应	生物质量	鸟类多样性 底栖生物多样性 植物生物量
		发展战略	可持续发展状况 相关政策法规制定
		管理措施	污水处理率 公众意识

（四）指标选取原则

受损滨海湿地评价指标体系的制定原则除了代表性、完整性、可操作性等一般原则外，还应考虑如下几个原则。

1. 通用性与地域的特殊性相结合的原则

福建典型港湾滨海湿地，地域差异大，生态系统多样化，各湿地面临的生态环境问题既具有共性，又有特性，评价指标体系的建立应充分考虑通用性指标和个性指标两方面。

2. 遥感技术应用

滨海湿地受损评价区域尺度较大，采用传统方法进行生态调查需要动用大量的人力物力，时间跨度长。现代遥感技术可真实反映区域湿地生态环境变化状况的诸多方面，分析湿地生态环境变化的原因与发展趋势，应充分采用遥感技术可获取的指标。

3. 人类活动为滨海湿地生态系统重要属性

人类活动对自然界的干扰行为已经成为湿地生态系统演替的重要因子。在构建受损湿地生态系统评价指标体系时，必须将人类活动压力作为评价指标体系的重要组成部分。受损滨海湿地的指标体系划分为压力、状态和响应三个方面共 18 个操作性指标（表 3-2）。

表 3-2　受损滨海湿地生态系统评价操作性指标解释

目标层	操作性指标	数据来源	指标含义
压力	土地利用强度	"908"遥感土地利用	岸线向陆 5 千米范围内，表征人类社会的土地开发利用对滨海湿地环境的潜在外压力
	岸线人工化率	"908"岸线遥感数据	人工岸线与全部岸线长度的比值，表征滨海湿地海陆水文连通状况
	人口密度	当地区县统计数据	表征人类活动对滨海湿地自然性和完整性的干扰程度
	人均 GDP	当地政府统计数据	通过人均 GDP 表征人类经济活动对湿地资源开发和环境造成的压力。
	人均污水排放量	当地政府统计数据	通过人均污水排放量表征人类社会经济活动产生对湿地的污染负荷
	外来物种入侵程度	海洋外来入侵生物调查	表征本地生态系统受外来物种侵蚀和竞争的压力
状态	水质	实地调查	表征滨海湿地水体受污染的程度
	底质	实地调查	表征滨海湿地沉积物受污染的程度
	自然性	"908"遥感湿地调查	表征自然湿地和人工湿地，指数越高表示区域内天然湿地所占面积越大
	景观破碎度	"908"遥感湿地调查	表征人类活动干扰导致滨海湿地生态景观以及生物多样性减少和功能退化
	海岸植被覆盖度	"908"遥感土地利用	表征滨海湿地海岸边缘的初级生产力及生态系统的活力状况
	鸟类多样性	资料收集和专家咨询	表征滨海湿地生态系统动物多样性
	底栖生物多样性	实地调查	表征湿地底栖生物群落的丰富性和均匀性
	植物生物量	实地调查	表征滨海湿地水体中浮游生物数量
响应	可持续发展状况	专家咨询	表征政府管理策略对滨海湿地的保护作用
	相关政策法规制定	文献资料	表征管理体制和机制对滨海湿地生态系统的保护区措施
	污水处理率	当地政府统计数据	表征环保技术对减少滨海湿地生态压力的效果
	公众意识	专家咨询	表征公众参与滨海湿地保护的积极性和潜力

（五）指标评价标准

评价分级标准的确定是受损滨海湿地评价的基础和重要组成内容，分级标准的准确与否将直接影响到评价结论。受损滨海湿地评价的分级标准主要依据以下几个方面。

1）国家、行业或地方的环境质量标准，包括《海水水质标准》（GB3091—1997），《海洋沉积物质量》（GB18668—2002）及国家环境保护行业标准——《生态环境状况评价技术规范（试行）》（HT/J192—2006）。

2）指标本身的物理意义和取值范围，如土地利用强度、景观破碎化指数、湿地自然性指数等。

3）参考相关公开文献，如人口密度、污水处理率及岸线人工化指数等。

根据以上分级标准依据，将受损滨海湿地评价指标分为 5 级（表 3-3）。

表 3-3　受损滨海湿地评价指标分级评价标准

指标层指标	分级标准				
	0～0.2	0.2～0.4	0.4～0.6	0.6～0.8	0.8～1.0
土地利用强度（递增函数）	低	较低	中等	较高	高
岸线人工化率（递增函数）	低	较低	中等	较高	高
人口密度（递增函数）	低	较低	中等	较高	高
人均 GDP（递增函数）	低	较低	中等	较高	高
人均污水排放量（递增函数）	低	较低	中等	较高	高
外来物种入侵程度（递增函数）	低	较低	中等	较高	高
水体污染（递增函数）	低	较低	中等	较高	高
底质污染（递增函数）	低	较低	中等	较高	高
自然性（递减函数）	高	较高	中等	较低	低
景观破碎度（递增函数）	低	较低	中等	较高	高
海岸植被覆盖度（递减函数）	高	较高	中等	较低	低
鸟类多样性指数（递减函数）	高	较高	中等	较低	低
底栖生物多样性指数（递减函数）	高	较高	中等	较低	低
植物生物量（中间函数）	中等	—	较低/较高	—	低/高
可持续发展状况（递减函数）	好	较好	中等	较差	差
相关政策法规制定（递减函数）	好	较好	中等	较差	差
污水处理率（递减函数）	高	较高	中等	较低	低
公众意识（递减函数）	好	较好	中等	较差	差

（六）指标计算方法

各个生态指标评价值计算公式的选择非常关键。指标计算方法根据指标监测值与评价标准之间基本的关系可以划分为 3 种类型：递增型、中间型和递减型（图 3-3）。递增型的评价值伴随着指标实测值的增加而增加，递减型的评价值伴随着指标实测值的增加而减小，中间型的评价值在某个指标实测值最高，小于或大于这个实测值分别呈现出递增型和递减型变化。由于采用的指标众多，对 3 种曲线变化的具体形式不作深入分析，仅采用简单的直线函数代表。

使用模型时须事先确定各个模型的参数，选取拟合模型的 2 个或 3 个确定点。对于递增函数和递减函数需要确定两个点 $L1$ 和 $L2$，对于中间函数需确定 3 个点：转折点 M（评价值最高，等于 1.0）及递增和递减曲线上各一点：I 和 D。对于点 $L1$、$L2$ 和 M 对应的评价值参照指标实测值与评价值之间的相关关系，需要根据生态学原理、已有评价结果或专家意见事先确定。

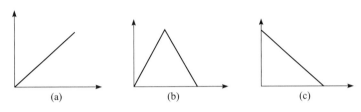

图 3-3　生态评价中使用的 3 种简单评估曲线

1）递增型函数的表达方程：

$$L = L_1 + \frac{X - X_1}{X_2 - X_1} \times (L_2 - L_1)$$

式中，L 为该生态指标的评价值；X 为该生态指标的实测值；L_1 为点 L_1 对应的评价值；L_2 为点 L_2 的评价值；X_1 为点 L_1 对应的生态指标值；X_2 为点 L_2 对应的生态指标值；$X_1 < X_2$；$L_1 < L_2$。

2）递减型函数的表达方程：

$$L = L_2 + \frac{X - X_2}{X_1 - X_2} \times (L_1 - L_2)$$

式中，L 为该生态指标的评价值；X 为该生态指标的实测值；L_1 为点 L_1 对应的评价值；L_2 为点 L_2 的评价值；X_1 为点 L_1 对应的生态指标值；X_2 为点 L_2 对应的生态指标值；$X_1 < X_2$；$L_1 > L_2$。

3）中间型函数的表达方程：

$$\begin{cases} L = L_1 + \dfrac{X - X_1}{X_M - X_1} \times (L_M - L_1) & (X < X_M) \\ L = 1 & (X = X_M) \\ L = L_2 + \dfrac{X - X_2}{X_M - X_2} \times (L_M - L_2) & (X > X_M) \end{cases}$$

式中，L 为该生态指标的评价值；X 为该生态指标的实测值；L_M 为点 M 对应的评价值；L_1 为点 L_1 对应的评价值；L_2 为点 L_2 的评价值；X_M 为点 M 对应的生态指标值；X_1 为点 L_1 对应的生态指标值；X_2 为点 L_2 对应的生态指标值；$X_1 < X_M < X_2$；$L_M > L_2$，L_1。

4）分段型评价值函数的表达方程：对于划分标准数值变化不均匀的曲线可采用分段函数模拟，如对大气质量指数使用递增型分段评价值函数。其评价值表达方程如下：

$$L = L_n + \frac{X - X_n}{X_{n+1} - X_n} \times (L_{n+1} - L_n)$$

式中，L 为生态指标的评价值；X 为生态指标的实测值；L_n 为第 n 级标准的评价值；L_{n+1} 为第 $n+1$ 级标准的评价值；X_{n+1} 为第 $n+1$ 级标准对应的生态指标值；X_n 为第 n 级标准对应的生态指标值。

（七）指标权重确定

目前确定权重的方法主要有主观赋权法和客观赋权法两类。主观赋权法是依据相关学科专家主观上对各指标的重要程度来决定权重的方法，此法可以较好地反映研究区域特征和问题。采用参考相关公开文献资料和专家咨询法相结合的方法确定各层指标的权重（表3-4）。

表 3-4　操作性指标权重

目标指标（权重）	1级子指标（权重）	2级子指标（权重）	操作指标（权重）
受损滨海湿地生态系统综合评价指标（1.0）	压力（0.30）	土地利用改变（0.12）	土地利用强度（0.060）
			岸线人工化率（0.060）
		人为活动频繁（0.03）	人口密度（0.0150）
			人均 GDP（0.0150）
		环境污染（0.09）	人均污水排放量（0.090）
		外来生物入侵（0.06）	外来物种入侵程度（0.060）
	状态（0.55）	环境污染（0.09）	水质污染（0.100）
			底质污染（0.100）
		环境污染（0.09）	自然性（0.070）
			景观破碎度（0.060）
			海岸植被覆盖度（0.070）
		生物质量（0.15）	鸟类多样性指数（0.050）
			底栖生物多样性指数（0.050）
			植物生物量（0.050）
	响应（0.15）	发展战略（0.06）	可持续发展状况（0.030）
			相关政策法规制定（0.030）
		管理措施（0.09）	污水处理率（0.030）
			公众意识（0.060）

（八）综合评价方法

获得各个单项指标评价值和指标权重之后，就要对滨海湿地生态系统受损程度进行综合评价。采用各单项指标的加权平均法来获取滨海湿地生态系统受损程度综合评价指数。

$$D = \sum_i^n w_i \times X_i$$

式中，D 为滨海湿地生态系统受损程度综合评价指数，其值为 $0\sim1$；w_i 为第 i 评价指标的权重；X_i 为第 i 指标的标准化分值；n 为评价指标个数。

受损程度综合评价指数反映了滨海湿地生态系统受损程度，其标准化分值及评判标准含义如表 3-5 所示。压力、状态和响应 3 个综合指标的等级划分如表 3-6～表 3-8 所示。

表 3-5　受损滨海湿地综合评价等级划分

综合评价指数	级别	含义
0～0.2	一级（无受损）	滨海湿地基本上无受损：生态系统来自人类活动的干扰小，而且保护措施完善，湿地生态景观结构合理，主要以天然湿地为主，水体与土壤基本不受污染，生态功能完善，生态系统稳定，处于良好的可持续状态
0.2～0.4	二级（轻度受损）	滨海湿地轻度受损：生态系统受到一定的人类活动干扰，但保护措施基本完善，湿地的生态景观结构尚合理，湿地面积有一定减少或被人工湿地替代，湿地生态系统生态功能较完善，湿地生态系统尚可持续
0.4～0.6	三级（中度受损）	滨海湿地生态系统中度受损：生态系统受人类干扰较大，保护措施有但不够完善，生态景观破碎化加大，天然湿地面积减少较多，湿地生态系统自我维持能力减弱，稳定性下降
0.6～0.8	四级（受损较严重）	滨海湿地生态系统受损较严重：湿地生态系统受到较为严重的人类干扰，保护措施很少，组织结构出现缺陷，景观破碎化严重，天然湿地面积大幅减少，湿地生态功能已不能满足维持湿地生态系统的需要
0.8～1.0	五级（严重受损）	滨海湿地生态系统严重受损：生态系统受到严重的人为干扰，基本上没有保护措施，湿地生态结构极不合理，天然湿地损失殆尽，生态景观破碎化非常严重，活力极低，湿地生态系统功能严重退化

表 3-6　滨海湿地压力等级划分

分级标准	一级	二级	三级	四级	五级
评判标准	几乎没有	能够承受	一般水平	超出承受	严重超出
标准化分值	0～0.2	0.2～0.4	0.4～0.6	0.6～0.8	0.8～1.0

表 3-7　滨海湿地状态等级划分

分级标准	一级	二级	三级	四级	五级
评判标准	很健康	健康	普通	一般病态	疾病
标准化分值	0～0.2	0.2～0.4	0.4～0.6	0.6～0.8	0.8～1.0

表 3-8　滨海湿地响应等级划分

分级标准	一级	二级	三级	四级	五级
评判标准	响应积极	较为积极	一般响应	消极响应	无响应
标准化分值	0～0.2	0.2～0.4	0.4～0.6	0.6～0.8	0.8～1.0

　　滨海湿地生态系统评价是一个新的研究课题，目前大部分湿地评价集中于河流流域湿地或大尺度海岸湿地的总体评价，针对某个具体区域滨海湿地评价并无直接相关的研究报道，因此受损滨海湿地生态系统评价指标体系构建是一个不断摸索、不断完善的过程。需要说明以下 3 点。

　　1）滨海湿地生态系统受损评价指标参考现有生态系统、生态系统健康和功能价值等方面指标体系，根据 PSR 模型进行了有机整理，指标体系的目标是展现滨海湿地生态系统受损的原因、状况和维护能力之间的逻辑关系。

　　2）滨海湿地生态系统评价指标选取、指标权重及分级标准的确定存在一定主观性和经验，有待于不断调整和完善。

　　3）由于卫星遥感解译工作量大，评价任务中不可能在所有研究区域进行多个时相的卫星遥感信息解译，为保证评价结果的一致性，受损滨海湿地评价卫星遥感指标是基于单时相的卫星遥感数据。

三、 操作指标计算方法解释

（一）土地利用强度

土地利用强度（Land Use Intensity，LUI）公式为

$$LUI = \sum_{i=1}^{n} A_i \cdot C_i / A \quad i = 1, 2, \cdots, n$$

式中，A_i 为指标适用范围内第 i 种土地利用类型面积；A 为指标适用范围的面积；C_i 为第 i 种土地利用类型的权重。研究主要考虑受人类活动影响较强的建设用地、旱地等非湿地土地利用类型，建设用地权重取 1，其他用地取 0.6。

（二）岸线人工化指标

岸线人工化指标指人工岸线（堤坝、港口码头岸线）长度占总岸线长度的比重，通过递增函数标准化计算得出。递增型函数的表述方程为

$$L = L_1 + \frac{X - X_1}{X_2 - X_1} \times (L_2 - L_1)$$

（三）人口密度指标

人口密度指标指周边区县单位面积（平方千米）土地上所居住的常住人口数量，根据对比福建省 2007 年人口密度水平和发达地区厦门市 2007 年水平评估，福建省平均水平赋值 0.5（压力中等），厦门市 0.9（压力大）；通过递增函数标准化计算得出。

（四）人均 GDP

采用周边区县人均 GDP。根据对比福建省 2007 年人均 GDP 水平和先进地区厦门市 2007 年人均水平进行评估，福建省平均水平赋值 0.5（压力中等），厦门市 0.9（压力大）；通过递增函数标准化计算得出。

（五）城市污水排放强度

根据周边区县人均 COD 排放量负荷，对比福建省 2005 年人均排放水平和发达地区厦门市 2005 年水平评估，福建省平均水平赋值 0.5（压力中等），厦门市 0.9（压力大）；通过递增函数标准化计算得出。

（六）外来物种入侵程度

根据当地滨海湿地生态系统实地调查结果和相关文献，从外来物种分布面积和危害出发，定性判断，直接赋值（表 3-9）。

表 3-9　外来物种入侵程度评判标准

指标得分	0.1	0.3	0.5	0.7	0.9
评判标准	无外来物种	出现外来物种	外来物种在局部区域占优势	外来物种已和本地物种相当	外来物种已占绝对优势

（七）水体污染

采用综合污染指数法评价所有污染因子（具体包括 COD、无机氮、活性磷酸盐、石油类、汞、镉、铅、砷、铜和锌）的超标状况，水质指标因子主要依据湿地现场调查，选取工业废水中的主要污染物因子（如 COD、BOD5）、对浮游植物生长繁殖起主要作用的氮磷及间接影响人体健康的、毒性较大的重金属（汞、铅）等水质指标。

综合污染指数法采用半集均方差模式，不仅通过算术平均值考虑某一因子指数对环境的影响，也通过半集均方差对因子指数中的大值给予较大的权重，较确切地反映环境质量状况。

1. 评价因子算术平均

$$\bar{S} = \sum_{i=1}^{n} S_i / n$$

式中，$S_i = C_i / C_{is}$，S_i 为污染物 i 的单因子评价指数；C_i 为实测污染 i 的浓度，单位为毫克/升；C_{is} 为环境污染物 i 的环境质量标准，单位为毫克/升，参考海水水质标准（GB3097—1997）第二类水体标准（表 3-10）。

表 3-10　《海水水质标准》　　　　　　　　　　　　（单位：毫克/升）

项目		第一类	第二类	第三类	第四类
COD$_{Mn}$	≤	2	3	4	5
无机氮	≤	0.20	0.30	0.40	0.50
活性磷酸盐	≤	0.015	0.030		0.045
汞	≤	0.000 05	0.000 2		0.000 5
镉	≤	0.001	0.005	0.010	
铅	≤	0.001	0.005	0.010	0.050
砷	≤	0.020	0.030	0.050	
铜	≤	0.005	0.010	0.050	
锌	≤	0.020	0.050	0.10	0.50
石油类	≤		0.05	0.30	0.50

2. 半集均方差

$$S_h = \sqrt{\frac{1}{m} \sum_{i=1}^{m} (S_i - \bar{S})^2}$$

式中，$\bar{S}$ 为某因子标准指数的算术平均值；n 为污染物因子个数；S_h 为半集均方差；m 为大于中位数半集的指数个数，且 $m = n/2$（n 为偶数），$m = (n-1)/2$（n 为奇数）。

3. 水质综合污染指数

$$WPI = \bar{S} + S_h$$

WPI 与指标得分之间的对应关系见表 3-11，通过递增函数标准化计算得出。

表 3-11　水质污染因子的分级标准

分级	一级	二级	三级	四级	五级
对应分值	0～0.2	0.2～0.4	0.4～0.6	0.6～0.8	0.8～1.0
WPI	0～1	1～1.5	1.5～2	2～2.5	2.5～3

（八）底质污染

将滨海湿地潮间带沉积物污染指标分为重金属污染因子（具体包括汞、镉、铅、砷、铜和锌）和其他沉积物污染因子（包括有机碳、硫化物和石油类），其中重金属污染常用 hakanson 潜在生态危害指数法进行评价，其他污染因子则采用与水质污染评价相同的方法，最后取二者平均值，通过递增函数标准化计算。

1. 沉积物重金属污染——hakanson 潜在生态危害指数法

潜在生态危害指数（RI）值的大小受以下几个因素的影响：①表层沉积物的浓度；②重金属的种类；③重金属的毒性水平；④水体对重金属的敏感性。RI 的计算方法如下：

$$RI = \sum_{i=1}^{n} E_{ir}$$

式中，E_{ir} 为单一重金属的潜在生态危害指数。计算方法如下：

$$E_{ir} = T_i \cdot \frac{C_i}{C_{is}}$$

式中，C_i 为第 i 种重金属的实测浓度；C_{is} 为第 i 种重金属的标准值（海洋沉积物质量第一类标准）（表 3-12）。T_i 为第 i 种重金属的毒性响应系数，此值用来反映重金属毒性水平及水体对重金属污染的敏感程度；n 为参与评价的重金属个数。

表 3-12　《海洋沉积物质量》(GB18668—2002)　　（单位：10^{-6}）

项目		第一类	第二类	第三类
汞	≤	0.20	0.50	1.00
镉	≤	0.50	1.50	5.00
铅	≤	60.0	130.0	250.0
锌	≤	150.0	350.0	600.0
铜	≤	35.0	100.0	200.0
砷	≤	20.0	65.0	93.0
有机碳	≤	2.0	3.0	4.0
硫化物	≤	300.0	500.0	600.0
石油类	≤	500.0	1 000.0	1 500.0

几种主要重金属的毒性水平顺序为汞＞镉＞砷＞铅＝铜＞铬＞锌。对毒性响应系数

做规范化处理后的定值为汞＝40，镉＝30，砷＝10，铅＝铜＝5，铬＝2，锌＝1。表3-13为参考其他研究成果修改后的潜在生物危害指数和生态污染程度划分标准。

表 3-13　修改后的潜在生态危害指数与生态受损程度

E_{ir}	RI	生态污染程度	分级分值
0～20	0～70	无生态污染	0.0～0.2
20～40	70～135	轻度生态污染	0.2～0.4
40～80	135～265	中度生态污染	0.4～0.6
80～160	265～525	生态污染较严重	0.6～0.8
160～320	525～1000	生态污染严重	0.8～1.0

2. 其他沉积物污染因子

评价方法参照水质污染评价方法——综合污染指数法。

（九）湿地自然性指数

湿地质量指数用于表征天然和人工湿地的面积及其占评价单元总面积的比重，天然湿地面积越大，所占比重越大，湿地质量越好，反之则质量越差。其中，盐碱地按非湿地。

$$WNI=C_n \cdot A_n+C_a \cdot A_a$$

式中，A_n，A_a 分别为天然湿地、人工湿地，A 为人工湿地和指标适用范围面积；C_n 和 C_a 则分别为天然湿地和人工湿地的权重因子，为了使 WNI 值范围为 0～1，取 C_n 为 1，C_a 为 0.5。当整个湿地均为天然湿地时，湿地质量最好，WNI 值为 1；当没有任何天然和人工湿地时，WNI 值为 0。

（十）景观破碎化指数

景观破碎化指数（FN）指景观被分割的破碎程度，反映景观空间结构的复杂性。景观破碎化是生物多样性丧失的一个主要原因。由于海岸带开发活动，如城镇面积扩大、盐田开发、鱼塘开挖等，原来完整的滨海湿地系统被分割成大大小小的斑块，形成破碎化的景观。一些要求较大生境面积的物种在破碎化的景观中由于找不到合适的栖息地、足够的食物和运动空间而面临更大的外界干扰压力。

景观破碎化指数用来测定景观被分割的破碎程度，计算公式如下：

$$FN=\frac{N_p-1}{N_c}$$

式中，N_p 为指标适用范围内湿地各类型实地的总斑块数量；N_c 为指标适用范围内最小湿地斑块面积去除湿地总面积之值。FN∈(0，1)，0 表示景观完全未被破坏，1 表示景观被完全破坏。

（十一）海岸植被覆盖度指数

由于利用单幅遥感图像的海岸植被覆盖度指数（NDVI）值表征植被覆盖度容易受遥感图像获取季相（如冬季和夏季耕地的 NDVI 值就差异大）影响，所以采用《生态环境状况评价技术规范》推荐的方法海岸植被覆盖度指数（Coastal Vegetation Fraction Index，CVFI）：

$$CVFI = \sum_{i=1}^{n} A_i \cdot C_i / A$$

式中，A_i 为指标适用范围内第 i 种植被类型面积；A 为指标适用范围的面积；C_i 为第 i 种植被类型覆盖度权重（表 3-14）。

表 3-14　各主要植被类型的植被覆盖度权重分布

主要植被类型	针叶、阔叶、灌丛	草丛、沙生、沼生等天然草本植被	木本栽培植被	草本栽培植被
归一化权重	1.0	0.7	0.5	0.3

（十二）鸟类多样性指数

根据新近的鸟类调查报告和文献，结合鸟类种类、出现数量及物种的珍稀程度，定性判断，直接赋值（表 3-15）。

表 3-15　鸟类多样性指数评判得分标准

指标得分	0.1	0.3	0.5	0.7	0.9
评判标准	种类和数量多，珍稀种类大量出现	种类和数量较多，出现珍稀种类	种类和数量一般多	种类和数量较少	仅是偶然出现

（十三）底栖生物多样性指数

在潮间带生物指标中，底栖生物评价采用香农-维纳多样性指数，其计算公式为

$$H' = -\sum_{i=1}^{s} P_i \ln P_i$$

式中，H' 为多样性指数；P_i 是第 i 种的个体数（或生物量）与该样方总个体数（或生物量）之比；S 为样方种数。然后通过递减函数标准化计算。

（十四）植物生物量指标

植物生物量指标通过叶绿素 a 含量表达（中间函数：对应叶绿素 a 含量与海水富营养化之间的关系），根据日本对海区营养的划分，认为夏季贫营养、富营养和过营养海域叶绿素 a 含量分别是＜1 毫克/米³、1～10 毫克/米³、10～200 毫克/米³；由此划分评价等级，由于贫营养和富营养均不利于生态系统健康，所以以 2 毫克/米³ 为 M 点最健康，评价值为 0.1；1 毫克/米³ 和 10 毫克/米³ 均为较不健康，分别为 L 和 D 点，评价值为 0.4，通过中间函数进行计算。

（十五）可持续发展状况

可持续发展状况通过咨询当地管理部门、专家和民众，对当地社会经济自然的可持续发展情况进行判断，然后根据平均值计算（表 3-16）。

表 3-16　可持续发展状况评判得分标准

指标得分	0.1	0.3	0.5	0.7	0.9
评判标准	好	较好	一般	较差	差

（十六）相关政策法规制定

相关政策法规制定主要从滨海湿地的具体保护管理措施方面入手，了解是否建立湿地保护区及保护区级别。根据评判标准，定性判断，直接赋值。保护区评判标准（表 3-17）设定参考了《长江口滨海湿地生态系统特征及关键群落的保育》。

表 3-17　保护区级别评判得分标准

指标得分	0.1	0.3	0.5	0.7	0.9
评判标准	国家级	省级	县市级	非保护区	——

（十七）污水处理率

以 2007 年地方统计年鉴上的城市污水处理率为准，对周边各区县的污水处理率取平均值。无污水处理厂的区县其处理率为零。指标得分通过递减函数标准化计算。

（十八）公众环境意识

公众环境意识通过咨询当地管理部门、专家和民众，对当地民众对沿海湿地保护意识进行判断，然后根据平均值计算（表 3-18）。

表 3-18　公众环保意识评判得分标准

指标得分	0.1	0.3	0.5	0.7	0.9
评判标准	好	较好	一般	较差	差

附录

公开文献资料中相关指标的权重分布

评价层	相对权重（表示形式）	引用文献
	0.3-0.6-0.1（归一权重）	蒋卫国（2003）
压力-状态-响应	0.30-0.54-0.16（归一权重）	刘晓丹（2006）
	0.14-0.73-0.13（归一权重）	周昕薇（2006）
压力层		
人口密度-外来物种	1：1/3（相对值）	葛振鸣等（2008）
人口密度-土地利用	1：1/2（相对值）	葛振鸣等（2008）
人口密度-GDP	1/3（AHP）	孟伟（2005）
人口密度-GDP	1（AHP）	蒋卫国等（2009）
状态层		
环境-生境-生物	0.5-1-1（相对值）	葛振鸣等（2008）
环境-生态	1/3（AHP）	戴新等（2007）
环境-生态	1/2（AHP）	孙磊（2008）
环境-生境	1/3（AHP）	刘佳（2008）
环境质量		

续表

评价层	相对权重（表示形式）	引用文献
水质-底质	3（AHP）	孟伟（2009）
水质-重金属	1：1（相对值）	葛振鸣等（2008）
水质环境-土壤环境	2（AHP）	戴新等（2007）
水质指数-重金属	1（AHP）	孙磊（2008）
水质-沉积物	3（AHP）	刘佳（2008）
水环境-沉积环境	15-10（百分制 相对值）	近岸海洋生态系统健康评价指南（2005年）
生境质量	1/4-1（相对值）	葛振鸣等（2008）
边缘植被-湿地变化		
生物群落质量 生物多样性-生物量	1-1（相对分值）	葛振鸣等（2008）
响应层		
污水处理率—政策法规贯彻力度＋管理和科研水平	0.1275—（0.0512＋0.0623）	魏文彪（2007）

第四章

福建典型滨海湿地生态系统评价

第一节　三沙湾滨海湿地

一、滨海湿地自然条件评价

（一）自然地理

三沙湾位于宁德市东南部，是一半封闭型的天然良港，腹大口小，仅东冲口与东海相通，而且口门宽仅 3 千米，为闽东沿海的"出入门户，五邑咽喉"。港湾总面积为726.75 千米²，滨海湿地广阔，其中，滩涂面积为 299.44 千米²，0～5 米等深线浅海面积为 142.9 千米²。海岸曲折复杂，海岸线长达 542.8 千米（垦区外）。该湾气候较温暖，日照充足，雨量较多，多年平均气温为 19.0℃，水温年变化范围在 13.0～29.9℃，年均温度为 20.5℃。三沙湾多年平均降水量为 2013.8 毫米，一般降水多集中于 4～9月，占全年降水总量的 72.9%。灾害性天气主要表现为热带风暴，年平均影响次数为5.5 次。湾内水动力作用平稳。随着同三高速和温福铁路的开通，以及未来周边内陆交通动脉的拓展，三沙湾基础设施条件将得到进一步改善。优越的自然地理条件为该湾资源开发和周边区县经济的发展提供了便利。

（二）主要资源条件

三沙湾地理位置优越，海洋生物与水产资源十分丰富，湾内官井洋和东吾洋是大黄鱼、对虾产卵繁殖和幼鱼育肥的理想场所，海区也是多种经济鱼类索饵越冬的场所。三沙湾腹大口小，航道发达，水深且风小浪低，具备建设大型港口的优越自然条件。湾内共有滩涂 299.442 千米²，浅海 263.0 千米²，水产养殖产量高，开发前景广阔。三沙湾是全国罕见的大潮差海湾，蕴藏丰富的潮汐能。三沙湾滨海旅游资源丰富，有较好的开发前景。

1）滩涂资源。三沙湾海域大，总面积为 726.75 千米²；滩涂宽阔，面积为 299.44千米²，约占整个海湾面积的 41.2%，0～−5 米等深线浅海面积为 142.9 千米²。可发挥滩面广阔优势，充分利用滩涂资源，使养殖业成为周边各乡镇国民经济的重要支柱。在发展养殖业的前提下，充分利用高滩围垦，开发港口资源和发展临港工业。

2）水产资源。三沙湾湾内水道纵横，岛礁众多，具有各种海洋生物天然栖息、繁衍的有利地貌和底质基础，水产资源丰富，经济鱼、虾、贝类种类繁多。海域水质较肥沃，温度、盐度适中，饵料充足，是各种鱼类天然的饵料、洄游和繁殖场所。三沙湾分布有 8 处鱼虾贝类的天然苗种场，包括云淡门岛东侧和三都岛西侧的蛏苗场、鸟屿周围和三都岛东南侧的蚶苗场、大屿头岛附近和三都岛北侧的蛤苗场、青山岛东侧的蓝点马鲛苗种场及东吾洋内的对虾苗场。由于以往渔业法规不健全，过度捕捞作业已造成了大黄鱼资源的严重破坏。

3）港口资源。三沙湾四周为山环绕，深水航道发达且水深较稳定，风小浪低。东冲水道、青山水道和金梭门水道是湾内主航道，湾内最大水深可达 90 米。该湾周边为高峻的构造侵蚀中低山和丘陵所环抱，避风性能良好，具备优良的湾区港口条件。

4）旅游资源。三沙湾是典型的海湾景观，四周的山水景色与海景交互生辉，同时具有良好的生态资源，如奇石峻峭的海岛、富饶的入海河口、蜿蜒曲折的海岸沙滩、幽美的山地森林等，具有发展环海湾旅游休闲度假的优越条件。东冲口附近的沙滩是海滨浴场之良址。

二、 生态系统评价

（一）生态评价

1. 叶绿素 a 和初级生产力

2005 年 9 月，三沙湾表层叶绿素 a 含量为 0.90±0.28 毫克/米^3，底层为 0.60±0.26 毫克/米^3，表底层叶绿素 a 分布西低东高，湾口和东吾洋海域含量较高。2006 年 4 月，表层叶绿素 a 含量为 0.75±0.27 毫克/米^3，底层为 1.18±0.33 毫克/米^3。三沙湾表层叶绿素 a 季节变化以秋季＞春季，底层含量则是秋季＜春季。叶绿素 a 垂直分布特征是秋季表层含量大于底层，而春季则底层高于表层。春、秋两季海区各站位叶绿素 a 浓度波动较小。

三沙湾叶绿素 a 年际变化和季节变化幅度不大，基本维持在 1.00 毫克/米^3 左右。1984～1985 年平均为 0.84 毫克/米^3，1990～1991 年平均为 0.79 毫克/米^3，而 2000 年春、夏季有所上升，分别达到 1.80 毫克/米^3 和 1.98 毫克/米^3，但 2005～2006 年又回落，低于 1.00 毫克/米^3。同季节相比较，除 2000 年外，2005～2006 年基本与其他年份持平（表 4-1）。叶绿素 a 质量浓度不高、变化幅度小是三沙湾海域叶绿素 a 分布的特点。

表 4-1 三沙湾表层叶绿素 a 质量浓度 　　　　　　　　（单位：毫克/米^3）

时间	春季	夏季	秋季	冬季	平均
1984～1985	0.77	0.87	1.07	0.63	0.84
1990～1991	0.65	0.95	0.93	0.63	0.79
2000	1.80	1.98	0.97		
2005～2006	0.75		0.90		

2. 初级生产力

2005 年 9 月，三沙湾海域初级生产力仅测定一个点，其值为 26.82 毫克碳/（米^2·天）；2006 年 4 月的初级生产力测定 4 个值，其均值为 147.47 毫克碳/（米^2·天）。2006 年 4 月初级生产力明显高于 2005 年 9 月的初级生产力。

三沙湾初级生产力季节变化较明显（表 4-2），1984～1985 年夏季初级生产力为 100～200 毫克碳/（米²·天），是秋季的 2 倍；2000 年夏季三沙湾东吾洋等几个海区初级生产力比其他季节高，而 2005～2006 年春季 [127.5 毫克碳/（米²·天）] 比秋季 [26.82 毫克碳/（米²·天）] 高。1984～1985 年夏季、2000 年官井洋夏季和 2005～2006 年春季初级生产力超过 100.00 毫克碳/（米²·天），其他季节均低于 100.00 毫克碳/（米²·天）。三沙湾海域初级生产力变化较明显，但总体水平较低。

表 4-2 三沙湾初级生产力 ［单位：毫克碳/（米²·天）］

时间	春季	夏季	秋季	冬季	平均
1984～1985	—	100～200	50～100	—	—
2000（东吾洋）	81.72	77.70	22.40	—	60.61
2000（官井洋）	34.12	115.70	15.47	—	55.10
2000（三都澳）	44.76	83.40	21.82	—	49.99
2005～2006	147.47	—	26.82	—	

3. 浮游植物

2005 年 9 月，三沙湾浮游植物细胞均值为 11.2×10^6 个/米³，其中表层丰度为 $4.66 \times 10^6 \sim 33.7 \times 10^6$ 个/米³，底层丰度为 $4.00 \times 10^6 \sim 19.4 \times 10^6$ 个/米³；2006 年 4 月，三沙湾浮游植物细胞的均值为 15×10^6 个/米³，其中表层丰度为 $4.74 \times 10^6 \sim 53.8 \times 10^6$ 个/米³，底层丰度为 $6.07 \times 10^6 \sim 73.9 \times 10^6$ 个/米³。三沙湾浮游植物细胞数量平均值为 13.1×10^6 个/米³，浮游植物表、底层的细胞总数均值较为接近，底层（13.2×10^6 个/米³）略大于表层（13.0×10^6 个/米³）。

三沙湾浮游植物丰度呈现上升趋势，与水体中氮、磷含量的不断增加有关，季节变化不十分明显。1984～1985 年夏季浮游植物丰度为 $1.00 \times 10^6 \sim 5.00 \times 10^6$ 个/米³，其他 3 个季节均低于 0.5×10^6 个/米³。1990～1991 年浮游植物丰度最低，范围值 $0.015 \times 10^6 \sim 0.408 \times 10^6$ 个/米³，而 2005～2006 年春、秋季浮游植物丰度超过 10×10^6 个/米³，远高于其他年（表 4-3）。三沙湾浮游植物丰度呈现增加态势。

表 4-3 三沙湾浮游植物丰度变化 （单位：10^6 个/米³）

时间	春季	夏季	秋季	冬季	平均
1984～1985	<0.50	1.00～5.00	<0.50	<0.50	
1990～1991	0.408	0.146	0.168	0.015	0.184
2000	0.051	0.604	0.18		
2005～2006	15		11.2		

三沙湾秋、春两季浮游植物共 164 种（含 7 个未定种），其中硅藻类 127 种，占 77.4%。两季比较，秋季种类（126 种）比春季（111 种）更为丰富。2005 年 9 月，浮游植物的物种多样性指数平均为 1.60，均匀度指数为 0.49；2006 年 4 月，物种多样性指数平均为 1.68，均匀度指数平均为 0.63，春季物种多样性指数和均匀度指数均高于秋季。

历史变化，三沙湾浮游植物种类数量变化不大，但种类组成有所变化，优势种发生明显更替。中肋骨条藻在早期和近期占绝对优势，1984～1985 年、1990～1991 年骨条藻和菱形藻为优势种，2000 年被奇异棍形藻和布氏双尾藻替代，2005～2006 年骨条藻和菱形藻又成为优势种（表4-4）。与2000年相比，2005～2006年浮游植物的多样性显著降低，反映了水域污染的加重。

表4-4　三沙湾浮游植物种数年变化

时间	种数	优势种
1984～1985		中肋骨条藻、笔尖形根管藻、尖刺菱形藻
1990～1991	124	中心圆筛藻、布氏双尾藻、奇异菱形藻、中肋骨条藻
2000（东吾洋）	78	奇异棍形藻、布氏双尾藻、角毛藻
2000（官井洋）	90	角毛藻、奇异棍形藻、布氏双尾藻、琼氏圆筛藻
2000（三都澳）	85	琼氏圆筛藻、布氏双尾藻、奇异棍形藻
2005～2006	164	中肋骨条藻、丹麦细柱藻、诺氏海链藻、奇异菱形藻

4. 浮游动物

2005年9月和2006年4月，浮游动物湿重生物量均值为56.11毫克/米³，个体密度均值为17.41个/米³。总生物量季节变化较小，秋季为52.94±37.25毫克/米³，稍低于春季59.28±34.98毫克/米³。浮游动物总个体密度秋季为17.34±10.33个/米³，春季为17.45±7.38个/米³，浮游动物总个体密度季节变化很小，春季略高于秋季。三沙湾海域浮游动物生物量和个体密度数值平面分布，高生物量区和高密度区均出现在三都澳海区，自东冲口向湾内有逐渐增加的趋势。

三沙湾浮游动物的生物量有明显季节变化，春季较高，冬季较低。其中1990～1991年春季为169.75毫克/米³，2000年春季达到312.56毫克/米³，而2005～2006年春季也稍高于秋季。同季节相比较，2005～2006年春、秋季浮游动物生物量显著低于其他年，三沙湾浮游动物生物量下降趋势比较明显（表4-5）。

表4-5　三沙湾浮游动物生物量变化　　　　　　（单位：毫克/米³）

时间	春季	夏季	秋季	冬季	平均
1984～1985	100～250	250	50～100	50	
1990～1991	169.75	96.42	118.03	81.86	116.52
2000	312.56	130.38	123.94	68.19	158.77
2005～2006	59.28		52.94		

三沙湾有浮游动物166种（含各种浮游幼虫、鱼卵仔稚鱼），桡足类和水母类种类较多，所占比重较大，春季出现的种数（78种）略多于秋季（74种）。秋季和春季浮游动物平均物种多样性指数分别为3.42和3.31，均匀度指数分别为0.84和0.82，物种多样性指数和均匀度指数秋季略高。三沙湾浮游动物的物种多样性指数较高，均匀度指数也高。秋季主要优势种有百陶箭虫、长尾类幼虫、短尾类溞状幼虫、精致真刺水蚤、球型侧腕水母、汤氏长足水蚤等，春季则为球型侧腕水母、拟细浅室水母、短尾类溞状幼虫等。

5. 大型底栖生物

三沙湾大型底栖生物秋、春两季平均生物量为15.89克/米²，秋季生物量为14.47±28.25克/米²，春季为17.30±18.66克/米²，春季生物量高于秋季，且春季海区生物量变化幅度较秋季为小。秋、春两季平均栖息密度为102个/米²，其中秋季为20±

15 个/米^2，春季为 183±146 个/米^2，春季远高于秋季。秋、春两季海区栖息密度组成均以多毛类和软体动物为主，生物量组成则不同，秋季以软体动物为主，春季则为棘皮动物。

1990～2000 年，大型底栖生物的种类显著减少，生物量和栖息密度却增加，其中主要为多毛类，这可能与期间三沙湾水产养殖和围垦有关。大面积多品种养殖所产生的养殖废水、残饵等有机质为多毛类等提供了丰富的饵料来源。2000～2006 年，大型底栖生物不仅种类减少，且生物量和栖息密度也减少。1984～1985 年大型底栖生物平均生物量为 5.85 克/米^2，栖息密度 45 个/米^2。1990～1991 年大型底栖生物平均生物量增至 12.47 克/米^2，栖息密度达到 87 个/米^2，种类组成变化不大（表 4-6）。2000 年大型底栖生物的种类组成有较大变化，主要为多毛类、软体动物和甲壳动物。

表 4-6　三沙湾大型底栖生物数量年变化

数量	年份	春季	夏季	秋季	冬季	平均
密度/（个/米^2）	1984～1985					45
	1990～1991	133	118	43	54	87
	2000					220
	2005～2006	183		20		
生物量/（克/米^2）	1984～1985					5.85
	1990～1991	11.79	14.07	6.64	17.37	12.47
	2000					38.1
	2005～2006	17.30		14.47		

三沙湾秋、春两季共有大型底栖生物 148 种，大型底栖生物种数以春季（116 种）多于秋季（44 种），两季种类组成以多毛类、软体动物和甲壳动物为主要类群。秋、春两季物种多样性指数分别为 1.48 和 2.74，均匀度指数分别为 0.95 和 0.79。自东冲口至三沙湾内，物种多样性增加。1984～1985 年三沙湾记录到大型底栖生物 122 种，1990～1991 年记录到 343 种，2000 年减少到 92 种，2005～2006 年物种数为 148 种，这种差异可能与取样站位的设置有关（表 4-7）。

表 4-7　三沙湾大型底栖生物种数年变化

时间	种数	优势种
1984～1985	122	
1990～1991	343	不倒翁虫、梳鳃虫、短叶索沙蚕、丝异须虫、胶州湾角贝、模糊新短眼蟹、光亮倍棘蛇尾、光滑倍棘蛇尾、双鳃内卷齿蚕、纵肋织纹螺、歪刺锚参和薄云母蛤
2000	92	
2005～2006	148	薄云母蛤、口虾蛄、日本鼓虾、长吻沙蚕、模糊新短眼蟹、不倒翁虫、似蛰虫、独毛虫等

6. 潮间带生物

三沙湾软相潮间带生物平均栖息密度为 174 个/米^2，平均生物量为 55.07 克/米^2。其中，秋季各断面栖息密度为 47～148 个/米^2，平均为 86 个/米^2；生物量为 13.73～115.33 克/米^2，平均为 48.57 克/米^2。春季各断面栖息密度为 89～593 个/米^2，平均为 263 个/米²。数量垂直分布，栖息密度以中潮区（306 个/米²）＞低潮区（255 个/米²）＞高潮区（228 个/米²）；生物量为 33.42～111.63 克/米²，平均 61.58 克/米²，生物量垂直分布为中潮区（80.17 克/米²）＞高潮区（68.06 克/米²）＞低潮区（36.51 克/米²）。潮间带生物数量季节变化以春季＞秋季。春、秋两季栖息密度以软体动物为主，生物量以甲壳动物为主。

三沙湾潮间带生物的生物量年际变化不大，栖息密度季节差别较大，变化范围为 86～283 个/米²。2006 年春季达到 263 个/米²，2005 年秋季仅 86 个/米²（表 4-8）。

表 4-8　三沙湾软相潮间带生物数量和物种多样指数变化

时间	栖息密度/（个/米²）	生物量/（克/米²）	物种多样性指数
1984～1985 年	221.7	50.18	
2000 年（东吾洋）	154	18.34	2.12
2000 年（官井洋）	283	63.12	1.63
2000 年（三都澳）	222	32.7	2.15
2005 年 9 月	86	48.60	1.90
2006 年 4 月	263	61.58	2.44

三沙湾软相潮间带生物 198 种。2005 年秋季潮间带生物 120 种，其中甲壳动物种类 52 种，物种多样性指数和均匀度指数分别为 1.90 和 0.82。秋季优势种为珠带拟蟹守螺、短拟沼螺、弧边招潮、秀丽长方蟹、宽身闭口蟹、日本大眼蟹、双扇股窗蟹、扁平岩虫等。2006 年春季潮间带生物 145 种，其中软体动物 59 种，物种多样性指数和均匀度指数分别为 2.49 和 0.73。优势种为缢蛏、彩虹明樱蛤、薄云母蛤、光滑河蓝蛤、珠带拟蟹守螺、绯拟沼螺、短拟沼螺、鲜明鼓虾、刺螯鼓虾、沙蟹、日本大眼蟹、宁波泥蟹、背褶沙蚕、似蛰虫、长吻沙蚕、异足索沙蚕和鰕虎鱼等。

7. 珍稀濒危动物

三沙湾的珍稀濒危动物主要有国家一级保护动物中华白海豚、遗鸥。

中华白海豚主要分布在我国东南沿海的浙江、福建、台湾、广东和广西沿岸河口水域，三沙湾自福安海豚观察站建立以来，每年观察到白海豚。大量的围填海活动使中华白海豚栖息环境恶化和缩减。围海造地改变了海岸带原有的生态环境；过度捕捞使渔业资源日趋枯竭，破坏了海洋食物链，使中华白海豚的食物来源日益枯竭。三沙湾港口和跨海工程建设对中华白海豚的影响较大，海上船舶增加了对白海豚的伤害。

遗鸥栖息于大型水域，主食鱼类、水生无脊椎动物及草叶。随着宁德市空间的扩展、东湖塘周围的开发，其中的湿地资源将逐渐减少，生物多样性降低，不利于遗鸥的栖息。

泥蚶中的珍品二都蚶，原产于蕉城区飞鸾镇二都村。近年来，由于互花米草四处蔓延，当地沿海地区大面积优质滩涂已被互花米草吞噬。当今天然的二都蚶越来越少，不少二都蚶靠人工挖互花米草整出滩涂后进行养殖，由于喂养饲料及海水水质的恶化，二都蚶的品质大受影响。

水禽中属于国家二级保护动物的有黄嘴白鹭、鹗、黑翅鸢、苍鹰、红隼、长耳鸮、短耳鸮、草鸮、褐翅鸦鹃等 9 种。

8. 重要生态敏感区

自然保护区是最主要的生态敏感区，对围填海等人类活动最敏感。三沙湾的生态敏感区主要包括环三都澳湿地水禽红树林自然保护区、官井洋大黄鱼繁殖保护区。

环三都澳湿地水禽红树林自然保护区为市级保护区，1997 年批准建立，面积为39 981公顷，位于三都澳内，主要保护对象为湿地、水禽和红树林。三都澳湿地已列入《中国湿地保护行动计划》中的湿地保护名录。保护区目前受到的主要威胁有滩涂湿地围垦、生活和工业污染、养殖污染、米草入侵等。1980 年以前，三沙湾沿海滩涂湿地还有大量红树林分布，现在湾内红树林面积仅有 93.2 公顷，除白马港东岸、盐田港鹅湾附近和漳湾镇雷东村有成片红树林分布外，其余呈零星分布。

官井洋大黄鱼繁殖保护区为省级自然保护区，包括官井洋大黄鱼产卵场及周边海域，原总面积为 329.5 千米^2，后经过多次调整现面积为 190 千米^2。围垦工程定置网、流刺网、海带养殖、牡蛎吊养等对大黄鱼繁殖保护区生境的影响极大，如水流流速、流向、水质、透明度和底质等。

三沙湾有 8 处鱼虾贝类的天然苗种场，包括云淡门岛东侧和三都岛西侧的蛏苗场、鸟屿周围和三都岛东南侧的蚶苗场、大屿头岛附近和三都岛北侧的蛤苗场、青山岛东侧的蓝点马鲛苗种场及东吾洋内的对虾苗场生态敏感区。

9. 外来种入侵

三沙湾外来物种主要是米草属的互花米草，具有分布范围广、密度大的特点。近年来米草生长呈蔓延趋势，估计三沙湾每年米草将向外蔓延 333 公顷以上。互花米草对生态系统危害大，破坏经济海洋生物栖息环境、堵塞航道、影响海水交换能力、与本土植物争夺生长空间。三沙湾周边所属二十几个乡镇已发生严重"草害"，年直接经济损失达 1 亿元。

三沙湾叶绿素 a 含量偏低，年际变化和季节变化幅度不大，基本维持在 1.00 毫克/米^{3}左右。初级生产力总体水平偏低，季节变化明显，春夏季较高，秋冬季较低。浮游植物数量有增加趋势，2005～2006 年春、秋季异常高，均超 10×10^6 个/米^3，物种多样性指数和均匀度指数有所下降，优势种在年际间呈现更替，中肋骨条藻在早、近期占绝对优势。浮游动物生物量季节变化较大，春高秋低，总体呈下降趋势，种类丰富，物种多样性指数大于 3，均匀度指数大于 0.8。大型底栖生物数量变化趋势明显，以 2000 年为界，呈现先增加后减少的态势，物种数量有所减少，多毛类、软体动物和甲壳动物在种类组成中所占比例较大。潮间带生物栖息密度较高，种类丰富，2005～2006 年春、秋季分别为 139 种和 106 种，物种多样性指数维持在2.0 左右。珍稀濒危生物包括中华白海豚、遗鸥，其生存状态受到人类活动的影响。生态敏感区主要包括环三都澳湿地水禽红树林自然保护区、官井洋大黄鱼繁殖保护区，受人类活动影响，面积呈减少趋势。湾内互花米草泛滥成灾，严重威胁海湾生态系统。三沙湾已列入《中国湿地保护行动计划》中的湿地保护名录，是福建八处中国重要湿地之一，现有省、市和县级保护区 5 个，分散在湾内不同区域，生态环境得到一定的保护。

（二）综合评价

1. 三沙湾滨海湿地生态系统综合评价

按照受损滨海湿地评价指标体系框架中的可操作指标计算方法及其权重，计算获得各操作指标的标准评价值及加权评价值（表 4-9）。根据受损滨海湿地综合评价公式，三沙湾滨海湿地受损综合评价结果为 0.325，按照分级水平，三沙湾滨海湿地处于中度受损阶段。

表 4-9　三沙湾受损滨海湿地评价指标评价结果

指标层指标	标准权重	指标评价值	加权评价值
土地利用强度	0.060	0.166	0.010
岸线人工化程度	0.060	0.301	0.018
人口密度	0.015	0.493	0.007
人均 GDP	0.015	0.548	0.008
人均污水排放量	0.090	0.424	0.038
外来物种入侵程度	0.060	0.500	0.030
水质污染	0.100	0.220	0.022
沉积物污染	0.100	0.126	0.013
湿地自然性	0.070	0.154	0.011
景观破碎化	0.060	0.003	0.000
海岸植被覆盖度	0.070	0.253	0.018
鸟类数量变化	0.050	0.300	0.015
底栖生物多样性	0.050	0.569	0.028
植物生物量变化	0.050	0.452	0.023
可持续发展状况	0.030	0.500	0.015
相关政策法规制定	0.030	0.300	0.009
污水处理率	0.030	1.000	0.030
公共意识	0.060	0.500	0.030
总计	1.000		0.325

按照单个指标评价结果，较严重的指标（超过平均评价值 0.378）有人口密度、人均 GDP、人均污水排放量、外来物种入侵程度、底栖生物多样性、植物生物量变化、可持续发展状况、污水处理率和公共意识（图 4-1）。当地较高的人口密度和人均 GDP 造成对大型底栖生物多样性及植物生物量的影响，外来物种互花米草快速蔓延，在局部海域形成优势也对滨海湿地生态系统造成重大影响。由于当地污水处理水平较低，居民环保意识不够强，对维护滨海湿地生态系统健康产生潜在不利因素。根据对各指标的加权评价值（表 4-10）的具体分析，发现影响三沙湾受损滨海湿地评价结果的指标，即超过加权评价值平均数（0.018）的指标有人均污水排放量、外来物种入侵程度、水质污染、底栖生物多样性、植物生物量变化、污水处理率和公众意识等指标。相比单个指标评价结果少了人口密度、人均 GDP 和可持续发展状况 3 个指标，增加了水质污染。对综合评价结果影响较大的指标有人均污水排放量、外来物种入侵程度、污水

处理率及公共意识等。这四个指标应当成为今后三沙湾受损滨海湿地保护对策重点考虑的对象（表 4-10）。

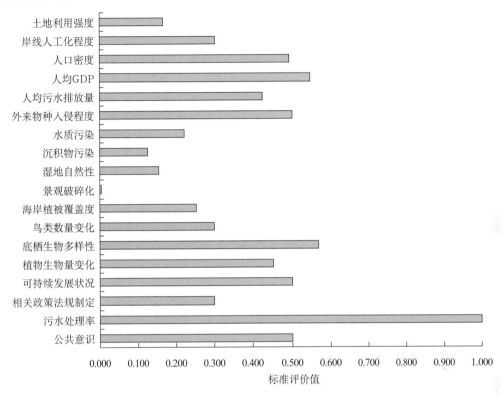

图 4-1　三沙湾受损滨海湿地单个指标评价结果

从指标体系的压力、状态和响应 3 个方面分析，三沙湾受损滨海湿地综合评价结果处于轻度受损的指标主要来自压力指标和响应指标，而状态指标多数在 0.3 以内。目前三沙湾滨海湿地出现的受损迹象，如海水叶绿素 a 含量较低，底栖生物物种多样性低。三沙湾面积大，周边区县的工业化程度较低，对滨海湿地造成的外在压力比兴化湾和诏安湾稍微小，单个指标评价值多在 0.5 以内，但压力的日积月累终归对湿地健康状态产生明显的影响，如互花米草，自引进三沙湾以来，快速繁衍，排挤本土动植物。三沙湾本地主要湿地生态健康维护能力偏弱，污水处理率和民众环保意识不高，不能释放滨海湿地所受到的生态压力。

根据表 4-10 中分项指标权重和评价值，计算出三沙湾滨海湿地生态系统受损压力、状态和响应综合评价结果（图 4-2）。

根据三沙湾受损滨海湿地生态系统压力评价（表 4-11），压力综合评价值（0.373）处在能够承受区间（0.2～0.4）中，目前三沙湾所面临的生态受损，压力在可控范围内，但少数部分指标加权评价值偏高，如人均污水排放量和外来物种入侵程度，当前需要对污水排放和外来物种入侵问题采取相应措施。

表 4-10　三沙湾受损滨海湿地生态系统分项评价指标权重

评价目标	子指标	操作指标
压力　1.00	土地利用改变 0.40	土地利用强度（0.20） 岸线人工化率（0.20）
	人为活动频繁 0.10	人口密度（0.05） 人均 GDP（0.05）
	环境污染 0.30	人均污水排放量（0.30）
	外来生物入侵 0.20	外来物种入侵程度（0.20）
状态　1.00	环境质量 0.36	水质污染（0.18） 底质污染（0.18）
	生境质量 0.37	自然性（0.13） 景观破碎度（0.11） 海岸植被覆盖度（0.13）
	生物质量 0.27	鸟类多样性指数（0.09） 底栖生物多样性指数（0.09） 植物生物量（0.09）
响应 1.00	发展战略 0.40	可持续发展状况（0.20） 相关政策法规制定（0.20）
	管理措施 0.60	污水处理率（0.20） 公众意识（0.40）

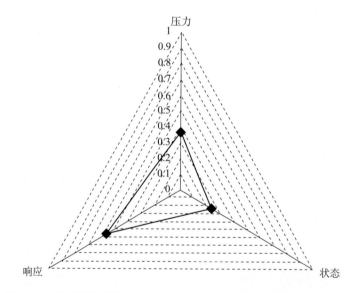

图 4-2　三沙湾受损滨海湿地生态系统压力、状态和响应综合评价结果

表 4-11　三沙湾受损滨海湿地生态系统压力综合评价结果

指标层指标	标准权重	指标评价值	加权评价值
土地利用强度	0.2	0.166	0.033
岸线人工化程度	0.2	0.301	0.060
人口密度	0.05	0.493	0.025

续表

指标层指标	标准权重	指标评价值	加权评价值
人均 GDP	0.05	0.548	0.027
人均污水排放量	0.3	0.424	0.127
外来物种入侵程度	0.2	0.500	0.100
总计	1		0.373

根据三沙湾受损滨海湿地生态系统状态评价（表 4-12），按分级标准，状态综合评价值（0.234）处在比较健康区间（0.2~0.4），三沙湾滨海湿地生态系统保持在比较好的状况，但部分指标已出现恶化迹象，对加权评价值较高的几项指标需要提高警惕，预防恶化，包括水质污染、底栖生物多样性和植物生物量变化。

表 4-12　三沙湾受损滨海湿地生态系统状态评价结果

指标层指标	标准权重	指标评价值	加权评价值
水质污染	0.18	0.220	0.040
沉积物污染	0.18	0.126	0.023
湿地自然性	0.13	0.154	0.020
景观破碎化	0.11	0.003	0.000
海岸植被覆盖度	0.13	0.253	0.033
鸟类数量变化	0.09	0.300	0.027
底栖生物多样性	0.09	0.569	0.051
植物生物量变化	0.09	0.452	0.041
总计	1.000		0.234

根据三沙湾受损滨海湿地生态系统响应评价（表 4-13），响应综合评价值（0.560）处在一般响应区间（0.4~0.6），三沙湾生态系统保护的响应仍不够完善，尤其对评价值较高的几项指标需要进一步提高认识，加强宣传和管理，包括污水处理率和公共意识。前者属于基础设施投资建设的范畴，后者属于生态文明建设范畴。

表 4-13　三沙湾滨受损海湿地生态系统响应评价结果

指标层指标	标准权重	指标评价值	加权评价值
可持续发展状况	0.20	0.500	0.100
相关政策法规制定	0.20	0.300	0.060
污水处理率	0.20	1.000	0.200
公共意识	0.40	0.500	0.200
总计	1.000		0.560

2. 三沙湾滨海湿地生态系统的 PSR 机制分析

滨海湿地生态系统的状态是由生态系统承受的压力和人类的响应行为共同作用的结

果。压力是滨海湿地健康状态恶化的直接原因，当外来压力超过生态系统的自我调节能力时，就会造成生态系统结构和功能的破坏，导致滨海湿地生态系统发生退化，削弱滨海湿地生态系统原有的承载力。因此，生态系统健康状态是对其过去所承受的各种干扰的综合反映，这种反映在时间上往往具有一定的时滞。响应则是人类根据滨海湿地状态的变化，为预防、减轻和恢复环境退化而采取的环境、经济和管理策略方面的反应。人类作出的响应可以间接或是直接影响湿地状态。和压力一样，响应的作用也有一定的滞后期，因此在压力指标显示预警时应当及时作出响应，才不致使滨海湿地生态系统遭到破坏。

经评估三沙湾滨海湿地生态系统目前处于健康状态，状态加权平均值低于 0.300，滨海湿地自然性好，海岸植被覆盖度高，景观破碎化程度极低，沉积物未受污染，鸟类种数和数量比较多。众多的状态指标表明，三沙湾滨海湿地总体健康，生态系统尚处于自我调节所能承受的范围，但长期以来海区叶绿素 a 含量偏低，大型底栖生物多样性较以往有所下降，大黄鱼资源仍然未见恢复。

按照压力分析，三沙湾周边区县的人口密度和人均 GDP 接近福建省平均水平，人均污水排放量稍低于福建省平均水平。三沙湾历史上进行过多次围垦，但港湾面积大，海岸线曲折，湾中有湾，由于环三沙湾一带工业化程度目前还处于欠发达水平，海岸带土地利用强度较小，岸线开发较少，人工化程度低于兴化湾和诏安湾。对三沙湾滨海湿地生态系统造成较大压力的是外来物种互花米草、过度捕捞、海水养殖及污水排放，成为三沙湾滨海湿地生态系统退化的主要因素。互花米草侵入本土植物（如红树林）的栖息地，占据航道，对养殖和航运产生重大影响；历史上对大黄鱼毁灭性的捕捞及今日的定置网等作业方式，严重破坏了渔业资源；三沙湾污水除了来自陆上排放外，大量养殖废水也是重要来源。养殖废水是海区无机氮和活性磷酸盐的主要来源。日前压力指标值尚在可承受的范围内，但若不能解决互花米草蔓延、过度捕捞和水产养殖问题，未来三沙湾滨海湿地生态系统压力仍然会不断加剧。

按照响应指数分析，三沙湾滨海湿地响应强度为一般水平。虽然三沙湾成立了多个海洋保护区，保护官井洋大黄鱼繁殖，保护港湾内的红树林、湿地水禽和珍稀海洋生物，但根据三沙湾海洋功能区划，未来仍将有大批开发项目落户三沙湾周边海域；周边区县目前尚无污水处理设施，工农业和生活污水直排进入港湾；且三沙湾养殖密度大，产生的大量养殖废水也对生态环境造成了影响。当地居民环保意识处在一般水平。

（三）服务价值评价

1. 三沙湾滨海湿地类型及其主导生态服务类型分析

湿地是重要的国土资源、自然资源和一种重要生态系统。本书针对三沙湾湿地的主要类型，建立三沙湾滨海湿地生态系统服务功能的分类（表4-14）。

表 4-14　三沙湾滨海湿地生态服务功能分类

大类	湿地类型	面积/公顷	主导生态服务类型
天然湿地	砂质湿地	2 416.02	供给服务
			调节服务：净化水质
			防风暴潮
	粉砂淤泥质湿地	21 604.83	支持服务：初级生产
			提供栖息地
			生物多样性维持
	岩石性湿地	261.01	调节服务：消浪促淤护岸
	河口水域	1 030.16	供给服务
	滨岸沼泽湿地	4 991.75	供给服务
			调节服务：调节气候
			干扰调节
			净化水质
			支持服务：提供栖息地
			生物多样性维持
			调节服务：调节气候
			干扰调节
	红树林沼泽	3.34	净化水质
			支持服务：提供栖息地
			生物多样性维持
	合计	30 307.11	
人工湿地	养殖池塘	5 220.09	供给服务
	水田	30.22	调节服务：调节气候
	合计	5 250.31	
评价区域滨海湿地		35 557.42	

＊数据范围海岸线至 0 线，包括了潮间带和潮上带

2. 三沙湾滨海湿地生态系统服务价值估算

（1）滨海湿地供给服务价值估算

1）底栖生物量。三沙湾滨海湿地潮间带和潮下带（0～－5 米）生境面积分别为 299.44 千米^2 和 142.9 千米^2。根据 2005 年 9 月和 2006 年 4 月潮间带生物和大型底栖生物生物量分别为 55.04 克/米^2 和 15.9 克/米^2 计算，滨海湿地的底栖生物量约为 18753.31 吨。其中具有较高经济价值的软体动物约 8438.99 吨（占 45%），甲壳动物约 4125.73 吨（占 22%），其他生物约 6188.59 吨（占 33%）。软体动物以每吨价值 2 万元估算，甲壳动物以每吨价值 4 万元估算，其他生物以每吨价值 1 万元估算，则底栖生物资源价值合计约 3.95 亿元/年。根据食物链分析，底栖生物是许多底层鱼类的饵料。底栖生物数量难以从潮流的往复流动中得到补充，底栖生物减少形成对鱼类间接的危害和损失比以上所计算的底栖生物直接经济价值要大许多。

2）植物资源。

$$L_植 = \frac{1}{n} \sum_{i=1}^{n} S_i W_i C_i (1 + \lambda_i)$$

式中，$L_植$ 为三沙湾滨海湿地植物年生产价值量；S_i 为 i 年植物资源面积（公顷）；W_i 为

植物资源单位面积产量（吨）；C_i为i年植物资源单位面积纯收入价格（元/公顷）；λ_i为价格的增长率。由于滨海湿地植物资源具有多样性与复杂性，为便于计算，主要以红树林资源价格为主计算，获得单位红树林产品单位面积价格1501元/（公顷·年）。三沙湾红树林湿地面积约3.344公顷，依上式计算得出三沙湾滨海湿地植物资源年平均价值为0.5万元。三沙湾滨海湿地的芦苇、牧草、植物药材等植物资源未计算在内，三沙湾滨海湿地植物价值的总价值量偏小。

3）浅海养殖业的资源价值。三沙湾滨海湿地海水养殖面积约11 961公顷，主要养殖品种为大型藻类、贝类（包括牡蛎、缢蛏、花蛤、泥蚶和凸壳肌蛤等）。根据各类水产养殖每亩的年收入计算三沙湾滨海湿地海水养殖价值每年总计约8.55亿元（表4-15）。

表4-15　三沙湾养殖面积、产量及价值

项目	大型藻类	贝类	其　中				
			牡蛎	缢蛏	花蛤	泥蚶	凸壳肌蛤
面积/公顷	2811	9150	5353	2726	14.8	406	443
产量/吨			101 529	19 249	220	2 392	7 890
单价/〔万元/（亩·年）〕	0.4	0.5	0.5	0.2	0.3	0.1	0.25
价值/（万元/年）	16 866	68 625	40 147.5	8 178	66.6	609	1 661.3

注：养殖面积和产量资料来源于福建省水产所《福建省养殖容量调查（2001）》

（2）湿地调节服务价值估算

1）调节气候价值。滨海湿地对大气调节的正效应主要指通过大面积挺水植物，如芦苇、海草、红树林及其他水生植物的光合作用固定大气中的CO_2，向大气释放O_2。根据植物光合作用方程式：$CO_2 + H_2O \rightarrow C_6H_{12}O_6 + O_2 \rightarrow$多糖，植物每生产162克干物质可吸收264克$CO_2$，释放193克$O_2$。芦苇、海草、红树林及其他水生植物群落生物量平均按2778千克/（公顷·年）计，三沙湾滨海湿地生态系统形成的植物干物质约为13 960.3吨，可固定CO_2 22 750.1吨，释放O_2 16 631.7吨。湿地固定CO_2功能价值采用造林成本法进行估算，我国的造林成本为260.90元/吨，由此得出三沙湾滨海湿地吸收CO_2功能价值为593.6万元；湿地释放O_2功能价值采用工业制氧成本法进行估算，我国工业制氧成本为0.4元/千克，由此得出三沙湾滨海湿地释放O_2功能价值为665.3万元。三沙湾滨海湿地生态系统的大气调节价值＝固定CO_2价值＋释放O_2价值，总计为1258.6万元/年。

2）净化水质。湿地生态系统净化环境功能主要指废弃物处理、污染控制和毒物降解等，降解污染物可分为沉淀物、营养物、毒物的固定与移出，三沙湾滨海湿地主要表现为营养物质的截留。欧维新（2004）研究了江苏盐城滨海湿地中的淤泥光滩对氮、磷营养物质的截留效应，采用的净化水体价值$V＝$人工去除相同数量污染物成本的方法，计算净化水体参数值，处理单位总氮产生的水价值为37.58万元，处理单位总磷产生的水价值为78.63万元。类比盐城滨海湿地的淤泥光滩对氮、磷的截留效应，即截留总氮0.385千克/公顷、总磷0.042千克/公顷，计算三沙湾滨海湿地的水质净化的价值约为

42.69亿元/年。

3）干扰调节。滨海湿地对风暴潮、洪水、海岸侵蚀、围垦等自然和人为干扰具有明显的调节作用，可有效地减轻风暴潮灾害损失，减轻波浪对海堤和岸滩的冲刷侵蚀，并通过滩涂均衡态的调整促使围后淤涨，因而具有极大的干扰调节价值（Costanza R，1998）。根据Costanza等的研究成果，滩涂生态系统干扰调节的单位价值分别为1839美元/（公顷·年）。人民币汇率按1：6.5计算，三沙湾滨海湿地的干扰调节价值约为3.47亿元/年。

（3）湿地支持服务价值估算

1）初级生产力。根据2005年9月和2006年4月数据，三沙湾滨海湿地海域平均初级生产力约为87.15毫克碳/（米^2·天），每年海洋初级生产力约达9640.61吨碳/年。为对生物生产力而带来的经济价值作估算，应用Tait（1981）对沿岸海域生态系能流分析的估算方法（沿岸海域能流分析法），将以上两部分初级碳量转化为可估算的养殖产量，以了解三沙湾滨海湿地的生物生产力及其被人类反复利用的永久性价值。Tait研究结果表明沿岸海域的能量约10%转化为软体动物，三沙湾滨海湿地软体动物年产碳量为964.06吨。根据卢振彬（1999）的测定结果，软体动物鲜肉重混合含碳率为8.33%，即1吨碳换算为软体动物鲜肉重12吨。依此比例计算出回填海域年生产软体动物的鲜肉重约11 568.7吨。按各种贝类的鲜肉重与含壳重的比值，以1993年各养殖种类产量的比例进行加权平均，计算贝类混合的鲜肉重与含壳重之比为1：5.52，三沙湾滨海湿地贝类含壳重年生产量约为63 859.2吨，按现状贝类含壳重的平均市场价格10元/千克计算，则三沙湾滨海湿地每年可生产的价值约为6.39亿元。虽然该价值会因许多不确定因子的变化而有所波动，但本价值可以从理论上反映三沙湾滨海湿地可产生的生物量永久性价值。

2）栖息地。Costanza等（1997）测算的湿地提供栖息地的价值为439美元/公顷，人民币汇率按1：6.5计算，则三沙湾滨海湿地的栖息地价值约0.83亿元/年。

3）生物多样性维持。采取成果参照法估算生物多样性价值。根据谢高地对我国生态系统各项生态服务价值平均单价的估算结果，我国湿地生态系统单位面积的生物多样性维持价值为2122.2元/（公顷·年），则三沙湾滨海湿地的生物多样性维持价值约0.64亿元/年。

（4）科研文化服务价值估算

三沙湾滨海湿地保护区总面积达73 114公顷（表4-16）。目前发达国家用于自然保护区的投入每年约为2058美元/千米^2，发展中国家也达到157美元/千米^2，而我国仅为52.7美元/千米^2。根据三沙湾滨海湿地提供生物栖息地服务功能的重要性，应以发达国家和发展中国家每年投入自然保护区费用的平均值1107.5美元/千米^{2}为准，人民币汇率按1：6.5计算，运用生态价值法，算得三沙湾滨海湿地的科研文化价值约为526.33万元/年。

表 4-16　三沙湾涉海保护区建设汇总表

保护区名称	级别	湿地保护类型	总面积/公顷	主要保护对象	行政区域	批建年份	主管部门
福建官井洋大黄鱼自然保护区	省级	湿地生态	8 800	大黄鱼及其生态系统	宁德市	1988	海洋
福建环三都澳湿地水禽红树林自然保护区	市级	湿地生态	39 981	湿地、水禽、红树林	蕉城区、霞浦县	1997	林业
福建福安湾坞红树林自然保护区	县级	湿地生态	10	红树林生态系统	福安市	1997	林业
福建宁德东吾洋自然保护区	市级	湿地生态	23 889	水禽及其湿地生态系统	霞浦县	1997	林业
福建罗源鉴江滩涂自然保护区	县级	湿地生态	434	湿地及其水禽	罗源县	1996	林业
合计			73 114				

（5）三沙湾滨海湿地生态系统服务价值汇总

三沙湾滨海湿地各项服务功能价值最终结果如表 4-17 所示，其年服务价值总额为 66.70 亿元。

表 4-17　三沙湾滨海湿地生态服务功能年价值　　　　（单位：亿元/年）

项目	供给服务	调节服务			支持服务			文化服务	总服务价值
		调节气候	净化水质	干扰调节	初级生产	栖息地	生物多样性		
价值	12.50	0.13	42.69	3.47	6.39	0.83	0.64	0.05	66.70

第二节　兴化湾滨海湿地

一、滨海湿地自然条件评价

（一）自然地理

兴化湾位于福建省沿海中部，是福建省最大的海湾，由西北向东南展布，经兴化水道和南日水道与台湾海峡相通。兴化湾是个淤积型的基岩海湾，海湾总面积为 704.77 千米²，滩涂面积 223.70 千米²，0～-5 米等深线浅海面积为 173.3 千米²，海岸线长 171.70 千米（垦区外），水深多在 10 米之内。该湾地处南亚热带季风气候区，冬暖夏凉，日照充足，雨量丰沛，多年平均气温为 20℃，气温年较差为 17.4℃，多年平均降水量为 1289.5 毫米。灾害性天气主要表现为热带风暴。湾顶有木兰溪和萩芦溪等河流注入，为兴化湾带来丰富的营养盐。陆路四通八达，324 国道、福厦高速和福厦高铁贯穿涵江区和福清市。优越的自然地理条件为该湾资源开发和周边经济的发展提供了便利条件。

（二）主要资源条件

兴化湾海域面积大，浅海、滩涂辽阔，海湾深入内陆，地形隐蔽，水文条件较好。可供海珍品养殖的面积大，具有发展水产养殖的有利条件。该湾岸线长，海岸类型齐全，底质类型多样，岛礁众多，具有各种海洋生物天然栖息、繁衍的有利地貌和底质基础。木兰溪等河流自湾顶注入，海域水质营养丰富，饵料充足，兴化湾是各种鱼类天然的饵料、洄游和繁殖场所，是一重要的天然苗种（缢蛏、褶牡蛎等）基地，海洋生物资源较丰富。主要的海洋旅游资源包括滨海沙滩、岛屿地貌景观等。但兴化湾内浅滩多，泥沙淤积较严重，特别是湾顶和江口地区，湾内无机氮和活性磷酸盐超标较严重。

1. 滩涂资源

兴化湾水浅，滩涂广阔，宜养面积大，当地居民利用滩涂养殖海带、紫菜、龙须菜、鲍鱼、大黄鱼等珍稀水产品，目前兴化湾浅海滩涂资源尚未充分开发利用。滩涂大部分属淤积型岸滩，可供围垦的滩涂面积大。

2. 水产资源

兴化湾海洋生物资源丰富，水产生物中经济种达200多种。其中，底栖生物（包括潮间带）经济种初估有130多种，除海洋捕捞业外，可供增养殖的有数十种。湾内海域面积大，底质类型多样，岛礁众多，适宜于多种鱼、虾、藻等海洋生物的生长和繁殖。湾顶有木兰溪、萩芦溪等河流注入，带有大量的有机质和无机盐类，水质肥沃，有利于浮游生物大量繁殖，为鱼、虾、蟹、贝和藻类等生物海产提供丰富的饵料。兴化湾是重要的天然苗种场，缢蛏天然苗种区分布于江阴岛东部海区、江镜农场堤外海区及涵江区三江口哆头一带；滩涂牡蛎产区的中潮区均可采到褶牡蛎苗种，秀屿区田边海区是全省闻名的褶牡蛎自然苗种生产区；花蛤育苗区主要分布在沙埔和东瀚等地滩涂，兴化湾还有大竹蛏、巴非蛤、真鲷、江珧等天然种苗场。

3. 港口资源

兴化湾有深水岸线，是福建省六大深水港湾之一，具备建设大型港口的自然条件。与历史相比，可开发港航资源有所增加。兴化湾自然水深条件适合建设20万吨级以上码头泊位的深水港址岸线有3处，分别为江阴港区规划东部作业区岸线、牛头尾岸线、目屿岛岸线。在新的港口开发中，上述深水岸段可重点考虑、合理规划。江阴港区规划东部作业区岸线，位于兴化湾北岸、壁头角以东，掩护好，10米深槽离岸约200米，岸线后方陆域是宽阔的浅海滩涂，纵深达1500米，建港条件成熟。三江口港原是莆田、仙游重要港口，受湾顶淤积加剧的影响，现在只能建500～1000吨级泊位。

4. 旅游资源

兴化湾岛礁遍布，具有独特的海岛地貌景观，是开展海岛观光、休闲度假旅游的理想资源。随着经济发展，兴化湾的旅游资源已逐渐开发，目前开发利用的旅游资源主要有目屿海岛度假旅游区、小麦岛海上乐园、球尾海滨沙滩和柯屿—过桥山度假区等。其中，以江阴镇球尾沙滩、小麦屿及目屿岛最具吸引力。赤礁滨海沙滩由于围垦后发生淤积，如今已转变为泥质滩，旅游功能大大降低。

二、 生态系统评价

（一）生态评价

1. 叶绿素 a

2005 年 9 月，兴化湾表层叶绿素 a 含量为 3.98 ± 3.14 毫克/米^3，底层为 2.82 ± 2.53 毫克/米^3，表底层叶绿素 a 分布西高东低。2006 年 5 月，表层叶绿素 a 为 1.90 ± 0.93 毫克/米^3，底层为 1.09 ± 0.18 毫克/米^3。兴化湾叶绿素 a 质量浓度季节变化明显，表层质量浓度高于底层，秋季各站位叶绿素 a 质量浓度波动比春季大。

兴化湾叶绿素 a 质量浓度季节变化明显，高峰值出现在夏、秋季。2000 年夏季叶绿素 a 呈现最高值（16.88 毫克/米^3）。除 1984～1985 年叶绿素 a 质量浓度春季略大于秋季以外，普遍以秋季大于春季。年间春、秋季比较，2005 年春、秋季的叶绿素 a 质量浓度普遍高于其他年（表 4-18）。

表 4-18　兴化湾表层叶绿素 a 质量深度　　　　　　（单位：毫克/米^3）

时间	春季	夏季	秋季	冬季	平均
1984～1985	4.79	1.66	2.10	0.82	2.34
1990～1991	1.02	3.12	2.72	2.32	2.30
2000	1.70	16.88	1.89		
2005～2006	1.90		3.98		

2. 初级生产力

2005 年 9 月，兴化湾初级生产力平均为 365 毫克碳/（米^2·天），初级生产力与表层叶绿素 a 具有相同的分布特征，即高初级生产力分布于三江口至江阴中部的整个内湾。2006 年 5 月，初级生产力平均为 168.83 毫克碳/（米^2·天），高值分布区 [＞200 毫克碳/（米^2·天）] 出现在江阴岛以南的兴化湾中部。

兴化湾初级生产力季节变化明显，2000 年夏季为最高峰，高达 1712 毫克碳/（米^2·天）。相同季节不同年比较，初级生产力呈现逐渐增高的趋势。春、秋季相比，2005～2006 年要高于 1990～1991 年和 2000 年（表 4-19）。

表 4-19　兴化湾初级生产力　　　　　［单位：毫克碳/（米^2·天）]

时间	春季	夏季	秋季	冬季	平均
1990～1991	49	717	37.90	15	204.73
2000	104	1712	42		
2005～2006	168.83		365		

3. 浮游植物

兴化湾秋、春季浮游植物 141 种，隶属于 4 个门类 60 属。其中，硅藻类最多。

两季比较，秋季种类（49属为109种）比春季（42属89种）更为丰富。2005年9月，浮游植物的物种多样性指数为2.90，均匀度指数为0.67；2006年5月，物种多样性指数为2.693，均匀度指数平均值为0.547，秋季物种多样性指数和均匀度指数高于春季。

2005年9月，兴化湾水采浮游植物表、底层平均总细胞密度为$375×10^2$个/分米^{3}和$36.3×10^2$个/分米^3；2006年5月，表、底层平均总细胞密度分别为$78.8×10^2$个/分米^{3}和$73.4×10^2$个/分米^3。2005年9月，兴化湾网采浮游植物细胞总密度为$92.855×10^4±97.05×10^4$个/米^3，2006年5月则为$373.474×10^4±538.0333×10^4$个/米^3，春季平均细胞密度为秋季的4倍，且站位之间细胞总密度的差异更加悬殊。

兴化湾浮游植物丰度高峰值多出现在夏季。1984～1985年夏季为$40.55×10^6$个/米^3，2000年夏季高达$90.32×10^6$个/米^3。季节变化以夏季>春季>秋季。2005～2006年春季远高于秋季，分别为$3.73×10^6$个/米^{3}和$0.94×10^6$个/米^3（表4-20）。

表4-20　兴化湾网采浮游植物丰度变化　　　　（单位：10^6个/米^3）

时间	春季	夏季	秋季	冬季	平均
1984～1985	23.45	40.55	0.178		16.05
1990～1991	2.16	0.23			
2000	1.49	90.32	3.05		
2005～2006	3.73		0.939		

兴化湾的浮游植物种数变化不大，为115～144种，但优势种发生了一定的变化（表4-21）。2005～2006年种数为132种，春、秋季浮游植物多样性差别不大。

表4-21　兴化湾浮游植物种数与优势种变化

时间	种数	优势种
1984～1985年	121	尖刺菱形藻、旋链角刺藻、夜光藻、奇异菱形藻、柔弱根管藻
1990～1991年	115	奇异菱形藻、笔尖形根管藻
2000年	144	夜光藻、浮动弯角藻、中肋骨条藻、假弯角毛藻
2005年9月	103	印度角毛藻、密联角毛藻、旋链角毛藻、北方劳德藻、夜光藻
2006年5月	83	星脐圆筛藻、中肋骨条藻、布氏双尾藻、菱形海线藻、短纹楔形藻

4. 浮游动物

2005年9月和2006年5月，两个季节浮游动物湿重生物量均值为663.1毫克/米^3。生物量的季节变化非常显著，春季均值（1096.6毫克/米^3）高于秋季（229.5毫克/米^3），因春季出现较多含水量大的胶质类浮游动物（如锥形多管水母等）所致。浮游动物个体密度秋季为$560.25±1521.44$个/米^3，春季$280.61±695.84$个/米^3，浮游动物个体密度的季节变化大，秋季均值为春季的两倍，且区间变化幅度也大。

历史变化，兴化湾浮游动物丰度呈现一定增长趋势（表 4-22）。同季节相比，1984～1985 年春、秋季分别为 322.70 个/米³ 和 63.37 个/米³，2005～2006 年春、秋季分别为 280.60 个/米³ 和 560.30 个/米³。浮游动物生物量呈明显上升趋势，1984～1985 年春秋两季生物量均值为 132.5 毫克/米³，1990～1991 年春秋季生物量均值为 208.30 毫克/米³，2005～2006 年春、秋两季生物量均值为 663.1 毫克/米³。

表 4-22　兴化湾浮游动物数量变化

数量	时间	春季	夏季	秋季	冬季	平均
生物量/ （毫克/米³）	1984～1985	192	180	73	22	116.75
	1990～1991					208.3
	2005～2006	1 096.6		229.5		
丰度/（个/米³）	1984～1985	322.7	174.59	63.37	21.23	145.47
	1990～1991					
	2005～2006	280.6		560.3		

兴化湾有浮游动物 115 种。其中，春季出现的种数（78 种）略多于秋季（74 种）。浮游动物种数组成中，两季均以桡足类和水母类占比最大，秋季浮游动物物种多样性指数和均匀度指数（2.92 和 0.78）与春季（2.91 和 0.79）极为接近。优势种类仅出现 1 种（刺尾纺锤水蚤）。此外，春季的两个最主要的种在秋季未出现，浮游动物优势种的季节更替极为显著。种数和优势种组成年变化，兴化湾浮游动物种数 1984～1985 年为 104 种，1990～1991 年为 67 种，2005～2006 年达到 115 种。浮游动物优势种明显改变（表 4-23）。

表 4-23　兴化湾浮游动物物种数和优势种年变化

时间	种数	优势种
1984～1985	104	拟细浅室水母、大西洋五角水母、球形侧腕水母、锥形宽水蚤、中华哲水蚤
1990～1991	67	中华假磷虾、中华哲水蚤、海龙箭虫、精致真刺水蚤
2005～2006	115	瘦尾胸刺水蚤、真刺唇角水蚤、短长腹剑水蚤、拿卡箭虫、中华哲水蚤

5. 大型底栖生物

兴化湾大型底栖生物秋、春季平均生物量为 88.77 克/米²，秋季生物量为 146.27±448.61 克/米²，春季为 29.27±36.96 克/米²，秋季生物量约是春季的 6 倍。秋、春季两季平均栖息密度为 383 个/米²，其中秋季为 250±105 个/米²，春季为 515±392 个/米²，春季远高于秋季。

兴化湾大型底栖生物丰度年际变化较大。1984～1985 年平均为 165 个/米²，1990～1991 年为 338 个/米²，2005 年～2006 年春、秋季分别为 515 个/米² 和 250 个/米²，同季节相比有所增长。2005～2006 年，生物量季节变化较大，春、秋季分别为 29.27 克/米² 和 146.27 克/米²。同季节相比，秋季增长明显，而春季则低于 1990～1991 年春季的 85.14 克/米²（表 4-24）。

表 4-24　兴化湾大型底栖生物数量年变化

数量	时间	春季	夏季	秋季	冬季	平均
密度/（个/米²）	1984～1985	183	205	112	159	165
	1990～1991	911	133	124	184	338
	2000		130	277		
	2005～2006	515		250		
生物量/（克/米²）	1984～1985	21.89	42.17	55.26	27.01	36.58
	1990～1991	85.14	15.12	43.23	27.11	42.65
	2000		30.34	42.86		
	2005～2006	29.27		146.27		

兴化湾秋、春两季有大型底栖生物 197 种，种数季节变化以秋季（127 种）略多于春季（120 种），两季以多毛类、软体动物和甲壳动物为主要类群。两个季节物种多样性指数平均为 3.001，春季高于秋季；两个季节均匀度指数平均为 0.805，春季均匀度指数高于秋季。兴化湾大型底栖生物种数年际变化较大，1984～1985 年为 314 种，2000 年为 132 种，2005～2006 年为 197 种。2005～2006 年，优势种为矛毛虫、丝鳃稚齿虫、独毛虫、中蚓虫、背蚓虫等（表 4-25）。

表 4-25　兴化湾大型底栖生物种数与优势种变化

时间	物种数	优势种
1984～1985	314	特矶沙蚕、双鳃内卷齿蚕、波纹巴非蛤、棒锥螺、弯六足蟹
1990～1991	227	双鳃内卷齿蚕、独毛虫、特矶沙蚕、鸟喙小脆蛤、浅缝骨螺
2000	132	双鳃内卷齿蚕、弦毛内卷齿蚕、丝鳃稚齿虫、梳鳃虫、模糊新短眼蟹
2005～2006	197	矛毛虫、丝鳃稚齿虫、独毛虫、中蚓虫、背蚓虫

6. 潮间带生物

兴化湾有软相潮间带生物 199 种，隶属于 11 门 95 科。其中，海藻类 6 种，多毛类 94 种，软体动物 35 种，节肢动物 49 种，棘皮动物 6 种，其他动物 9 种。多毛类、软体动物和甲壳动物占总种数的 89.4%，三者构成兴化湾软相潮间带生物主要类群。主要种和优势种有寡鳃卷吻齿蚕、中蚓虫、异蚓虫、卷吻沙蚕、背蚓虫和长锥虫，侧底理蛤、彩虹明樱蛤、珠带拟蟹守螺、粒结节滨螺、粗糙滨螺、缢蛏、短拟沼螺、秀丽织纹螺和织纹螺，痕掌沙蟹、直背小藤壶、大角玻璃钩虾、模糊新短眼蟹、塞切尔泥钩虾和薄片裸赢蜚，以及棘皮动物的棘刺锚参等。种数季节变化较明显，以春季（150 种）＞秋季（117 种），各断面的种数以春季多于秋季。兴化湾软相潮间带生物物种多样性指数较高（3.97），均匀度指数为 0.72。

兴化湾软相潮间带生物种数变化，以 1984～1985 年（230 种）＞2005～2006 年（199 种）＞1990～1991 年（92 种）。1984～1985 年以软体动物最多，2005～2006 年以多毛类最多，软体动物、多毛类动物和甲壳动物为潮间带生物的三大主要类群。不同时期优势种组成存在一定的变化（表 4-26）。

表 4-26　兴化湾软相潮间带生物种数与优势种变化

时间	种数	优势种
1984～1985	230	裸体方格星虫、珠带拟蟹守螺、秀丽织纹螺、渤海鸭嘴蛤、可口革囊星虫、淡水泥蟹、棘刺锚参
1990～1991	92	
2005～2006	199	寡鳃卷吻齿蚕、中蚓虫、异蚓虫；侧底理蛤、彩虹明樱蛤、珠带拟蟹守螺；痕掌沙蟹、直背小藤壶、大角玻璃钩虾、模糊新短眼蟹；棘刺锚参

兴化湾软相潮间带生物平均栖息密度为 308 个/米^2，各断面栖息密度为 39～615 个/米^2，泥滩断面高于沙滩断面，季节比较春季＞秋季；平均生物量为 32.64 克/米^2，断面生物量为 2.97～58.06 克/米^2，季节比较春季生物量（34.59 克/米^2）＞秋季（32.33 克/米^2），生物量垂直分布以低潮区（49.89 克/米^2）＞中潮区（30.2 克/米^2）＞高潮区（16.60 克/米^2）。1990～1991 年潮间带生物生物量平均为 43.97 克/米^2，高于 1984～1985 年和 2005～2006 年。2005～2006 年潮间带生物栖息密度平均为 308 个/米^2，高于 1984～1985 年和 1990～1991 年（表 4-27）。

表 4-27　兴化湾潮间带生物种数、数量年变化

时间	种数	栖息密度/（个/米^2）	生物量（克/米^2）
1984～1985	230	83	21.67
1990～1991	92	159	43.97
2005～2006	199	308	32.64

7. 湿地水鸟

兴化湾水鸟资源比较丰富，是福建省最重要水鸟越冬地之一，是不少珍稀濒危物种的觅食地和越冬地。珍稀濒危鸟类有黑脸琵鹭、中华秋沙鸭、黄嘴白鹭、大杓鹬、小青脚鹬、黑嘴鸥等，主要分布在江镜农场、赤港农场、三江口。兴化湾珍稀物种黑脸琵鹭和黑嘴鸥的数量已经达到国际重要湿地标准，还有部分水鸟数量超过 1％标准，2009 年铁嘴沙鸻数量为 1310 只（1％标准为 1000 只），2006 年 2 月普通鸬鹚（1303 只）、黑腹滨鹬（16965 只）、环颈鸻（1663 只）、白腰杓鹬（906 只）超过了 1％标准（分别为 1000 只、9500 只、1000 只、350 只），水鸟总数达到 28261 只，超过国际重要湿地水鸟总数 2 万只的标准。兴化湾 7 种水鸟数量达到国际重要湿地的 1％标准，水鸟总数量也超过国际重要湿地的标准，兴化湾作为水鸟栖息地的重要性，可以申请列入国际重要湿地名录。

兴化湾同样存在一些不利于水鸟生存的因素，主要问题是人鸟争地，栖息地被破坏，具体体现在水产养殖和围海造地。

兴化湾水鸟主要为涉禽的鸻鹬类，在滩涂上觅食，涨潮滩涂被淹后到周边的鱼塘或其他空地上栖息。滩涂上大面积水产养殖，减少了滩涂水鸟的觅食空间，深水养殖对水鸟觅食的影响更大；堤岸内的深水养殖导致水鸟栖息场所减少。后海湾围堤内及岸边水产养殖为深水，滩涂面积少，鸟类的觅食及栖息空间少，导致一些鸻鹬类被逼到周边的

花生地内休息；而围堤外滩涂主要用于紫菜养殖，滩涂表面改造较小，对水鸟影响相对较小，但有可能导致水鸟被养殖紫菜的绳子挂住致死。涵江滩赤港堤岸内的弹涂鱼养殖地为了减少水鸟的捕食，铺设尼龙网，直接导致一些鸟类被网围住致死。除了觅食及栖息空间减少外，滩涂及周边区域的水产养殖增加了人类的活动，加大了对水鸟的干扰，不利于水鸟的觅食和栖息。

围海造地直接导致水鸟的觅食地大面积减少，在江阴湾表现最为明显。江阴湾的江阴一侧正在大面积围垦，围垦宽度估计离岸达 1000 米左右，滩涂的大量减少，必然造成当地水鸟数量减少。

8. 敏感生态类型

兴化湾原有的红树林生态系统已被破坏，目前，仅萩芦溪河口及三江口附近白塘镇有少量存活。兴化湾是重要的天然苗种场，江阴岛东部和江镜农场堤外海区为缢蛏天然苗种区；田边海区是全省闻名的褶牡蛎自然苗种生产区；三江口哆头分布缢蛏天然良种苗；兴化湾还有大竹蛏、巴非蛤、真鲷、江珧等天然种苗场。

兴化湾叶绿素 a 含量较高，季节变化明显，秋季高于春季。初级生产力与表层叶绿素 a 具有相同的分布趋势，高初级生产力分布于三江口至江阴中部整个内湾。浮游植物和浮游动物种类丰富，生物量较高。浮游动物以桡足类和水母类占比例最大，总生物量的季节变化非常显著。大型底栖生物种类丰富，生物量高，秋季生物量高于春季。潮间带生物种类丰富，生物量较高，生物量垂直分布以低潮区＞中潮区＞高潮区。

兴化湾叶绿素 a 含量年际间变化不大。初级生产力夏季异常高，同季节比较，呈现增长趋势。浮游植物丰度季节差异较大，夏季偏高，种类数量变化不大，优势种发生了一定变化，多样性指数较高，而均匀度指数较低。浮游动物生物量较高，有增长趋势，种类数量有所增加。大型底栖生物丰度年际变化较大，呈增长趋势；而生物量变化不大，种类丰富，优势种有所变化。潮间带生物的物种数、生物量、丰度发生了一些变化，趋势不十分明显。湾内栖息着黑脸琵鹭、小青脚鹬、黑嘴鸥等许多重点保护鸟类，人为活动破坏了鸟类的栖息地，不利水鸟生存。生态敏感区主要包括兴化湾鸟类自然保护区、天然苗场及种质资源区。兴化湾湿地作为鸟类（如黑脸琵鹭）重要的越冬地，目前保护区建设严重滞后，仅有 1 个县级自然保护区，位于江镜湿地，主要保护湿地生态系统及水禽，对生态环境保护力度不够，未来应建立兴化湾省级湿地自然保护区，以更好地保护湾内湿地。

（二）综合评价

1. 兴化湾滨海湿地生态系统综合评价

按照受损滨海湿地评价指标体系框架中的可操作指标计算方法及其权重，计算得出各操作指标的标准评价值及加权评价值（表 4-28），根据受损滨海湿地综合评价公式，兴化湾滨海湿地受损综合评价结果为 0.306，处于轻度受损阶段。

表 4-28　兴化湾受损滨海湿地评价指标评价结果

指标层指标	标准权重	指标评价值	加权评价值
土地利用强度	0.060	0.481	0.029
岸线人工化程度	0.060	0.677	0.041
人口密度	0.015	0.635	0.010
人均 GDP	0.015	0.483	0.007
人均污水排放量	0.090	0.326	0.029
外来物种入侵程度	0.060	0.100	0.006
水质污染	0.100	0.176	0.018
沉积物污染	0.100	0.078	0.008
湿地自然性	0.070	0.204	0.014
景观破碎化	0.060	0.001	0.000
海岸植被覆盖度	0.070	0.699	0.049
鸟类数量变化	0.050	0.300	0.015
底栖生物多样性	0.050	0.262	0.013
植物生物量变化	0.050	0.135	0.007
可持续发展状况	0.030	0.367	0.011
相关政策法规制定	0.030	0.500	0.015
污水处理率	0.030	0.434	0.013
公共意识	0.060	0.367	0.022
总计	1.000		0.306

　　根据单个指标评价结果，受损较严重的指标（超过平均评价值 0.346）有土地利用强度、岸线人工化程度、人口密度、人均 GDP、海岸植被覆盖度、可持续发展状况、相关政策法规制定、污水处理率和公共意识（图 4-3）。兴化湾滨海湿地周边人口密度和人均 GDP 较高，海岸带开发利用强度较大，滨海岸线和海岸带植被受人类活动影响较大，当地污水处理水平较低，保护区建设力度不够，政策法规制定未及时适应经济建设，对维护滨海湿地生态系统健康产生潜在不利因素。通过对各指标的加权评价值的具体分析发现，影响兴化湾受损滨海湿地评价结果的指标，即超过加权评价值平均数（0.017）的指标有土地利用强度、岸线人工化程度、人均污水排放量、水质污染、海岸植被覆盖度和公众意识等 6 项指标（表 4-29）。相比单个指标评价结果少了人口密度、人均 GDP、可持续发展状况、相关政策法规制定和污水处理率等，增加了人均污水排放量和水质污染 2 项指标。由表 4-29 可见，对综合评价结果影响较大的指标主要有土地利用强度、岸线人工化程度、人均污水排放量和海岸植被覆盖度等 4 个方面，这 4 个指标应当成为今后兴化湾受损滨海湿地保护措施中重点考虑的对象。

　　兴化湾受损滨海湿地综合评价结果处于轻度受损阶段，影响的指标主要来自压力指标，而状态指标多数都在 0.3 以内，各个响应指标在 0.5 范围内。目前兴化湾滨海湿地状态仍处在较好的阶段。综合考虑压力和响应指标，兴化湾滨海湿地周边各个区县人口稠密，经济活跃，人类活动对海岸带开发力度加强，围海造田、码头港口建设等海岸线人工化明显已经对当地滨海湿地生态系统造成很大威胁；当地的主要湿地生态健康维护能力总体偏弱，保护区数量少、级别低，莆田一侧污水处理能力不足等。

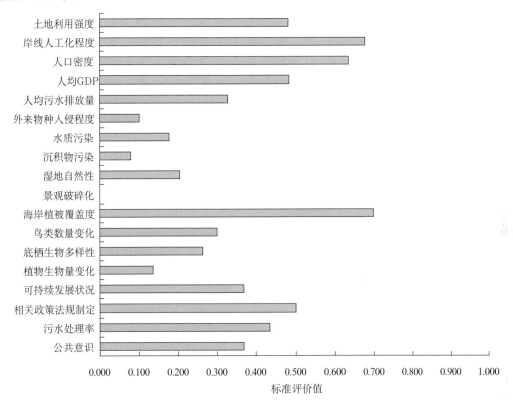

图 4-3　兴化湾受损滨海湿地单个指标评价结果

表 4-29　兴化湾受损滨海湿地生态系统分项评价指标权重

评价目标	子指标	操作指标
压力 1.00	土地利用改变 0.40	土地利用强度 0.20 岸线人工化程度 0.20
	人为活动频繁 0.10	人口密度 0.05 人均 GDP 0.05
	环境污染 0.30	人均污水排放量 0.30
	外来物种入侵程度 0.20	外来物种入侵程度 0.20
状态 1.00	环境质量 0.36	水质污染 0.18 底质污染 0.18
	生境质量 0.37	湿地自然性 0.13 景观破碎度 0.11 海岸植被覆盖度 0.13
	生物质量 0.27	鸟类多样性指数 0.09 底栖生物多样性指数 0.09 植物生物量 0.09

续表

评价目标	子指标	操作指标
响应 1.00	发展战略 0.40	可持续发展状况 0.20 相关政策法规制定 0.20
	管理措施 0.60	污水处理率 0.20 公众意识 0.40

根据表 4-30 分项指标权重和评价值，计算得出兴化湾滨海湿地生态系统受损压力、状态和响应综合评价结果（图 4-4）。

兴化湾受损滨海湿地生态系统压力综合评价值（0.405）处在一般水平区间（0.4～0.6），所面临的生态受损压力尽管不大，但已不容忽视，尤其是对压力评价值较高的几项指标，包括土地利用强度、岸线人工化程度和人均污水排放量等（表 4-31）。

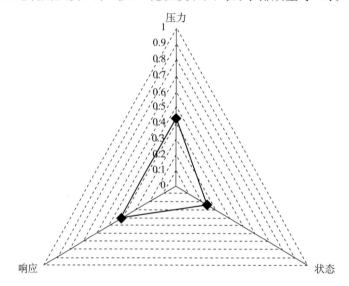

图 4-4 兴化湾受损滨海湿地生态系统压力、状态和响应综合评价结果

表 4-30 兴化湾受损滨海湿地生态系统压力综合评价结果

指标层指标	标准权重	指标评价值	加权评价值
土地利用强度	0.20	0.481	0.096
岸线人工化程度	0.20	0.677	0.135
人口密度	0.05	0.635	0.032
人均 GDP	0.05	0.483	0.024
人均污水排放量	0.30	0.326	0.098
外来物种入侵程度	0.20	0.100	0.020
总计	1.000		0.405

按照分级标准，兴化湾受损滨海湿地生态系统状态综合评价值（0.226）处在比较健康区间（0.2～0.4），滨海湿地生态系统仍保持比较好的状况（表 4-31）。然而，海岸带植被覆盖度评价值远超过其他指标，反映出兴化湾海岸带开发破坏了海岸带植被覆

盖度。

表 4-31　兴化湾受损滨海湿地生态系统状态评价结果

指标层指标	标准权重	指标评价值	加权评价值
水质污染	0.18	0.176	0.032
沉积物污染	0.18	0.078	0.014
湿地自然性	0.13	0.204	0.027
景观破碎化	0.11	0.001	0.000
海岸植被覆盖度	0.13	0.699	0.091
鸟类数量变化	0.09	0.3	0.027
底栖生物多样性	0.09	0.262	0.024
植物生物量变化	0.09	0.135	0.012
总计	1.000		0.226

兴化湾受损滨海湿地生态系统响应综合评价值（0.407），处在一般响应区间（0.4～0.6），接近响应较为积极区间（表 4-32）。兴化湾生态系统保护的响应基本达到完善，但对评价值较高的几项指标需要进一步提高认识，加强宣传和管理，包括相关政策法规制定和公共意识。前者属于基础设施投资建设的范畴，注重保护区建设，提升保护区级别，扩大保护区规模；后者处于生态文明建设的范畴，应加大宣传滨海湿地环保理念。

表 4-32　兴化湾受损滨海湿地生态系统响应评价结果

指标层指标	标准权重	指标评价值	加权评价值
可持续发展状况	0.20	0.367	0.073
相关政策法规制定	0.20	0.500	0.100
污水处理率	0.20	0.434	0.087
公共意识	0.40	0.367	0.167
总计	1.000		0.407

2. 兴化湾滨海湿地生态系统 PSR 机制分析

兴化湾滨海湿地生态系统处于健康状态，滨海湿地所属的浅海水体、潮间带沉积物质量及植物生物量均较好，但由于海岸带开发利用，海岸带植被覆盖率低。兴化湾滨海湿地总体上健康，生态系统处于自我调节所能承受的范围内。

从压力方面分析，兴化湾周边区县人多地少，人口密度明显高过同期福建省平均水平，该区域位于福建省经济活跃地带，人均 GDP 接近福建省平均水平，海岸带土地利用强度较大，过多的围填海和码头港口建设使得岸线人工化明显，湿地鸟类失去栖身之地，天然种苗场严重丧失。兴化湾海域污染源主要来自周边区县生活和农业污水，但人均污水排放量低于诏安湾和三沙湾，该湾不存在互花米草入侵问题。兴化湾滨海湿地所受的压力主要来自人类海岸带开发活动。

从响应指数分析，兴化湾滨海湿地响应强度为一般水平，但已接近响应较为积极的区间范围。虽然福清市、涵江区和荔城区建有污水处理厂，但受制于处理规模，莆田一侧仍有大量的污水直排或经木兰溪入海。兴化湾在福建众多港湾中面积最大，滩涂分布广，但迄今为止仅有一个县级保护区，现有的保护设施和政策措施响应力度不够。

（三）服务价值评价

1. 兴化湾湿地类型及其主导生态服务类型分析

湿地是重要的国土资源、自然资源和重要生态系统之一。针对兴化湾湿地的主要类型，建立兴化湾滨海湿地生态系统服务功能的分类（表4-33）。

表4-33　兴化湾滨海湿地生态服务分类

大类	湿地类型	面积/公顷	主导生态服务类型
天然湿地	砂质湿地	1 029.06	供给服务
			调节服务：净化水质、防风暴潮
	粉砂淤泥质湿地	15 328.08	支持服务：初级生产、提供栖息地、生物多样性维持
	岩石性湿地	949.11	调节服务：消浪促淤护岸
	河流湿地	2.01	供给服务
			调节服务：净化水质、防风暴潮
	滨岸沼泽湿地	1 190.96	支持服务：初级生产、提供栖息地、生物多样性维持
	合计	18 499.22	
人工湿地	养殖池塘	5 490.16	供给服务
	盐田	284.07	供给服务
	水田	340.66	调节服务：调节气候
	合计	6 114.89	
评价区域滨海湿地总计		24 614.11	

＊此数据范围是海岸线至0线，包括了潮间带和潮上带

2. 兴化湾滨海湿地生态系统服务价值估算

（1）湿地供给服务价值估算

1）底栖生物量

兴化湾滨海湿地潮间带和潮下带（0～－5米）生境面积分别约为223.70千米^{2}和173.3千米^2。根据2005年9月和2006年4月潮间带生物和大型底栖生物生物量分别按32.64克/米^{2}和88.77克/米^{2}计算，滨海湿地的底栖生物量约为22685.41吨。潮间带生物中，具有较高经济价值的软体动物约1314.28吨（占18%），甲壳动物约1825.39吨（占25%），其他生物约4161.89吨（占57%）。大型底栖生物中软体动物约2615.25吨（占17%），甲壳动物约3538.28吨（占23%），其他生物约9230.30吨（占60%）。

软体动物以每吨价值2万元估算，甲壳动物以每吨价值4万元估算，其他种类的大型底栖生物以每吨价值1万元估算，底栖生物资源价值合计约4.27亿元。

根据食物链分析，底栖生物是许多经济价值很高的底层鱼类的饵料。底栖生物的数量，难以从潮流的往复流动中得到补充。由底栖生物减少形成对鱼类间接的危害和损失比以上所计算的底栖生物直接经济价值要大许多。

2）盐田资源价值

兴化湾盐业在20世纪80年代较发达，高峰期时国营盐场和乡镇办盐场有几十

家。进入 2000 年来，由于盐业市场萎缩，价格下跌，盐出现了滞销，不少盐场难以为继，相继转变成养殖场或工业用地。2000 年福州江阴工业区成立，征用废弃的江阴盐场和新港盐场；江镜农场也将 200 公顷盐场改为池塘。兴化湾现有的盐场规模大为缩小，主要盐场有北岸的三山镇泽岐盐场和南岸的北高镇埕头盐场。采用类比分析方法，东山是全省三大海盐产区之一，拥有盐田 9333.3 公顷，单产 8.6吨/公顷，类比东山的盐业产量，兴化湾滨海湿地盐田面积 284.1 公顷，按原盐产量和市场价格 500 元/吨计算，得出盐业的产值为每年 122.2 万元《福建省海湾围填海规划》。

3）浅海养殖业的资源价值

兴化湾滨海湿地海水养殖面积约 5309 公顷，主要养殖品种为大型藻类、贝类（包括牡蛎、缢蛏、贻贝和花蛤）。根据各类水产养殖每亩的年收入，计算兴化湾滨海湿地海水养殖价值每年总计约 3.9 亿元（表 4-34）。

表 4-34 兴化湾养殖面积、产量及价值

项目	大型藻类	贝类	牡蛎	缢蛏	贻贝	花蛤
面积/公顷	569	4 740	2 683	1 538	33	486
产量/吨			133 972	16 515	2 000	1 990
单价/［万元/（亩·年）］	0.40	0.50				
价值/（亿元/年）	0.34	3.56		2.72		

注：养殖面积和产量资料来源于福建省水产所，《福建省养殖容量调查》，2001 年

（2）湿地调节服务价值估算

1）调节气候价值

兴化湾滨海湿地生态系统形成的植物干物质约为 3 308.6 吨，可固定 CO_2 5 391.8 吨，释放 O_2 3 941.7 吨。获得兴化湾滨海湿地吸收 CO_2 功能价值为 140.7 万元，获得兴化湾滨海湿地释放 O_2 功能价值为 157.7 万元。兴化湾滨海湿地生态系统的大气调节价值＝固定 CO_2 价值＋释放 O_2 价值，为 298.4 万元/年。

2）净化水质

类比盐城滨海湿地的淤泥光滩对氮、磷的截留效应，兴化湾滨海湿地截留总氮0.385 千克/公顷和总磷 0.042 千克/公顷，计算兴化湾滨海湿地的水质净化的价值约为31.2 亿元/年。

3）干扰调节

人民币汇率按 1:6.5 计算，兴化湾滨海湿地的干扰调节价值约为 2.10 亿元/年。

（3）湿地支持服务价值估算

1）初级生产力

2005 年 9 月和 2006 年 4 月，兴化湾滨海湿地海域平均初级生产力约为 267.4 毫克碳/（米^2·天），每年海洋初级生产力约达 18 055.42 吨碳/年，兴化湾滨海湿地贝类含壳重年生产量约为 119 599.11 吨，按现状贝类含壳重的平均市场价格 10 元/千克计算，兴化湾滨海湿地每年间可生产的价值约为 11.96 亿元。虽然该价值会因许多不确定因子的变化而有所波动，但该价值可以从理论上反映兴化湾滨海湿地可产生的生物量永久性价值。

2）栖息地

根据 Costanza 等（1997）测算的关于湿地提供栖息地的价值为 439 美元/公顷，人民币汇率按 1：6.5 计算，兴化湾滨海湿地的栖息地价值约为 0.50 亿元/年。

3）生物多样性维持

采取成果参照法估算生物多样性价值，兴化湾滨海湿地的生物多样性维持价值约为 0.37 亿元/年。

（4）科研文化服务价值估算

兴化湾目前有福清兴化湾县级鸟类自然保护区（面积为 1200 公顷），位于江镜湿地，保护兴化湾湿地以及珍稀鸟类的栖息地。发达国家用于自然保护区的投入每年约为 2058 美元/千米^2，发展中国家也达到 157 美元/千米^2，而我国仅为 52.7 美元/千米^2。根据兴化湾滨海湿地提供生物栖息地服务功能的重要性，应以发达国家和发展中国家每年用于自然保护区投入费用的平均值约为 1107.5 美元/千米^2 为准，人民币汇率按 1：6.5 计算，运用生态价值法，算得兴化湾滨海湿地的科研文化价值约为 8.67 万元/年。

（5）兴化湾滨海湿地生态系统服务价值汇总

兴化湾滨海湿地各项服务功能价值最终结果如表 4-35 所示，兴化湾滨海湿地年服务价值总额为 54.34 亿元。

表 4-35　兴化湾生态服务功能年价值　　　　　　　　（单位：亿元/年）

项目	供给服务	调节服务			支持服务			文化服务	总价值
		气候调节	净化水质	干扰调节	初级生产	栖息地	生物多样性		
价值	8.18	0.03	31.20	2.10	11.96	0.50	0.37	0.001	54.34

第三节　诏安湾滨海湿地

一、滨海湿地自然条件评价

（一）自然地理

诏安湾是福建南部一大港湾，三面为低山丘陵所环抱，地处亚热带靠近北回归线的纬度位置上，属亚热带海洋性气候，光热资源丰富，处于夏半年东南海洋暖湿季风登陆的必经之地，降水丰沛。多年平均气温为 21.3℃，多年平均降水量 1442.3 毫米，年平均蒸发量 1950.0 毫米，积温明显高过内陆，对喜热生物有利。丰富的光热资源与较充足的降水相结合，有利于生物的生长繁衍。诏安湾海域总面积为 211.28 千米^2，海底宽浅平缓，滩涂平坦宽广，现有滩涂面积 32.40 千米^2，大陆岸线 110.70 千米，湾口以沙质海岸和基岩海岸为主，海湾的顶部及河口处为淤泥质海岸，海域水深均小于 20 米，十分适合海涂水产养殖及围涂造田。每年夏秋季台风盛行季节，台风所带来的狂风暴雨对海岸滩涂的经济建设造成严重威胁。周边区县水陆交通十分方便，漳汕高速和国道324线从周边行政区穿过，随着未来厦深高铁的贯通，必将对诏安湾的开发起到一个重要作用。该湾滩涂广阔，湾内风平浪静，气候条件优越，为湾内的资源开发与利用提供一极好的自然条件。

（二）主要资源条件

诏安湾光热资源丰富，雨水充沛，避风条件好，滩涂面积分布广，生物资源丰富，水质肥沃，水体和沉积物质量良好，具有发展海水捕捞业和海水增养殖的优越条件，海洋功能区划中，诏安湾定位为海水增养殖。诏安湾海底宽浅平缓，深水岸段少，不利于大型港口建设。沙滩和海岛是重要的旅游资源，有待于进一步开发，盐业生产条件好，但是效益不高。随着周边乡镇工农业发展和沿海滩涂的开发，保护各种自然资源，力求做到经济效益、社会效益和生态效益的统一。

滩涂资源：诏安湾海域广阔、水浅，海底平缓，现有滩涂面积 32.40 千米^2。诏安湾历史上围垦了 14 次，围垦面积为 40.84 千米^2，约占整个海湾的 24.61％，主要位于诏安湾湾顶和东侧岸段。滩涂以泥质滩为主，主要用于水产养殖，滩涂已养面积 1348 公顷。该湾是发展滩涂、海水养殖，建立海洋农牧化基地的理想地点。

水产资源：诏安湾自然地理优越，生物资源丰富，有经济价值的鱼虾贝和藻类 300 种之多。海底地形地貌复杂，岩礁丛生，水质肥沃，生物饵料充足，盛产大黄鱼、马鲛鱼、石斑鱼、龙虾、红鲟、泥蚶、巴非蛤等经济价值高的水产品，是多种渔业品种索饵、产卵、繁殖及生长的场所。诏安湾海域一直保持良好状态，周边乡镇多以渔业为主，丰富的渔业资源为居民经营水产品奠定了基础。当地居民利用湾内的丰富自然资源，发展捕捞业和养殖业，养殖的品种有牡蛎、泥蚶、缢蛏、文蛤、扇贝、海蚌、对虾、青蟹等，收到良好的经济效益。但诏安湾渔业资源也受到严重破坏，滥捕、炸炮、电鱼等给养殖业造成极大的危害。海洋捕捞强度已超过海区渔业资源的承受能力，密密麻麻的围网和浅海区的定置网，将海洋经济生物的食饵、栖息场所和洄游路线完全阻断，对海区渔业资源造成极大破坏。

港口资源：诏安湾海底宽浅平缓，大多水域水深小，仅湾口处较深，湾顶一带淤积严重。受自然条件的限制，港航资源不理想，不适合大型港口开发。港口资源主要分布于湾口的东、西两侧，即诏安的赭角岸段和东山县的后岐一下坡岸段，该岸段水深好，避风尚可。省海洋功能区划中，赭角和岐下两地为港口预留区。受围垦和八尺门海堤的影响，诏安湾淤积日趋严重，对港口岸线资源造成负面影响。当前港口资源未得充分利用。

旅游资源：诏安湾滨海湿地旅游资源主要分布在西岸线附近及近湾口处，有奇山异洞、沙滩、海岛、万亩护林带，具有发展海滨度假休闲的优势。海滨沙滩沙质优良，各项质量标准达到国际海滨浴场条件，适宜旅游季节相对较长。目前，丰富的旅游资源远未得到充分开发，但湾内的淤积对滨海沙滩景观会造成负面影响。

二、 生态系统评价

（一）生态评价

1. 叶绿素 a

2005 年 12 月，诏安湾叶绿素 a 含量为 2.63 ± 1.62 毫克/米^3；2006 年 4 月，叶绿素 a 含量为 2.90 ± 1.23 毫克/米^3。两季均值十分接近，未出现明显的冬、春季差异，但冬季海区各站位叶绿素 a 数值波动比春季大。

1988～1989 年叶绿素 a 质量浓度明显偏高，春季高达 11.05 毫克/米^3，而在 1990～1991 年、2005～2006 年，叶绿素 a 质量浓度回落，变化趋于平缓，季节变化不明显（表 4-36）。海区未出现富营养化。

表 4-36　诏安湾叶绿素 a　　　　（单位：毫克/米^3）

时间	春季	夏季	秋季	冬季	平均
1988～1989	11.05		7.03		
1990～1991	1.65	2.41	2.37	2.84	2.32
2005～2006	2.90			2.63	

2. 初级生产力

2005 年 12 月，诏安湾初级生产力为 136.5 ± 126.54 毫克碳/（米^2·天）；2006 年 4 月，初级生产力为 246.39 ± 106.61 毫克碳/（米^2·天）。春季海区初级生产力比冬季高，且各测站偏差更小。

诏安湾初级生产力的季节变化较明显，1990～1991 年为夏季＞春季＞秋季＞冬季；2001 年为春季＞秋季＞夏季；2005～2006 年为春季＞冬季。总体上春季初级生产力要高于秋、冬季。历史变化是春季和冬季初级生产力较以往具增长趋势（表 4-37）。

表 4-37　诏安湾初级生产力　　　[单位：毫克碳/（米^2·天）]

时间	春季	夏季	秋季	冬季	平均
1990～1991	111	339	96	24	142.5
2001	241	97	137.65		
2005～2006	246.39			136.5	

3. 浮游植物

2005 年 12 月，浮游植物总细胞密度为 $9.6\times10^4\pm14.67\times10^4$ 个/米^3，高值是低值的近 30 倍，密集中心位于西屿北侧。2006 年 4 月，浮游植物总细胞密度为 $23.79\times10^4\pm22.44\times10^4$ 个/米^3，高低值相差达 50 倍，密集中心位于港口北侧。诏安湾浮游植物丰度，在 2005～2006 年春季只有 0.238×10^6 个/米^3，远低于 1988～1989 年春季的 80.56×10^6 个/米^3、2001 年的 12.75×10^6 个/米^3，下降趋势明显（表 4-38）。

表 4-38　诏安湾浮游植物丰度变化　　　　　　　　（单位：10^6 个/米³）

时间	春季	夏季	秋季	冬季	平均
1988～1989	80.56		82.98		
2001	12.75	2.03	40.20		
2005～2006	0.238			0.096	

　　诏安湾浮游植物种数季节间差别不大，介于 54～111 种。2001 年 5 月浮游植物种类数较多。1989 年与 2005～2006 年的种类数相对较少。各年春季浮游植物种类数相对较多。菱形海线藻一直为该海域的主要优势种（表 4-39）。其他优势种变化大。

表 4-39　诏安湾浮游植物多样性变化

时间	物种数/种	优势种
1989 年 5 月	62	地中海海管藻、洛氏角刺藻、并基角刺藻、菱形海线藻、丹麦细柱藻
1989 年 10 月	54	
2001 年 5 月	111	冕孢角毛藻、并基角毛藻、窄隙角毛藻、假弯角毛藻、奇异棍形藻、菱形海线藻、中肋骨条藻
2001 年 8 月	80	
2001 年 11 月	94	
2005 年 12 月	61	刚毛根管藻、中肋骨条藻、菱形海线藻、布氏双尾藻、细弱海链藻
2006 年 4 月	79	

　　浮游植物总量较 1989 年有大幅下降。浮游植物种类组成中其优势种高度集中，刚毛根管藻和中肋骨条藻居绝对优势，分别占浮游植物细胞总量的 49.72% 和 25.14%，个别测站刚毛根管藻所占比重达 98%，物种多样性指数低于 1.0 的测站占到 36%。在水交换条件较差的湾顶，有害赤潮种夜光藻占细胞总量的 24.56%。

　　4. 浮游动物

　　2005 年 12 月和 2006 年 4 月，两个季节浮游动物湿重生物量均值为 191.7 毫克/米³。生物量的季节变化较小，春季为 191.6±102.2 毫克/米³，略高于冬季 189.8±106.3 毫克/米³。较高生物量区位于梅岭镇东部近侧和湾口水域。浮游动物总个体密度冬季为 30±37.9 个/米³，春季则是 21.5±15.7 个/米³，冬季不仅均值较高，且区间变化幅度也大。

　　历史变化：1988～1989 年海岛调查，诏安湾春、秋季浮游动物的丰度分别为 124.45 个/米³ 和 159.82 个/米³，明显高于 2005～2006 年春、冬季的 21.5 个/米³ 和 30 个/米³，下降趋势明显（表 4-40）。浮游动物生物量与丰度变化相似，2005～2006 年春秋季浮游动物生物量低于 1988～1989 年春秋两季，呈现下降趋势。

表 4-40　诏安湾浮游动物数量变化

数量	时间	春季	夏季	秋季	冬季	平均
丰度/（个/米³）	1988～1989	124.45		159.82		
	2005～2006	21.5			30	
生物量/（毫克/米³）	1988～1989					570
	2005～2006	191.6			189.8	

　　2005～2006 年诏安湾浮游动物 50 种。其中，2006 年 4 月出现的种数较多（36种），2005 年 12 月较少（33 种），浮游动物种数组成中以桡足类和水母类占比较大，相

对高盐的暖水种大多仅出现于外海水影响最甚的湾口水域。湾顶浮游动物丰度低、多样性低，分布特点与该内湾水浅、潮流不畅、水交换能力差的环境特点相吻合。历史变化：物种数年际变化不明显，维持在27～46种，但湾内浮游动物的优势种已经发生变化（表4-41）。

表 4-41 诏安湾浮游动物物种数和优势种变化

时间	物种数	优势种
1989 年 5 月	27	太平洋纺锤水蚤、强额拟哲水蚤、真刺唇角水蚤、瘦歪水蚤、双刺唇角水蚤、尖额谐猛水蚤
1989 年 10 月	44	
2005 年 12 月	36	瘦尾胸刺水蚤、挪威小毛猛水蚤、短角长腹剑水蚤、中华哲水蚤、小拟哲水蚤、真刺唇角水蚤
2006 年 4 月	46	

5.大型底栖生物

诏安湾有大型底栖生物196种。甲壳动物、多毛类动物和软体动物分别有64种、58种和48种，其余各类群种数较少。物优势种有7种，分别是多毛类动物3种，软体动物1种，甲壳动物3种。种数季节变化以春季（137种）＞冬季（123种）。大型底栖生物种数分布不均匀，春季平均为20种/站，略高于冬季（16种/站）。历史变化，物种数量有所增长，2005～2006年＞2000年＞1988～1989年，大型底栖生物种类组成变化不大，均以多毛类动物、软体动物和甲壳动物为主（表4-42）。

表 4-42 诏安湾大型底栖生物种类组成年变化

时间	多毛类动物	软体动物	甲壳动物	棘皮动物	其他动物	合计
1988～1989	68	21	19	4	10	122
2000	58	26	43	8	12	147
2005～2006	58	48	64	4	22	196

诏安湾大型底栖生物冬、春季平均生物量为101.28克/米^2，春季生物量为40.67±52.48克/米^2，冬季为161.88±341.35克/米^2，冬季平均生物量大于春季，且各站位变化幅度较大；冬、春两季平均栖息密度为329个/米^2，其中春季为271±226个/米^2，冬季为386±432个/米^2，冬季栖息密度高于春季。栖息密度分布趋势，以湾顶逐渐向湾外递减。历史变化：相比1989年海岛调查和2000年港湾容量调查，春季大型底栖生物生物量和栖息密度有所下降，但2005年冬季大型底栖生物生物量明显高于往年(表4-43)。

表 4-43 诏安湾大型底栖生物数量变化

数量	时间	春季	夏季	秋季	冬季
密度/（个/米^2）	1988～1989	431		139	
	2000	1 066	156	73	
	2005～2006	271			386
生物量/（克/米^2）	1988～1989	79.05		82.93	
	2000	45.85	27.35	32.35	
	2005～2006	40.67			161.88

6. 潮间带生物

诏安湾有潮间带生物 299 种。其中多毛类动物 91 种，软体动物 81 种，甲壳动物 52 种，棘皮动物 6 种，其他动物 21 种和藻类 48 种。多毛类、软体动物和甲壳动物占总种数的 74.92%，三者构成潮间带生物主要类群。历史变化：1990～1991 年海岛调查的潮间带生物物种数最多，达到 512 种，2005～2006 年次之，1985 年海岸带和海涂资源调查最少。诏安湾潮间带生物各类群组成均以藻类、软体动物、甲壳动物和多毛类为主（表 4-44）。

表 4-44　诏安湾潮间带生物各类群组成的年变化

时间	藻类	多毛类动物	软体动物	甲壳动物	棘皮动物	其他动物	合计
1984～1985	19	17	55	42	6	14	153
1990～1991	87	77	173	104	24	47	512
2005～2006	48	91	81	52	6	21	299

诏安湾潮间带生物 4 条断面平均生物量为 1185.67 克/米^2，平均栖息密度为 1700 个/米^2。生物量年际间差别较大，1984～1985 年仅有 64.04 克/米^2，1990～1991 年高达 2358.21 克/米^2，2005～2006 年又急剧下降，平均为 185.67 克/米^2（表 4-45）。生物量组成不尽相同，1984～1985 年以软体动物最多，棘皮动物次之；1990～1991 年以软体动物最多，甲壳动物次之；2005～2006 年以藻类最多，甲壳动物次之。

表 4-45　诏安湾潮间带生物物种数和数量特征

时间	物种数	栖息密度/（个/米^2）	生物量/（克/米^2）
1984～1985	153		64.04
1990～1991	512		2 358.21
2005～2006	286	1 700	1 185.67

7. 珍稀濒危动物

20 世纪 50 年代，渔民常见诏安湾的中华白海豚，60 年代后由于诏安湾东山岛侧大量围填海进行水产养殖和造盐场，湾内淤积和水质恶化，现已极少能看到中华白海豚。向阳盐场围垦前为沙滩，土与沙混合，栖息着许多珍稀名贵物种，物种甚为丰富，如海鸟、白海豚和中国鲎等，现已极为少见；西埔湾围垦前，湾内栖息着许多珍稀物种，如白海豚和海鸟等，现已看不到白海豚，仅能观察到少量海鸟；诏安湾原为西施舌的产卵场，现也已少见。

8. 生态敏感区

西埔湾、西港盐场、港口渡海堤建成后，垦区内海域层层养殖，水流受阻，海水水质被污染；湾内淤积，水深降低，与 20 年前相比降低了近 1 米。历史上西埔湾、西港盐场、港口渡不但是养殖泥蚶的好场所，而且是繁殖蚶苗的天然场所，最高年产 1 亿～2 亿粒，围垦对诏安泥蚶养殖业带来严重影响，现在泥蚶养殖大大减少，蚶苗也很少出现。诏安湾巴非蛤及其天然苗种场，由于过度捕捞濒临严重衰退。

原西埔湾垦区、八尺门、院前附近有红树林，现已不复存在。诏安湾湾顶 20世纪 50 年代之前有多条入海河口，如港口渡入海河口、螺寮入海河口、东葛头入海口等，但港口渡、西梧、林头、八尺门围垦后，这些入海河口处湿地面积逐渐减少。目前由于诏安湾沿岸高密度养殖，滩涂面积大为减少，鸟类数量和种类极为有限。

诏安湾生态状况良好，海水叶绿素 a 含量适当，冬、春季含量差异不明显。海区初级生产力水平较高，春季高于冬季。浮游植物种类丰富，生物量较高，但分布差别很大。浮游动物种类数量较为丰富，生物量中等，分布不均匀。历年数据比较，诏安湾浮游植物和浮游动物的物种数和优势种已经有所变化，浮游植物的丰度明显下降。大型底栖生物种类丰富，生物量高，生物多样性春冬两季较高。潮间带生物种类丰富，栖息密度和生物量较高，生物多样性也高，春季整体高于冬季。但某些迹象务必应引起人们关注，由于湾顶水流不畅，有害夜光藻细胞数量多，浮游植物多样性偏低，浮游动物种类偏少。湾内的中华白海豚和中国鲎等珍稀濒危动物数量已少见，仅少量海鸟出现。由于过度围垦，西施舌、蚶苗和巴非蛤产卵场现已少见。诏安湾鸟类多样性和数量低，围垦开发已使该湾区的生态状况发生退化。诏安湾现设有 3 个县级自然保护区和 1 个海洋生物特别保护区，珍稀动物得到初步保护。

（二）综合评价

1. 诏安湾滨海湿地生态系统综合评价

按照受损滨海湿地评价指标体系框架中的可操作指标计算方法及其权重，计算获得各操作指标的标准评价值及加权评价值（表 4-46）。根据受损滨海湿地综合评价公式，诏安湾滨海湿地受损综合评价结果为 0.365，按照分级水平处于轻度受损阶段，但接近0.4 临界点。

根据单个指标评价结果，受损较严重的指标（超过平均标准评价值 0.414）有岸线人工化程度、人口密度、湿地自然性、海岸植被覆盖度、底栖生物多样性、鸟类数量变化、可持续发展状况、相关政策法规制定、污水处理率和公共意识等指标（图 4-5）。当地滨海岸线受人工影响较大，较高的人口密度也对湿地自然性、海岸植被覆盖度、底栖生物多样性及鸟类数量变化造成影响。当地污水处理水平较低，也是潜在的滨海湿地生态系统健康的不利因素。根据对各指标加权评价值的具体分析发现，影响诏安湾受损滨海湿地评价结果的指标，即超过加权评价值平均数（0.020）的指标有岸线人工化程度、人均污水排放量、湿地自然性、海岸植被覆盖度、底栖生物多样性、鸟类数量变化、污水处理率和公众意识等 8 项指标（表 4-46）。相比单个指标评价结果少了人口密度、可持续发展状况和相关政策法规制定，增加了人均污水排放量。对综合评价结果影响较大的指标，包括岸线人工化程度、人均污水排放量、湿地自然性、海岸植被覆盖度及鸟类数量变化等 5 个方面，今后应当成为诏安湾受损滨海湿地保护措施重点考虑的对象。

表 4-46 诏安湾受损滨海湿地评价指标评价结果

指标层指标	标准权重	指标评价值	加权评价值
土地利用强度	0.060	0.253	0.015
岸线人工化程度	0.060	0.810	0.049
人口密度	0.015	0.572	0.009
人均GDP	0.015	0.337	0.005
人均污水排放量	0.090	0.382	0.034
外来物种入侵程度	0.060	0.100	0.006
水质污染	0.100	0.092	0.009
沉积物污染	0.100	0.060	0.006
湿地自然性	0.070	0.604	0.042
景观破碎化	0.060	0.003	0.000
海岸植被覆盖度	0.070	0.559	0.039
鸟类数量变化	0.050	0.700	0.035
底栖生物多样性	0.050	0.492	0.025
植物生物量变化	0.050	0.129	0.006
可持续发展状况	0.030	0.433	0.013
相关政策法规制定	0.030	0.500	0.015
污水处理率	0.030	1.000	0.030
公共意识	0.060	0.433	0.026
总计	1.000		0.365

从指标体系的压力、状态和响应 3 个方面分析，诏安湾受损滨海湿地综合评价结果处于轻度受损的指标主要来自压力和响应指标，状态指标处在 0.6 以内，目前诏安湾滨海湿地状态仍处在比较好的阶段。综合分析压力和响应指标发现，诏安湾周边区县人口稠密，沿海居民早有开发和利用海洋的传统，但现有人类开发力度（如围海造地、滩涂高密度养殖等）偏大，表现为滨海岸线人工化程度高，湿地自然性较低，鸟类多样性低下，当地主要湿地生态健康维护能力总体偏弱，尤其污水处理水平还很低，周边区县污水处理厂尚未投产。

表 4-47 诏安湾滨海湿地生态系统受损压力、状态和响应分项评价指标权重

评价目标	子指标		操作指标	
压力 1.00	土地利用改变	0.40	土地利用强度	0.20
			岸线人工化程度	0.20
	人为活动频繁	0.10	人口密度	0.05
			人均GDP	0.05
	环境污染	0.30	人均污水排放量	0.30
	外来物种入侵	0.20	外来物种入侵程度	0.20
状态 1.00	环境质量	0.36	水质污染	0.18
			底质污染	0.18
	生境质量	0.37	湿地自然性	0.13
			景观破碎度	0.11
			海岸植被覆盖度	0.13
	生物质量	0.27	鸟类多样性指数	0.09
			底栖生物多样性指数	0.09
			植物生物量	0.09
响应 1.00	发展战略	0.40	可持续发展状况	0.20
			相关政策法规制定	0.20
	管理措施	0.60	污水处理率	0.20
			公众意识	0.40

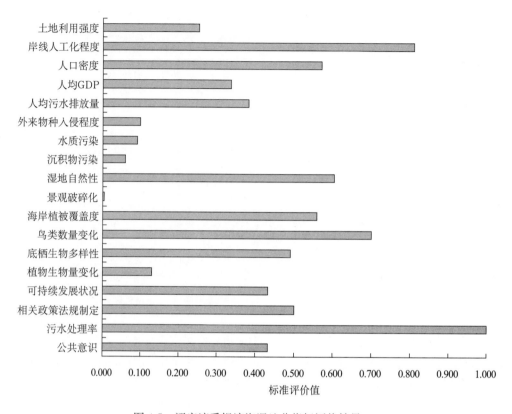

图 4-5　诏安湾受损滨海湿地分指标评价结果

根据表 4-47 中分项指标权重和评价值，可以计算获得诏安湾滨海湿地生态系统受损压力、状态和响应综合评价结果（图 4-6）。

从诏安湾滨海湿地生态系统受损压力评价分析（表 4-48），压力综合评价值（0.393）处在压力能够承受区间（0.2~0.4）。诏安湾目前所面临的生态受损压力尽管不大，但不容忽视，尤其是对压力评价值较高的几项指标，包括岸线人工化程度和人均污水排放量。前者受历史影响已经很难改观，对污水排放的控制则需要严格实行。

表 4-48　诏安湾滨海湿地生态系统受损压力综合评价结果

指标层指标	标准权重	指标评价值	加权评价值
土地利用强度	0.20	0.253	0.051
岸线人工化程度	0.20	0.810	0.162
人口密度	0.05	0.572	0.029
人均 GDP	0.05	0.337	0.017
人均污水排放量	0.30	0.382	0.115
外来物种入侵程度	0.20	0.100	0.020
总计	1.000		0.393

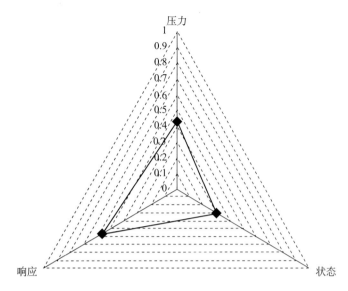

图 4-6　诏安湾受损滨海湿地生态系统压力、状态和响应综合评价结果

　　从诏安湾滨海湿地生态系统受损状态评价分析（表 4-49），按分级标准，状态综合评价值（0.298）处在比较健康区间（0.2～0.4），诏安湾滨海湿地生态系统仍保持比较好的状况，但对评价值较高的几项指标需要重点关注，预防恶化，包括湿地自然性、海岸植被覆盖度和鸟类数量变化。应设置和提升滨海湿地自然保护区等级，避免人工开发对海岸湿地的进一步破坏。

表 4-49　诏安湾滨海湿地生态系统受损状态评价结果

指标层指标	标准权重	指标评价值	加权评价值
水质污染	0.18	0.092	0.016
沉积物污染	0.18	0.060	0.011
湿地自然性	0.13	0.604	0.079
景观破碎化	0.11	0.003	0.000
海岸植被覆盖度	0.13	0.559	0.073
鸟类数量变化	0.09	0.700	0.063
底栖生物多样性	0.09	0.492	0.044
植物生物量变化	0.09	0.129	0.012
总计	1.000		0.298

　　从诏安湾滨海湿地生态系统受损响应评价分析（表 4-50），响应综合评价值（0.560）处在一般响应区间（0.4～0.6），表明诏安湾滨海湿地生态系统保护的响应机制仍不够完善，尤其是对评价值较高的几项指标需要进一步提高认识，加强宣传和管理，包括污水处理率和公共意识。前者属于基础设施投资建设的范畴，后者处于生态文明建设的范畴。

表 4-50　诏安湾滨海湿地生态系统受损响应评价结果

指标层指标	标准权重	指标评价值	加权评价值
可持续发展状况	0.20	0.433	0.087
相关政策法规制定	0.20	0.500	0.100
污水处理率	0.20	1.000	0.200
公共意识	0.40	0.433	0.173
总计	1.000		0.560

2. 诏安湾滨海湿地生态系统的 PSR 机制分析

诏安湾滨海湿地生态系统健康状态的评估结果处于健康状态，滨海湿地所属的浅海水体和潮间带沉积物质量较好，叶绿素 a 含量处于正常范围内。但鸟类数量变化、湿地自然性和海岸植被覆盖度均较差。诏安湾滨海湿地总体上健康状态良好，生态系统尚处于自我调节所能承受的范围内，但海岸带开发强度较大、湿地自然性降低和海岸植被遭到破坏，必须引起高度关注。

从压力指标分析，诏安湾周边区县的人口密度高过同期福建省平均人口密度，但周边区县工业化水平较低，人均 GDP 低于福建省平均水平，海岸带开发利用强度不大。诏安湾历史上进行过多次围填海，滨海岸线人工化程度高，围垦的滩涂多以池塘和盐田形式存在，建筑用地较少。诏安湾滨海湿地所受的压力尚处于可承受区间，但已接近 0.4 阈值。

从响应指标分析，诏安湾滨海湿地响应强度一般。虽然诏安湾内成立了 3 个县级保护区和 1 个海洋综合保护区，保护湿地水鸟和珍稀海洋生物，但周边区县无污水处理厂，污水直排进入港湾，居民环保意识较为淡薄。目前所采取的保护管理政策与措施，不能明显减轻所受的环境压力。

（三）服务价值评价

1. 诏安湾湿地类型及其主导生态服务类型分析

针对诏安湾滨海湿地的主要类型，建立诏安湾滨海湿地生态系统服务功能的分类（表 4-51）。

表 4-51　诏安湾滨海湿地生态服务分类

大类	湿地类型	面积/公顷	主导生态服务类型
天然湿地	砂质海岸	455.71	供给服务 调节服务：净化水质、防风暴潮
	粉砂淤泥质海岸	2 820.6	支持服务：初级生产、提供栖息地、生物多样性维持
	岩石性海岸	88.34	调节服务：消浪促淤护岸
	合计	3 364.65	
人工湿地	养殖池塘	3 047.27	供给服务
	盐田	2 077.68	供给服务
	水田	26.81	调节服务：调节气候
	合计	5 151.76	
评价区域滨海湿地总计		8 516.41	

注：此数据范围是海岸线至 0 线，包括了潮间带和潮上带。

2. 诏安湾滨海湿地生态系统服务价值估算

(1) 湿地供给服务价值估算

1) 底栖生物量

诏安湾滨海湿地潮间带和潮下带（0～－5米）生境面积分别约为33.40千米^{2}和111.60千米^2。2005年12月和2006年4月，潮间带生物和大型底栖生物平均生物量分别按1185.67克/米^{2}和101.3克/米^{2}计算，滨海湿地的底栖生物量约为49 720.79吨。潮间带生物中，具有较高经济价值的软体动物量约1728.71吨（占4.5%），甲壳动物量约2958.01吨（占7.7%），其他生物量约33 728.99吨（占87.8%）。大型底栖生物中软体动物约8139.66吨（占72%），甲壳动物约2261.02吨（占20%），其他生物约904.41吨（占8%）。

软体动物以每吨价值2万元估算，甲壳动物以每吨价值4万元估算，其他生物以每吨价值1万元估算，底栖生物资源价值合计约7.52亿元。

根据食物链分析，底栖生物是许多经济价值较高的底层鱼类的饵料。底栖生物的数量，难以从潮流的往复流动中得到补充。底栖生物减少形成对鱼类间接的危害和损失比以上所计算的底栖生物直接经济价值要大许多。

2) 盐田资源价值

诏安湾盐业资源主要在东侧东山岛，有向阳红盐场、双东盐场和西港盐场三个国营盐场（《福建省海湾围填海规划》）。诏安湾拥有盐田2077.68公顷，单产8.6吨/公顷，按原盐市场价格500元/吨计算，获得盐业的产值为每年893.40万元。

浅海养殖业的资源价值

诏安湾滨海湿地海水养殖面积约4317公顷（64 755亩），主要养殖品种为贝类（牡蛎、缢蛏、花蛤、凸壳肌蛤和巴非蛤等）。根据各类水产养殖每亩的年收入，计算诏安湾滨海湿地海水养殖价值每年总计约3.2亿元（表4-52）。

表4-52 诏安湾养殖面积、产量及价值

项目	贝类	牡蛎	缢蛏	贻贝	花蛤	泥蚶	凸壳肌蛤	巴非蛤
面积/公顷	4 317	2 337	47	277	390	128	123	1 015
产量/吨		66 998	560	12 370	6 430	195	1 700	10 603
单价/[万元/（亩·年）]	0.50							
价值/（亿元/年）	3.2				2.64			

注：养殖面积和产量资料来源于福建省水产所《福建省养殖容量调查（2011）》

(2) 湿地调节服务价值估算

1) 调节气候价值

诏安湾滨海湿地生态系统形成的植物干物质约为74.5吨，可固定$CO_2$121.4吨，释放$O_2$88.8吨。由此得出诏安湾滨海湿地吸收CO_2功能价值为3.2万元，获得诏安湾滨海湿地释放O_2功能价值为3.6万元。诏安湾滨海湿地生态系统的大气调节价值＝固定CO_2价值＋释放O_2价值＝6.8（万元/年）。

2) 净化水质

类比盐城滨海湿地的淤泥光滩对氮、磷的截留效应，诏安湾滨海湿地截留总氮0.385千克/公顷、总磷0.042千克/公顷，诏安湾滨海湿地的水质净化的价值约为5.82亿元/年。

3）干扰调节

人民币汇率按 1：6.5 计算，诏安湾滨海湿地的干扰调节价值约为 0.39 亿元/年。

（3）湿地支持服务价值估算

1）初级生产力

2005 年 12 月和 2006 年 4 月，诏安湾滨海湿地平均初级生产力约为 191.4 毫克碳/（米^2·天），每年海洋初级生产力约达 2289 吨碳/年。诏安湾滨海湿地贝类含壳重年生产量约为 15 162.3 吨，按现状贝类含壳重的平均市场价格 10 元/千克计算，每年可生产的价值约为 1.52 亿元。虽然该价值会因许多不确定因子的变化而有所波动，但该价值可以从理论上反映诏安湾滨海湿地可产生的生物量永久性价值。

2）栖息地

根据 Costanza 等（1997）估算的关于湿地提供栖息地的价值为 439 美元/公顷，人民币汇率按 1：6.5 计算，诏安湾滨海湿地的栖息地价值约 934.90 万元/年。

3）生物多样性维持

采取成果参照法估算生物多样性价值，诏安湾滨海湿地的生物多样性维持价值约 714.05 万元/年。

（4）科研文化服务价值估算

诏安湾建有县级保护区 3 个（表 4-53），保护总面积为 6791 公顷，主要保护水禽及其生境。这些湿地保护区的建立，对保护典型沿海湿地生态系统、候鸟繁殖和越冬栖息地等发挥了十分重要的作用。城洲岛海洋生物特别保护区，位于诏安湾口城洲岛周围，保护区面积 288.5 公顷，主要保护物种为棱皮龟、玳瑁、海龟。

根据诏安湾滨海湿地提供生物栖息地服务功能的重要性，以发达国家和发展中国家每年用于自然保护区投入费用的平均值 1107.5 美元/千米^2 为准，人民币汇率按 1：6.5 计算，运用生态价值法，诏安湾滨海湿地的科研文化价值约为 48.88 万元/年。

表 4-53　诏安湾滨海湿地保护区建设情况

保护区名称	级别	湿地保护类型	总面积/公顷	主要保护对象	行政区域	批建年份	主管部门
东山西埔湾鸟类自然保护区	县级	湿地生态系统及水禽	6 000	水禽及其生境	东山县	2001	林业
东山大蟯自然保护区	县级	湿地生态系统及水禽	660	水禽及其生境	东山县	2001	林业
诏安四都海鸟自然保护区	县级	湿地生态系统及水禽	131	水禽及其生境	诏安县	1996	林业

（5）诏安湾滨海湿地生态系统服务价值

诏安湾滨海湿地各项服务功能价值总额为 18.83 亿元（表 4-54）。

表 4-54　诏安湾滨海湿地生态服务功能年价值　　　　　（单位：亿元/年）

项目	供给服务	调节服务		支持服务			文化服务	总服务价值
		净化水质	干扰调节	初级生产	栖息地	生物多样性		
价值	10.81	5.82	0.39	1.64	0.09	0.07	0.005	18.83

第四节 九龙江口红树林区

一、 评价技术、 评价指标体系和综合评价模型

近几十年来，随着海洋开发程度的提高，我国红树林资源所面临的形势越来越严峻，面积减少，外貌结构日趋简单，有些树种已处于濒危状态。国家海洋局 2001 年制订了《中国海岸湿地保护行动计划》，将红树林生态系统的保护列为优先项目之一。目前对红树林生态系统的评价与保护逐渐成为政府和学者们关注的焦点。

红树林生态系统评价属于湿地评价，是湿地评价研究的重要方面。湿地评价主要包括湿地健康评价、湿地功能和价值评价。红树林生态系统评价重点在于健康评价和生态功能的评价。

红树林生态系统评价的目的是希望通过研究红树林生态系统的结构（包括组织结构和空间结构）、功能（生态功能和各项服务所对应的功能）、适应力（弹性）和社会价值等综合特性来判断其健康状况，诊断和评估从宏观尺度（如面积变化）到微观尺度（如景观破碎、环境污染等），自然因素和人类活动引起的外在压力对红树林生态系统的生境状况和生态结构特征造成的损害程度，以此发出预警，为管理者、决策者调整策略提供科学依据，以期更好地保护、恢复或重建、合理利用红树林生态系统资源。

(一) 红树林生态系统评价的研究进展

目前，国内许多研究对生态系统评价方法及评价指标体系进行了详述和分类，同时，也对海洋、河口与滨海湿地生态系统进行了初始评价。欧阳毅和桂发亮（2000）就如何诊断生态系统健康提出了一些指标，并引入工程模糊集理论建立生态系统健康评价的数学模型。袁兴中等（2001）认为，建立生态系统健康评价指标的第一步是指标选择原则的确定，根据生态系统健康评价的目的和指标筛选的原则，把生态系统健康指标体系分为生物物理指标、生态学指标和社会经济指标。马克明等（2001）认为生态系统健康评价方法主要有两种：指示物种法和指标体系法。指标体系的选择可以从两方面进行：一是生态系统内部指标，包括生态毒理学、流行病学、生态系统医学等方面的不同尺度指标的综合；二是生态系统外部指标，如社会经济指标等。杨建强等（2003）采用结构功能指标评价分析方法，以莱州湾西部海域为研究对象，利用层次分析法确定评价因子的层次关系和重要度，建立了海洋生态系统健康综合评价指数模型。王军等（2006）基于生态系统理论，构建了由社会、经济、自然环境、自然灾害 4 个子系统和 7 个二级指标及 29 个三级指标组成的长江口滨岸带生态环境质量评价指标体系；以层次分析法和综合信息熵模型法相结合确定评价指标权重值；采用灰

色关联综合评价模型对上海滨岸带生态环境质量进行评价。孙涛和杨志峰（2004）建立了退化河口生态系统恢复评价指标体系，该指标体系综合考虑了河口生态系统对全流域及人类生活的影响，分别从生态系统的环境部分、生物部分及对人类的影响等3个方面，采用集水面积、人口密度、入海量、河口断流时间、水质、生物多样性指数和生物量等7项指标对河口生态系统状况进行评价，并将该指标体系应用于海河流域主要河口生态恢复评价中。蒋卫国等（2005）以生态系统健康及PSR模型作为研究方法，根据湿地生态系统的特点，建立了一套湿地生态系统健康评价指标体系，以小流域为单元，对每个小流域湿地进行单因子和综合评价，揭示盘锦市湿地生态系统健康状况的空间分布规律。俞小明等（2006）根据河口滨海湿地的生态环境特点，建立了一套适用于河口滨海湿地的评价指标体系，包括一级指标2项、二级指标5项、三级指标13项，可对河口滨海湿地的生态特征、生态演替阶段和生态服务功能进行全面评价。叶属峰等（2007）基于结构功能指标体系评价方法，利用层次分析法构建长江河口生态系统健康评价指标体系，通过物理化学、生态学、社会经济学三大类30个指标建立指标体系。

在红树林的生态评价方面，虽然国内研究起步较晚，但近些年来也取得了不少进展。陈铁晗（2001）在论述福建省漳江口红树林湿地自然保护区自然生态系统质量现状的基础上，对保护区自然生态系统质量进行评价；区庄葵等（2003）从珠海淇澳岛红树林自然保护区的典型性、多样性、稀有性、自然性、脆弱性等方面对其进行分析评价；唐以杰等（2006）利用ABC曲线法评价了湛江红树林自然保护区的环境状况；邓小飞和黄金玲（2006）就广东江门红树林自然保护区的典型性、生物多样性、稀有性、代表性及生态公益性、生态旅游性等方面对其进行了生态评价；王计平等（2007）以海南东寨港自然保护区为例基于社区居民调查对保护区海岸带湿地环境质量进行评价；陈传明（2009）建立等级化的评价体系并且利用AHP层次分析法计算指标权重，并利用该评价体系对福建漳江口红树林湿地自然保护区进行了生态评价。卢昌义等（2011）利用PSR模型，构建红树林生态退化机制评估指标体系，并应用于福建省漳江口红树林生态系统的生态评价。

（二）基于 PSR 模型的红树林生态系统评价体系

目前PSR模型和层次分析法的组合，正成为国内生态系统评价的主流，逐步应用到滨海湿地、河口红树林生态系统的健康评价、生态环境质量评价、生态系统恢复、风险评价等方面。

1. 评价指标体系的构建原则

评价指标体系的构建原则：建立红树林生态系统健康评价指标体系，全面真实衡量红树林生态系统的健康状况，评价指标的选取必须具有相当的完备性和代表性，以便能够综合地反映影响红树林生态系统健康的各种因素，同时也要具备在红树林生态系统评价中的可操作性。

针对红树林生态系统的特点及红树林生态系统评价实际要求，评价指标体系设置应当依据如下几个原则（钟章成，1992；肖佳媚和杨圣云，2007；Wolfslehner and Vacik，2008）。

（1）整体性原则

红树林生态系统是由真红树植物、半红树植物，伴生植物、浮游植物、鱼类、底栖生物、鸟类、浮游动物、微生物及其他非生物因素等各种成分组成的不可分割整体，指标体系的建立不仅要考虑各个成分特有要素，还应当包括能体现生态系统整体特征的指标。

（2）可操作性原则

评价指标体系在设置上应当结合实际情况考虑指标的现实性和易获取程度，考虑红树林基础生态调查的实际情况。尽量选取易获得的、能够反映系统某些关键性特征并能预测系统发展趋势的指标。

（3）层次性原则

红树林生态系统是一个复杂多元的生态系统，生态要素众多，指标体系应从简单到复杂层层剖析，分清层次，以便能清晰地体现出生态系统的状况，并且结构层次清晰有利于利用层次分析法来分析各个指标的权重。

（4）动态性原则

评价指标体系要能够充分地反映一定时空尺度的红树林生态系统健康状况，其评价指标的选择要求充分考虑红树林生态系统动态变化的特点，以期更好地对红树林生态系统的历史、现状和未来健康状况变化趋势作准确的描述和预测。

（5）尽可能采用遥感技术

评价区域尺度较大，采用传统方法进行生态调查需要动用大量的人力物力，时间跨度长，可能存在调查数据时间不一致，以及采样点稀疏、代表性差等缺点，很难从总体上反映红树林生态系统状况。现代遥感技术则可以克服以上缺点，准确及时地了解红树林生态系统变化状况，分析变化的原因和发展趋势。

2. 评价指标体系的构建

根据红树林生态系统评价体系的构建原则，从压力、状态、响应三个方面选取能切实反映红树林生态系统状况的指标，评价指标体系归纳如下。（薛雄志等，2004；袁中兴等，2001；张乔民，2001；庞振凌等，2008）。

（1）目标层，以红树林生态系统综合状况作为总目标层。

（2）项目层，包括反映红树林生态系统综合状况的压力、状态、响应三个主要方面。

（3）要素层，由构成压力、状态、响应项目层的各个要素组成。

（4）指标层，由反映各个要素状况并可直接度量的具体评价指标构成。

各层次间的结构、指标数据来源和含义见表4-55。

其中，指标层继续细化为二级、三级指标，使之具有可操作性。例如，环境污染等级，细化成水质和底质，水质指标包括盐度、氮、磷、DO、石油类、COD、悬浮物、重金属及富营养化状态；底质指标包括硫化物、有机碳、重金属。

表 4-55　红树林生态系统评价指标体系层次结构表

项目层	要素层	指标层
压力	人口状况	人口数量
		人口增长速度
		人口密度
	经济发展水平	GDP
		人均 GDP
		GDP 增长速度
		工业总产值
	资源利用状况	耕地面积
		养殖区面积
	环境污染程度	环境污染等级
状态	红树林状况	红树林面积
		红树林覆盖度
		红树林的种类
		红树林中大树的比重
		红树林平均高度
		红树林平均胸径
		红树林平均冠幅
	红树林其他生物状况	外来物种入侵程度
		底栖动物多样性
		鸟类多样性
		鱼类多样性
	红树林生境状况	自然性
		景观破碎度
		海岸植被覆盖度
		滩涂侵蚀状况
		岸线人工化程度
		土地利用强度
响应	大众意识	大众文化素质
		大众环保意识
		环保宣传教育
	保护区情况	保护区级别
		保护区人员数量
		保护区人员素质
		保护区年经费
		保护区面积
		保护区年造林面积
	科研水平	国际合作项目
		国内合作项目
		发表论文数
		接待科研考察次数

3. 评价指标权重的确定

（1）确定指标权重的常用方法

在多指标的综合加权评价中，确定各项指标的权重是非常关键的环节。对各指标赋权的合理与否，直接关系到评价的结果。确定权重系数的方法很多，归纳起来分为两类

（陈琼华，2004；左伟等，2002）。

1）主观赋权法是研究者根据其主观价值判断来指定各指标权数的一类方法。各指标权重的大小取决于各专家自身的知识结构、个人喜好。虽然能很好地反映主观意愿，但其欠缺科学性、稳定性。考虑到其明显的缺陷，一般只适用于信息收集困难和信息不能准确量化的评价中。目前，使用较多的是德尔菲法（Delphi 法）等。Delphi 法是采取匿名的方式广泛征求专家的意见，经过反复多次的信息交流和反馈修正，使专家的意见逐步趋向一致，最后根据专家的综合意见，对评价对象作出评价的一种预测、评价方法。

2）客观赋权法是从实际数据出发，利用指标值所反映的客观信息确定权重的一种方法，客观赋权方法是直接根据指标的原始数据经统计分析或其他数学方法处理后得到的权重，一定程度上避免了主观赋权法的弊病，具有较强的数学理论依据，但有时确定的权系数可能与实际不符，虽然避免了人为因素的主观影响，但赋权的结果未能客观反映指标的实际重要程度，常导致赋权结果与客观实际存在一定的差距，如熵值法、主成分分析法、因子分析法等。①熵值法。熵，原是统计物理和热力学中的一个物理概念，1948 年香农把信息熵概念引入信息论中，度量信息无序度，信息熵越大，信息的无序程度越高，其信息的效用值越小。在综合评价中可用熵值反映的指标信息效用价值来确定权重。②主成分分析法。主成分分析是从多个数值变量（指标）之间的相互关系入手，利用降维思想将研究对象的多个相关变量（指标）化为少数几个不相关的综合变量（指标）的一种多元统计方法。用主成分分析的目的是减少评估指标的个数。用主成分分析法对样本数据进行计算，得到有关特征值和累计贡献率，特征向量的绝对值表明该主成分指标在当前发展趋势中所起作用的大小，所以由前 m 个主成分的特征向量根据其对应的贡献值计算线形加权值，然后进行归一化后即可得各指标权重。③因子分析法其基本思想是根据相关性大小对变量进行分组，使得同组内的变量之间相关性较高，不同组的变量相关性较低。每组变量代表一个基本结构，因子分析中将之称为公共因子。确定权重的步骤如下：首先实施方差最大的正交旋转对数据资料进行处理，取特征根大于或等于 1 的共性因子 M 个，再取各指标对应的共性估计值作为权重分值，然后进行归一化处理，即可得最终权重值。

主观赋权法和客观赋权法都有其无法克服的缺点，为了更好地进行综合评价，并且基于生态系统评价具有主观性和客观性两方面的特点，我们采用一种主观结合客观的层次分析法来确定红树林生态系统健康评价体系的各指标的权重。

（2）层次分析法简介

层次分析法（analytic hierarchy process，AHP）是由美国著名运筹学家、匹兹堡大学教授 Saaty 于 20 世纪 80 年代初期提出的一种简便、灵活而又实用的多准则决策方法，是对一些较为复杂和模糊的问题作出决策的简易方法，它特别适用于那些难以完全定量分析的问题。其主要特征是，它合理地将定性与定量的决策结合起来，按照思维、心理的规律把决策过程层次化、数量化。该方法以其定性与定量相结合处理各种决策因素的特点，以及其系统灵活简洁的优点，迅速在社会经济各个领域内，如能源系统分析、城市规划、经济管理、科研评价等领域，得到了广泛重视和应用（Saaty，1977；

Saaty，1986；Saaty and Tran，2007）。

运用 AHP 法进行决策时，需要经历以下 5 个步骤。

第一，建立系统的递阶层次结构，建立的系统递阶层次结构与 PSR 模型所构建的指标体系结构相同。

第二，构造两两比较判断矩阵（正互反矩阵），层次结构反映了因素之间的关系，但准则层中的各准则在目标衡量中所占的比重并不一定相同，在决策者的心目中，它们各占有一定的比重。比较 n 个因子 $X=\{x_1,\cdots,x_n\}$ 对某因素 Z 的影响大小。Saaty 等建议可以采取对因子进行两两比较建立成对比较矩阵的办法，即每次取两个因子 x_i 和 x_j，以 a_{ij} 表示 x_1 和 x_j 对 Z 的影响大小之比，全部比较结果用矩阵 $A=(a_{ij})_{n\times n}$ 表示，称 A 为 $Z-X$ 之间的成对比较判断矩阵（简称判断矩阵）。容易看出，若 x_i 与 x_j 对 Z 的影响之比为 a_{ji}，则 x_j 与 x_i 对 Z 的影响之比应为 $a_{ji}=\dfrac{1}{a_{ij}}$。关于如何确定 a_{ij} 的值，Saaty 等建议引用数字 1~9 及其倒数作为标度。表 4-56 列出了 1~9 标度的含义。从心理学观点来看，分级太多会超越人们的判断能力，既增加了判断的难度，又容易因此而提供虚假数据。Saaty 等还用实验方法比较了各种不同标度下人们判断结果的正确性，实验结果也表明，采用 1~9 标度最为合适。

表 4-56 标度的含义

标度	含义
1	表示两个因素相比，具有相同重要性
3	表示两个因素相比，前者比后者稍重要
5	表示两个因素相比，前者比后者明显重要
7	表示两个因素相比，前者比后者强烈重要
9	表示两个因素相比，前者比后者极端重要
2，4，6，8	表示上述相邻判断的中间值
	若因素 i 与因素 j 的重要性之比为 a_{ij}，那么因素 j 与因素 i 重要性之比为倒数 $a_{ji}=\dfrac{1}{a_{ij}}$

第三，针对某一个标准，计算各备选指标的权重；针对各指标对上一层元素的重要性，两两指标进行比较得出 a_{ij} 的值，构建出正互反矩阵 A。求出特征向量 W 作为各指标的权重及最大特征值 $\lambda_{\max}$。

第四，进行一致性检验；对判断矩阵的一致性检验的步骤如下：

1）计算一致性指标（CI）：

$$CI=\frac{\lambda_{mzx}-n}{n-1}$$

2）查找相应的平均随机一致性指标（RI）。对 $n=1,\cdots,9$，Saaty 给出了 RI 的值，如表 4-57 所示。

表 4-57 RI 值对照表

n	1	2	3	4	5	6	7	8	9
RI	0	0	0.58	0.90	1.12	1.24	1.32	1.41	1.45

RI 的值是这样得到的，用随机方法构造 500 个样本矩阵：随机地从 $1\sim9$ 及其倒数中抽取数字构造正互反矩阵，求得最大特征根的平均值 λ'_{max}，并定义

$$RI=\frac{\lambda'_{max}-n}{n-1}$$

3）计算一致性比例（CR）

$$CR=\frac{CI}{RI}$$

当 CR<0.10 时，认为判断矩阵的一致性是可以接受的，否则应对判断矩阵作适当修正。

第五，计算当前一层元素关于总目标的权重并作层次总排序的一致性检验。同样方法求出上一层元素的权重，然后通过各个层次的权重相乘求出单个指标相对于总目标层的权重。对层次总排序也需作一致性检验，检验仍像层次总排序那样由高层到低层逐层进行。这是因为虽然各层次均已经过层次单排序的一致性检验，各成对比较判断矩阵都已具有较为满意的一致性。但当综合考察时，各层次的非一致性仍有可能积累起来，引起最终分析结果较严重的非一致性。

设 B 层中 A_j 与相关的因素的成对比较判断矩阵在单排序中经一致性检验，求得单排序一致性指标为 CI (j)，$(j=1,\cdots,m)$，相应的平均随机一致性指标为 RI (j)［CI (j)、RI (j) 已在层次单排序时求得］，则 β 层总排序随机一致性比例为

$$CR=\frac{\sum_{j=1}^{m}CI(j)a_j}{\sum_{j=1}^{m}RI(j)a_j}$$

当 CR<0.10 时，认为层次总排序结果具有较满意的一致性并接受该分析结果。

（3）运用 AHP 计算指标权重

根据 AHP 的基本原理结合红树林生态系统评价的实际情况及红树林研究权威专家的意见，构建相应的对比判断矩阵，并且计算出相应的特征向量与特征根。各指标相对应的特征向量的值就是该指标所对应的权重。最后通过最大特征根的值完成判断矩阵的一致性检验。同样方法求出上一层元素的权重，然后通过各个层次的权重相乘求出单个指标相对于总目标层的权重。对层次总排序也需作一致性检验。

用 Excel 可以求解判断矩阵的最大特征根和相对应的特征向量。用方根法求解判断矩阵 $Q1$ 的特征向量与最大特征根为例（许绍双，2006）。

$$\begin{vmatrix} 1 & 1/2 & 3 & 2 \\ 2 & 1 & 5 & 3 \\ 1/3 & 1/5 & 1 & 1/3 \\ 1/2 & 1/3 & 3 & 1 \end{vmatrix}$$

第一，新建 Excel 工作表。

在新建的工作表中录入如表 4-58 所示的数据及公式。可根据不同的计算需要改变判断矩阵的赋值，相应的结果会自动计算。

第二，设置公式。①A1～D4 为判断矩阵 $Q1$，H1～H4 为 $Q1$ 的特征向量，C9 为

$Q1$ 的最大特征根。②$E1＝A1＊B1＊C1＊D1$，$E2＝A2＊B2＊C2＊D2$，$E3＝A3＊B3＊C3＊D3$，$E4＝A4＊B4＊C4＊D4$。③$F1＝SQRT（E1）$，$G1＝SQRT（F1）$；$F2～F4$，$G2～G4$ 同理。④$G5＝SUM（G1：G4）$。⑤$H1＝G1/G5$；$H2＝G2/G5$；$H3＝G3/G5$；$H4＝G4/G5$。⑥$A5＝MMULT（A1：D1，H1：H4）$；$A6＝MMULT（A2：D2，H1：H4）$；$A7＝MMULT（A3：D3，H1：H4）$；$A8＝MMULT（A4：D4，H1：H4）$。⑦$B5＝A5/H1$；$B6＝A6/H2$；$B7＝A7/H3$；$B8＝A8/H4$；$B9＝SUM（B5：B8）$。⑧$C9＝B9/4$。其中函数 $SQRT（）$ 的功能为返回数值的平方根，函数 $MMULT（）$ 的功能为返回两数组矩阵的乘积，函数 $SUM（）$ 的功能为返回单元格区域中所有数值的和。

结果：$H1～H4$ 分别为 $A1～D4$ 的指标权重，$C9$ 为 $Q1$ 的最大特征根，通过公式可以进行一致性验证。

表 4-58　示例表格

	A	B	C	D	E	F	G	H
1	1	1/2	3	2	3	1.732	1.316	0.269
2	2	1	5	3	30	5.477	2.34	0.479
3	1/3	1/5	1	1/3	0.02	0.149	0.386	0.079
4	1/2	1/3	3	1	0.5	0.707	0.841	0.172
5	1.09	4.05					4.833	
6	1.93	4.03						
7	0.32	4.07						
8	0.7	4.09						
9		16.24	4.059					

4. 评价指标原始数据的获取及归一化处理

（1）评价指标原始数据的获取

红树林生态系统评价体系的指标复杂多样，分为经济指标、生物指标、化学指标、水文气候指标及其他各种指标等。不可能通过一种手段获取所有指标的原始数据，指标的来源主要分为三个方面（袁兴中等，2001）。

1）历史资料查询：与压力相关的各种社会经济指标可以通过当地政府官方网站及政府公布的《政府工作报告》查询；气象指标可通过气象部门网站所提供的数据获取；与自然保护区相关的各项指标可通过自然保护区官方网站及保护区的历史资料获取，其中保护区级别这一指标可量化为 10（国家级）、5（省级）、3（市级）。

2）红树林实地调查：与红树林相关的各项生物、水环境等指标可通过组织专门的红树林生态调查获取相关原始数据。红树林生态调查应参照国家海洋局行业监测规范——《红树林生态监测技术规程》（HY/T 081—2005）。

3）红树林社会调查与专家咨询：大众环保意识及大众文化素质指标可通过制定专门的调查问卷对周边居民进行问卷调查。环境污染等级指标可以通过咨询相关专家对各红树林周边污染状况进行分等级的量化处理。

（2）评价指标原始数据归一化处理

进行红树林生态系统评价还要对各个不同评价指标的原始数据进行归一化处理，以消除量纲的差异。采用的归一化方法可分为三种（左伟等，2002）。

正向指标是指指标值越高表明生态系统越健康的一类指标，如红树林面积、红树林种类、红树林平均胸径等指标，此时归一化值用以下公式计算。

$$N = \frac{n - n_{\min}}{n_{\max} - n_{\min}}$$

逆向指标是指指标值越低表明生态系统越健康的一类指标，比如人口数量，环境污染等级等指标，此时归一化值用以下公式计算。

$$N = \frac{n - n_{\max}}{n_{\min} - n_{\max}}$$

适度指标是指存在一个临界阈值的一类指标，如与水环境相关的各项指标、气候相关指标等，此时归一化值用以下公式计算。

$$N = 1 - \frac{|n - n_{\mathrm{mid}}|}{n_{\min} - n_{\max}}$$

式中，n 为原始值；$n_{\min}$ 为所有原始值中的最小值；$n_{\max}$ 为所有原始值中的最大值；n_{mid} 为临界阈值。

（3）对红树林湿地保护的法规要求

以下列出九龙江湿地可用的政府有关保护湿地的法规，有利于对相应力（R）的判断。

1)《福建省九龙江流域水污染防治与生态保护办法》

《福建省九龙江流域水污染防治与生态保护办法》（福建省人民政府令第 65 号，2001 年 6 月）第二十二条内容如下。九龙江河口所在地人民政府应当对九龙江河口的红树林地设置明显的保护标志和警示标志。禁止砍伐九龙江流域的红树林和在红树林地从事挖塘、围堤、围网养殖、采沙、取土及其他毁坏红树林或可能影响红树林正常生长的活动。九龙江流域内各级人民政府应当在适宜种植的地区，有计划地组织种植红树林。

第三十七条：违反本办法第二十二条第二款规定的，由县级以上人民政府林业行政主管部门责令停止违法行为、补种被砍伐和毁坏株数 5 倍的红树林木，没收违法所得，并处以砍伐、毁坏红树林地每平方米 100 元，但最高不超过 3 万元的罚款。构成犯罪的，依法追究刑事责任。

2)《福建省人民政府办公厅关于加强湿地保护管理的通知》（闽政办［2005］56号），各级政府、各有关部门要坚持保护优先的原则，对现有自然湿地资源实行普遍保护，采取有力措施，加强对所辖区域自然湿地的监管，组织力量对违法占用、开垦、填埋及污染自然湿地的情况进行全面检查，坚决制止和打击各种破坏湿地、侵占湿地的违法行为。一是对已具备国际重要湿地保护价值、已列入国家重要湿地和国家重点保护物种的重要栖息地，以及位于湿地自然保护区的湿地，禁止开垦占用或随意改变用途。二是在湿地自然保护区内不得建设污染环境、破坏资源或景观以及影响珍稀水禽等物种栖息繁衍的任何项目与设施。三是对涉及向自然湿地区域内排污或改变自然湿地状态，以及建设项目占用自然湿地的，建设单位必须按照《中华人民共和国环境影响评价法》等法律法规进行环境影响评价和生态影响评价。各地要根据资源状况，从抢救性保护的要求出发，加大湿地自然保护区的划建和续建力度。要加强对已建的环厦门岛、漳江口、晋江深沪湾、九龙江口、泉州湾、平潭三十六脚湖、屏南鸳鸯溪、东山珊瑚、长乐海蚌（西施舌）、宁德官井洋大黄鱼繁殖保护区等湿地自然保护区的建设，提高保护水平，积极创造条件申报国家级自然保护区或申请列入国际重要湿地名录。

3）《海洋自然保护区管理办法》

《海洋自然保护区管理办法》是依据《中华人民共和国自然保护区条例》的规定制定的。

第十三条：海洋自然保护区可根据自然环境、自然资源状况和保护需要划为核心区、缓冲区、实验区，或根据不同保护对象规定绝对保护期和相对保护期。核心区内，除经沿海省、自治区、直辖市海洋管理部门批准进行的调查观测和科学研究活动外，禁止其他一切可能对保护区造成危害或不良影响的活动。缓冲区内，在保护对象不遭人为破坏和污染前提下，经该保护区管理机构批准，可在限定期间和范围内适当进行渔业生产、旅游观光、科学研究、教学实习等活动。实验区内，在该保护区管理机构统一规划和指导下，可有计划地进行适度开发活动。绝对保护期即根据保护对象生活习性规定的一定时期，保护区内禁止从事任何损害保护对象的活动；经该保护区管理机构批准，可适当进行科学研究、教学实习活动。相对保护期即绝对保护期以外的时间，保护区内可从事不捕捉、损害保护对象的其他活动。

第十四条：海洋自然保护区内的单位、居民和进入该保护区的外来人员及船只，必须遵守海洋自然保护区的各项规章制度，接受海洋自然保护区管理机构的管理。

第十五条：在海洋自然保护区内禁止下列活动和行为：①擅自移动、搬迁或破坏界碑、标志物及保护设施；②非法捕捞、采集海洋生物；③非法采石、挖沙、开采矿藏；④其他任何有损保护对象及自然环境和资源的行为。

第十六条：未经国家海洋行政主管部门或沿海省、自治区、直辖市海洋管理部门批准，任何单位和个人不得在海洋自然保护区内修筑设施。对海洋自然保护区内的违章建筑，国家海洋行政主管部门或沿海省、自治区、直辖市海洋管理部门可责令拆除或恢复原状。

5. 综合评价模型

（1）综合评价指数

参照王玉图等（2010）基于PSR模型的红树林生态系统健康评价体系，构建红树林生态系统综合健康指数（comprehensive health index，CHI）反映整个红树林生态系统的健康状况，根据综合健康指数的分级数值范围确定红树林生态系统健康的等级。红树林生态系统的综合健康指数的确定可根据以下公式计算：

$$CHI=CPI+CSI+CRI$$

式中，CPI（comprehensive pressure index）为综合压力指数；CSI（comprehensive state index）为综合状态指数；CRI（comprehensive response index）为综合响应指数。

综合状态指数反映整个红树林生态系统的状态状况，综合状态指数确定可根据以下公式计算：

$$CSI = 100 \times \sum_{i=1}^{n} W_i N_i$$

式中，n 为与状态相关的评价指标个数；N_i 表示相对应的与状态相关的第 i 种指标数据归一化值，$0 \leqslant N_i \leqslant 1$；$W_i$ 为指标 i 的权重，可通过层次分析法求得。

综合压力指数反映整个红树林生态系统的压力状况，综合压力指数确定可根据以下公式计算：

$$CPI = 100 \times \sum_{j=1}^{n} W_j N_j$$

式中，n 为与压力相关的评价指标个数；N_j 表示相对应与压力相关的第 j 种指标的数据归一化值，$0 \leqslant N_j \leqslant 1$；$W_j$ 为指标 j 的权重，可通过层次分析法求得。

综合响应指数反映整个红树林生态系统的响应状况，综合响应指数的确定可根据以下公式计算：

$$CRI = 100 \times \sum_{k=1}^{n} W_k N_k$$

式中，n 为与响应相关的评价指标个数；N_k 表示相对应与响应相关的第 k 种指标的数据归一化值，$0 \leqslant N_k \leqslant 1$；$W_k$ 为指标 k 的权重，可通过层次分析法求得。

（2）健康状况的等级划分

根据综合健康指数的数值结合红树林湿地的实际情况，依据 CHI 值将各红树林生态系统的健康状况划分为健康、亚健康、不健康三个健康等级，分别对应 1 级、2 级、3 级。

其中，当 CHI≥75 时，表明人类活动对红树林生态系统的影响较小，红树林生态系统所受的外部环境压力较小；红树林生态系统中，红树植物生长茂盛，群落结构良好，物种多样性丰富，红树林所处的自然环境条件也比较优越。整个红树林生态系统的状态良好；同时保护区及社会各界对红树林生态系统的保护给予了比较积极的响应。此时红树林生态系统本身具很强的活力，而且面对外界环境的压力也拥有较强的抗干扰能力和恢复力，能够面对较强的外界压力影响。红树林生态系统的生态功能很完善，系统很稳定，处于可持续状态，红树林生态系统的健康状况为健康。

当 50≤CHI＜75 时表明人类活动对红树林生态系统有一定的影响，红树林生态系统受到一定的外部环境压力；在红树林生态系统中，红树植物生长状况较差，群落结构一般，物种多样性较差，同时红树林所处的自然环境条件一般。整个红树林生态系统的状态较差；同时保护区及社会各界对红树林生态系统的保护给予了较少的响应。此时红树林生态系统本身具有一定的活力，但面对外界环境的压力，抗干扰能力和恢复力较差，不太能够面对外界压力的影响。红树林生态系统结构尚稳定，可发挥基本的生态功能，但已有少量的生态异常现象出现，整个生态系统勉强维持，红树林生态系统已开始退化，红树林生态系统的健康状况为亚健康。这种情况下进行人工干预，加强红树林的保护，还是可以使红树林恢复到健康状态的。

当 CHI＜50 时表明人类活动对红树林生态系统的影响很大，红树林生态系统所受的外部环境压力很大；在红树林生态系统中，红树植物生长状况很差，群落结构相对较差，物种多样性很差，红树林所处的自然环境条件很差。整个红树林生态系统的状态很差；同时保护区及社会各界对红树林生态系统的保护给予了很少的响应。此时红树林生态系统本身的活力较差，而且面对外界环境的压力也没有抗干扰能力和恢复力，完全不能够面对外界压力的影响。红树林生态系统活力很低，生态异常现象大面积出现，整个系统的可持续性丧失，红树林生态系统已经严重退化，红树林生态系统的健康状况为不健康。

二、服务价值评价

红树林生态系统评价属于湿地评价，是湿地评价研究的重要方面。湿地评价主要包括湿地健康评价、湿地功能评价和湿地价值评价。价值评价是其中重要的组成部分。

为了保护和合理开发利用现有的红树林资源，使资源利用和补偿更具权威性和公信力，急需运用科学合理的评价手段，将资源使用纳入经济核算，以便利益相关各方都能普遍接受。按照经济学的原理将湿地的生态价值进行量化，科学评价其价值，对公共决策和湿地保护具有重要的理论意义和现实意义。通过具体的价格配给标准，既可以对破坏、使用、占有湿地者进行经济惩处或收费，也可对保护和恢复湿地者进行补贴。这种有罚有补的经济手段将代替传统以宣教为主的方式，提高湿地生态系统的防护效率。

现多采用市场经济法对实物进行直接评估，用费用支出法、市场价值法、旅行费用法及条件价值法评价非实物价值。红树林生态系统功能价值则采用市场价值法、机会成本法、影子工程法和替代花费等进行评价。

（一）红树林生态系统及其生态价值

红树林生态系统作为一种人类生态资源和环境，其生态价值包括它的生态学功能的发挥，为人类社会提供的极少生态干扰条件下直接的林副产品和间接的有益作用，这种生态效益是森林生态系统保护的核心依据。对其进行深化研究，可提供一种有助于海岸带和近海经济可持续发展水平的衡量指标，加深对自然资源的价值和资源再投资资金的重要性的认识。

1. 生态系统与生态价值

红树林生态系统是指热带、亚热带海岸潮间带的木本植物群落及其环境与人类活动的总称。它是红树植物、半红树植物，以及少部分伴生植物与潮间带泥质海滩（稀有沙质或岩质海滩）的有机综合体系。红树林是海岸带极为独特的生态景观，素有"海上森林"之称，表现出在海陆界面生境条件下诸多重要的生态功能。红树林生态系统生态价值即它的生态功能价值，是指红树林生态系统发挥出对人类、社会和环境有益的全部效益和服务功能。它包括红树林生态系统中生命系统效益、环境系统效益、生命系统与环境系统相统一的整体综合效益。红树林生态系统作为一种海岸潮间带森林生态系统，其生态效益可用环境经济学方法来计量，其生态价值主要表现在五个方面。

1）有机物生产：通过植物光合作用，固定 CO_2 和释放 O_2，减弱温室效应和净化大气，是为近海生产力提供有机碎屑的主要生产者。

2）造陆护堤：通过网罗有机碎屑促进土壤沉积物的形成，植株盘根错节抗风消浪。

3）净化水体：过滤陆地径流和内陆带出的有机物质和污染物，降解污染物。

4）多样性保护：为许多海洋动物、鸟类提供栖息和觅食的理想生境，保护生物多样性和防治病虫害。

5）其他价值：具有独特的科学研究、文化教育、旅游、社区服务（提供林副产品等）和环境监测等意义。

2. 生态系统的生态功能

在 Costanza 等对生态系统服务分类的基础上，国内湿地生态系统研究学者认为，湿地生态系统服务的内涵与其他生态系统相比，既有共性又有特殊性，不同学者对其内涵有着不同的理解。多数的学者，如崔丽娟、曾贤刚、邓培雁对湿地的价值分类比较相近，将湿地生态系统经济价值构成分为使用价值和非使用价值。将湿地生态系统服务具体归为三部分：资源价值、环境价值和人文价值。王伟在此基础上作了一定改进，将其划分为自然资产价值与人文价值。其中自然资产价值又分为物质价值、过程价值和适栖地价值；人文价值包括了科研、教育、旅游等。

国家林业局对森林生态服务功能进行了界定，在发布的《森林生态系统服务功能评估规范》（LY/T 1721—2008）中认为，森林生态系统服务功能是森林生态系统与生态过程所形成及维持人类赖以生存的自然环境条件与效用，主要包括森林在涵养水源、保育土壤、固碳释氧、积累营养物质、净化大气环境、森林防护、生物多样性保护和森林游憩等方面提供的生态服务功能。红树林生态系统具有森林生态系统和滨海湿地生态系统的双重特征，与陆地森林相比有其特殊性，不能完全套用国家林业局的生态系统服务功能界定和评估方法，但可以借鉴。

综合已有的研究成果，红树林生态系统的生态服务功能，主要体现在以下几个方面。

（1）生产有机物，具有高的初级生产力水平

森林生态系统的有机物生产主要体现在木材产量上，对于一般的森林，其木材是最主要的直接价值。在绝大多数国家，红树林生态系统及其生境绝大部分划归各保护区内，严禁砍伐，因而其木材产品市场是次要的，其有机物产品以两种形式存在，即活立木和有机凋落物。后者由于水体生境的动态特征，存在向外海的扩散，是近海生产力的主要食物和能量来源，所以活立木蓄积量和凋落物的年生产量成为红树林生态系统生态价值的一个组成部分。

因为潮间带是海洋和大陆物质循环和能量流通的交汇带，潮汐的波动和水的化学性质是调控红树林生产力的两个主要因素。它们性质和量的变化直接影响红树林：①氧气往根系的输运；②土壤水分和土壤排去有毒还原产物 H_2S 的水分交换量；③土壤沉积和侵蚀过程；④水平面波动变化（植物受淹程度差异）和各种营养的综合可利用性；

⑤底质含盐量和叶片排盐能力；⑥土壤中大量营养元素的水平，如底质高盐浓度可削弱蒸腾速率，而高的营养水平也会提高生产力；⑦地表径流量和由此造成的来自大陆的大量元素的可利用程度，这一点可以支配整个红树林沼泽的营养水平。

红树林生态系统、海岸盐沼生态系统、海岸浅水海草生态系统、上升流生态系统和珊瑚礁生态系统均为海洋高生产力生态系统。这些生态系统中红树林生态系统具有更先锋的生态地位，它与陆地生态系统的初级生产力比较亦不逊色，一些红树林群落几乎为地球上具有最高生产力的植被生态系统（仅次于一些海草群落的生产力水平）。红树林生态系统的凋落物产量亦很高，如中国东寨港 25 年生海莲林年凋落物达 12.55 吨/公顷，大于中国西双版纳天然热带雨林的年凋落物 11.55 吨/公顷；澳大利亚红树群落的最高年凋落物达 28 吨/公顷。中国红树林年凋落物高达其当年生物量的 40%。这一高凋落物产量为动物多样性的维持和近海渔业高生产力的可持续性提供了主要的物质和能量基础保障。中国近海最大持续捕鱼量为 500 万吨，占世界海洋鱼类可捕量的 5%，其中大部分分布于华南红树林分布区的近海水域。联合国粮农组织公布的东南亚相关数据亦充分说明红树林对渔业的重要性。

随着营林技术的提高，红树林木材产出也将成为一个重要的产业。但在我国，目前红树林自然资源的价值主要不在木材的应用。

（2）抗风消浪，造陆护堤

红树林长期适应潮汐及洪水冲击，形成独特的支柱根、气生根，发达的通气组织和致密的林冠等形态外貌特征，具有较强的抗风和消浪性能，被称为热带、亚热带海岸带第一道防护林，具有巨大的减灾作用。红树林防浪效益显著，高 3 米、覆盖度 0.8~0.9 的红树林内潮水流速仅为潮沟的 1/13~1/7；高 0.6~1.2 米的红树林内小气候特点是夏季白天林内气温比空旷地高（高 0.3~1.7℃），夜间林冠气温比空旷地低（低 1.4℃）。红树林具有抗御 40 年一遇强台风危害、保护海堤免于冲毁、减少堤内经济损失的功能。红树林生态系统致密的林冠和密集交错的根系减慢水体流速和近地面的风速，沉降水体中的悬浮颗粒，促进土壤形成，起到保护土壤、造陆护堤的作用，从而达到保护海岸的目的。

（3）保护土壤

国家林业局评估规范对保育土壤的定义是：森林中活地被物和凋落物层层截留降水，降低水滴对表土的冲击作用和地表径流的侵蚀作用；同时林木根系具有固持土壤、防止土壤崩塌泻溜、减少土壤肥力损失、改善土壤结构的功能。

（4）固定 CO_2 和释放 O_2

森林与大气主要通过植物吸收 CO_2 放出 O_2 进行物质交换。森林对维持大气 O_2 平衡、减少大气温室效应有着巨大的生态作用。

国家林业局对固碳释氧的定义是：森林生态系统通过森林植被、土壤动物和微生物固定碳素、释放氧气的功能。

（5）动物栖息地与生物多样性保护

中国现有十多个国家级和省级红树林保护区，已把绝大部分现存红树林圈入各保护区范围之内，保护着丰富的生物多样性，红树林生态系统对中国浅海、滩涂的栖息生物多样性保护和一些动物在其生活史中在红树林生态系统度过其关键性阶段有着一定的生态价值。同时，丰富的动物多样性是红树林生态系统为居民提供鲜美林副产品的保证。

国家林业局对物种保育的定义是：森林生态系统为生物物种提供生存与繁衍的场所，从而对其起到保育作用的功能。

（6）营养物质循环与养分积累

红树林的营养物质循环不仅发生在生物组分、大气组分和土壤组分之间，而且还发生在水体组分之间，因此红树林生态系统属于自然补助的太阳供能生态系统类型，其自然补能部分即来自潮汐和海洋水体。红树植物换叶周期短，元素归还量高于陆地热带常绿林，使红树林分布的海滩逐渐肥沃。

国家林业局对积累营养物质的定义是：森林植物通过生化反应，在大气、土壤和降水中吸收氮、磷、钾等营养物质并储存在体内各器官的功能。森林植被的积累营养物质功能对降低下游面源污染及水体富营养化有重要作用。

（7）降解污染物与防治病虫害

红树林可吸收二氧化硫、氟化氢、氯气和其他有害气体，亦可净化水体汞等重金属元素、农药等，减轻油污染危害，提供作为污水排放的终端处理场。通过鸟类等动物与环境的复杂生态关系，还能有效地防治海岸生态环境病虫害。

国家林业局对本条的近似概念是净化大气环境，即森林生态系统对大气污染物（如二氧化硫、氟化物、氮氧化物、粉尘、重金属等）的吸收、过滤、阻隔和分解，以及降低噪声、提供负离子和萜烯类（如芬多精）物质等功能。

（8）生态旅游与科学研究资源

红树林旅游是海岸生态旅游的重要内容之一。它给游客所带来的感性美学享受为海岸带观光游览增添了崭新的内容，成为热带、亚热带海岸线上的旅游亮点和海岸景观中最美的自然艺术奇葩。红树林海岸不单纯是自然旅游资源，同时也是人文景观旅游资源。红树林景观之所以是海岸景观中最美的景观，就在于它具有幽静的形态美、神奇的色彩美和生机勃勃的动态美，以及潮声、涛声、鸟鸣声三位一体的听觉美。在红树林中漫步或林中林缘泛舟，观赏其优美的支柱根、直立的气生根和匍匐的蛇状根、悬挂枝头的胎生小树苗，无不给游者以丰富的想象，激起对自然奥秘的阵阵感叹，起到净化心灵的作用，缓解由工作和生活所带来的精神紧张。因此，红树林旅游正随着世界生态旅游的兴起而逐步发展起来。

旅游者探索红树林的神奇、品尝林区饮食特色及购物等活动亦给红树林生态知识的普及提供了机会，并为林区带来了直接的社会和经济收益。红树林旅游功能的实现将红树林滩涂这一原来被当地政府视为低值荒地的资源转变成为当地经济发展的重要窗口和服务林区社区的风水宝地，从而较好地促进了红树林林区经济的可持续发展。

在科学研究和教育方面，红树林是一种独特的资源，它有着较高的资源存在价值、选择价值和非消耗性利用价值等间接价值和直接价值。红树林生态系统作为海洋的一个高生产力生态系统为海洋药物等轻工原料和产品的开发提供了广阔的前景。世界各地在近一个世纪以来进行了大量的研究工作，已发表论文 3 万多篇。1990 年国际红树林生态系统协会（International Society for Mangrove Ecosystem，ISME）宣告成立，1992年 ISME 发表了《红树林宪章》，用于指导红树林保护和研究等。

国家林业局对森林游憩的定义是：森林生态系统为人类提供休闲和娱乐的场所，具有使人消除疲劳、愉悦身心、有益健康的功能。

（二）生态价值评估

1. 生态价值评价程序、特征参数、评估单价及其来源

（1）评价程序

在具体进行湿地评价时，无论采用何种评价方法，必须按一定的评价程序进行，红树林生态系统生态价值评价同样要遵循这样的程序（图4-7）。

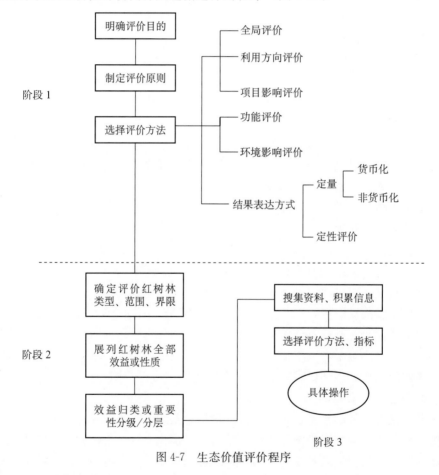

图 4-7　生态价值评价程序

阶段1完成一些理论准备。

阶段2详细分析红树林生态系统的特点，确定所评价红树林生态系统的类型、范围、界限，把所评价红树林生态系统一般性概貌描述清楚，并展列出其全部效益或性质，然后进行效益归类或重要性分级（分层）。

阶段3进行具体的实际工作，通过广泛而详细的实地调查来搜集资料和各种信息，最后针对不同的对象，选择具体评价方法。

（2）评价特征参数

九龙江口红树林主要是秋茄群落，以优势群落——秋茄群落的群落特征值代表当地红树林生态系统参与评估。

通过群落特征值（参数包括0～30厘米表土氮磷钾、群落持留氮、磷、钾量、年生长量、年碳增量、年氧气释放量、年凋落物量、年材积生长量）和面积值对九龙江口红树林生态系统价值进行评估。

九龙江口红树林保护区包括甘文片、大涂洲片和浮宫片，总面积约有420.2公顷。即以420.2公顷作为面积值参与生态价值计算。

（3）评估单价及其来源（表4-59）

表4-59　红树林生态系统价值评估推荐使用价格表

名　　称	单　位	数　值	来源及依据
磷酸二铵含氮量	%	14.0	化肥产品说明
磷酸二铵含磷量	%	15.01	化肥产品说明
氯化钾含钾量	%	50.0	化肥产品说明
磷酸二铵化肥价格	元/吨	2400	农业部中国农业信息网
氯化钾化肥价格	元/吨	2200	http://www.agri.gov.cn，2007年春季平均价格
有机质价格	元/吨	320	瑞典的碳税率每吨150美元（折合人民币每吨1200元）
固碳价格	元/吨	1200	中华人民共和国卫生部网站（http://www.moh.gov.cn），2007年春季平均价格
制造氧气价格	元/吨	1000	
二氧化硫的治理费用	元/千克	1.20	国家发展和改革委员会等四部委2003年第31号令《排污费征收标准及计算方法》中北京市高硫煤二氧化硫排污费收费标准，为每千克1.20元；氟化物排污费收费标准为每千克0.69元；氮氧化物排污费收费标准为每千克0.63元；一般性粉尘排污费收费标准为每千克0.15元；铅及其化合物排污费收费标准为每千克30.00元；镉及化合物排污费收费标准为每千克20.00元；镍及化合物排污费收费标准为每千克4.62元；锡及化合物排污费收费标准为每千克2.22元
氟化物治理费用	元/千克	0.69	
氮氧化物治理费用	元/千克	0.63	
铅及化合物污染治理费用	元/千克	30.00	
镉及化合物污染治理费用	元/千克	20.00	
镍及化合物污染治理费用	元/千克	4.62	
锡及化合物污染治理费用	元/千克	2.22	

资料来源：森林生态系统服务功能评估规范，LY/T 1721—2008.

2. 生态价值评价方法

（1）年生产量

年生产量主要指森林的活立木年生长量和凋落物，其经济价值评估可使用市场价值法。具体计算法是取年材积生长量乘以红树林面积，得到年净生长量（米³），以此净生长量直接与活立木林价（元/米³）相乘而得到红树林年活立木价值。凋落物价值以年凋落物总量折算成市场饵料价值获得。

（2）防风消浪护堤

护堤价值可用专家评估法求得其灾害防护价值和护堤所新增生态效益估算2项来评估。

（3）保护土壤

红树林保护土壤的价值可用无林条件下土壤侵蚀和土壤肥力丧失的经济损失量替

代，即使用替代花费法。国家林业局的规范也选用固土指标和保肥指标来评估红树林保育土壤的功能。

1）土壤侵蚀总量与固土指标。可采用有林地和无林地的侵蚀差异来计算，参照河口土壤有林地和无林地侵蚀差异变化较大，红树林毁坏后的第一年，其迹地向海一侧差异比可达 100 厘米/年，高潮线向陆一侧侵蚀差异相近，比值为 3 厘米/年，红树林每年有保护表土免遭侵蚀的能力。可取折中值 30 厘米/年为红树林地与非红树林裸滩的侵蚀差异比平均值，用此参数乘以红树林面积，可推得无林地情况下的土壤侵蚀总量。固土指标（即林分年固土量）公式为

$$G_{固土}=A（X_2-X_1）$$

式中，$G_{固土}$ 为林分年固土量，单位为吨/年；X_1 为林地土壤侵蚀模数，单位为吨/（公顷·年）；X_2 为无林地土壤侵蚀模数，单位为吨/（公顷·年）；A 为林分面积，单位为公顷。

2）土壤肥力丧失量。根据土壤总侵蚀量，计算因土壤流失而丧失的土壤氮、磷、钾养分，使用市场肥料价格算出损失土壤肥力的经济价值（推荐化肥价格：磷酸二铵化肥价格为 2400 元/吨，氯化钾化肥价格为 2200 元/吨，价格采用农业部"中国农业信息网"2007 年春季平均价格。）

保肥指标（即年保肥量）公式为

$$G_{氮}=AN（X_2-X_1）$$
$$G_{磷}=AP（X_2-X_1）$$
$$G_{钾}=AK（X_2-X_1）$$

式中，$G_{氮}$ 为森林固持土壤而减少的氮流失量，单位为吨/年；$G_{磷}$ 为森林固持土壤而减少的磷流失量，单位为吨/年；$G_{钾}$ 为森林固持土壤而减少的钾流失量，单位为吨/年；X_1 为林地土壤侵蚀模数，单位为吨/（公顷·年）；X_2 为无林地土壤侵蚀模数，单位为吨/（公顷·年）；N 为土壤含氮量，单位为%；P 为土壤含磷量，单位为%；K 为土壤含钾量，单位为%；A 为林分面积，单位为公顷。

3）废弃土地损失根据土壤侵蚀总量。以土壤丧土平均厚度 0.6 米来估算废弃土地面积，再用机会成本法计算求得因土地废弃而失去的年经济价值（所得面积值乘以中国南方林业年均收益 400 元/公顷）。

（4）固定 CO_2 和释放 O_2

计算固定 CO_2 价值使用碳税率法，即市场价值法。高碳税制限制 CO_2 等温室气体的排放。依据国家林业局评估规范中的社会公共数据表（推荐使用价格），使用瑞典的碳税率 150 美元/吨（折合人民币每吨 1200 元）。根据林分单位面积植物年碳素净增长量、碳税率及红树林面积，三者相乘可算出林分固定 CO_2 的总经济价值。使用生产成本法，根据单位面积释放 O_2 量和 O_2 生产成本可推算出释放 O_2 的经济价值。

固碳指标（植被和土壤年固碳量）公式为

$$G_{碳}=G_{植被固碳}+G_{土壤固碳}$$

$$G_{植被固碳}＝1.63R_{碳}AB_{年}$$

$$G_{土壤固碳}＝AF_{土壤}$$

式中，$G_{植被固碳}$ 为植被年固碳量，单位为吨/年；$R_{碳}$ 为 CO_2 中碳的含量，为 27.27％；$B_{年}$ 为林分净生产力，单位为吨/（公顷·年）；A 为林分面积，单位为公顷。$G_{土壤固碳}$ 为土壤年固碳量，单位为吨/年；$F_{土壤}$ 为单位面积林分土壤年固碳量，单位为吨/（公顷·年）。

释氧指标（植被和土壤年固碳量）公式为

$$G_{氧气}＝1.19AB_{年}$$

式中，$G_{氧气}$ 为林分年释氧量，单位为吨/年；$B_{年}$ 为林分净生产力，单位为吨/（公顷·年）；A 为林分面积，单位为公顷。

（5）动物栖息地与生物多样性保护

使用影子工程法计算，将每一现有国家级和省级红树林保护区视为一大型动物园，将估算一个大型动物园建设投资值作为其动物栖息地价值，比较专家评估法，求两者的平均值为动物栖息地价值。

红树林生态系统是生物多样性较丰富的区域，是生物多样性保存和发展的最佳场所，在生物多样性保护方面有着不可替代的作用。因此，选用物种保育指标香农—维纳来反映红树林的生物多样性保护功能。

（6）养分积累

使用市场价值法计算，主要计算林分持留氮、磷、钾养分的价值，通过群落的年单位面积氮、磷、钾净持留量和红树林面积的乘积求得。净持留量是由年净吸收养分减去每年凋落物归还土壤的养分获得的。

计算林木营养年累积量主要指标及公式有

$$G_{氮}＝AN_{营养}B_{年}$$

$$G_{磷}＝AP_{营养}B_{年}$$

$$G_{钾}＝AK_{营养}B_{年}$$

式中，$G_{氮}$ 为林分固氮量，单位为吨/年；$G_{磷}$ 为林分固磷量，单位为吨/年；$G_{钾}$ 为林分固钾量，单位为吨/年；$N_{营养}$ 为林木氮元素含量，单位为％；$P_{营养}$ 为林木磷元素含量，单位为％；$K_{营养}$ 为林木钾元素含量，单位为％；$B_{年}$ 为林分净生产力，单位为吨/（公顷·年）；A 为林分面积，单位为公顷。

（7）污染物降解和防治病虫害

使用生产成本法，计算红树林生态系统对大气中二氧化硫等污染物的净化作用和对水体汞等重金属元素吸收净化的功能价值。选取的吸收大气污染物指标包括二氧化硫、氟化物和氮氧化物，采用面积——吸收能力法评估森林吸收污染物总量和价值。使用单位面积森林吸收二氧化硫等污染物的平均值乘以森林面积，得到每年红树林吸收二氧化硫等污染物总量，再根据近年污染治理工程中削减单位质量二氧化硫等污染物的投资成本，算出吸收二氧化硫等污染物的总价值。再根据专家评估法获得其总的污染物降解价值。

1）二氧化硫年吸收量，公式为

$$G_{二氧化硫} = Q_{二氧化硫}A$$

式中，$G_{二氧化硫}$为林分年吸收二氧化硫量，单位为吨/年；$Q_{二氧化硫}$为单位面积林分吸收二氧化硫量，单位为千克/（公顷·年）；A为林分面积，单位为公顷。

2）氟化物年吸收量，公式为

$$G_{氟化物} = Q_{氟化物}A$$

式中，$G_{氟化物}$为林分年吸收氟化物量，单位为吨/年；$Q_{氟化物}$为单位面积林分吸收氟化物量，单位为千克/（公顷·年）；A为林分面积，单位为公顷。

3）氮氧化物年吸收量，公式为

$$G_{氮氧化物} = Q_{氮氧化物}A$$

式中，$G_{氮氧化物}$为林分年吸收氮氧化物量，单位为吨/年；$Q_{氮氧化物}$为单位面积林分年吸收氮氧化物量，单位为千克/（公顷·年）；A为林分面积，单位为公顷。

4）重金属年吸收量，公式为

$$G_{重金属} = Q_{重金属}A$$

式中，$G_{重金属}$为林分年吸收重金属量，单位为吨/年；$Q_{重金属}$为单位面积林分年吸收重金属量，单位为千克/（公顷·年）；A为林分面积，单位为公顷。

使用红树林外林区防治森林病虫害的单位面积费用来替代其免于病虫害危害的生态价值。再用专家评估法求得一体化病害虫防治价值。

（8）红树林生态价值

生态经济价值等于各项功能价值之和，即生态价值＝生物量价值＋护堤价值＋保护土壤价值＋固定 CO_2 和释放 O_2 价值＋动物栖息价值＋生物多样性保育价值＋养分积累价值＋污染物降解价值＋病虫害防治价值。

（三）经济价值的评价方法

1. 生物量

1）活立木价值。由于植物年生产量主要体现为木材的生产量，所以主要计算森林生产活立木的价值，根据 1999 年世界原木定价 933.45 元/米³ 和红树林群落平均净生长量可计算出红树林每年生产的活立木和总价值。

2）凋落物价值。凋落物价值在于为近海生产力提供主要的饵料作用。因此计算其饵料市场替代价值，设其饵料成品率为 10%，我国水产养殖饵料价格为 2000 元/吨，凋落物价值计算式为

凋落物价值＝红树林面积×单位面积年凋落物量×凋落物饵料成品率×饵料价格

上述 2 项相加，可得年生物量价值。

2. 防风消浪防护堤

1）灾害防护价值。红树林具有抗御 40 年一遇强台风危害、护海堤免于冲毁、减低堤内经济损失的功能，据专家评估法，每年每千米红树林分布海岸线可提供约 8 万元的台风灾害防护效益，因此，可计算出灾害总防护价值。

2）生态养护价值。红树林对岸堤的生态养护功能可新增效益 64.7 万元/（千米·年），该值乘以红树林岸线长可得红树林的生态养护功能总价值。

红树林生态系统防风消浪护堤价值为上述 2 项之和。

3. 保护土壤

1）土壤养分价值计算。红树林保护土壤养分价值的计算按它年保护表土（0～30 厘米）和林地年积累表土估算均值 1 厘米的氮、磷、钾总量之和乘以化肥替代价格计算。

测定红树林土壤表土氮、磷、钾总量，表土密度。因此，保护土壤总价值为

保护土壤总价值＝红树林面积×表土氮、磷、钾含量×保护的土壤厚度×表土密度×化肥价格。

推荐化肥价格：磷酸二铵化肥价格为 2400 元/吨，氯化钾化肥价格 2200 元/吨，价格采用农业部"中国农业信息网"2007 年春季平均价格。

2）流失土壤林业增益

$$\begin{matrix}红树林每年保护 30 厘米厚\\土壤免于冲刷损失的林业增益\end{matrix}＝林地面积×\begin{matrix}折算为 60 厘米土厚\\的土壤面积比率\end{matrix}×\begin{matrix}单位面积\\林业年均收益\end{matrix}$$

上述 2 项相加可得保护土壤价值。

4. 固定 CO_2 和释放 O_2

1）固定 CO_2 的价值计算。采用瑞典的碳税率 150 美元/吨（折合人民币每吨 1200 元）乘以红树林面积再乘以红树林单位面积每年固碳量，即得每年固碳价值。

2）释放 O_2 的价值计算。释放 O_2 的价值等于红树林面积乘以其单位面积释 O_2 量再乘以生产 O_2 成本 1000 元/吨，采用中华人民共和国卫生部网站中 2007 年春季平均价格。

上述两项相加得固定 CO_2 中 C 和释放 O_2 价值。

5. 动物栖息地与生物多样性保护

使用影子工程法将 10 个红树林保护区均等地视为 10 个大型动物园。目前建设一个大型动物园需投资 10 000 万元以上，根据价值工程的廉价原则，以10 000万元为投资额，按 5% 的年利息计算，可计算出中国红树林动物栖息地年价值。研究资料表明，森林采伐造成的游憩及生物多样性价值损失 400 美元/公顷，全球社会性对保护我国森林资源的支付意愿为 112 美元，可算得我国红树林生态系统动物栖息价值。上述 2 项平均值即代表生物多样性保护主要功能价值的年动物栖息地价值。

选用物种保育指标香农—维纳指数法来反映红树林的生物多样性保护功能。然后根据香农—维纳指数和濒危分值（E_i）计算物种保育价值，即 $S_生$ 为单位面积年物种损失的机会成本［单位：元/（公顷·年）］，共划分为 7 级：当指数<1 时，$S_生$ 为 3000 元/（公顷·年）；当 1≤指数<2 时，$S_生$ 为 5000 元/（公顷·年）；当 2≤指数<3 时，$S_生$ 为 10 000 元/（公顷·年）；当 3≤指数<4 时，$S_生$ 为 20 000 元/（公顷·年）；当 4≤指数<5 时，$S_生$ 为 30 000 元/（公顷·年）；当 5≤指数<6 时，$S_生$ 为 40 000 元/（公顷·年）；当指数≥6 时，$S_生$ 为 50 000 元/（公顷·年）。

濒危分值根据《中国物种红色名录》来取值，将现存的野生物种分为极危、濒危、易危、近危和无危 5 个等级，濒危分值分别取值 4，3，2，1，0。

最后根据公式 $U_{生物} = S_{生}A$ 算出物种保育价值。其中，$U_{生物}$ 为林分年物种保育价值，单位为元/年；$S_{生}$ 为单位面积年物种损失的机会成本，单位为元/（公顷·年）；A 为林分面积，单位为公顷。

根据专家评价法，借鉴福建省生态服务功能报告，将 $S_{生}$ 定为 20 000 元/（公顷·年），则

物种保育价值 $= 20\ 000$ 元/（公顷·年）$\times 420.2$ 公顷 $= 840.4$ 万元/年

6. 营养累积

营养累积价值（$U_{营养}$）主要计算群落持留养分的价值，它取决于森林面积、单位森林面积养分持留量及化肥替代价格。

$$U_{营养} = AB_{年}\ (N_{营养}C_1/R_1 + P_{营养}C_1/R_2 + K_{营养}C_2/R_3)$$

式中，$U_{营养}$ 为林分年营养物质积累价值，单位为元/年；$N_{营养}$ 为林木含氮量，单位为％；$P_{营养}$ 为林木含磷量，单位为％；$K_{营养}$ 为林木含钾量，单位为％；R_1 为磷酸二铵化肥含氮量，单位为％；R_2 为磷酸二铵化肥含磷量，单位为％；R_3 为氯化钾化肥含钾量，单位为％；C_1 为磷酸二铵化肥价格，单位为元/吨；C_2 为氯化钾化肥价格，单位为元/吨；$B_{年}$ 为林分净生产力，单位为吨/（公顷·年）；A 为林分面积，单位为公顷。

7. 污染物降解

1）二氧化硫降解价值计算，公式为

$$U_{二氧化硫} = K_{二氧化硫}Q_{二氧化硫}A$$

式中，$U_{二氧化硫}$ 为林分年吸收二氧化硫价值，单位为元/年；$K_{二氧化硫}$ 为二氧化硫治理费用，单位为元/千克；$Q_{二氧化硫}$ 为单位面积林分年吸收二氧化硫量，单位为千克/（公顷·年）；A 为林分面积，单位为公顷。

2）氟化物降解价值计算，公式为

$$U_{氟} = K_{氟化物}Q_{氟化物}A$$

式中，$U_{氟}$ 为林分年吸收氟化物价值，单位为元/年；$Q_{氟化物}$ 为单位面积林分年吸收氟化物量，单位为千克/（公顷·年）；$K_{氟化物}$ 为氟化物治理费用，单位为元/千克；A 为林分面积，单位为公顷。

3）氮氧化物降解价值计算，公式为

$$U_{氮氧化物} = K_{氮氧化物}Q_{氮氧化物}A$$

式中，$U_{氮氧化物}$ 为年吸收氮氧化物总价值，单位为元/年；$Q_{氮氧化物}$ 为单位面积林分年吸收氮氧化物量，单位为千克/（公顷·年）；$K_{氮氧化物}$ 为氮氧化物治理费用，单位为元/千克；A 为林分面积，单位为公顷。

4）重金属降解价值计算，公式为

$$U_{重金属} = K_{重金属}Q_{重金属}A$$

式中，$U_{重金属}$为林分年吸收重金属价值，单位为元/年；$K_{重金属}$为重金属污染治理费用，单位为元/千克；$Q_{重金属}$为单位面积林分年吸收重金属量，单位为千克/（公顷·年）；A为林分面积，单位为公顷。

8. 病虫害防治

1）林地病虫害防治价值。使用替代花费法，取林业部统计数据1995年全国林地防治平均费用（3.57万元/公顷）的略高值5万元/公顷计算，可得林地病虫害防治价值。

2）一体化病虫害防治价值。据专家评估法，林地病虫害防治价值占一体化病虫害防治价值的10%，可得一体化病虫害防治价值。

上述2项相加可得病虫害防治价值。

病虫害防治价值=5万元/公顷×420.2公顷×110%=2311.1万元

红树林生态系统总的生态价值为各项生态功能价值和经济价值之和。

红树林生态系统价值是一个发展的动态概念，随着社会发展水平和人民生活水平的不断提高而逐渐显现并增加，即其生态价值的大小取决于不同发展阶段人们对环境服务功能的认识水平、重视程度和为之进行支付的意愿。

三、　生态系统评价

根据构建的红树林生态系统评价指标体系和综合评价模型，对九龙江口红树林生态系统进行评价（图4-7）。

九龙江口红树林生态系统综合评价等级（健康程度）分为三个层次：健康、亚健康、不健康（图4-8）。将实地调查照片与九龙江口红树林生态系统综合评价结果对照（表4-61），编号1、2为健康；编号3为亚健康；编号4为不健康。此外，对于有红树植株分布，但未成林的，不加入健康程度评定：编号5为"未成林红树植物零星分布区域"，编号6为"无红树植株或撂荒地"；编号值为0为"未成林的造林地"。

表4-60　九龙江口红树林生态系统综合评价等级

编号	健康程度	描述
1	健康	该区域红树林生长良好、密集，外缘红树无倒伏情况；少于10%区域有外来物种伴生；外缘滩涂过渡良好，无侵蚀
2	健康	该区域红树林生长基本良好，外缘红树有少量倒伏或轻微倒伏现象；10%～30%区域有外来物种伴生；外缘滩涂受少量侵蚀
3	亚健康	该区域红树林生长较好，外缘红树倒伏较多；30%～50%区域有外来物种伴生，外缘滩涂受较多侵蚀
4	不健康	该区域红树林生长分散或外缘倒伏现象较严重；50%以上区域有外来物种伴生；外缘滩涂受侵蚀较严重
5	未成林红树植物分布区域	该区域外来物种生长旺盛，成为该区域的优势种，或若本地草本为优势种，仅有少量矮小红树植株分散其中
6	无红树植株或撂荒地	该区域无红树群落生长或无其他群落生长
0	未成林造林地	人工造林种植的红树林，且幼苗已成活

图 4-7　九龙江口红树林分布及生态系统综合评价等级示意图（文后附彩图）

（a）健康

（b）健康

（c）亚健康

（d）不健康

（e）未成林红树植物分布区域

（f）无红树植株或撂荒地

（g）未成林造林地

图 4-8　九龙江口红树林生态系统综合评价等级的实地对照图

根据 PSR 模型对九龙江口红树林生态系统进行综合评价，认为九龙江口红树林生态系统基本健康。按照 PSR 模型制作九龙江河口红树林生态系统退化类型的权重分布图显示，各种退化类型在九龙江口红树林生态系统中的重要影响或受重视程度如下：船舶兴波排在第一位（以往被忽视）；生物入侵排在第二位，主要是互花米草对红树林的影响；过度捕捞和海堤建造并列第三位，过度捕捞主要对红树林生态系统结构造成影响，海堤建造则是对整个红树林生态系统造成影响；污损生物和围塘养殖对红树林的影响并不显著。

以往人们普遍认为导致红树林受损最主要的因素是土地利用、围林造田（地）、沿海工程建设，如厦门东屿湾红树林变迁和九龙江口围林造田（地）等，沿海工程的破坏和影响程度要大于船舶兴波。目前九龙江口红树林地区的围海造地已经受到严格控制，多数红树林处在保护区范围内，受法律保护，响应程度较好。单独的压力分析，压力风险也相应减少，虽然海堤建设和围垦养殖仍很大，但综合状态和响应力分析，压力相对降低。船舶兴波将是今后九龙江口红树林面临的主要压力之一，一般认为船舶兴波仅会影响幼苗，这一压力目前仍未受到重视，缺乏相应的响应力，因此船舶兴波对红树林的影响相对更严重。

九龙江口红树林综合评价结果为 0.72，处在对生态系统健康影响较小的范围。压力、状态和响应力三个分指标分析，压力相对较大，状态中等，响应力相对较好；需要重视的是状态受影响较显著的几个生态退化类型普遍受到响应力的反馈较小，如船舶兴波、海堤建设等的危害未受到有关部门关注。

根据压力、状态和响应力，围塘养殖、水产养殖污染、船舶兴波、过度捕捞、海堤建造、生物入侵等对九龙江口红树林生态系统构成较大的压力；城市污染、病虫害和污损生物也造成相当的胁迫影响；只有海平面上升和大型藻类过度生长的影响较小。从红树林生态系统的状态受各种退化类型影响分析，总体与受压力的程度正相关，受压力越大退化类型造成的状态影响越大。只有海平面上升例外，受压力不大，但状态变化已经很明显，主要是海平面上升是长期作用，并具有典型的累积性效应。响应力方面对各种退化类型已产生反馈，但反馈力度与压力和退化状态相比只有城市污染、病虫害和污损生物比较强，其余响应力的反馈较弱。

根据各种类型的评价，只有城市污染、病虫害、海平面上升和污损生物对红树林生态系统的威胁仍在控制范围内，其余 7 项生态退化类型均对九龙江口红树林生态系统造成胁迫影响。其中船舶兴波威胁最大，已经产生了较大影响；其次是海堤建造和围塘养殖，这三个方面均来自人类开发海岸带区域的活动。水产养殖污染、大型藻类过度生长、过度捕捞和生物入侵也对九龙江口红树林产生影响，目前强度较小。水产养殖污染、大型藻类过度生长与沿岸海水水质有密切联系，与周边城市化和工业化发展直接相关。过度捕捞是人类破坏生态系统的典型方式，生物入侵也伴随人为活动而加剧。

根据九龙江口红树林生态环境质量评价，除活性磷酸盐、无机氮、粪大肠菌群外，九龙江河口区其他水质监测指标均符合相应的评价标准。九龙江河口区水质分布的特点：营养盐无机氮、无机磷含量从湾口到湾内略有升高的趋势；除无机氮明显超标外，活性磷酸盐的测值与历史资料对比也有明显升高的趋势，已基本接近或略超过海水水质第三类标准。九龙江河口区沉积物中铅、铜、镉、锌、砷、汞、铬、有机碳、硫化物、油类10项指标均符合海洋沉积物质量第二类标准，九龙江河口区沉积物质量状况良好。

第五章

福建滨海湿地退化

　　滨海湿地的生态环境状态是在自然环境变化、人类活动影响及二者的相互作用下而不断发生变化的。滨海湿地的退化是世界上一种普遍存在的现象，它是环境变化的一种反映，同时也对环境造成威胁，是危及整个生态环境的重大问题。滨海湿地的退化使得生态系统的结构和功能遭到破坏，主要表现在物理、化学、生物三大方面，还表现在社会价值和物质能量平衡方面。

第一节　滨海湿地退化的定义及其退化特征

一、退化生态系统的定义

　　退化生态系统是指在一定的时空背景下，生态系统受到自然因素和人为因素或二者的共同作用，使生态系统的某些要素或系统整体发生不利于生物和人类生存要求的量变和质变，系统的结构和功能发生与原有平衡状态或进化方向相反方向的位移。该位移可能是可逆的，也可能是不可逆的。在后者的情况下，退化生态系统常由退化转为消逝。

二、滨海湿地退化的定义

　　湿地退化是指由自然环境的变化或人类对湿地自然资源过度及不合理地利用而造成的湿地生态系统结构破坏、功能衰退、生物多样性减少、生物生产力下降，以及湿地生产潜力衰退、湿地资源逐渐丧失等一系列生态环境恶化的现象（张晓龙和李培英，2004）。自然环境（地貌环境和气候环境）、人类活动的任何一个方面发生变化，将会使湿地环境发生变化，当该变化超过一定程度，便会产生湿地退化（图5-1）。滨海湿地退化是一个复杂的过程，不仅包括湿地生物群落、土壤、水域的退化，还包括湿地环境各个要素在内的整个生境的退化（章家恩和徐琪，1999）；湿地退化在先后顺序上的表现：首先是湿地生态系统组成成分和结构状态的衰退，其次是系统功能的降低，最后导致整个环境退化（图5-2）。

三、滨海湿地生态系统退化特征

　　湿地的生态特征是指湿地的生物、物理、化学组分之间的结构与相互关系。滨海湿地生态系统退化特征是指生态系统在自然或人为因素影响下所发生的逆向演替，健康的生态系统所负有的功能发生减弱或失衡，在严重情况下发生不可逆转的变化，丧失原有生物、物理和化学的生态特征。生态系统退化的特征：植被面积减小，质量下降、生物多样性降低、污染严重、海岸资源承载能力降低，以及在气候变暖和海平面上升的态势下，丧失对自然灾害的抵御能力。

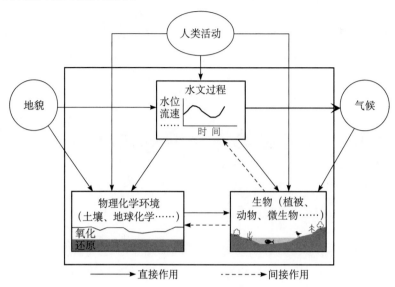

图 5-1　湿地要素之间的相互作用及其驱动因子［据 NRC（1995）改绘］

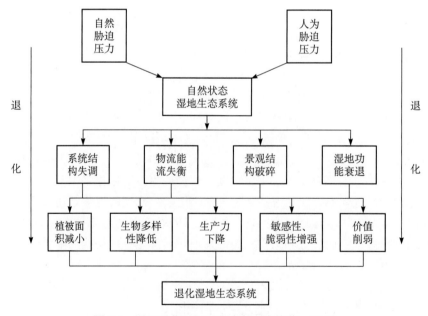

图 5-2　湿地退化过程（张晓龙和李培英，2004）

（一）湿地功能面积减少

　　湿地的功能面积是指可以维持当前环境条件下生态系统健康有序的发展，并有一定抵抗外来干扰能力的面积（张晓龙和李培英，2004）。功能面积的减少是湿地退化的主要标志之一（Day et al.，2003）。

（二）湿地组织结构破坏

湿地的组织结构主要指生物群落结构和生态景观结构。在生物群落结构中，一般来说，生物种类越多，数量越大，食物链的结构越复杂的湿地，其发展越成熟。在生态景观结构中，斑块、基质、廊道等景观大小适中、数量适宜、结构合理，更有利于生物栖息、繁衍，能有效地促进湿地系统中的物质、能量的流动和转化，维持系统平衡发展（张晓龙和李培英，2004）。湿地的退化，其生物群落结构和生态景观结构将发生巨大的变化，生物种群简单，数量减少，食物链单调，景观结构组成不协调，难以有效调节湿地系统健康发展等现象，均是湿地退化的重要表征（安娜等，2008）。

（三）湿地系统物质能量流失衡

湿地系统物质能量流主要表现为系统内外水的动态变化和生物地球化学循环过程（邓伟等，2003）。湿地是集水区内的一种水体，其重要特征是季节性或常年处于浅水状态。所以，水是湿地生态系统中最为重要的一种物质。由于和外界环境的物质能量流失去平衡，所以湿地生态系统水量减少、水质恶化。水量的流入流出、水位的涨落、淹水时间的长短等直接影响着湿地系统的景观、生产力、功能水平和发展过程。在生物地球化学循环过程中包括碳、氢、氧、氮、磷和硫，以及各种生命必需元素在湿地土壤和植物之间进行的各种迁移转化和能量交换过程。这些作用为生物活动提供了所需的元素和养料，改善了水质状况，影响了含水层及大气的化学状况（安娜等，2008）。

（四）湿地生态功能减弱

湿地的生态功能如下：提供物质资料，调节环境状态，净化过滤污染物及有机质等，调控洪水时空变化，维持生物多样性，抵制环境破坏，提供生物栖息地等（刘振东等，2005）。湿地退化，导致湿地生态系统的结构性、整体性和自然性遭到破坏，进而使得其抗干扰能力下降，不稳定性和脆弱性增加，生物多样性和生产力降低。其生产芦苇、羊草、鱼类和人工繁殖珍稀水禽等提供直接实物产品的功能，旅游服务、科学研究与文化功能等方面的直接服务功能，以及固碳、涵养水源、调节气候与水文、降解污染物，作为鸟类及其他一些物种的栖息、繁殖地等功能均不同程度地退化（安娜等，2008）。

第二节　滨海湿地退化研究现状

滨海湿地退化机制是当前国际众多学科学者共同关注的前沿热门研究领域，但现有的研究也仅是该领域的有关学者针对某些特定的退化区域、特定的退化现象进行研究，没有形成大规模、分门别类、全面、系统和深入的研究。总之，对滨海湿地退化机制的研究，尚处于发育、未定型的胚胎阶段。

一、滨海湿地退化国外研究现状

国外对滨海湿地退化机制的研究开展相对较早。对湿地退化的解读和对湿地退化机制的探讨主要集中在人类活动和自然环境的变化引起湿地退化方面。前者主要包括工业化、城市化、人类活动造成水系的改变、污染和海水富营养化等等；后者主要包括全球气候变化、二氧化碳排放量增加、温度上升、海平面上升、海岸侵蚀、外来生物入侵及自然灾害加剧等（Gedan，2009）。

城市化是另一个造成滨海湿地退化的人为因素。越来越多的滨海湿地被油田的开发、工厂的建设及居民区取代。随着许多国际著名的大城市，如旧金山、波士顿、阿姆斯特丹、东京等城市的扩展，城市周围的滨海湿地面积逐渐缩小。许多湿地转变为石油油罐储藏地，货场、原材料加工厂等，湿地的这种快速消退自 1950 年以后愈演愈烈（Pinder and Witherick，1990）。仅在美国旧金山地区就有超过 20 万公顷的滨海湿地消逝（Atwater，1979）。例如，德国 Waden 海岸就有约 55 万公顷的湿地转变为土地，这些土地转变为工业、农业及城市化用地，造成湿地面积大规模缩小（Power and Teeter，1922）。沿海岸工程的实施也改变了滨海湿地的面貌，主要是沿岸堤坝的建立，使当地的自然景观改变，改变了湿地的分布状况和湿地植被的种类、多样性及生物量。例如，取而代之原本在湿地上生长的盐生植物，植物类群转变为只能适应淡水的植物（Roman et al.，1984）。例如，沿德国海岸，几乎所有盐生植物和咸淡水潮间带地区的原生态植物都已消逝（Reise，2005）。

随着工业化进程的加快，由此带来的环境污染开始受到社会各界的关注。研究发现，这种污染首先表现为重金属的污染，即人类将滨海湿地作为空闲地，倾倒人类活动的各种废物特别是金属类物质等，这些在城市的周围地区特别严重（Nixon，1980）。在这些地区倾倒的废物中，30%～65%的金属被湿地吸收，从而造成了严重的金属污染，形成事实上的金属污染库（Leendertse et al.，1996）。例如，西班牙的铜矿区就利用湿地倾倒金属废物。该区湿地的各种重金属，如 Cu（＞190 毫克/千克）、Pb（8016±4077 毫克/千克）和 Mn（＞2000 毫克/千克）的含量都远远超过欧盟环境与健康标准（Alvarez-Rogel et al.，2004）。该地区的植物由于增加了对重金属的吸收，体内的重金属含量大大增加。而且这些重金属很容易通过各种途径进入食物网，并影响到食物网的逐层结构，从而最终对处于食物网高端的人类造成更大不可估量的影响（Weis J S and Weis P，2004）。

近年来，随着对富营养化研究的深入，国外科学家发现富营养化也是滨海湿地退化的一个重要影响因素。特别是三角洲地区汇集了由上游河流冲刷农田带来的大量营养盐，这些营养盐汇集到湿地被植物与动物吸收，使整个湿地成为各种营养库（Valiela and Teal，1979）。研究发现，这种富营养化往往有利于陆生植物的生长与吸收，而不利于潮间带植物，因此造成后者生物量的减少（Valiela，1976）。在英国，营养盐的大量排放，造成湿地植物种类及其栖息地带发生改变，导致另一种原本不生长在此地的植物种类入侵（Bertness et al.，2002）。上游森林资源的破坏和土地的开发也影响到河流营养盐的含量，进而造成湿地的富营养化（Silliman and Bertness，2004）。而且这种富营养化还使得湿地附近海域微藻大量繁殖，这也是赤潮发生的一个重要因素（Deegan et al.，2007）。

近年来国外科学家研究发现，全球气候变化是影响与造成滨海湿地退化的另一个重要因素，虽然气候变化的确切影响尚有待长期的研究和科学的评估。但是像季节交替这类气候变化的不确定性能够很大程度上影响湿地，而湿地作为地球表面巨大的碳库，也会反馈影响气候变化的程度。例如，研究发现，潮间带湿地较泥煤土地可以少向大气排放甲烷及二氧化碳达10倍之多。显然湿地的退化消失将会增加地球表面向大气排放的二氧化碳。而全球气候变化引起碳循环的变化，有可能改变湿地在二氧化碳排放方面的作用（Chmura et al.，2003）。

伴随气候变化而来的风暴潮对滨海湿地的生态所造成的影响也不可忽视。风暴潮给湿地带来的泥沙沉积是许多湿地地貌改变和沉积形成的原因（Conner et al.，1989），这些沉积对那些已经受到人类活动影响而发生退化的湿地影响尤甚（Cahoon，2006）。

海平面上升也是造成滨海湿地退化的一个重要机制。随着海平面的上升，湿地基质也随之抬高，底质暴露，有可能使得滨海湿地干涸。因此，湿地上生长的植物带则逐渐向陆地延伸和迁移，从而使得整个湿地生态发生根本性的变化（Nixon，1980）。在过去200年里，已经观察到北美新英格兰地区湿地发生了植物带向陆地迁移的现象。在欧洲情况也是如此，已经观察到海平面上升侵蚀了欧洲沿岸很多滨海湿地（Day et al.，1998）。虽然目前还无法确定全球气候变化对滨海湿地产生什么样的最终效应，但是比较明确的是气候变化所带来的海平面上升，海水侵蚀作用可以使湿地植物带向陆地迁移（Barras，2004），使湿地干涸，并使其逐渐消失（Kearney，1988）。

生物入侵也是造成湿地退化的另一个重要机制。在国外的研究中，生物入侵造成湿地退化最早的记述，可以追溯到1870年英国 *Spartina anglica* 种类的入侵。科学家发现这些种类已经取代了原有在英国海岸生长的本地种类（Raybould et al.，1991）及德国海岸的一些本地种（Daehler and Strong，1996）。在南澳大利亚沿海也观察到这一现象的存在（Kriwoken and Hedge，2000）。在过去一个世纪中，欧洲的 *P. australis* 的单倍体在北美海岸滨海湿地大量繁殖，已经在与本地物种的竞争中大大超越了本地种类，造成北美海滨湿地生态系统的改变（Minchinton，2006）。生态系统一系列的改变不仅表现为抬高了湿地平台的高度，而且严重影响了当地动物的栖息环境（Zedler and Kercher，2004）。

总之，国外科学家通过长期的研究认为，人类活动是滨海湿地退化的最主要因素。人类活动已经直接或间接地影响或改变了地球表面的大多数滨海湿地，促使其面积急剧缩小，功能大大改变，有的生态系统已经发生不可逆的改变。此外，再加上全球气候变化所带来的一系列气候与海洋的剧烈变化，也将不可避免地影响滨海湿地，其作用还需要进行长期的研究与评估。

二、滨海湿地退化国内研究现状

我国对湿地的认识和记载已有几千年的历史，但直到20世纪20年代，在我国地学丛书中才出现"沼泽"一词，而对湿地的系统研究始于20世纪50年代对泥炭和沼泽地的研究。至20世纪80年代中期，我国学者开始关注"湿地"问题，并使"湿地"这一概念广泛流行。1995年，由中科院陈宜瑜主编的《中国湿地研究》一书收录了中科院众多湿地科学工作者的论文，内容涉及湿地的基本理论，湿地的结构、功能、动态变化，湿地的环境效益分析，湿地的研究方法等诸多方面。

我国的滨海湿地研究起步较晚。20世纪80年代后的全国海岸带和海涂资源调查、全国海岛资源综合调查和《中国海湾志》等对海岸湿地自然环境、资源状况和经济开发等作了部分论述。之后一些湿地专著和文集，如1989年陆健健编写的中国湿地简志《中国湿地》、1999年由赵魁义主编的《中国沼泽志》和郎惠卿主编的《中国湿地植被》、由华东师范大学出版社出版的《中国湿地研究和保护》、中国林业出版社出版的《湿地保护与合理利用——中国湿地保护研讨会文集》等对我国主要滨海湿地的土壤、植被、生物和开发利用现状等作了论述。近年来研究的重点大多集中在黄河及辽河三角洲滨海湿地及南方红树林的研究上。最近长春地理研究所等单位对环渤海河口三角洲湿地从生态学角度进行了深入的研究和论述，并著有《环渤海三角洲湿地的景观生态学研究》（2001年）和《辽河三角洲资源环境与可持续发展》（1997年）等专著，为海岸湿地系统研究打下了坚实基础。

目前我国已完成全国湿地初步调查和《中国沼泽志》的编写，出版有关湿地专著20余部，发表论文350余篇。在湿地生态系统内部结构、基本功能、生态过程、净化功能及效应、可持续发展模式方面，建立生态模型方面，研究物质循环、生态系统修复及作用机制试验方面，在海岸红树林生态系统研究方面都做了很好的工作，发表了一些高水平的研究成果。湿地研究已逐步从定性研究过渡到定性与定量相结合的研究；"3S"等技术已经在湿地研究中得到了较好的应用。但总的来说，我国的湿地基础研究还比较薄弱，湿地的发生学机制和演变规律、湿地生态系统的结构和功能、过程与机制研究、湿地退化及环境效应影响、湿地修复与保护等方面的研究工作尚处于起步阶段。滨海湿地的形成、演化过程、湿地退化、景观异质过程，以及对区域生态环境的影响及响应等方面的综合、系统研究更少。

湿地退化主要是人类活动改变土地覆盖、土地利用造成的，人类通过对地球表层的修改（modified）、改变（changed）和改造（transformed）正在显著改变着湿地景观，使湿地生物多样性减少和环境净化功能下降，导致湿地退化（刘红玉等，2003）。中国大约有40％的重要湿地受到严重退化的威胁，特别是在近50年来湿地的退化和丧失以惊人的速度发展（张明祥等，2001）。

由于全球环境变化的影响和人类活动的干扰，湿地生态系统发生严重退化，湿地面积减少，质量和功能持续下降。目前湿地退化研究多采用空间分布代替时间序列的方法，将湿地退化阶段分为：未退化—轻度退化—中度退化—重度退化—已开垦。面对湿地退化，应采取积极有效的措施，加强湿地生态系统退化过程中碳氮耦合、湿地退化的动力学机制及湿地恢复理论和技术的研究（廖玉静和宋长春，2009）。

第三节　福建滨海湿地退化现状

一、滨海湿地面积不断减少

20 世纪 80 年代福建省岸线至 0 等深线滨海湿地面积共 2598.86 千米^2。其中，天然湿地 2118.63 千米^2，占 81.5%，以粉砂淤泥质滨海湿地为主，总面积可达 1393.91 千米^2；沙质滨海湿地面积次之，为 482.58 千米^2；红树林沼泽湿地、海岸潟湖湿地和河流及河口水域湿地所占面积比例均较低，合计不到 6 千米^2。人工滨海湿地面积 480.23 千米^2，占总滨海湿地面积的 18.5%，主要由养殖池塘构成，盐田和水田面积所占比重很小。福建省滨海湿地的主要利用方式是水产养殖。各地级市中，福州市所属滨海湿地面积最大达 868.16 千米^2，其次是宁德市，滨海湿地面积是 492.64 千米^2，厦门市滨海湿地面积最少，为 132.71 千米^2，不及福州市的 1/6。粉砂淤泥质海岸、砂质海岸和岩石性海岸主要分布在福州市沿海，滨岸沼泽宁德市面积最大，漳州市红树林沼泽分布面积最多。

据史料记载，福建省天然湿地历史分布区面积 20 000 多千米^2，现有天然湿地面积 8000 多千米^2，仅为历史总面积的 1/3。其中，海岸滩涂及河流、湖泊湿地为主要湿地。浅海、河口、红树林和滩涂湿地为重点湿地，占福建省天然湿地总面积的 85% 以上。此外，还有稻田、水库和鱼虾塘等人工湿地，面积为 10 000 多千米^2。福建省滨海湿地面积的减少更多的是由于建造港口和围填海工程。长期以来，福建省一直将围填海作为解决沿海耕地资源贫乏、时限耕地土地资源占补平衡的重要途径。据不完全统计，全省 13 个主要海湾历史围填海 275 处，面积达 836.68 千米^2。

厦门滨海湿地总面积由 1986 年的 419.764 千米^2 下降至 2003 年的 394.237 千米^2，湿地斑块数量由 1986 年的 810 块增加至 2003 年的 1092 块。湿地景观破碎度不断增加，研究区域湿地景观多样性指数和均匀度指数则下降（陈鹏，2005）。沙埕港红树林分布区面积急剧减少，处于退化和消亡状态。三沙湾三都澳湿地水禽红树林自然保护区周边的围填海活动大部分在海岸带的滩涂湿地上进行，对湿地的影响较大。目前，三沙湾滩涂湿地面积不断缩小，影响到红树林生长（陈尚等，2008）。

滨海湿地具有特殊的生态价值，福建省滨海湿地面积的减少意味着该区域整个湿地系统受到干扰甚至破坏，在这种情况下，滨海湿地生态系统的结构和功能会发生相应的改变，造成滨海湿地生态环境质量的降低和功能的衰退。滨海湿地面积的大规模的减少，不仅会改变潮间带沙滩和盐沼泥滩，改变区域的潮流运动特性，引起泥沙冲淤和污染物迁移规律的变化，破坏剩余滨海湿地原有的生态环境；而且会使沿海地区失去大面积的水产动物天然栖息地、产卵场和索饵场，引起物种种群和数量的减少，对垦区附近广阔水域的海洋生物资源造成长期的影响。同时围垦后改造利用不完善，还会引起航道阻塞和海岸侵蚀，影响排洪泄涝（韩秋影等，2006）。

二、生态环境状况恶化

随着工农业生产的发展和城市规模的扩大，大量的生活、工业、农业废弃物被排入湿地，不少废弃物不仅危害湿地生物多样性，也使水质变坏，寄生虫流行，造成供水短缺，尤其是依赖江河、湖泊供水的大、中城镇受害更为严重。以泉州为例，现代工业和沿海城市化的发展，大量污水、废渣直接排入湄洲湾、洛阳江口和后渚湾导致沿海海水水质改变。沿海城市每年向海洋排入工业废水和生活污水诱发赤潮频繁发生，鱼虾贝类大量死亡；污染严重的地段，物种绝迹，经济损失惨重。湿地景观破坏，生物多样性衰退及污染日益加剧，导致湿地生态功能下降与湿地资源受损（陈金华，2002）。

污染作为滨海湿地生态系统面临的威胁之一，已经严重影响了滨海湿地生态系统的物质循环，并通过食物链的富集作用影响到滨海湿地的生物资源。城市生活污水的排放、农业化肥和农药的使用、工业化和城市化中废弃物的不合理处理，以及旅游业中的垃圾直接堆放等，直接导致滨海湿地水环境与底质的污染。海水养殖自身结构和养殖方式的缺陷，使得污染加剧，导致了海水的富营养化，诱发有害藻类和病原微生物的大量繁殖。任意排放污染物，导致滨海湿地污染加剧。人口的增加、工农业和养殖业的发展，使排污量迅速增加。由于沿岸水体的污染，富营养化严重，近岸海域赤潮现象频繁发生，并呈不断上升趋势。

2009 年，福建省受污染海域面积 9664 千米^2。清洁、较清洁、轻度污染、中度污染和严重污染海域面积分别为 7276 千米^2、5060 千米^2、2644 千米^2、3791 千米^2 和 3229 千米^2。中度污染和严重污染海域主要分布在宁德沿海近岸、罗源湾、闽江口、泉州湾和厦门沿海近岸局部海域（参见《2009 年福建省海洋环境状况公报》）。主要污染物为无机氮、活性磷酸盐和石油类（图 5-3、图 5-4）。

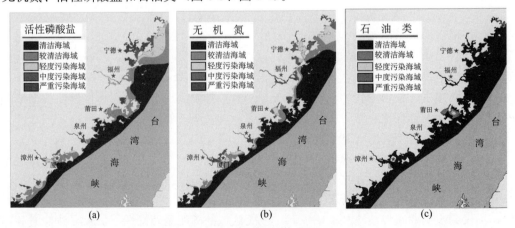

图 5-3　近岸海域主要污染物分布示意图
资料来源：《2009 年福建省海洋环境状况公报》

图 5-4　近岸海域水质等级分布示意图
资料来源：《2009 年福建省海洋环境状况公报》

　　无机氮和活性磷酸盐污染较重区域主要分布于宁德沿海、罗源湾、闽江口、泉州湾及厦门沿海近岸局部海域；石油类污染区域主要分布于沙埕港和兴化湾局部海域（图 5-3）。

　　2009 年，福建省 13 个主要海湾水环境监测结果：9 个海湾处于富营养化状态，其中 7 个海湾为严重富营养状态。除沙埕港、兴化湾局部海域经常出现石油类超标现象外，其他海湾仅在个别月份呈现超标现象。与 2008 年相比，闽江口、兴化湾、湄洲湾和厦门湾水环境质量有所改善，但沙埕港、三沙湾、罗源湾和福清湾水环境质量有所下降（图 5-5）。

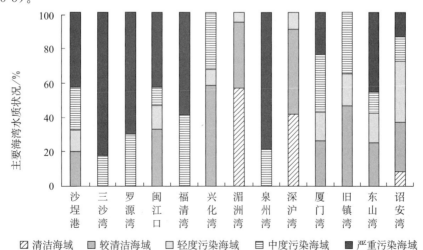

图 5-5　主要海湾水体质量状况
资料来源：《2009 年福建省海洋环境状况公报》

2009 年，沙埕港、泉州湾和旧镇湾等海湾局部海域存在粪大肠菌群或 DDT 超标的现象（图 5-6）。

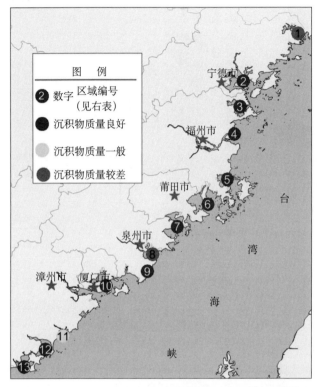

区域编号	海湾名称	超标污染物
1	沙埕港	粪大肠菌群
2	三沙湾	—
3	罗源湾	—
4	闽江口	—
5	福清湾	—
6	兴化湾	—
7	湄洲湾	—
8	泉州湾	粪大肠菌群
9	深沪湾	—
10	厦门湾	—
11	旧镇湾	DDT
12	东山湾	—
13	诏安湾	—

图 5-6　近岸海域沉积物质量状况

资料来源：《2009 年福建省海洋环境状况公报》

福建海域赤潮常发区有沙埕港、三沙湾、福清湾、兴化湾、厦门湾、东山湾等海域。其中，以三沙湾、兴化湾、厦门湾和东山湾为多发区，三沙湾、兴化湾和东山湾海水养殖密集区是赤潮多灾区。赤潮主要发生在春夏之交和秋季。赤潮类型多为海湾型赤潮。赤潮优势种主要是角毛藻、裸甲藻、夜光藻、具齿原甲藻、中肋骨条藻、海链藻等。

2000～2005 年，福建海域共发现 80 起赤潮，其中 2000 年 2 起，2001 年 6 起，2002 年 17 起，2003 年 29 起，几年累计面积 1739 千米^2，主要分布在宁德市沿海、闽江口、泉州湾、厦门近岸海域。其中 13 起影响海洋生态和水产养殖，共造成 4248 万元的直接经济损失；2004 年 12 起，累计面积 324 千米^2，主要分布在宁德市沿海、平潭沿岸、厦门近岸海域，由于防范及时，措施得当，未造成直接经济损失；2005 年 14 起，累计面积 224 千米^2，主要出现在三沙海域、福宁湾、连江海域、平潭沿岸、厦门西海域，主要藻种是中肋骨条藻、米金裸甲藻、长崎裸甲藻、夜光藻和角毛藻，由于防范及时，措施得当，未造成直接经济损失（陈尚等，2008）。

赤潮给水产养殖业和人民身体健康造成不同程度的危害。其中，造成经济损失最大的是 2003 年 5 月 20 日闽江口连江近岸海域，鲍和牡蛎大量死亡，直接经济损失 2500 万元，赤潮持续 35 天，主要优势种是裸甲藻。滨海湿地的污染不仅使沿岸经济利益受到严重损害，也影响了环境，破坏了海岸景观。

三、生物多样性降低

福建湿地资源丰富，分布水鸟 178 种，其中 29 种属于国家重点保护物种；哺乳动物 25 种，20 种属国家重点保护物种；两栖动物 46 种，2 种属国家重点保护物种；爬行类 110 种，7 种属国家重点保护物种；鱼类 815 种，4 种属国家重点保护物种。福建省湿地海洋生物资源也相当丰富，浮游植物 299 种，浮游动物 357 种，大型底栖生物 1259 种，潮间带生物 1118 种，游泳生物 300 种，水生植物 45 种。

由于海洋资源开发不当、海洋生态环境破坏及外来物种入侵等，福建海洋珍稀物种的种群数量继续减少，面临着消失和灭绝的危险。根据《2002 年福建海洋环境质量公报》，中国鲎等原来分布较广且数量较多的物种也日趋减少；大黄鱼等已经不成渔汛；刘五店文昌鱼渔场已经消失；中华白海豚的数量不足百头；闽江口西施舌资源严重衰退。

沿海大面积滩涂围垦养殖是人类干预大自然、改变自然滩涂环境潮间带生物种类组成和群落结构从而降低生物多样性的另一方式。20 世纪 80 年代初期至中期，平潭县竹屿口滩涂湿地可以采获包括泡螺（*Hydatina physis*）、白带泡螺（*H. albocincta*）和黑带泡螺（*H. zonata*）等稀有贝类在内的 80 多种潮间带生物，自从滩涂承包进行经济贝类养殖以后，缢蛏等经济养殖品种成为滩涂的绝对优势种类，潮间带生物种类迅速减少，如今泡螺等早已不复出现，该滩涂上的潮间带生物种类至少下降了 70%；罗源湾马鼻镇附近的泥沙滩不但潮间带生物种类丰富，也是省级保护动物——中国鲎的产卵地之一，繁殖季节每当退潮总能在滩涂上看到大量的幼鲎活动，围垦养殖完全改变了滩涂的原生态环境，进一步缩小了中国鲎在福建的繁殖栖息地（刘剑秋和曾从盛，2010）。

厦门文昌鱼是国家二级保护动物，常栖息在海水透明度较高、水质洁净、底质为细小沙砾或粗砂与细砂掺杂的环境（周涵韬等，2003）。厦门文昌鱼幼鱼期有 1～2 个星期的漂浮期，接着下沉，遇到沙质底质继续生存。厦门刘五店海域曾是文昌鱼重要栖息地，20 世纪 30 年代该地区文昌鱼年产量曾达到 70～150 吨。由于人为海岸经济开发活动的影响，刘五店区域湿地水深逐渐变浅，底质类型产生改变，目前 95% 以上底质被淤泥覆盖，淤泥厚度从几厘米到十几厘米，文昌鱼无法生存。

罗源湾苍鹭、白鹭县级自然保护区和红树林分布区：白水围垦总面积为 800 公顷（1200 亩），围垦区为白鹭和苍鹭等海鸟的觅食地，白水围垦后使白鹭和苍鹭等海鸟的觅食地减少，区域容纳的海鸟数量降低。罗源湾红树林因围填海被破坏，红树林已经逐渐消失。围垦活动所造成的生物栖息地和分布地的减少是动植物在该地区消亡的主要原因（陈尚等，2008）。

人类不合理的开发利用导致湿地生物生存环境的改变和破坏，使越来越多的生物物种，特别是珍稀生物失去了生存空间而濒危和灭绝，造成物种多样性下降，削弱了生态系统自我调控能力，降低了生态系统的稳定性。

四、生态系统脆弱性突出

福建省沿岸地带遍布重要湿地和自然保护区，海岸带及近岸海域开发强度和规模较大，环境保护与资源开发的矛盾异常尖锐，生态系统的脆弱性更加突出，大部分区域已基本处于中脆弱区。2008 年闽东沿岸生态监控区生态系统处于亚健康状态。水体有富营养化的倾向，40％水域无机氮含量超海水水质第二类标准，10％水域活性磷酸盐含量超海水水质第三类标准。部分生物体内砷、铅、镉、DDT 和石油烃含量较高，70％的生物残毒检测样品中砷含量偏高，50％的检测样品中铅和 DDT 含量偏高。生物群落结构状况一般，生物多样性和均匀度处于一般水平，浮游植物和浮游动物密度高于正常波动范围，底栖生物密度低于正常波动范围。夏季，浮游植物、浮游动物和底栖生物平均密度分别为 $44\,380 \times 10^4$ 个/米^2、5448 个/米^2 和 68 个/米^2，物种多样性指数分别为 1.41、4.04 和 2.24。连续 5 年的监测结果表明，闽东沿岸生态系统健康状况呈下降趋势。水体无机氮和活性磷酸盐含量持续增高，超海水水质标准面积不断扩大；pH 呈上升趋势。在沉积环境中，总磷、总氮、硫化物和有机碳含量均呈上升趋势。部分生物体内砷、铅和镉含量持续偏高。围填海导致滩涂湿地面积不断减少，生境受损，生物多样性降低，珍稀物种生存和候鸟迁徙受到威胁。外来物种互花米草分布面积持续增加，危害不断扩大。影响闽东沿岸生态系统健康的主要因素是陆原排污、围海造地、外来物种入侵和资源过度开发（张晓龙和李培英，2010）。

五、福建典型滨海湿地退化现状

（一）三沙湾滨海湿地

1. 滨海湿地面积减小，景观破碎化加剧

1987 年和 2004 年三沙湾滨海湿地类型面积以及图斑统计和变化分析表明：1987 年总面积约为 357.67 千米^2，总图斑数约为 700 个，主要以粉沙淤泥质海岸和沙质海岸等天然湿地为主，养殖池塘和盐田等人工湿地所占面积较小，仅占 21.27 千米^2（图 5-7、表 5-1）；2004 年面积减少了 2 千米^2 左右（图 5-8、表 5-1），滨海湿地面积仍以粉砂淤泥质海岸为首，养殖池塘和滨岸沼泽面积则明显增加。综合比较 1987～2004 年三沙湾滨海湿地面积和分布，三沙湾滨海湿地明显退化，主要体现在以下几个方面。

（1）三沙湾滨海湿地总面积减少，整体景观破碎化程度增加，图斑个数由 1987 年的 700 个增加到 2004 年的 1056 个。

（2）三沙湾天然湿地面积明显减少，图斑破碎度增加，粉砂淤泥质海岸面积从 1987 年的 288.55 千米^2 减少到 2004 年的 216.05 千米^2，约减少总面积的 20％，图

斑个数由原来的 129 个增加为 157 个；人工湿地面积和图斑个数则明显增加，面积由原来的 18.11 千米²增加到 52.19 千米²，约占整个滨海湿地总面积的 9.53％；

（3）三沙湾滨海湿地互花米草、大米草入侵严重。1987～2004 年，三沙湾滨岸沼泽面积增加了 43.82 千米²左右，约占总面积的 12.25％，图斑个数增加了近 4 倍，这些滨岸沼泽主要包括了互花米草和大米草。

（4）红树林湿地面积减少、退化严重，1987～2004 年，尽管红树林沼泽湿地的图斑数量变化不明显，但红树林沼泽湿地面积从 1987 年的 0.52 千米²减少到现在的 0.03 千米²，几乎消失了。

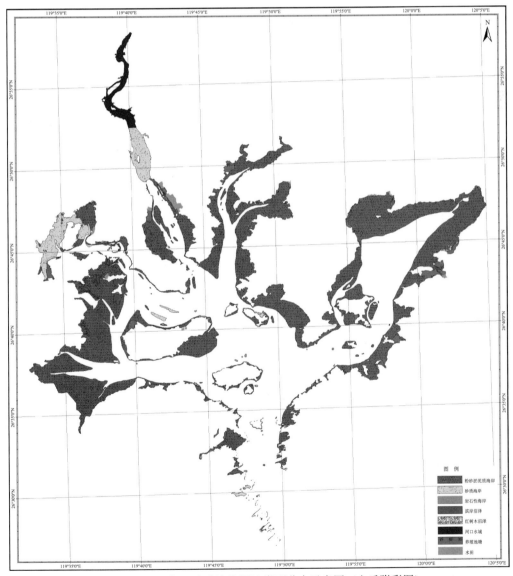

图 5-7　1987 年三沙湾滨海湿地类型分布示意图（文后附彩图）

表 5-1 1987～2004 年三沙湾滨海湿地面积及图斑变化统计

湿地类型	1987 年前后		2004 年		图斑变化/个	面积变化/千米²	占总面积/比重/%
	图斑数/个	面积/千米²	图斑数/个	面积/千米²			
养殖池塘	184	18.11	362	52.19	178	34.08	9.53
岩石性海岸	213	2.61	213	2.61	0	0.00	0.00
水田	26	3.62	7	0.30	−19	−3.32	−0.93
河口水域	1	10.12	2	10.30	1	0.18	0.05
滨岸沼泽	59	6.08	216	49.90	157	43.82	12.25
盐田	2	3.16	0	0.0	−2	−3.16	−0.88
沙质海岸	79	24.95	93	24.16	14	−0.79	−0.22
粉沙淤泥质海岸	129	288.50	157	216.05	28	−72.44	−20.25
红树林沼泽	7	0.52	6	0.03	−1	−0.49	−0.14
总计	700	357.67	1056	355.55	356	−2.12	−0.59

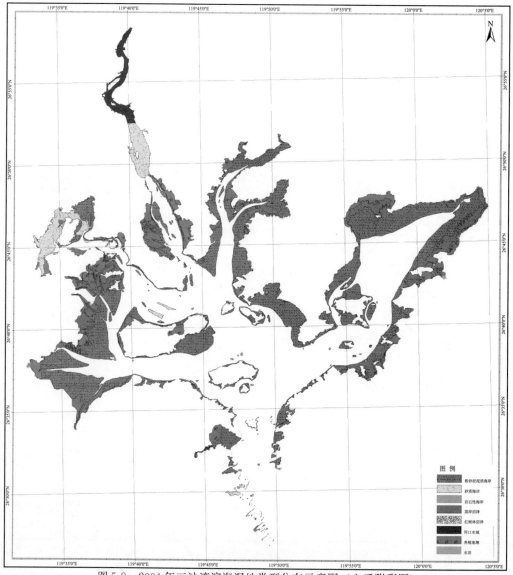

图 5-8 2004 年三沙湾滨海湿地类型分布示意图（文后附彩图）

2. 主要滨海湿地类型转变

通过分析 1987～2004 年三沙湾滨海湿地类型之间的转化，滨海湿地中转出面积最大的为粉砂淤泥质海岸，其主要转出为滨岸沼泽、养殖池塘和非湿地（建设开发用地），三种面积约占 73 千米^2；同时有少量滨岸沼泽湿地退化为粉砂淤泥质海岸，面积约为 1.08 千米^2；而转入面积最大的则为养殖池塘，主要由粉砂淤泥质海岸、水田、盐田及滨岸沼泽等转化而来（表 5-2、图 5-9）。

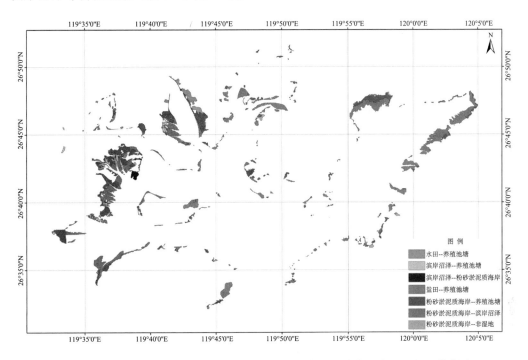

图 5-9　1987～2004 年三沙湾滨海湿地主要变化类型及分布示意图（文后附彩图）

表 5-2　1987～2004 年三沙湾滨海湿地类型转化统计（按面积大小排序）

序号	变化类型	图斑数/个	变化面积/千米^2
1	粉砂淤泥质海岸→滨岸沼泽	168	45.77
2	粉砂淤泥质海岸→养殖池塘	217	25.37
3	水田→养殖池塘	26	3.44
4	盐田→养殖池塘	2	3.16
5	粉砂淤泥质海岸→非湿地	16	2.06
6	滨岸沼泽——养殖池塘	25	1.90
7	滨岸沼泽→粉砂淤泥质海岸	7	1.08
8	砂质海岸→滨岸沼泽	3	0.82
9	红树林沼泽→养殖池塘	7	0.27

序号	变化类型	图斑数/个	变化面积/千米²
10	红树林沼泽→滨岸沼泽	5	0.23
11	砂质海岸→养殖池塘	11	0.20
12	滨岸沼泽→砂质海岸	8	0.19
13	粉砂淤泥质海岸→河口水域	1	0.19
14	养殖池塘→滨岸沼泽	5	0.16
15	养殖池塘→非湿地	3	0.10
16	粉砂淤泥质海岸→水田	4	0.10
17	粉砂淤泥质海岸→砂质海岸	3	0.06
18	养殖池塘→水田	1	0.05
19	水田→粉砂淤泥质海岸	2	0.04
20	砂质海岸→粉砂淤泥质海岸	1	0.03
21	养殖池塘→粉砂淤泥质海岸	2	0.02
22	粉砂淤泥质海岸→红树林沼泽	2	0.01
23	养殖池塘→砂质海岸	1	0.01

（二）兴化湾滨海湿地

1. 滨海湿地面积减小，景观破碎化加剧

1987 年和 2004 年兴化湾滨海湿地类型面积，图斑统计和变化分析表明：1987 年兴化湾滨海湿地总面积约为 311.63 千米²，总图斑数约为 375 个，主要以粉砂淤泥质海岸和砂质海岸等天然湿地为主，养殖池塘和盐田等人工湿地所占面积较小，仅占 28.08 千米²（图 5-10、表 5-3）；2004 年兴化湾滨海湿地类型面积减少了 1.55 千米² 左右（图 5-11、表 5-3），滨海湿地面积仍以粉砂淤泥质海岸为首，但面积明显减少，养殖池塘和滨岸沼泽面积则明显增加。综合比较 1987～2004 年兴化湾滨海湿地面积和分布，兴化湾滨海湿地发生退化，主要体现在以下几个方面。

（1）兴化湾滨海湿地总面积减少，整体景观破碎化程度增加，图斑个数由 1987 年的 375 个增加到 2004 年的 431 个。

（2）兴化湾天然湿地面积减少，图斑破碎度增加，粉砂淤泥质海岸面积从 1987 年的 245.46 千米² 减少到 2004 年的 217.22 千米²，约减少总面积的 12% 左右，而图斑个数则由原来的 60 个增加为 67 个；人工湿地面积和图斑个数则明显增加，面积由原来的 24.85 千米² 增加到 54.90 千米²，约占整个滨海湿地总面积的 9.70%。

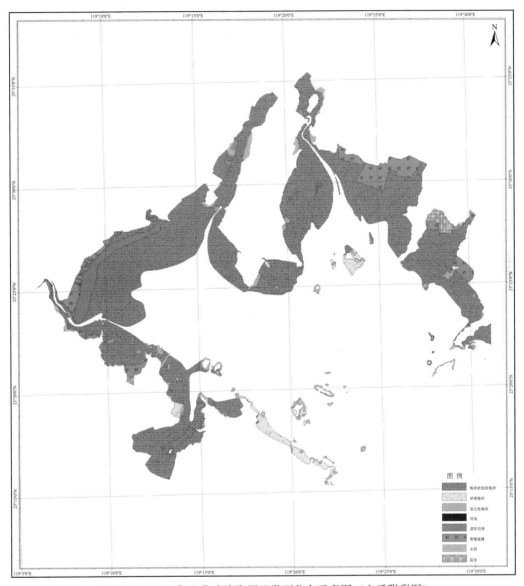

图 5-10　1987 年兴化湾滨海湿地类型分布示意图（文后附彩图）

表 5-3　1987 年与 2004 年兴化湾滨海湿地面积及图斑变化统计

湿地类型	1987 年前后		2004 年		图斑变化/个	面积变化/千米²	占总面积比重/%
	图斑数/个	面积/千米²	图斑数/个	面积/千米²			
养殖池塘	54	24.85	85	54.90	31	30.05	9.64
岩石性海岸	147	9.47	151	9.49	4	0.02	0.01
水田	10	3.50	13	3.41	3	−0.09	−0.03
河流	1	0.00	2	0.02	1	0.02	0.01

续表

湿地类型	1987 年前后		2004 年		图斑变化/个	面积变化/千米²	占总面积比重/%
	图斑数/个	面积/千米²	图斑数/个	面积/千米²			
滨岸沼泽	10	14.74	10	11.91	0	-2.83	-0.91
盐田	2	3.23	4	2.84	2	-0.39	-0.12
沙质海岸	91	10.38	99	10.29	8	-0.09	-0.03
粉沙淤泥质海岸	60	245.46	67	217.22	7	-28.24	-9.06
总计	375	311.63	431	310.08	0	-1.55	-0.50

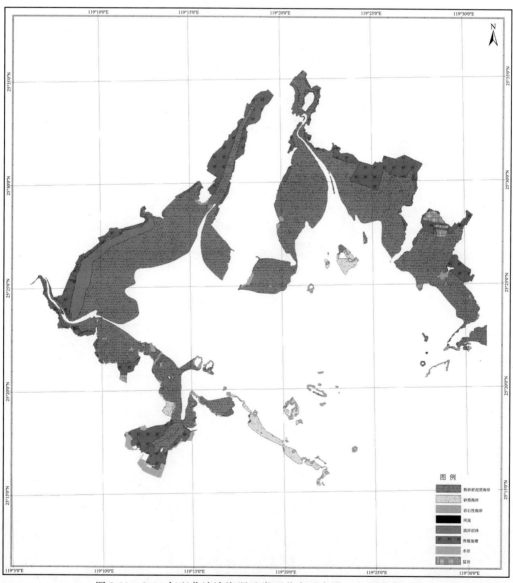

图 5-11   2004 年兴化湾滨海湿地类型分布示意图（文后附彩图）

2. 主要滨海湿地类型转变

通过分析 1987～2004 年兴化湾滨海湿地类型之间的转化，滨海湿地中转出面积最大的为粉砂淤泥质海岸，其主要转出为养殖池塘、水田和港口码头，三种面积约为 28.16 千米^2，同时有少量滨岸沼泽湿地和砂质海岸等退化为粉砂淤泥质海岸，面积约为 0.94 千米^2；而转入面积最大的则为养殖池塘，主要由粉砂淤泥质海岸、水田、盐田及滨岸沼泽等转化而来（表 5-4、图 5-12）。

表 5-4 1987～2004 年兴化湾滨海湿地类型转化统计（按面积大小排序）

序号	变化类型	图斑数/个	面积/千米^2
1	粉砂淤泥质海岸→养殖池塘	76	22.09
2	滨岸沼泽→养殖池塘	7	3.57
3	水田→养殖池塘	10	3.50
4	粉砂淤泥质海岸→水田	13	3.41
5	粉砂淤泥质海岸→港口码头	13	2.66
6	粉砂淤泥质海岸→滨岸沼泽	6	0.83
7	盐田→养殖池塘	3	0.61
8	滨岸沼泽→粉砂淤泥质海岸	5	0.51
9	养殖池塘→滨岸沼泽	10	0.42
10	粉砂淤泥质海岸→盐田	1	0.30
11	砂质海岸→粉砂淤泥质海岸	1	0.18
12	养殖池塘→粉砂淤泥质海岸	15	0.17
13	盐田→粉砂淤泥质海岸	1	0.08
14	粉砂淤泥质海岸→砂质海岸	3	0.06
15	粉砂淤泥质海岸→河流	1	0.02

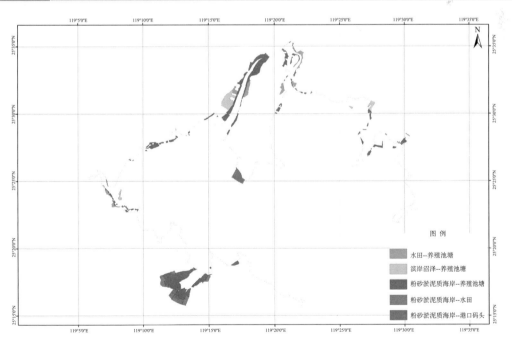

图 5-12 1987～2004 年兴化湾滨海湿地主要变化类型及分布示意图（文后附彩图）

（三）诏安湾滨海湿地

1. 滨海湿地面积减小，景观破碎化加剧

1987 年和 2004 年诏安湾滨海湿地类型面积，图斑统计和变化分析表明：1987 年滨海湿地总面积约为 83.88 千米^2，总图斑数约为 129 个，主要以粉砂淤泥质海岸和砂质海岸等天然湿地为主，养殖池塘和盐田等人工湿地所占面积较小，仅占 38.79 千米^2；2004 年滨海湿地类型面积增加了 85.16 千米^2 左右，滨海湿地面积仍以粉砂淤泥质海岸为首，但养殖池塘面积则明显增加。综合比较，1987～2004 年诏安湾滨海湿地面积和分布，体现在以下几个方面。

（1）诏安湾滨海湿地总面积增加，整体景观破碎化程度增加，图斑个数由 1987 年的 129 个增加到 2004 年的 225 个（图 5-13、表 5-5）。

（2）诏安湾天然湿地面积有所减少，图斑破碎度增加，粉砂淤泥质海岸面积从 1987 年的 38.27 千米^2 减少到 2004 年的 28.21 千米^2（图 5-13、图 5-14、表 5-5），约减少总面积的 20%，而图斑个数则由原来的 129 个增加为 157 个；人工湿地面积和图斑个数则明显增加，面积由原来的 18.11 千米^2 增加到 52.19 千米^2，约占整个滨海湿地总面积的 11.81%。

20 世纪 80 年代，诏安湾红树林主要分布于湾顶河流入海口处，如港口渡入海河口、螺寮入海河口、东葛头入海口等，但港口渡、西梧、林头、八尺门围垦后，这些入海河口处的红树林生态系统逐渐消失，目前已没有红树林。

2. 主要滨海湿地类型转变

1987～2004 年诏安湾滨海湿地类型之间的转化，滨海湿地中转出面积最大的为粉砂淤泥质海岸，主要转出为养殖池塘和盐田，两种面积约占 10.54 千米^2，同时有少量水田、养殖池塘等退化为粉砂淤泥质海岸，面积约为 0.44 千米^2；转入面积最大的为养殖池塘，主要由粉砂淤泥质海岸、水田、盐田等转化而来（表 5-5、图 5-15）。

表 5-5　1987～2004 年诏安湾滨海湿地类型转化统计（按面积大小排序）

序号	变化类型	图斑数/个	面积/千米^2
1	粉砂淤泥质海岸→养殖池塘	74	10.48
2	盐田→养殖池塘	10	1.31
3	养殖池塘→盐田	2	0.73
4	水田→养殖池塘	3	0.66
5	砂质海岸→养殖池塘	12	0.56
6	水田→粉砂淤泥质海岸	2	0.17
7	养殖池塘→粉砂淤泥质海岸	4	0.16
8	砂质海岸→粉砂淤泥质海岸	5	0.08
9	养殖池塘→砂质海岸	1	0.06
10	粉砂淤泥质海岸→盐田	1	0.06
11	养殖池塘→水田	1	0.04
12	盐田→粉砂淤泥质海岸	2	0.03
13	盐田→水田	2	0.03
14	盐田→公路	1	0.02
15	盐田→砂质海岸	2	0.01

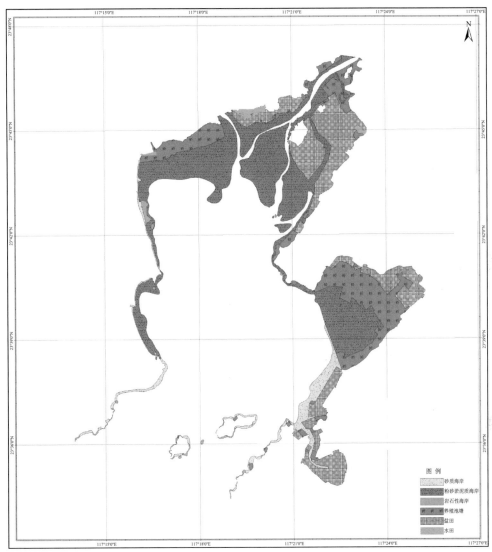

图 5-13　1987 年诏安湾滨海湿地类型分布示意图（文后附彩图）

（四）福建红树林湿地

红树林是目前国内外生物多样性保护和滨海湿地生态保护的重要对象。红树林湿地生态系统作为海岸生态关键区，具有维持生物多样性和物质生产、防风消浪护岸、净化污染物等强大的生态服务功能（Salif，2003；王文卿和王瑁，2007；王伯荪等，2002；卢昌义和叶勇，2006）。红树林生态系统是我国海岸带湿地生态系统的重要类型之一，自然分布于海南、广西、广东、福建、台湾和香港等省区。

尽管红树林生态系统在防浪护岸、维持海岸生物多样性和提供栖息地等方面的服务功能显著，但由于其直接的经济价值不高，生态价值和重要性容易被人类低估。20 世纪 60 年代以来的毁林围海造田、毁林围塘养殖、毁林围海造地等人类不合理的开发活动，导致我国红树林面积剧减，多种服务功能逐渐变弱。

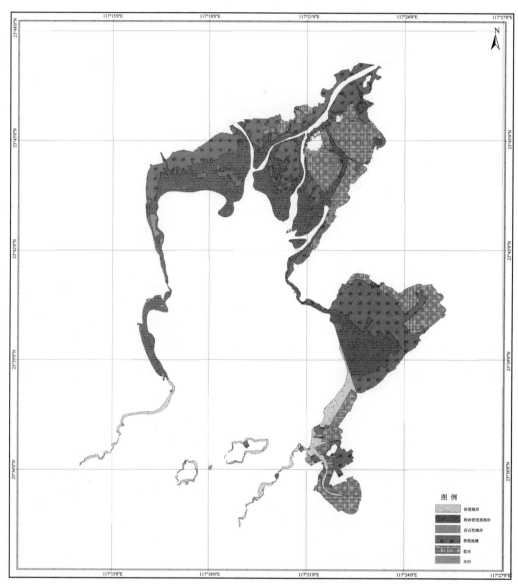

图 5-14　2004 年诏安湾滨海湿地类型分布示意图（文后附彩图）

红树林遭受人类和自然的破坏造成红树林生态系统退化的因素主要有 10 个方面。

1. 人工海堤等城市化建设

导致红树林生态系统退化的城市化、开发区建设主要是人工海堤、港口码头、桥墩、房地产、道路的建设，80% 的红树林属于堤前红树林（据 2001 年国家林业局组织的全国红树林调查结果及《外滩画报》2010 年第 409 期）。

福建海岸线全长 3324 千米，海堤长 1792 千米，超过一半的海岸线建成了标准海

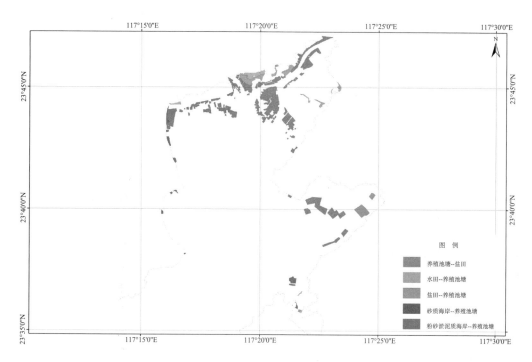

图 5-15　1987~2004 年诏安湾滨海湿地主要变化类型及分布示意图（文后附彩图）

堤。以上统计仅仅是按照相关标准建设的标准海堤，还有大量的"非标准"海堤，如简易鱼塘堤、防潮堤等。有统计表明，我国海岸线的自然度已经非常低，80%的海岸线被人工设施取代。标准海堤的建设，大多采用混凝土材料护砌，破坏了水—土—植物—生物之间形成的物质和能量循环系统及生物栖息地。

　　红树林具有高生产力、高归还率、高分解率等"三高"特性，吸收环境中的氮、磷、碳等营养元素，并通过其凋落物（郑逢中等，1998）和细根周转等方式归还到系统中，从而加速了红树林生态系统的能量流动、物质循环和信息交流。由于修堤围垦毁林，红树林转变成农田、盐田、养殖塘等低生物量的生态系统，降低了能量的固定和物质的循环，破坏了海岸带陆海物质的运移、输送、循环和能量的交换。同时红树植物所吸收的重金属主要累积分布在动物不易直接啃食的根、质地较硬的树干和多年生枝中（郑文教等，1996），红树林遭到破坏时，本应进入红树植物体内或在红树林区土壤沉积的化学元素（包括重金属），便会快速再次进入生物地球化学循环，即很快进入近海水域，被近海动植物和微生物吸收，改变了循环途径，缩短了周期。

　　如果红树林后缘地貌和水文条件适合红树林生长，红树林将向陆地迁移。但这种向陆地迁移的情况会受到滩涂后方的海堤等障碍物的影响（Gilman et al.，2007）。我国大部分海岸存在海堤等人工设施，严重限制了红树林向陆地方向的演替迁移，加上相对海平面上升过程中不断对潮间带的侵蚀，部分红树植物可能会在局部地方消亡，红树林系统可能面临灭绝的危险（图 5-16）。

图 5-16　海堤断了红树林的退路

2. 围塘养殖

福建省红树林面积被破坏多是围垦造田、挖塘养殖等工程建设所为。2002 年福建省全省红树林面积约 615.1 公顷，只占各地类总面积 13410.1 公顷的 4.6%。近年来沿海经济高速发展，围涂养鱼养虾具有高额利润，为了追求短期利益，致使许多红树林被毁，改建成鱼、虾塘（杨忠兰，2002）。

福鼎市目前尚存的红树林总面积为 153.4 公顷，与 1973 年的 658.2 公顷相比，锐减 76.69%，目前尚存的红树林零星分布，生长不良，以残缺林地居多。福鼎红树林资源遭受破坏的主要原因如下：对沿海湿地、滩涂红树林林地盲目围垦、过度开发和改造；保护管理不力，缺少管理协调机制；生态补偿机制不完善，管理资金来源缺乏；宣传滞后，缺乏保护红树林的良好社会氛围。

泉州湾洛阳江红树林，由于历年围垦和养殖业发展，也遭受了严重破坏。泉州湾洛阳江曾有过大面积营造红树林的历史，1956 年 10 月从厦门同安县寮东村引进桐花树野生苗 3.3 万株，试种于洛阳屿头湾滩涂，栽植 1 年后树高 1~1.5 米，但三五年后逐渐消亡。1957 年 6 月从海南引进秋茄 247 万株，在洛阳江庄兜及其他沿海乡镇，沿江海岸港湾滩涂扦插造林 666.7 公顷，当时成活率达 90%。造林后 4 年，树高平均达 2 米，后来由于长期无序开发，致使大面积红树林被毁。2002 年以来，营造以桐花树为主的红树林 323.3 公顷。2002 年冬至 2003 年春种植红树林 138.3 公顷，其中新植区面积为 106.6 公顷，补植区面积为 31.7 公顷；2003 年冬至 2004 年种植红树林面积 185 公顷。泉州湾仅洛阳江北岸保留一片约 17 公顷的天然红树林，树种单一，以桐花树为主，伴有秋茄和白骨壤，植株高 1.5~2.5 米（《惠安林业志》）。该片红树林更新主要靠自然掉落的种子在海流动力的作用下进行扩散，与引种的红树林无关。

20 世纪 50 年代以来，由于围垦建设和滩涂养殖业的发展，红树林面积日渐减少。80年代后期，沿岸人口剧增，经济高速发展，大规模的水产养殖，毁掉大量的红树林。保护红树林与经济发展的矛盾日显突出，一是群众对红树林绿化美化、净化生态环境及防浪护堤的作用尚未普遍认识，破坏红树林的现象时有发生，林地管护工作任务艰巨；二是泉州湾洛阳江沿岸地区人口稠密，各种海事活动频繁，民众争抢占用滩涂现象严重，导致破坏红树林事件时有发生；三是围垦建设和滩涂养殖业的发展而导致滩地无序开发，使得红树林面积日渐减少；此外，建造码头、工业园区及工业污染等也进一步加剧了对红树林的破坏（庄晓芳，2008）。

九龙江口红树林分布在龙海市的浮宫、东园、海澄、紫泥、角美5个乡镇。九龙江口种植红树林的历史可以追溯到100多年前，据漳州《林业志》记载，早在1882年就有龙海籍华侨从南洋引种红树林种苗到家乡。1988年2月经福建省人民政府批准设立了"龙海九龙江口红树林省级自然保护区"。据2001年福建省林业设计规划院的清查结果，九龙江口的红树林林地面积达499.3公顷，其中成林地面积379.5公顷。九龙江口现有的红树植物有5科9种，优势树种——秋茄群落面积为345公顷，占现有林面积的90%。红树林外滩涂养殖是九龙江口红树林区目前主要的养殖活动之一。长年累月的受益和丰富的实践经验，群众认识到红树林对滩涂生物的好处，红树林外滩涂成为沿岸群众青睐的滩涂类型。九龙江口沿岸群众在红树林外滩涂上养殖最多的是缢蛏，滩涂养殖侵占了红树林自然延展的区域，限制了红树林的发展。近年来，海洋水产部门对沿海滩涂进行了勘查、登记工作，并发放了部分滩涂水产养殖证，滩涂所有权属村集体所有，即使在没有与林业、环保部门协调的情况下，村集体有权把滩涂承包或租赁，从而造成与红树林保护规划的冲突，束缚了九龙江口红树林恢复和发展的空间（薛志勇，2005）。红树林内滩围垦成虾、蟹养殖池在九龙江口浮宫段的红树林区较为常见（图5-17）。

图5-17　九龙江口浮宫红树林区挖塘养殖虾、蟹

3. 城市和工业污染

由于红树林处于淡水和海水的交互地带，污染物和有毒物质存留在泥滩中，红树林湿地系统通过物理作用、化学作用及生物作用过程对各种污染物加以吸收、积累而起到净化作用。随着沿海地区社会经济的迅猛发展和各种产业的兴起，大量城市和工业污水、废物源源不断地排放入海，红树林在遭受海岸围垦等生态破坏性开发活动的同时，还面临着多种环境污染的巨大威胁（图5-18～图5-21）。

图 5-18　农药污染

图 5-19　城市生活污水

图 5-20　生活垃圾

图 5-21　油污（福建厦门）

红树林湿地系统具有独特而复杂的净化机制，它能够利用基质—微生物—植物这个复合生态系统的物理、化学和生物的三重协调作用，通过过滤、吸附、共沉、离子交换、植物吸收和微生物分解来实现对污染物的高效净化（朱颖和吴纯德，2008）。研究各种污染物在红树林生态系统的分布与迁移规律，以及对红树林生态系统结构和功能的影响，对保护和开发利用红树林生态系统具有重要的理论价值和现实的经济意义。

Alongi（2002）指出污染导致-蟹类的减少会对红树林生态系统的生长和演替产生不利的影响。Alongi 和 Sasekumar（1992）认为红树林竖直分布的底栖和树栖动物群落往往是各种污染物输入后的首要受害者。由于红树林接受来自潮汐、河流等携带的大量污染物，Alongi（2002）认为水体食物网比底栖动物更容易受到影响，流经农田等地表径流富含的营养物质会导致藻类及浮游生物的激增。

（1）重金属污染

一般认为，红树林沉积物是重金属污染物的源和汇。缪绅裕等用实验证明了在重金属离子的分配过程中，沉积物的吸附积累作用大大强于植株吸收作用。对此，王文卿和林鹏（1999）、刘景春（2006）等都作了详尽的综述。

红树植物发达的板根、支柱根、呼吸根，能有效地降低潮水流速，使含有大量重金属污染物的小粒径无机颗粒及有机颗粒得以沉浸。其次，红树植物每年向沉积物提供大量凋落物，使沉积物中有机质更丰富，且富含氮、硫官能团；富里酸沉积物中的有机质在厌氧状态下的低水平降解，以及沉积物中的高黏粒含量使得沉积物具有较大的表面积和较多的表面电荷，通过离子交换、表面吸附、螯合、胶溶、絮凝等过程和重金属的粒子作用，吸附大量的重金属。此外，大多红树植物对硫具有选择吸收性，因而许多红树植物硫的含量很高，红树植物每年通过凋落物和根系向沉积物提供大量的硫。低氧化还原电位、高有机质含量的特征使得沉积物对重金属具有沉淀、吸附作用。

关于红树植物对重金属污染物累积吸收研究，郑文教等（1996）发现福建九龙江口红树林对土壤沉积物中重金属的累积系数除镉较大外，大都在 0.1 以下；同时，红树植物所吸收的重金属在根、质地较为坚硬的树干和多年生枝干中的累积量占群落植物体内总量的 80%～85%。王文卿等（1997）认为红树植物叶片对林地土壤重金属元素的富集能力是低的，有利于为红树林生态系统的各级消费者提供洁净的食物。

各种重金属离子在红树植物内部的分布情况各有不同，如铜和锌较易从根部迁移至茎和叶组织，而镉和铅则聚集在根部，相对难以迁移。但是，各类重金属离子一般都富集在不活跃的细胞组织中，如细胞壁、石细胞、茎和根的细胞间隙等。

在自然生境中，红树植物把重金属元素吸收并储存于体内不易被动物啃食的部位，如根、茎中，从而减少了向次级消费者提供重金属的可能性，避免了重金属离子在环境中的扩散。但是过量的重金属累积则会对红树植物根系的生长和呼吸作用产生胁迫，不仅使根系组织细胞遭到破坏而失去生长和固定重金属的能力，还使无法固定的重金属元素随蒸腾液流进入叶片，加速叶片的老化和重金属元素的迁移输出，对无脊椎动物、鱼类和鸟类等消费者产生不良影响（Hoff et al.，2002；Tam and Wong，1995；Tam and Wong，1996）。

（2）生活污水

红树林湿地对水中的氮、磷等富营养物质的净化通过两方面实现：一方面是植物对氮、磷等营养污染物直接吸收利用；另一方面是土壤对氮、磷的吸附滤过作用（于晓玲等，2009）。

各类污水排放或污水灌溉容易造成红树林区水体富营养化，特别是氮、磷化合物含量较高的污水影响最为显著（张军，2006）。轻度富营养化的污水对红树林群落和红树植物生物量的增长有一定的促进作用，但是如果污水中含有过量的碳水化合物、蛋白质、油脂、纤维素等有机物质，就易引起微生物和藻类的过度生长和繁殖，大量消耗水体和沉积物中的DO。当DO耗尽后，有机物在厌氧条件下分解，释放出甲烷、硫化氢、氨等，对红树植物的呼吸根和幼苗的正常发育产生阻滞作用，甚至导致幼苗的窒息死亡（Hogarth，1999）。

关于污水对红树林系统中凋落物、沉积物、底栖动物、林区藻类等影响的研究，李玫等（2002）发现污水的加入使秋茄、桐花树的年凋落物量增加。而黄立南等（2000a；2000b；2002c）认为污水排放没有导致红树林植物群落的凋落物量发生明显的变化，但总凋落物量具有明显的季节变化模型，凋落物的高峰期落在多雨的夏季。他认为污水的排放使得在红树林底泥上分解的叶片周围的环境发生了很大的变化，特别是污水悬浮物的沉积，使叶片处于一种更为封闭、缺氧的环境中，从而使叶片正常的分解过程受到阻碍。余日清等发现，虽然污水处理后的红树林出现了一些污水性生物，但红树林底栖动物总的生物量与灌污前基本相同，群落结构不变。刘玉等（1994；1995）研究发现当污水排入红树林后，大部分藻类因不能适应生境的剧变而死亡，只有少数适应性强的种类可以存活；红树林沼泽对污水中藻类具有很强的包陷作用，污水中藻类不能随污水排放、潮汐流动而流出红树林外，而被红树林包陷致死；污水排放对近海藻类生长有一定的促进作用，但必须严格控制污水排放量。

（3）持久性有机物污染

城市径流和农田溢流是红树林湿地中有机化学污染物的主要来源（Hoffman，1984；Kennish，2000）。农药和芳烃类污染物会吸附在悬浮颗粒物表面，并随水体迁移到红树生长区，由于在厌氧的条件下降解缓慢，大部分污染物以沉降方式储存在沉积物中，通过生物富集作用迁移进入红树植物体内，并逐渐在以红树植物为食源的鱼虾和软体动物体内累积（Boxall，1997）。

4. 水产养殖污染

红树林湿地内的海产品比裸滩地更肥美且无污染，因此在红树林湿地进行合理的海产养殖，可获得更高的经济效益。此外，陆地上营养物在红树林区积聚、消解、过滤，使得红树林成为营养物的汇，因此红树林能在一定范围内缓解或消除水产养殖带来的污染，据估算，1公顷红树林可过滤0.3～0.5公顷半精养或0.05公顷精养给虾养殖池塘带来的污染物（董双林和潘克厚，2000；Costanzo et al.，2004；Primavera et al.，2007）。红树植物本身对养殖废水有相当的抵抗力和净化能力，但过高浓度的污染对红树植物同样是有害的。近年来我国红树林被占用面积中，挖塘养殖占97.6%，在红树林区水产养殖密度太大，很多地区水产养殖污染的排放量已经超越了红树林的净化能力，对红树林生态系统造成严重影响。

（1）对红树林水域海洋生物的影响

微生物统计和基因序列手段均显示，由于养虾废水排放，降低了水体中微生物物种的丰富度指数，但是却增加了弧形霍乱菌的数量，该菌的丰富度指数可认为该地受养虾废水污染（Sousa et al，2006）。

水产养殖水体是一种人工生态系统，将人工生态系统与自然生态系进行比较，养殖对象一般是单种群，即使混养，也不过两三个种群，为追求高产，部分生物因子被人为强化，而另一部分则被削弱甚至去除，造成了物质循环的部分路线受阻或被切断。例如，扇贝的筏式养殖，虽然未改变生态系统的营养结构，却改变了生态系统的形态结构（李庆彪，1994）。

水产养殖主要靠人工调节来维持系统的生态平衡。对于浅海、内湾等自然生态系统，生物种群有较高的多样性，种间有复杂的关系和制约机制，靠自我调节来维持生态平衡，当食物网上某个环节受到影响时，将会对整个生态系统产生影响，并引发一系列的调节。从可持续发展的角度看，大面积的单种海水养殖，必定要造成海区生物多样性向单一性转化和海洋生物的"内循环"发生变异，当生态变异过大时，将导致物质循环平衡的失控，对海洋资源的可持续发展造成威胁（詹滨秋，1999）。因此，水产养殖实际上就是人为地改变沿岸生物种群和群落分布，也就会使自然生态系统受干扰，变得脆弱，容易失调。例如，对于贝类养殖来说，贝类的摄食压力对浮游植物的繁殖有控制作用。桑沟湾的研究表明，浮游植物的生物量与贝类滤水率成反比（计新丽等，2000）。对海湾扇贝的围隔实验表明，海湾扇贝的滤食不仅给浮游植物造成较大的摄食压力，还使浮游植物的粒级结构向大型发展，同时也使生物多样性指数降低；放养扇贝较多的围隔，浮游动物群落中个体较小的原生动物的比例也有不同程度的减少，是被海湾扇贝直接摄食还是其他间接作用所致还不清楚（董双林等，1999）。

水产养殖对海洋生物的影响是养殖逃逸的鱼类对其邻近海洋生物的影响。海水养殖逃逸的鱼类可能在疾病的传播、野生群体遗传组成的改变等方面产生副作用，可能会将地方流行病传给红树林区的野生种群。养殖鱼类的活力不如野生种群的活力，逃逸后会对野生种群的数量变动、产卵场产生影响。

（2）对红树林内生态系统的影响

近年来，由于水产养殖业的发展，全世界约有 $1 \times 10^3 \sim 1.5 \times 10^3$ 公顷的沿海低地被改为养虾池，大部分低地原来是红树林及农业用地（Paez-Osuna，2001）。而这些地方本来就是许多鱼类和甲壳类动物的栖息、产卵和避难处，某些盐碱地在洪水、风暴和飓风来临时还可以成为重要的排水通道。另外，它们在大陆—沿岸水体交换过程中还同时充当十分重要的缓冲器，特别是滩涂和红树林地区，对沿岸生态环境的维持起着更加显著的作用。

水产养殖污染以不同的形式进入红树林生态系统，在红树林生态系统中分解与沉积，对红树林生态系统产生长久的不良影响。

红树林湿地生态系统是具有商业价值生物的产卵地和育幼场，又是众多两栖类、爬行类、鸟类甚至哺乳类野生动物的生息繁衍地，其中还有珍贵和濒危物种，在生态平衡上起着极为重要的作用。目前红树林区的开发主要以养殖业为主，主要方式是潮上带低洼地建塘养鱼、虾、蟹等（图 5-22～图 5-25），潮间带用以发展贝类养殖业（图 5-26）。现在许多浅海滩涂的开发是在缺乏系统的规划和研究下大规模启动的，存在急功近利的盲目围垦或资源掠夺式的开发现象。例如，大规模发展中国对虾的养殖，严重破坏了大片滩涂的生态平衡。不合理的开发导致贝类等栖息生存生态环境的破坏，滩涂贝类（特别是重要的经济种类）的自然资源都遭到不同程度的破坏（科学技术部，1999）。

图 5-22 福建九龙江口红树林区高位虾、蟹养殖池废水排放沟渠（龙海）

图 5-23 福建九龙江口红树林区高位虾、蟹养殖池废水排放沟渠（龙海）

图 5-24 福建漳江口红树林区高位养殖池废水排放闸（云霄）

图 5-25　九龙江口养殖池废水向红树林的直排（龙海）

图 5-26　红树林区潮间带牡蛎养殖设施及其废弃物

　　已发现污水排放能破坏红树林植物叶片的光合作用、叶绿素浓度、酶活力等，从而造成对红树植物的伤害（图 5-27）。少数养殖者对塘的水位控制不当，有的将水位控制在树冠之上，又不及时排放，淹没冠叶，长此以往，红树植物衰弱死亡；而有的长久晒塘消毒，红树林长期缺水而造成枯死（周诗萍等，2002）。大量污水有机碳的输入还会破坏红树林底泥本已承受着严重缺氧压力不稳定的氧化—还原电势的平衡。

　　水体富营养化与重金属（铅、铜、铬等）离子富集是红树林污染的主要类型。水体富营养化使水体透光性减弱，氧含量降低，浮游植物的初级生产力受到严重削弱。其中 P 的富集，能使水体氮：磷降到 1：1 左右，远远偏离 16：1 的正常值（Purvaja and Ramesh，2000）。不正常的氮：磷比，使藻类与细菌物种组成迅速发生变化，一些机会种排斥其他物种而占据优势地位；同时，硝化作用和反硝化作用等一系列生物化学循环

图 5-27　福建厦门海沧红树林区受高位养殖池废水污染的红树植物（厦门）

过程都受到影响（Corredor et al.，1999；Herbert，1999）。另外，水体富营养化为一些藻类的大量增殖提供了条件，引发赤潮现象，从而使水体缺氧严重，光照微弱，底栖动物和固着植物难以生存。红树植物根系对重金属离子有一定的抵抗能力（Tam and Wong，1997），吸收的重金属离子能在体内积累，而不表现明显的症状（Yim and Tam，1999），但这种能力无疑是有一定限度的，重金属离子达到一定浓度，红树植物表现出明显的中毒症状，如叶片退色、萎蔫、坏疽等，对其内在生理的影响可能是恶劣而又根深蒂固的（张凤琴等，2005）。很多碳氢化合物（如石油产品、杀虫剂、除草剂等）能在土壤中残留几十年之久，不仅降低土壤肥力，影响红树根系和幼苗的正常生长发育，而且使贝类等动物发生中毒反应。例如，石油产品污染使很多树木落叶、死亡，与之伴生的各种动物、细菌也受唇亡齿寒之苦。一次油料污染能使超过 80% 的红树幼苗死亡或被油污沾染，而只留下 5% 的健康植株，这些油污的残留又导致植株更新减慢、突变率增加（Burns et al.，1993；Tam and Jenkins，2005）。对水产养殖区土壤和水体的人工管理，使其一系列理化性质发生改变。Dinesh（2004）比较了受干扰和未受干扰的红树林土壤在微生物活性，和 C、N、P、K 循环有关的生物化学特性上的差异，受干扰样地显著低于未受干扰样地，干扰样地的微生物和酶类活性，以及生物量较未干扰样地也明显为低（罗忠奎等，2007）。

5. 互花米草

互花米草为禾本科米草属多年生草本植物，原产于大西洋沿岸，从加拿大纽芬兰到美国佛罗里达中部，直到墨西哥海岸均有分布。我国于 1979 年 12 月从美国引进。1979年广西合浦县科委与南京大学合作，在山口镇山角海面和党江镇沙冲船厂海滩，分别种植了 0.67 公顷和 0.27 公顷，1980 年 10 月互花米草在福建沿海试种。这些地点都分布有红树林，可以说互花米草一进入中国就与红树林结缘。1980～1984 年，互花米草在南自广东电白县（21°27′N），北至山东省掖县(37°12′N)等十多处海滩潮间带都试栽成功。广东台山从美国佛罗里达引进互花米草，至 1991 年发展到 533 公顷。1993 年，广东互花米草的面积达到了 2000 公顷（邓自发等，2006）。

目前，互花米草种植面积在我国呈现爆发式增长，分布面积疯狂扩张。如今，在天津、山东、江苏、浙江、福建、广东和广西均有分布，总面积 100000～130000 公顷，其爆发规模远大于世界上其他地区。互花米草也是我国面积最大的海岸湿地植被。互花米草适宜在海滩高潮带下部至中潮带上部的潮间带生长，而中高潮带滩涂正好是最适合红树植物生长发育的区域。生态位重叠导致它们不可避免相互竞争。目前在广东、广西、香港、福建的红树林保护区均发现有互花米草的入侵（陈玉军等，2002；张宜辉等，2006；张忠华等，2007）。互花米草的入侵已成为福建乃至全国红树林保护和恢复所面临的主要问题。

福建是我国红树林天然湿地分布的最北省份。近年来，因养殖、外来物种入侵等自然和人为因素的影响，红树林湿地正在日益退化中。而互花米草入侵引起的生态变化受到严重关注。福建省大部分红树林滩涂不同程度地发生互花米草入侵而退化（图 5-28、图 5-29）。20 年前福建省宁德市飞鸾湾约有红树林 150 公顷，现仅剩百余株，零星点缀在一望无垠的互花米草丛中（李元跃和吴文林，2004）。互花米草不仅使得人工红树植物苗木无法正常生长发育，甚至一些低矮的成年植株也因互花米草的遮阴而退化死亡。云霄漳江口国家级红树林保护区、九龙江口省级红树林保护区、泉州湾湿地省级保护区等面临互花米草的威胁。尤其是云霄漳江口国家级红树林保护区，互花米草在侵占大量红树林宜林滩涂的同时，完成了对红树林的包围（张宜辉等，2006）。

图 5-28　互花米草侵入红树林内

6. 病虫害

红树林病虫害早已存在，但近年才引起关注。20 世纪 80 年代以来，我国陆续有个别地方报道红树林病虫害问题，其规模和危害程度均不大。20 世纪 90 年代以来，中国红树林病虫害有逐年加重的趋势（如图 5-30～图 5-35）。不仅原有病虫害规模急剧扩大，危害越来越大，而且新的病虫害种类不断出现，甚至原来不对红树林构成威胁的病虫害也成了大问题（王文卿和王瑁，2007）。

图 5-29　互花米草对红树林的危害

（1）危害逐年加重

福建云霄等地白骨壤几乎每年春末夏初叶片都会被大量啃食，但是都能够在夏秋季节恢复过来，并未造成大的问题。2004 年 5 月，广东、广西发生了 40 年来最大规模的红树林虫害，其"罪魁祸首"为广州小斑螟（*Oligochroa cantonella*），其他还有双纹白草螟（*Pseudcatharylla duplicella*）和广翅蜡蝉（*Euricania* sp.）等。虫害导致广西山口红树林保护区白骨壤挂果率减少 70%（范航清和邱广龙，2004）。虫口和机械伤口是炭疽菌侵染红树植物的主要途径，伤口存在使红树植株受害加重，减少虫害和其他损伤可有效控制红树林炭疽病害的发生。频繁的人类活动，是红树林炭疽病逐年加重的主要原因（黄泽余等，1997）。

（2）病虫害种类不断出现

红树林病虫害的种类在不断增加（蒋学健等，2006）。吴寿德等（2002）首次报道福建省云霄县漳江口红树林省级自然保护区的白骨壤遭受食叶害虫螟蛾危害，后经鉴定为广州小斑螟。如今，广州小斑螟（*Oligochroa cantonella*）是近年在华南沿海地区白骨壤群落出现的重要害虫。桐花树毛颚小卷蛾（*Lasiognatha cellifera*）对广西钦州湾、福建漳江口、九龙江口和泉州湾等地的桐花树危害也日益严重，经鉴定此虫为中国新记录种。

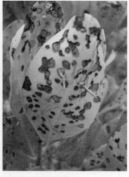

图 5-30　白囊蓑蛾危害桐花树　　　　　　图 5-31　考氏白盾蚧危害秋茄（厦门）

图 5-32　秋茄虫害死亡

图 5-33　秋茄蛀干害虫

图 5-34　白骨壤虫害（厦门）

图 5-35　正在啃食秋茄叶片的幼虫

7. 大型藻类过度生长

人类活动使近海区氮和磷增加 50%～200%，过量营养物导致沿海藻类大量生长。我国的红树林大多处于受人类活动干扰严重的河口区，受到大量来自城市污水、工业废水、农业径流等污染源的污染。在水体富营养化的红树林区，大型藻类过度生长，严重影响红树林生态系统，尤其是在靠水的林缘，对幼苗的危害最大。这种现象常发生在早春季节。中国红树林区已记录的大型藻类有 4 门 28 属 55 种，其中蓝藻门有 10 属 17 种，红藻门有 5 属 13 种，褐藻门有 1 属 2 种，绿藻门有 13 属 23 种，以鹧鸪菜属（*Caloglossa*）、卷枝藻属（*Bostrychia*）、浒苔属（*Enteromorpha*）和鞘丝藻属（*Lyngbya*）的一些种类占优势，其中常因过度生长造成对红树林危害的大型藻类主要是浒苔和鞘丝藻等。

大型藻类过度生长对红树林生态系统的影响有四个方面。

1）重力作用，压迫植株（图 5-36），覆盖叶片，使其吸收光能减少，降低光合作用，大型藻类覆盖对幼苗的危害尤其大，一些幼苗由于不堪重负而死亡（图 5-37）；一些红树植物种类的地面呼吸根系被大型藻类覆盖，使其为地下根系供氧的功能丧失。

2）对红树林土壤的影响：大量大型藻类及其残体覆盖红树林土壤，导致土壤表层处于强烈的厌氧状态（图 5-38），不利于大气中的氧气向土壤表层的传输，将使得土壤的理化状况发生变化，间接影响动植物和土壤微生物的生理和生长。

图 5-36　红树林大型藻类过度生长

图 5-37　红树林大型藻类压迫幼苗，无竹竿支撑的秋茄幼苗均倒伏死亡

3）对红树林底栖动物的影响：一些树栖和地面动物可能失去适宜生境，底内动物群落可能因土壤理化环境的改变而改变。

4）对鸟类的影响：红树植株和地表被大型藻类覆盖，鸟类难以在红树林觅食。

8. 海洋污损生物

在中国以附着形式在红树上生活的动物有 40 余种，其中藤壶 9 种［属于藤壶科（Balanidae）和小藤壶科（Chthamalidae）］，牡蛎 13 种［属于曲蛎科（Glyphaeidae）和牡蛎科（Ostreidae）］（何斌源等，2007）。红树上污损动物群落虽然种类相对贫乏，但

图 5-38　大型藻类及其残体覆盖金门红树林土壤，使得表层土壤呈黑色厌氧状态

优势种数量巨大。相比经常被海水浸泡的其他类型基质，红树植株上这种生境相对干旱和饵料缺乏，只有少数种类能耐受这种生境，污损动物群落组成比较单一。然而正因如此，使得高度适应此环境的极少数种类得到大量发展。

中国红树林污损动物优势种少，不同海域优势种有差异。天然红树上的主要污损动物优势种有白脊藤壶（*Balanus albicostatus*）、白条地藤壶、黑荞麦蛤、团聚牡蛎（*Ostrea glomerata*）等（陈坚等，1993；范航清等，1993；周时强和洪荣发，1993；何斌源和赖廷和，2001；何斌源，2002；庆宁和林岳光，2004）。人工红树幼林上的主要污损动物优势种有白脊藤壶、网纹藤壶、纹藤壶、白条地藤壶、中华小藤壶等（何斌源和莫竹承，1995；李云等，1999；陈粤超，2003；莫竹承等，2003；韩维栋等，2004；林秀雁等，2006；林秀雁和卢昌义，2006）。天然红树有时被牡蛎等生长期长的动物占据优势，这是污损动物群落长期演替的结果；人工幼林上则纯粹以藤壶占优势，因为群落发展时间较短。潮间藤壶是广西英罗湾红树上污损动物群落先锋种，在 1 年生红海榄幼苗上为绝对优势种，其他种类数量很低。观察多年演替形成的污损动物群落发现：主要优势种随时间增长逐渐变换，群落演替规律表现为从潮间藤壶占绝对优势的群落（0～2 年生）演化到白条地藤壶＋潮间藤壶群落（3～6 年生），到白条地藤壶＋黑荞麦蛤＋潮间藤壶群落（7～8 年生），后期为黑荞麦蛤＋潮间藤壶＋白条地藤壶群落（8 年生以上）（何斌源，2002）。广西英罗湾不同红树林污损动物种类的耐受干旱胁迫和种间竞争能力差别较大，白条地藤壶＞潮间藤壶＞团聚牡蛎＞黑荞麦蛤。由于白条地藤壶腺介幼虫具有识别化学物质的能力，附着时受亲体的引诱，便于邻近个体相互交配，同时密集多层附着可以保持较长时间湿润，共同抵御不良环境的影响（林秀雁和卢昌义，2006）。因此在福建省红树林营林管理中，应着重防治藤壶。

红树林污损动物的附着、群落组成及数量与多种因素密切相关。何斌源等（2008）

对此进行了总结，基本规律如下。

1）海水盐度。红树林可以生长在盐度幅度0～50的淡水和咸水滩涂上，随着盐度梯度可以观察到污损动物在红树林上的附着从空白到出现，从轻度到严重。同时海水盐度影响了污损动物群落组成、数量结构和分布格局的变化。

2）高程。如果给予足够的垂直高度和时间跨度，高程与红树林污损动物群落关系呈钟形。多年生红树植株上处于较低位置的污损动物群落逐渐稀落，处在较高位置的受到干旱程度和摄食难度增加导致分布受限制，种类多样性、密度和生物量集中在中等高度的位置上。

3）水流速度。污损动物的种类和数量均随向海林带到向陆林带单调地递减，开阔性海岸红树林的污损动物附着比封闭的港湾红树林严重，主要原因是水流速度减缓，这与红树林的缓流降速能力有关；当林分密度达到一定程度时（50%），附着程度随林分密度增大而降低；对于没有郁闭到一定程度的疏林，林分密度与动物密度不相关，尽管如此，流速仍与动物密度正相关，林分密度不能直接等同于水流速度。提高造林区域滩涂高程可减缓造林地流速，缩短浸淹时间，降低污损动物附着底质表面潮湿度，减少污损动物摄食时间和数量，从而减少污损动物附着量。藤壶类的初始附着依赖于金星幼体对附着底质的感知判断。当底质表面的水流倾斜度达到一个临界值，金星幼体受水流刺激，有较高的游泳能力，才能在此底质上附着；当底质表面的水流速率太小时，金星幼虫有可能恢复游泳状态。近岸波浪的流速与水深成正比，提高滩涂高程等同于减少水深，从而流速减缓能使金星幼虫附着率减少。

4）生物因素。种间和种内竞争、动物牧食、群落演替、红树植物特殊性适应（活性物质分泌、脱皮等）等生物因素影响污损动物附着和分布。人类采捕活动常常使牡蛎等有经济价值的污损动物数量偏少。

许多早期研究者就对藤壶等污损动物胁迫限制红树林自然发展、致使人工造林失败的现象给予高度重视。污损动物严重影响红树光合产物的生产和运输，妨碍红树的特殊适应性器官，如气生根、呼吸根、皮孔等的正常功能；污损动物大量附着使红树自重加大和重心提高，增大各器官的直径和表面粗糙度，增强对波浪和海流的阻力，从而造成静力载荷和动力载荷增加，致使枝叶过早掉落、树体弯曲倒伏以致死亡。藤壶的大量附着除了增加植株地上部分的重量和潮水对植株的受力面积外，还通过藤壶对叶片的附着堵塞叶片上的气孔和减少叶片的光合面积，进而影响植株的正常生长。何斌源等研究也说明大量藤壶固着于幼苗的茎叶上，造成幼苗呼吸作用和光合作用受阻，生长缓慢（何斌源等，2008）。

9. 过度捕捞

红树林是海湾河口生态系统重要的第一生产者，生境复杂、各种营养物质丰富，为生物提供了良好的栖息、繁殖、生长环境，是世界上生物多样性最丰富的四大海洋生态系统之一。红树林生态系统具有高生产率、高分解率、高归还率的三高特性，将其巨大的初级生产力输向毗邻海域，成为许多海洋动物直接或间接的食物来源。红树林生态系统具有复杂的碎屑食物链（Odum and Heald，1975）和海洋动物良好的生存环境（Thayer et al，

1987；Robertson and Duke，1987），是近海渔业和滩涂养殖业的重要场所，是目前全球生物多样性保护、湿地保护和可持续利用的一项重要内容（范航清等，1996）。但由于当地居民过度利用红树林区渔业资源，对红树林生态系统构成极大的威胁。

估计 1 公顷红树林面积可产出鱼类和贝壳类产量平均 90 千克，最高可达 225 千克；全球红树林区年捕捞量约 1×10^9 千克（红树林开放水域面积约 8.3×10^6 公顷），略超过所有水域总产量的 1‰（Kapetsky，1985）。

红树林鱼类种类逐年减少，很大程度上归因于当地渔民作业所用渔具网目尺寸偏小（图 5-39～图 5-40），最小网具网目仅 2～3 毫米，捕捞过度。然后是部分非法渔具，如电捕等的使用，对渔业资源破坏极大（吴晓东，2008）。在小河、水塘到大江、大河、湖泊、水库等处对大型底栖经济动物进行人工挖掘活动；对游泳动物进行大拦网、毒鱼、电鱼和炸鱼等活动，所到之处大鱼小鱼全部昏死，鱼虾绝迹。被电捕器电击过的鱼类，不论是成体、幼体，其性腺发育都受到损害，基本失去繁殖能力，可谓"断子绝孙"，严重破坏了红树林渔业资源的可持续性。

图 5-39 红树林区所用网具

图 5-40 福建漳江口红树林区渔民捕捞作业

红树林区是许多海洋生物幼虫、幼体的生长发育地和成体的栖息场所。我国红树林区受长年不断的挖掘活动，严重破坏了滩涂生境的完整性和生境的稳定性，极大地妨碍了海洋动物的正常生长发育，使产量明显下降（范航清等，1996；薛志勇，2005）。人为的捕获与挖掘活动使整个滩涂土壤的结构不时地发生变化，对潮间带生物的生存环境的影响极其强烈。Reise（1985）曾用 1 毫米网眼的网笼比较网笼滩涂和自然滩涂潮间带生物密度和种类的差异，结果发现经过 2～6 个月的处理，网笼滩涂因无表栖动物捕食者的侵入，潮间带生物的密度比自然滩涂的大 4.02～10.5 倍，种类数多 1.19～3.11 倍。可见捕食对潮间带生物现存量的影响十分显著。

10. 海平面上升

我国海平面上升速率高于全球。近 30 年来，我国沿海海平面平均上升速率为 2.6 毫米/年，高于全球海平面 1.8 毫米/年的平均上升速率。2006 年我国的海洋公报预测，2007～2016 年，福建、广东、广西、海南海平面将分别上升 23 毫米、30 毫米、37 毫米、36 毫米。然而，2008 年我国沿海海平面就达近 10 年最高，比常年（1975～1993 年平均海平面）和 2007 年分别上升 60 毫米和 14 毫米，红树林面临海平面上升的压力巨大。

生态系统是当地地形、气候和人类影响的产物，难以概括单纯气候变化对红树林生态系统的效应。可能因海平面上升导致的潮位降低和潮水淹浸时间延长的影响，与陆生森林生态系统不同的，所有红树林生态系统出现在潮间带、潟湖或珊瑚礁上。海平面上升对我国红树林的影响有直接影响和间接影响两个方面，直接影响是当海平面上升速率超过红树林的沉积速率时，海平面上升导致红树林被浸淹而死亡、红树林分布面积减小等；间接影响指的是因为海平面上升导致红树林海岸潮汐特征发生改变、红树林的敌害增多等。

海平面变化导致红树群落的演替方式因海平面变化方向以及红树林陆缘是否有障碍物如人工海堤有关（图 5-41）。随着海平面的上升，红树群落有朝陆地方向迁移的趋势。但此朝陆迁移情况仅仅可能发生在海滩朝陆一方没有障碍物阻挡的海滩上（图 5-41C），然而我国的大部分红树林区陆岸都筑有海堤（图 5-41D），这必将阻挡海平面上升条件下红树群落的迁移。

海平面上升对红树林的影响取决于相对海平面上升速率与红树林潮滩沉积速率的对比关系。当海平面上升速率小于红树林潮滩沉积速率时，海平面上升不会对红树林产生明显的直接影响，海滩在红树林生物地貌过程作用下不断堆积，并且随红树林生态系的不断演化，整个海岸带向海推进；当红树林潮滩沉积速率与海平面上升速度相等时，红树林海岸保持一种动态平衡（图 5-41A）；当海平面上升速率大于红树林潮滩沉积速率时，红树林的变化取决于红树林生长环境和红树群落对海平面上升的综合反应（谭晓林和张乔民，1997）。

如果海平面上升速率大于沉积速率（如泥沙来源少的地区），则海水将会淹没前缘红树林，反之红树群落将会向朝海一侧延伸（图 5-41B）。随着海平面的上升，红树群落会向朝陆地一方迁移，但此朝陆迁移情况仅仅可能发生在海滩朝陆一方没有障碍物阻挡的海滩上，否则红树林向海一侧则会面临衰亡的威胁（刘小伟等，2006）。例如，在亚马孙海岸，由于仅 1 米高峭壁的阻隔，红树群落无法往更高处迁移，导致在过去的几十年里红树林面积缩减（Cohen et al，2009）。

海平面上升和海平面上升对红树林的影响都受一系列因素控制，不仅不同地区相对海平面上升速率不同，即使相对海平面上升速率相同的同一地区也可能因红树林生境条件和红树林生长分布状况不同而导致海平面对红树林的影响不同。因此，关于海平面上升对红树林的影响，应从各地区的相对海平面上升速率、区域地质情况、红树林生长的具体环境和红树林生长状况来分析。

第四节　福建滨海湿地退化原因分析

1980 年以来，福建省主要滨海湿地生态状况在数量特征、物种多样性等方面呈现出复杂的变化趋势。这些变化既可能来自人类活动，如养殖、捕捞、排污、围填海、倾废、拦截入海河流等的影响，又受自然变化，如气候变暖、降水增减、径流变化、大气沉降、盐度变化等的影响。不仅这些影响难以完全区分，而且影响的程度更是难以量化（陈尚等，2008）。

图 5-41　红树林对相对海平面变化的反应

资料来源：Gilman et al，2007

从福建重点区域滨海湿地退化的历史与现状来看，湿地退化的影响因素主要有滨海湿地围垦与开发、生物资源利用、湿地环境污染、海岸侵蚀与破坏及城市建设与旅游业发展等方面，不同的原因，其发生的主要区域与影响方式并不相同，表现的退化现状及发展趋势也有明显差异。

一、主要环境压力分析

（一）海岸侵蚀

1. 海岸侵蚀现状

海岸侵蚀是指由海岸带的地形地貌与海岸动力过程不相适应所造成的泥沙搬运和转

移。在河口海岸地带，海岸侵蚀在河流动力与海洋动力的相互作用过程中，海洋动力处于支配地位时而发生的海岸向陆移动过程。海岸侵蚀的形式可表现为海岸线的侵蚀后退和潮滩面及水下沉积体的侵蚀刷深。海岸侵蚀后退主要发生在无海堤或堤外尚有高滩分布的沙质或淤泥质海岸，侵蚀刷深则多发生在有固定海堤防护的海岸（张晓龙和李培英，2010）。

福建是沙质海岸侵蚀重灾区，从 20 世纪 50 年代开始沙质海岸侵蚀后退，80 年代初侵蚀加剧，根据国家海洋局第三海洋研究所 1991 年资料，70 年代以来的 20 年间，福建海岸普遍后退，平均侵蚀后退速率大于 1 米/年，最大可达到 4~5 米/年（霞浦），而目前海岸侵蚀形势依然严峻。

福建海岸侵蚀可以分为四个大的区域（图 5-42）。①从宁德最北部到闽江口北：此区域以强侵蚀为特征，许多地区强烈侵蚀后退，蚀低；②从闽江口至平潭北：由于闽江的输沙供给，此处侵蚀现象并不明显；③福清至厦门：此区域是以人为因素为主的强侵蚀、下蚀区域，多数岸段修筑人工护岸，但其后侧曾经的强侵蚀痕迹依然可见，在一些强烈侵蚀岸段常见护岸垮塌；④漳州：此区域沙质岸段以岸线长、滩面宽为特征，后滨多发育风成地貌，海岸局部侵蚀，但总体侵蚀较弱（李兵，2008）。

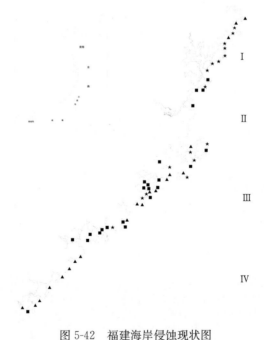

图 5-42　福建海岸侵蚀现状图

★侵蚀陡崖高于 2 米的岸段；▲侵蚀陡崖小于 2 米的
岸段；■人工筑堤护岸岸段；○微侵蚀岸段。Ⅰ. 强
侵蚀区域（宁德至闽江口北）；Ⅱ. 微侵蚀区域（闽江
口至平潭北）；Ⅲ. 人为因素为主的强侵蚀、下蚀区域
（福清至厦门）；Ⅳ. 弱侵蚀区域（漳州）

资料来源：李兵，2008

福建海岸侵蚀有以下主要特点。①地域分布广泛。从北到南，断续可见。②侵蚀程

度不均匀。蚀退率各处不同，严重的每年可达若干米。③侵蚀原因多样。海岸侵蚀主要与地形、岩性构造条件、水动力条件等有关，一般发生在面临开阔海域、岩土抗蚀能力弱、强浪作用的岸段。④人为因素影响显著。海岸开发利用的不合理、海岸管理薄弱及人为破坏等因素，明显地加剧了海岸侵蚀。晋江东石的白沙、塔头一带，人为影响加剧了海岸蚀退，近 20 年蚀退达 20～80 米，高潮滩蚀低 0.5～1 米。霞浦东冲半岛长达 4 千米的海岸，20 年蚀退了近 100 米。海坛岛的流水至西楼岸段，在未砌护堤前每年蚀退若干米。海岸侵蚀往往破坏沿海堤防、防护林地、滨海公路、桥梁、海底管线等工程设置及海岸带生态环境，造成海水倒灌、农田受淹、土地盐渍化、民宅崩塌，加剧港口淤积及沿海风沙活动，使人民生命财产及经济遭受严重损失。

2. 海岸侵蚀对滨海湿地的损害

海岸侵蚀是造成海岸湿地退化的主要原因之一。20 世纪以来，随着气候暖干化的不断加剧，海平面有持续上升的趋势。海平面上升，导致海水向陆侵入，沿岸风暴潮等灾害频繁发生，加之河流水量减少，泥沙来源不足，海岸侵蚀加剧，使得湿地面积减少，湿地生态受到破坏。

海岸侵蚀不仅是当今全球海岸普遍存在的地质灾害现象，而且也是造成滨海湿地损失退化的主要原因之一。首先，海岸侵蚀使岸线后退，滩面下蚀，滨海湿地环境完全向深海环境转变，直接导致滨海湿地面积的损失，原有生境彻底丧失。通常情况下这种损失是无法补偿的。其次，海岸侵蚀导致滨海湿地基底物质流失，沉积结构发生变化，营养状况改变，原有湿地生物赖以生存的环境被破坏，严重者甚至引起湿地生境全部丧失。生态系统组成、结构、生物量都会受到严重损害。最后，海岸侵蚀使海水活动范围扩大，潮水作用频率和强度增大，陆生生物直接受到影响，滨海湿地植被出现逆向演替或迅速死亡消失。

（二）海面上升

1. 海平面上升的趋势

海平面上升对福建沿海区域的危害长期存在。由于福建省北部沿海是山海相连，所以受海平面上升的影响并不明显。但对福建福州、厦门、泉州、莆田及龙海平原等地，却有较大影响。福建拥有的岸滩中，有相当部分是沙泥岸滩，抗蚀能力比较差。海面上升导致海水对堤岸下沙子冲刷的侵蚀力度越来越大，待海岸下层沙子被掏空，整个海岸也就随之坍塌。几年前晋江围头湾北岸发生海岸坍塌，侵蚀长度至少几公里。

2009 年，福建沿海各月海平面均高于常年同期，其中，8 月福建沿海海平面比常年同期高 81 毫米，9 月和 10 月的海平面比常年同期分别高 118 毫米和 83 毫米（图 5-43）。2009 年福建沿海海平面比常年高 65 毫米，比 2008 年高 11 毫米。预计未来 30 年，福建沿海海平面将比 2009 年升高 70～110 毫米（《2009 年中国海平面公报》）。

福建的平原和主要城市集中在东部沿海，海拔多在 5 米以下。例如，福州盆地海拔在 1～3 米的就有 38 千米²，1 米以下的面积有 40 千米²。如海面上升 1 米，这两部分地区都将受淹。闽江下游是福建洪涝灾害多发区，随着海平面的升高，闽江感应潮位的河段水位也将提高，流速减慢。当遇到洪水将会延缓闽江河水向海排泄，极易造成内涝。

2. 海平面上升对滨海湿地的影响

滨海湿地是生态脆弱区，是全球变化的敏感地带，海面上升会直接导致滨海湿地环境发生变化，并引起一系列生态环境问题。一般说来，在海岸带物质能量状况基本平衡的条件下，海面上升导致沿岸沉积物加积增长，岸坡形态遵循均衡剖面的演化规律发展，沉积物的增高量与海面上升量相当，维持滨海湿地面积不变。当滨海湿地覆盖良好，植被较多时，可增加湿地加高速率，同时使潮流带来的泥沙及再悬浮的泥沙易于在湿地上沉积，从而加速湿地增高、增长。研究发现，几千年来，世界湿地一般随海平面上升而加高，有时面积还扩大。美国的研究也发现，湿地的蚀积变化与许多物理和生物过程有关，美国东北部海岸虽受沉积物输入减少的影响，但湿地仍能加积增长，其原因主要由于潮差大，潮流以涨潮流较强，气温较低。气温较低使湿地沉积物受生物扰动而再悬浮较少，使湿地保存有机质泥炭结构，能捕捉潮汐带来的泥沙；同时，由于气温较低，湿地中菌类较少，微生物作用较弱，湿地有机物质分解较弱，泥炭结构退化较慢。这些因素有利于美国东北部海岸的湿地继续加积增长。

通常情况下，海岸地带处于均衡状态的时候不多，特别是在人为作用强烈的区域，而海岸带时常都是人类活动最为剧烈的地区之一。当海岸带物质来源减少、海面上升速率高于沉积物堆积加高时，海水淹没低地，海岸线后退，岸坡遭受侵蚀刷深，滨海湿地不但面积减少，生态系统结构、过程均发生改变，环境不断恶化。1999 年 Nicholls 等基于 hadCM2 模式，对在海平面上升下全球滨海湿地的损失量进行了计算。预测到 21 世纪 80 年代，仅由于海平面上升，约有 22％的滨海湿地会消失。如果考虑人为因素作用，到 21 世纪 80 年代全球将有 36％～70％的滨海湿地损失。可见，人类活动在滨海湿地变化中的作用是十分明显的。低平的滨海湿地是全球变化敏感地区。海面上升及其所诱发的一系列环境变化会直接在滨海湿地上得以反馈。一般而言，随着海面的上升，滨海湿地会通过垂向上堆积沉积物和有机质来适应海面的变化。如果湿地垂向堆积速度与海面上升速度一致，滨海湿地一般不会受到很大影响。当海面上升速度超过湿地的垂向加积速度，湿地则会逐渐被海水淹没。海面上升会在近岸低洼的地方营造出新的湿地，使近岸陆地生态景观逐渐向湿地生态景观演替。但对于那些近岸没有低地的海岸或有海堤防护的海岸，湿地内移的幅度有限。在海面持续上升的情况下，湿地在陆地得不到补偿的空间，必然会导致湿地大面积消亡。

海平面上升，加强了海洋动力作用，使海岸侵蚀加剧，特别是沙质海岸受害更大。据统计，我国沿海已有 70％的沙质海岸被侵蚀后退。海平面上升造成第二个恶果是盐水入侵，水质恶化，地下水位上升，生态环境和资源遭到破坏。海平面上升直接影响沿海平原的陆地径流和地下水的水质，海水将循河流侵入内陆，使河口段水质变咸，影响城市供水和工农业用水，同时造成现有的排水系统和灌溉系统的不畅和报废。

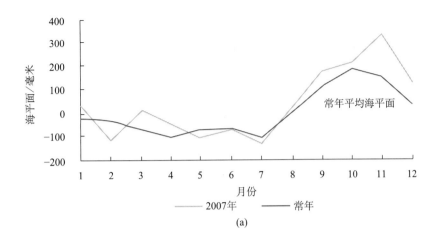

(a)

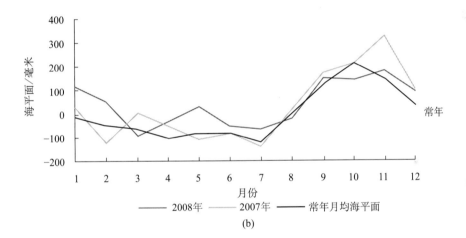

(b)

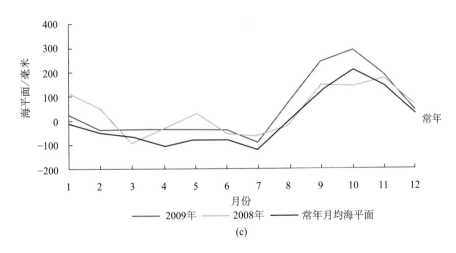

(c)

图 5-43　2007～2009 年福建沿海海平面变化

资料来源:《2009 年中国海平面公报》

海面上升直接导致风暴增水的初始海面与高潮位提高，还会引起海洋动力条件的变化及其对滨海湿地生态系统的灾害效应（图 5-44）。

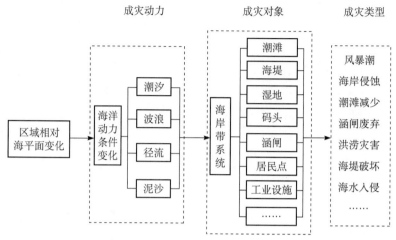

图 5-44　相对海平面上升成灾模式

相对海面上升将增大海岸侵蚀范围和速率。海面上升使水深和潮差加大，海浪和潮流作用加强。据计算，海面上升 1 厘米，潮差将增加 0.34～0.69 厘米，海岸将侵蚀后退 2.8 米；水深增加 1 倍，海浪作用强度增加 5.6 倍，结果会使沉积物变粗，高潮滩变窄。海面上升 10 厘米和 50 厘米，我国沿海潮滩地将分别损失 24%～34% 和 44%～56%，使低潮滩转化为潮下滩。这样，不仅滩涂湿地的自然景观遇到严重破坏，重要经济鱼虾蟹贝类生息和繁衍场所消失，许多珍稀濒危野生动植物绝迹，而且滩涂湿地调节气候、储水分洪、抵御风暴潮及护岸保田等能力将大大降低。相对海面上升还直接造成沿海海岸、海堤、挡潮闸等防护工程抗灾功能大大降低，从而使风暴潮灾害破坏力大大增强。

海平面上升的累积作用，导致海岸侵蚀加剧，造成湿地面积减少、植被和底栖动物群落退化、湿地生态服务功能下降。在海平面上升已经成为不可逆转的条件下，只有切实加强湿地资源的保护，加强湿地生态系统的综合建设，才能有效缓解海平面上升与气候变化的不利影响。

作为一种缓发性海洋灾害，海平面上升长期的累积效应将加剧风暴潮、海岸侵蚀、海水入侵与土壤盐渍化、咸潮入侵等海洋灾害的致灾程度。

（三）风暴潮灾

1. 风暴潮灾及其危害

福建沿海自然灾害十分频繁，主要有热带气旋、风暴潮、暴雨、大风、干旱、海岸侵蚀和赤潮等，特别是每年夏秋季常遭台风袭击和影响，如果恰逢天文大潮，往往形成台风暴潮，酿成潮灾。

福建沿海是台风暴潮的多发区之一。1956～2000 年的 45 年间，福建沿海台风引起增水 50 厘米以上的共 197 次，年平均发生 4.4 次。增水最大是闽江口的白岩潭，达 2.52 米。近 10 年来，福建沿海的风暴潮灾害频繁，全省或部分岸段的高潮位超过当地警戒水位 24 次。其中，1990 年和 1994 年分别达到 5 次和 3 次，特别是 9012 号、9018 号、9216 号、9406 号、9608 号、9711 号、9914 号台风造成全省多数验潮站的高潮位接近或超过历史纪录，出现特大海潮。

福建海区的风暴海浪主要由冷空气、台风等大风引起。冷空气引起风暴海浪的天数比台风引起的风暴海浪天数多。沿岸海区测得的波高年极值往往是由台风引起的。福建沿海台风以外的风暴海浪，每年有 100 多天。其中，冷空气引起的占绝大多数。一次大风过程产生的风暴海浪，其持续时间长短相差很大，短的只有几小时，长的有几天甚至十几天。风暴海浪破坏力大，不仅给海上活动造成严重威胁，而且摧毁滨海人工构筑物，并加剧海岸蚀退，恶化岸滩生态环境，危害极大。

福建地处我国东南沿海，独特的地理位置和海洋性季风气候，使福建海洋灾害频发。在海洋灾害种类中，除海冰之外，其他海洋灾害均在福建沿海发生过，其中破坏力最大的莫过于风暴潮灾。20 世纪 90 年代以来，我国风暴潮灾发生频繁，几乎年年发生，对福建沿海破坏相当严重。据统计，福建由风暴潮灾造成的直接经济损失在 1990 年约达 25 亿元，1995 年约达 54.3 亿元，1996 年约达 46 亿元，1999 年约达 40 亿元，风暴潮灾不仅破坏沿岸渔业养殖工程，而且影响游客生命安全；同时，陆域污染，海洋环境日益恶化，引发赤潮灾害，使渔业养殖业受到重大损失，这势必影响滨海渔业旅游的开展。

福建沿海每年平均 8 个台风登陆，而其中每年平均有 1.8 个台风登陆福建或对福建造成严重影响，2006 年 5 月以来这样的台风已经有 3 个，这大大地超出了往年的台风影响频率。国家科委全国重大自然灾害综合研究组在对我国 1951～1990 年每十年台风风暴潮发生和成灾次数比较之后发现，70 年代和 80 年代风暴潮数（174 个）较前 20 年（136 个）增加 28%，而成灾风暴潮数大体也呈比例增加。但 80 年代与 70 年代相比，风暴潮数由 92 次降至 82 次，而成灾次数则由 22 次增至 29 次，其中有海平面上升等自然因素的影响。

2007 年 8 月 19 日，圣帕台风在惠安崇武登陆（图 5-45），由崇武半月湾台风前后的测量结果可见：半月湾西侧海滩蚀退 1～2 米，岸上原本废弃的水泥建筑已经跌落到海滩上，岸上种植的木麻黄倾倒向海里，树根裸露，而原本潜伏于海滩沙下面的老红沙层暴露于海滩上，老红沙蚀退 4～5 米，形成的侵蚀陡坎高 1 米左右。

2008 年福建省沿海共经历"凤凰"、"海鸥"、"森拉克"、"蔷薇"等 4 次台风风暴潮过程（图 5-46）。其中"海鸥"和"凤凰"造成灾害性影响：受灾人口 162.55 万人，农田被淹 7.28 万公顷、海洋水产养殖损失 0.85 万公顷，损失产量 10.06 万吨，直接经济损失超过 17.47 亿元（表 5-6）（《2008 年福建省海洋环境状况公报》）。

（a）台风前海岸老红沙裸露，侵蚀陡坎 20 厘米左右　　（b）台风后海岸侵蚀后退严重，侵蚀陡坎将近 1 米

图 5-45　台风"圣帕"前后崇武半月湾西侧岸段之变化

资料来源：李兵，2008

图 5-46　"凤凰"台风登陆时引发的风暴潮

资料来源：《2008 年福建省海洋环境状况公报》

表 5-6　2008 年台风暴潮灾害造成损失统计表

台风名称	受灾人数/万人	农作物受淹面积/万公顷	水产养殖损失面积/万公顷	水产养殖损失产量/万吨	损毁堤防/千米	直接经济损失/亿元
海鸥	23.86	1.26	0.11	0.95	6.86	3.25
凤凰	138.69	6.02	0.74	9.11	39.36	14.22
总计	162.55	7.28	0.85	10.06	46.22	17.47

资料来源：《2008 年福建省海洋环境状况公报》

　　2009 年，福建全省沿海共经历"莲花"、"莫拉菲"和"莫拉克"3 次台风风暴潮。其中"莫拉克"台风造成灾害性影响（图 5-47）：受灾人口 165 万人，死亡（含失踪）4

图 5-47 "莫拉克"台风登陆引发的风暴潮

资料来源：《2009 年福建省海洋环境状况公报》

人，农田受淹 661 千米^2，海洋水产养殖受损面积 75 千米^2，其中池塘养殖受损面积 46 千米^2；网箱损坏 62 654 个；防波堤损坏 9.2 千米，护岸 17.92 千米，码头 1167 个；损毁船只 1152 艘。长乐市外文武海堤外堤受损长约 35 米，防浪墙被摧毁，约 10 米宽的堤顶被巨浪击碎；宁德霞浦县牙城镇洪山海堤受损，堤内 0.8 千米^2 滩涂养殖全部被淹，全省直接经济损失 19.83 亿元（《2009 年福建省海洋环境状况公报》）。

三沙湾每年 7~9 月为热带风暴季节，常会遭受台风及台风暴潮的侵袭和危害。根据《重纂福建通志》和《福建省历史上自然灾害记录》等有关资料记载，三沙湾所在地区的福宁府，远在明朝成化十九年六月十九日（1483 年 7 月 23 日），曾发生过"海啸"，而且在清朝乾隆二年八月十五日夜（1737 年 9 月 9 日）福建闽东海岸所发生的严重"大风雨、海水溢"灾害中，三沙湾同样难逃其害。新中国成立后，三沙湾仍不时遭受台风暴潮灾害侵袭和危害，有时甚至十分严重。1962 年 8 月 6 日，在 6208 号台风登陆时，整个闽东海岸均遭受台风暴潮危害，沿海各县海堤均出现不同程度的漫顶和破坏。1966 年 9 月初，6614 号和 6615 号台风分别于罗源和霞浦登陆，由于两次台风强度强，侵袭范围广，来势凶猛，强增水又恰遇七月大潮，在闽东沿海发生了强台风暴潮灾害，三都最大风速达 45 米/秒左右，三都的千吨钢铁码头被打翻，并被刮上海岸，海堤崩溃 5400 余米，海水倒灌 40 余公里。

根据莆田市气象台《1987~2003 年莆田市气候影响评价》统计，近 17 年共造成 822.36 万人受灾，115 人死亡，275 人受伤，11.6 万间房屋倒塌，82.22 万公顷农作物受灾，直接经济损失高达 64.35 亿元。近 17 年的气候影响评价资料统计（表 5-7）：近 17 年莆田市共发生干旱并造成灾害的有 30 次，影响莆田市并造成一定损失的台风有 27 个，冰雹等强对流性灾害共发生 20 次，寒潮低温冷害共发生 16 次，局地性强降水 11 次等，共有灾害记录 105 条，平均每年约有 6.2 次不同气象灾害发生，灾害发生频率高。

表 5-7 近 17 年（1987~2003 年）莆田市气象灾害发生次数统计　　（单位：次）

月份	暴雨	冰雹等强对流天气	干旱	寒潮	台风
1			1	3	
2			1	2	
3		3	1	3	
4		7	3	2	
5	1	4	2		
6	5	3	5		3
7	2	1	1		5
8		1	5		8
9	2	1	4	1	6
10			5		5
11	1			1	
12			2	4	
合计	11	20	30	16	27

资料来源：陈香，2005

　　诏安湾地处福建最南海岸，每年夏秋两季常受台风与台风暴潮的影响和侵袭，台风带来强降雨，容易引发洪涝灾害，造成房屋倒塌。2006 年福建沿海遭遇多次台风袭击，损失惨重，例如，"桑美"强台风。2006 年第一号台风"珍珠"正面影响了诏安湾，中心附近最大风力 12 级，诏安湾周边地区发生特大暴雨，日降雨量均达 200 毫米以上，诏安东溪发生超危险水位洪水，诏安湾养殖业受损严重，渔民投资化为乌有。2006 年 7 月，第 4 号热带风暴"碧利斯"影响诏安湾，罕见强降水造成严重的洪涝灾害，诏安县平均过程降雨量达 433 毫米，给渔业造成重大损失。据诏安县海洋与渔业局不完全统计，全县渔业直接经济损失 8370 万元。其中：渔船损毁 10 艘，损失 20 万元；网箱损毁 500口，损失 100 万元；牡蛎吊养受灾 1000 公顷，损失 750 万元；浅海底播养殖受灾 333.33公顷，损失 1000 万元；虾、蟹池养殖受灾 1333.33 公顷，损失 2 000 万元；淡水鱼池养殖受灾 1133.33 公顷，损失 2 500 万元；鳗鱼养殖受灾 20 公顷，损失 2000 万元。

　　2. 风暴潮灾对滨海湿地的影响

　　滨海湿地相当多的部分时常会处于潮水作用下，风暴潮是一种突发的、高强度的增水现象。当风暴潮发生时，沿岸水位比正常情况下高出 2~5 米，波浪和潮流作用的边界迅速向陆地扩展，海岸受侵蚀、滩面遭冲刷、潮滩结构破碎、沉积物质改变、植被被毁坏、地貌形态改观等随之发生。在很短的时间里，滨海湿地的形态特征、物质组成、生态结构、环境状况等将发生显著变化，其所引发的一系列结果在之后相当长的时间里会存在并将产生深刻的影响。

　　海洋自然灾害频发，台风、暴雨，风暴潮强度加剧是海平面上升的另一灾害。研究表明，气温上升将导致台风强度的增加，一些沿海地区的风暴潮灾也将频发，海平面升高无疑会抬升风暴潮位，原有的海堤和挡潮闸等防潮工程功能减弱，从而易使受灾面积扩大，灾情加重；由于潮位的抬升，本来不易受袭击的地区，有可能受到波及。风暴潮灾在我国沿海地区十分普遍，造成的危害也十分巨大。

风暴潮的潮位高、波浪能量大，发生时将使海岸迅速蚀退。风暴潮巨大的破坏力能使原有的地貌形态发生迅速的变化。风暴潮来时，往往使植被遭受冲刷，根部裸露，严重的可使地表植被全部毁坏死亡。风暴潮灾也会扩大海水入侵的范围，加剧海水入侵的危害。风暴潮灾带来的自然资源退化、生态环境的其他恶化、偶发疾病的流行、湿地生产力的下降、大的风暴潮灾所造成的次生灾害等，往往在较长时间难以消除。台风暴潮对海岸侵蚀影响很大，台风登陆时，沿海增水显著，波高增大，海滩上的泥沙被侵蚀向海搬运，在岸外形成沙坝。这种极端的气候条件短时内改变了海滩地貌，如果海岸为防护较好的自然海岸，则台风过后，海滩地貌在常态波浪的作用下，会逐渐恢复到台风前的状态，但这是一个缓慢的过程，可能需要数月或更长的时间。

(四) 海水入侵

1. 海水入侵现状

福建海域受台湾海峡狭管效应的影响，沿海风力强劲，年平均风速大于 20 米/秒的天数较多，全年风向具有明显季节性变化；海域常浪向和强浪向均以东北东—南东向为主，海域终年风大浪大，在强风、巨浪和沿岸流持久性作用下，北起沙埕港，南至诏安湾均遭受不同程度的海水入侵。

福建海湾较大的有沙埕港、三沙湾、罗源湾、闽江口、福清湾、兴化湾、湄洲湾、泉州湾、深沪湾、厦门湾、旧镇湾、东山湾和诏安湾 13 处。在海湾中蕴藏着港口资源、渔业资源、滨海旅游资源、矿产资源、风能资源、潮汐能资源、海水化学资源、岛礁资源等。这些海湾和资源曾为福建人民带来巨大的财富，然而由于自然因素和人为因素的影响，部分海湾中的侵蚀型岸滩海水入侵和土壤盐渍化较为严重，对海堤、良田、房屋、临海工业，以及人民的生命和财产安全造成损失。福建各岸段滩地可分为侵蚀型岸滩、淤涨型岸滩和稳定型岸滩。福建宫口港、诏安湾、东山湾、旧镇湾、厦门湾、同安湾、安海湾、泉州湾、兴化湾、福清湾、闽江口、罗源湾等海湾的大部分和湄洲湾、福宁湾与沙埕港的部分岸滩多数是半封闭的溺谷河口湾性质，泥沙来源丰富，水动力条件较弱。滩面宽阔平缓，组成物质较细，具有十分有利的沉积环境。滩面每年向海扩淤，其速率在 10～40 米/年，最大可达 100 米/年。滩面淤高速率在 2～30 厘米/年，最大达 1 米/年（许珠华，2008）。

海水入侵滩地多数发生在迎风岸段，也就是常浪向，即海域的东北、东、东南、西南岸段，局部因人为因素影响，而在其他方向的岸段也出现。由于各岸段之间因组成的岩性不同，其抗海水入侵的能力也不同，而所遭受的程度也有所不同。红土崖海岸的海水入侵速度较快，沙砾质海岸的海水入侵速度次之，但在人为因素的影响下则海水入侵速度是相当快的，而基岩海岸的海水入侵速度在短时间内很难观察到。福建海岸海水入侵较严重的区域详见表 5-8。

表 5-8　福建海岸海水入侵较严重的区域

序号	海湾名称	海水入侵较严重的区域
1	东山湾	古雷半岛、漳浦旧镇、东山岛基岩岬海岸段
2	旧镇湾	六鳌半岛、镇海流会角
3	围头澳	围头
4	泉州湾	祥芝岛、崇武半岛
5	湄州湾	平海石城角、泉港后龙镇
6	兴化湾	秀屿东桥镇、南日岛南部、江阴半岛东部岸边
7	闽江口	长乐漳港镇、黄岐半岛、粗芦岛歧头、海坛岛基岩岬角岸段
8	福宁湾	东冲半岛、霞浦下浒镇
9	沙埕港	南镇角

资料来源：陈尚等，2008

2007 年福建省海洋与渔业局组织相关单位开展福建海岸海水入侵和近岸土壤盐渍化监测工作。按照国家海洋局颁布的《海水入侵监测技术规程》评价标准，漳浦县旧镇梅宅村—梅竹（下宫）村、泉港区后龙镇林里—梅林—后田自然村、秀屿区东桥镇东桥村—田炳村、长乐市漳港镇沙尾村—文武沙镇壶东村—文武沙镇壶井村 4 处区域均监测到海水入侵状况，霞浦县下浒镇外浒沙滩区域未发现明显的海水入侵状况。其中：漳浦县旧镇梅宅村—梅竹（下宫）村、秀屿区东桥镇东桥村—田炳村和长乐市漳港镇沙尾村—文武沙镇壶东村—文武沙镇壶井村 3 处均为海水入侵严重区域。长乐市漳港镇沙尾村—文武沙镇壶东村—文武沙镇壶井村区域海水入侵达 1.5 千米，严重入侵达 0.7 千米，最高氯度值为 2724 毫克/升，矿化度高达 5.60 克/升；秀屿区东桥镇东桥村—田炳村区域海水入侵达 4.0 千米，严重入侵达 3.0 千米，最高氯度值为 1670 毫克/升，矿化度高达 4.61 克/升；漳浦县旧镇梅宅村—梅竹（下宫）村区域海水入侵达 4.0 千米，严重入侵达 2.5 千米，最高氯度值为 5629 毫克/升，矿化度高达 33.16 克/升；泉港区后龙镇林里—梅林—后田自然村区域海水入侵达 0.3 千米。

按照国家海洋局颁布的《近岸土壤盐渍化监测技术规程》评价标准，漳浦县旧镇梅宅村—梅竹（下宫）村海水入侵 4.0 千米区域监测到土壤盐渍化状况，盐渍化类型主要是 SO_2^{-4}（硫酸盐型），霞浦县下浒镇外浒沙滩区域未监测到土壤盐渍化状况，其他 3 处区域均存在不同程度的土壤盐渍化状况（表 5-9）。

表 5-9　福建海岸海水入侵和近岸土壤盐渍化监测情况表

海湾名称	选点依据	监测具体区域	站位布设
东山湾	人工（养殖南美白对虾）	漳浦县旧镇梅宅村—梅竹（下宫）	村海水入侵和土壤盐渍化均布设 3 个
泉州湾	自然内湾	泉港区后龙镇林里—梅林—后田自然村	海水入侵布设 5 个、土壤盐渍化布设 3 个
兴化湾	人工（盐田）	秀屿区东桥镇东桥村—田炳村	海水入侵和土壤盐渍化均布设 3 个
闽江口	人工（养殖鳗鱼）	长乐市漳港镇沙尾村—文武沙镇壶东村—文武沙镇壶井村	海水入侵布设 5 个、土壤盐渍化布设 3 个
福宁湾	自然（半岛）	霞浦县下浒镇外浒沙滩	海水入侵和土壤盐渍化均布设 2 个

注：下浒镇外浒沙滩仅有 2 口饮用水井
资料来源：陈尚等，2008

2. 海水入侵对滨海湿地的影响

海水入侵地下水是咸、淡水相互作用、相互制约的流体动力学过程。在自然状态下，含水层中的咸、淡水保持着某种平衡，滨海地带地下水水位自陆地向海洋方向倾斜，陆地地下水向海洋排泄，二者维持相对稳定的平衡状态。两者之间的过渡带或临界面基本稳定，可以阻止海水入侵。然而，这种平衡状态一旦被打破，咸、淡水临界面就要移动，以建立新的平衡。如果大量开采地下水或者河流入海径流量减少，淡水压力降低，临界面就要向陆地方向移动，含水层中淡水的储存空间被海水取代，于是就发生了海水入侵。吉恩和赫兹伯格分析认为（潘懋和李铁峰，2002），在天然条件下海岸带附近咸、淡水分界面的埋深相当于淡水位高出海平面（hf）40倍。开采地下淡水时，经常在开采井附近形成降落漏斗和咸水入侵的反漏斗；如果开采量过大，则咸水反漏斗扩大上升，使咸水进入开采井中而污染水源（图5-48）（刘杜鹃，2004）。

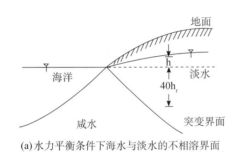
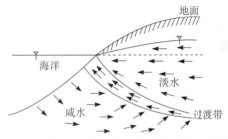

(a)水力平衡条件下海水与淡水的不相溶界面　　(b)滨海含水层中淡水和海水的流动过程及混合带

图5-48　滨海含水层中淡水和海水的流动过程及分界面变化示意图

资料来源：刘杜鹃，2004

海水入侵对淤涨型和稳定型岸滩影响比较缓慢，对侵蚀型岸滩比较快，所造成的灾害也是因地、因时而异的，特别在突发性的因素影响下，造成的损失不可估量。福建沿海属于发生台风暴潮灾害区域，在台风暴潮所伴随的狂风暴雨、巨浪和洪水等强动力的联合作用下，侵蚀型岸滩快速崩塌后退，防护林冲倒，堤坝冲垮，海水入侵，良田、涉海工程和民房被淹，人民的生命与财产遭受严重损失（许珠华，2008）。

滨海湿地生态环境脆弱，海水入侵的结果使土壤含盐量增加，从而使植物群落由陆生栽培作物为主的生态环境转化为耐盐碱的野生植被环境。海水入侵使地下淡水资源更加缺乏，沿海居民和牲畜饮用水受到影响。海水入侵首先使地下水氯离子含量增加，矿化度升高，使之逐渐丧失了使用价值。一方面继续超采地下水使地下水位再度下降；另一方面不得不移地开采地下水，导致海水入侵范围的不断扩大，出现地下水位下降→海水入侵→地下水咸化→地下水位再下降的恶性循环。

海水入侵是海水通过滨海地带多孔介质向内陆方向运移，致使带内地下淡水达一定深度后含盐量超过水质标准而无法利用。这本是一个自然现象，但在滨海地带过量开采地下水引起入侵带加宽和地下淡水可用层变薄，而当地下水的水位低于海平面时，可用层完全消失，从而影响入侵带内的就地用水，造成环境问题。贮存于滨海地带地层中的古海水（咸水、卤水）入侵为一特例。显然，海水入侵问题的发生是与滨海地带开发利用地下水密切相关的。海水入侵加剧的直接原因是地下水过量开采，其根本背景是水资源供需失调。影响入侵速度的因素有大气降水、当地拦蓄利用量、外地引水量、需水量、节水量及重复用水量等（马凤山等，1997）。

（五）生物入侵

1. 生物入侵现状

生物入侵是指因某种原因非本地产的生物或本地原产但已经绝灭的生物侵入本地的过程。这是目前导致滨海湿地退化的一个重要原因，在国内外都普遍引起了关注。外来入侵种一般由于其生存能力强，在遇到适合其生长的自然环境条件下，会疯狂地生长、蔓延，抢夺本地湿地植被的生长空间，改变了湿地原有的生态系统结构。

互花米草是目前我国滨海湿地生物入侵最广的一种湿地植被，目前已在天津、山东、江苏、上海、浙江、福建及广东等省市部分岸段有分布。互花米草为多年生禾本科米草属植物，原产于大西洋沿岸，从加拿大的纽芬兰到美国的佛罗里达，直到墨西哥海岸均有分布，适宜生长在淤泥质海岸潮间带中上部地区。我国于 1979 年从美国东海岸引进的互花米草在人为推广、引种及海潮等自然力量的作用下，现已在福建沿海的沙埕港、三都澳、罗源湾、福清湾、闽江口、泉州湾及厦门湾的青礁、东屿、海沧等多数港湾泛滥成灾，分布面积已达数万公顷。由于互花米草具有耐盐、耐淹、耐淤埋、耐肥、耐风浪、生活力旺盛、无性繁殖能力强等特点，改变了沿海潮间带的地形，竞争并逐渐取代占据本地土著种的生态位，改变大型底栖无脊椎动物群落的结构，影响了水鸟的栖息和觅食环境，严重威胁到湿地生态系统多样性和稳定性。

外来入侵种在成功侵入后，有的种在短时间内能大量繁殖并疯狂扩散，占据很大的空间，从而导致乡土种的消失与灭绝（李博等，2001）。1981 年，福建省开始在罗源湾海滩上引种互花米草，短短 27 年的时间，在该区域蔓延已超过 14000 公顷（张世平，2006）。刘剑秋 2002 年在对闽江口湿地生物多样性进行湿地调查时，互花米草仅零星分布在五门闸附近的沟边，至 2006 年年底，互花米草已迅速扩张、蔓延，分布面积已达 200 公顷，形成大面积单优势群落，不仅占据了光滩，还侵占了芦苇（*Phyragmites australis*）、咸草（*Cyperus malaccensis var brevifolius*）和藨草（*Scirpus tripueter*）等本地植物的生态位，影响了上述植物的生存，导致局部群系的消亡。另据 2003 年闽东海域遥感影像数据的分类统计，在三沙湾海域已有 80 千米^2 的滩涂被互花米草覆盖，占该区域滩涂总面积的 43.04%，每年造成近亿元的直接经济损失（孙飒梅，2005）。每年米草以约 5% 的速度扩展，不断侵害大面积滩涂（图 5-49～图 5-50）。

福建省海洋与渔业局 2006 年监测统计，福建沿海滩涂互花米草分布面积已达 11547 公顷，其中宁德沿海 8470 公顷，福州沿海 1447 公顷，莆田沿海 60 公顷，泉州沿海 461 公顷，厦门沿海 14 公顷，漳州沿海 268 公顷，并且以每年 5% 以上的速度扩散蔓延，给各地的浅海及滩涂养殖业造成极大的影响，在福建沿海滩涂潮间带，互花米草已经泛滥成灾。

由于互花米草根系发达，长势好，繁殖能力强，植株分蘖快，密度高，与芦苇、咸

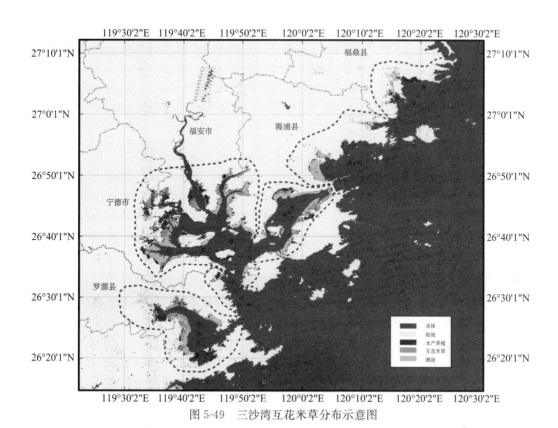

图 5-49 三沙湾互花米草分布示意图

图 5-50 滩涂上的互花米草

草和藨草等草本植物竞争生长空间，而且互花米草的迅速蔓延也是造成福建省天然红树林面积日益萎缩的重要原因之一。闽东地区滩涂潮间带曾是福建红树林天然群落分布密度最高的地方，在互花米草的"步步紧逼"下，大片红树林消失。20 世纪 80 年代宁德蕉城区滩涂潮间带有红树林面积 6666 公顷，现在只剩下 666 公顷，原来茂密的红树林零星点缀在一望无垠的互花米草丛中（张世平，2006）。在泉州湾、九龙江口、闽江河口普遍存在红树林群落被互花米草包围的窘境（刘剑秋等，2010）。

2. 互花米草对滨海湿地退化的影响

米草等外来物种对福建滨海湿地生态的严重影响已显现。互花米草于 20 世纪 70 年代和 80 年代被引进到宁德。目前已蔓延到闽南的泉州、厦门等地。目前，宁德市蕉城、霞浦、福鼎、福安等沿海 20 多个乡镇已发生严重"草害"，占全市可养殖面积的一半，泉州湾和安海湾也有 333.33 公顷互花米草。

互花米草具有发达的地下茎和根系，可依靠根状茎进行无性繁殖，也可以通过种子进行有性繁殖，扩展繁衍的能力极强。互花米草的叶片密布盐腺和气孔，耐盐耐淹，耐淤埋，耐风浪，非常适宜在沿海滩涂生长，且种群密度大，生产力高，常可在滩涂上形成大片单一群种。互花米草在保滩护岸、促淤造陆等方面有重要作用，但是，米草的大量繁殖，也带来许多危害，不仅破坏近海生物栖息环境，与海带、紫菜等争夺营养，而且堵塞航道，影响各类船只航行，给海洋渔业、运输业甚至国防带来潜在危害。同时影响海水交换能力，导致海水水质下降，并可能引发赤潮。另外还与近海滩涂植物争夺生长空间，破坏海洋生态系统，导致红树林消失，候鸟减少，鱼、虾、贝贫乏，直接威胁了海洋生物的多样性。

二、主要人类活动压力因素分析

滨海湿地退化最根本原因是人口压力。随着人口增长，人类对物质的需要随之提高，迫使人类不断发展农牧业、工业及相关的服务产业。由于人们对滨海湿地价值缺乏必要的公共和政策性知识，对保护生态环境重要性认识不足等，长期以来未能正确处理社会经济发展与生态环境保护之间的关系。向土地要粮，大搞农田水利建设，从而使滨海湿地补给水源减少，植被退化，动物栖息地丧失。人为压力因素主要有滩涂开发与围填海、农牧渔业的生产、水利工程的建设及点面源的污染等。

（一）滩涂开发与围垦

1. 滨海湿地开发与围垦现状

围垦是造成滨海湿地大面积减少的主要原因。我国湿地面积达 3.85×10^5 千米^2，是亚洲湿地面积最大的国家，居世界第 4 位，自然湿地约 3.62×10^5 千米^2，其中滨海湿地面积约为 5.94×10^4 千米^2（姚润丰，2004）。然而由于盲目围垦和改造利用，自 20 世纪 50 年代以来已损失滨海湿地约 2.19×10^4 千米^2。但最新遥感解译结果显示，我国目前滨海湿地仅存 1.76×10^4 千米^2（牛振国等，2009）。

长期以来，福建省一直将围填海作为解决沿海耕地资源贫乏、实现耕地土地资源占补平衡的重要途径。据不完全统计，全省 13 个主要海湾历史围填海 275 处，总面积达 836.68 千米^2。全省主要海湾已围填海面积占海湾现状面积的 16%，加上当前提出的港口建设和围填海需求将占用现有全部港湾海域面积的 25%。其中，三沙湾 39%、罗源湾 49%、兴化湾 21%、湄洲湾 49%、泉州湾 24%、厦门湾 15%、东山湾 23%。如果按上述需求实施，将严重威胁福建省独特而珍贵的港口资源、渔业资源和旅游资源，并带来严重的海洋环境、生态环境问题，从而影响福建省社会和经济的可持续发展。

将福建省历史围填海按 1949～1979 年和 1980 年至今两个历史阶段分别统计，总体上，前一阶段的围填海工程数量较多，面积较大，占历史围填海总面积的 50.3%，利用方式以农业种植和养殖为主，少部分为盐田；后一阶段围填海工程数量相对较少，面积较少，占历史围填海总面积的 41.6%（仅统计重点的 13 个海湾，且部分海湾调查统计不完全），利用方式开始转向港口、交通、工业、商业及城市建设用地等。滨海湿地面积的减少不仅破坏了适于滨海湿地生物的生存环境，直接导致资源生物产量的下降，而且也打破了滨海湿地系统原有的物质循环和能量流动方式（表 5-10）。

表 5-10　福建省主要海湾历史围填海汇总表

海湾	海域面积	历史围填海情况		
		个数/个	总面积/千米²	1949～1979 年面积/千米²	1980 年至今面积/千米²
沙埕港	87.07	24	26.17⑤	14.54	9.51
三沙湾	726.75	40	77.88⑤	38.02	39.05
罗源湾	216.44	17	71.96	6.25	65.7
闽江口①	400.97	13	19.98	11.4	8.58
福清湾及附近	446.48	19	143.06	87.97	55.09
兴化湾②	704.77	5	122.08⑤	24.03	56.35
湄洲湾	552.24	37	121.07	65.88	55.19
泉州湾	211.24	12	40.27⑤	37.29	2.8
深沪湾③	28.52	3			
厦门湾	1281.21	62	125.74	108	17.74
旧镇湾	92.77	14	25.33	9.13	16.2
东山湾④	283.14	15	22.3		
诏安湾	211.28	14	40.84	18.71	22.13
合计	5242.88	275	836.68⑤	421.22	348.34

注：①闽江口多处围垦因其面积不详未统计；②兴化湾的围垦工程数量及不同年代面积仅统计万亩以上围垦区；③深沪湾无围填海面积资料；④东山湾资料不全；⑤总面积包括少量新中国成立前的围填海活动

资料来源：陈尚等，2008

福建许多港湾是重要经济鱼类的产卵场、索饵场。例如，三都澳、官井洋等是大黄鱼的产卵场；兴化湾、湄洲湾、厦门港等是兰点马鲛的主要产卵场。由于围垦，使海湾内海洋生物栖息地的水文和底质等条件发生变化，导致许多有重要经济价值的海洋生物的种苗和繁殖地遭到破坏，底栖生物群落物种多样性减少，海洋生态系统趋于单一，削弱了自我调节的能力，降低了海洋生态系统的稳定性。例如，同安刘五店的文昌鱼渔场和牡蛎养殖场，因琼头围垦、西柯围垦和高集海堤的修筑，文昌鱼渔场和牡蛎养殖场淤积严重，文昌鱼无法栖息，牡蛎无法再养殖，渔业资源损失巨大。

历史上同安湾鳄鱼屿周围为厦门文昌鱼渔场，面积近 20 千米²。厦门文昌鱼适合栖息在沙质沉积环境，1956 年东坑海堤合龙后，鳄鱼屿周边 2～3 年沉积了 30 厘米厚的淤泥。20 世纪 70 年代，同安策槽等围垦后，鳄鱼屿周围完全被淤泥覆盖，每年约增厚 5 厘米。沉积环境的变化造成厦门文昌鱼渔区缩小，产量锐减。目前，鳄鱼屿海区文昌鱼密度较低，最高密度仅 30 尾/米²，根本形不成渔场。20 世纪 50 年代，鳄鱼屿周围文昌鱼渔场衰减后，同安湾湾口刘五店海区曾形成文昌鱼渔场，后因 70～80 年代同安湾内的大规模围垦（如策槽、东亭、丙洲、西滨及西柯一带），刘五店海区的沉积环境也发生变化，使这一天然渔场也逐渐消失。

平潭曾是我国享誉世界的产鲎区，中国鲎产量曾经居全国第一。1949 年前，平潭鲎多为患；20 世纪 50 年代，随着滩涂经济的发展，平潭中国鲎资源量明显减少，即便如此，当时在敖东、马腿等主要产鲎区，每逢大潮，一个晚上还可以从几百米的滩涂上捕获 1000 多对成鲎；70 年代以后，中国鲎数量迅速下滑，到 90 年代末，产量下降率达 61.1%；进入 21 世纪，中国鲎资源退化更为严重，年产量仅 1000 对，已无法形成渔业。从 1982 年开始，位于西侧的乌礁滩围垦（面积 476 公顷）、幸福洋围垦（700 公顷）和甲狮澳围垦（68 公顷）完成之后，有"鲎母沙"之称的产鲎区就不复存在。

滩涂围垦占用了海洋生物的生存环境，使得很多的珍稀生物失去生存空间，同时，滩涂围垦也毁坏了红树林湿地。例如，1993～2002 年，厦门西海域由于受海岸工程建设影响，减少了 630 公顷的潮间带和潮下带底栖生物的栖息地，生物群落受到破坏；1987～1995 年，海岸工程建设使厦门东渡一带原有的 16.5 公顷红树林和其间生活的生物全部毁损，东屿湾 7.3 公顷的红树林面积减少了 87%；1988～2001 年，因围垦造地而占用的红树林面积达 67.9 公顷；2001 年集美凤林潮间带红树林面积大约有 80 亩，后来由于环东海域的开发，现已全部填埋。红树林的破坏，使其具有的减缓风浪、保岸护滩和控制侵蚀的作用被削弱或消失，海岸受侵蚀危害可能性增加。

历史上厦门湾曾有大面积天然红树林，但历年来由于许多港湾围海造田、围滩（塘）养殖、填海造陆和码头与道路的建设，红树林面积迅速减少。1960 年前后，厦门湾拥有天然红树林约 320 公顷；1979 年下降为 106.7 公顷，即约为 1960 年的 1/3；2000 年 90% 的天然红树林已经消失，面积仅有 32.6 公顷；2004 年天然红树林仅余 21 公顷。

现阶段，福建省某些地方在海域使用上重开发、轻管理，造成"无序、无度、无偿"的现象严重，如海洋滩涂围垦问题、海沙开采问题等。长期以来，全省各地不断掀起了投资围垦造地的热潮，严重破坏了资源生产的环境。有些围垦区原来是很好的海洋水产养殖海域，因围垦而使泥沙淤积，变为低效或无经济效益的水域，如厦门的马銮湾；有的由于没有进行科学的海域使用论证，盲目开展海洋滩涂围垦，使海洋滩涂自然属性改变，湿地面积锐减，致使一些海洋珍稀动植物赖以生存的生态环境遭受破坏，造成海洋动植物资源逐渐衰退甚至消失，破坏了海洋生物的多样性。福建沿海的海沙开采，大部分是以船为单位、无固定采沙点的零星个体行为。开采者根据建材市场的需求，不定时间、不定地点地自由开采海沙，因而对海洋环境和生态破坏十分严重。

2. 滩涂开发与围垦对滨海湿地的影响

1）围垦导致湿地面积持续萎缩、野生动物生境遭到破坏、原生生物资源减少、生物多样性退化。大规模的滩涂围垦，尤其是事先没有经过科学论证的盲目围垦，带来了水源不足、盐量高等一系列问题，导致围垦后的土地无法利用。随着人类活动范围逐渐扩大，动植物的活动空间越来越少，珍禽和水生生物逐渐缩小甚至丧失其栖息空间。围垦不仅直接减少了潮间带湿地生物栖息的空间，而且围垦改变了滩面宽度使人们更容易进入潮间带对滨海湿地资源进行低层次、掠夺式的攫取，这种低层次掠夺式的攫取导致生物资源急剧下降。

2）福建围填海项目大多发生在半封闭的、非淤积型海湾的滩涂区。围垦导致海湾面积缩小、水交换能力下降、新的淤积发生，最终甚至导致海湾的消失，严重制约港口航运业的发展。同时，海湾面积缩小还会减弱海水自净能力，加剧海湾的污染累积和赤潮的频发。围垦还使一些沙滩消失，破坏滨海旅游资源。围垦对渔业资源，尤其是鱼、虾、贝类的产卵场或索饵场的海湾水域破坏严重。如果要满足所有的围填海需求，福建省的港口资源、渔业资源和旅游资源将大量丧失，并带来严重的海洋环境和生态问题，影响福建省社会经济的可持续协调发展。

3）特定的围填海工程，在围填前后有针对性的生态环境调查，通过数据分析能对影响作出相应的判断。历史上的围填海活动较多，对浮游生物的影响难以识别，但是对生态敏感区和珍稀濒危生物的累积性影响是显而易见的，而且累积的长期效应是客观的（张珞平，1997；刘育等，2003；孙书贤，2004）。围垦对滨海湿地的影响十分严重，所造成的危害主要体现在以下几个方面（陈尚等，2008）。

1）围垦将滨海湿地改变为非湿地，直接导致滨海湿地面积减少。

2）围垦导致滨海湿地景观破碎化加剧，景观的破碎化是指由自然或人为因素的干扰作用导致的景观由单一、均质和连续的整体趋向于复杂、异质和不连续的斑块镶嵌过程。景观破碎化与人类活动密切相关，由于人类干扰的介入，景观的构成趋向多元化发展。人们通过修筑堤坝和沟渠将湿地分割为小的生境斑块从事养殖、盐业、农业等开发活动，将原本整体的自然景观分化成为不同类型景观斑块，造成湿地景观格局发生变化，湿地景观破碎化加重。

3）围垦干扰了滨海湿地自然演替过程。

4）围填海活动使浅海滩涂资源减少、生物多样性降低和潮间带生物量减少。大唐宁德火电厂围垦工程占用滩涂湿地面积约 240.9 公顷，滩涂围垦作为电厂用地后，原来滩涂湿地将不复存在，造成约 28.19 吨底栖生物量损失。围填海活动带来污染源的增加会使水体富营养化加剧，海洋生物体内残毒增加。围填海活动还可能使濒危物种消失。诏安湾内八尺门海堤的建设，以及西埔湾、西港盐场、港口盐场的围垦等，使海水水动力改变，湾内水质恶化，淤积严重，严重影响了诏安湾渔业资源。诏安湾自八尺门海堤建成后，切断了与东山湾的通道，使湾顶一带潮流不畅、淤泥沉积、海床提高，这种环境不但不利于人工养殖，自然生长的鱼、虾、贝、藻类也较原来减少了。西埔湾、西港、港口渡滩涂历史上不但是养殖泥蚶的好场所，而且是繁殖蚶苗的天然场所，最高年产 1 亿～2 亿粒，现在泥蚶养殖大大减少，蚶苗也很少出现；城洲岛原为棱皮龟产卵场，现岛上沙滩破坏严重，产卵场已消失；峰岐一东门一侧原为鲻鱼产卵场，现已不存在；整个诏安湾原为西施舌的产卵场，现已少见。诏安湾生物资源丰富，有许多重要海洋经济生物，围填海活动破坏了诏安湾的泥蚶天然苗场，围填区内底栖生物物种、数量和群落结构不稳定。

滩涂的围垦开发不仅造成滨海湿地的直接损失，还导致湿地环境的恶化，使得植被的发育和演替中断，鸟类及底栖生物栖息环境破坏、退化，以至丧失。养殖等产业废水的产生、排放也成为直接污染滩涂及近岸环境的重要来源。

纳潮量是一个水域可以接纳的潮水体积，其大小直接影响到海湾与外海的交换强度，从而制约着海湾的自净能力，对维持海湾良好的生态环境至关重要。围垦使海湾的海域面积减少，纳潮量下降，海湾自净能力降低。福建省的许多海湾有大量的水产养殖区，过度的养殖，使海湾水质受到影响，加上滩涂围垦而减少纳潮量，水质污染"雪上加霜"。三沙湾沿岸海域氮、磷污染已相当严重；东吾洋等湾顶出现富营养化趋势。围垦改变了海湾的水动力状况，使潮流流速降低，造成泥沙淤积，航道变浅、变窄，影响船只航行和港口功能的发挥，港口功能萎缩。厦门港由于修建了高集海堤、集杏海堤、马銮海堤，以及进行东屿围垦、西柯围垦等，纳潮量减少，潮流速度减缓或流向改变，产生严重泥沙淤积。厦门港西航道普遍淤浅 2～3 米，东航道淤积更严重，有的地方淤浅 5 米；厦门港的主航道局部已成为 8 米水深的浅水区，10 米等深线的航道有数处被切断。类似的例子还有泉州湾的后渚港和福清湾的融侨港区。此外，在围垦过程中需要从陆地搬运大量的土石，而土石主要通过在当地开山取得，这些活动还常造成沿海地区陆地植被的破坏和水土流失，从而加剧海湾的淤积。具有众多海湾优良港址是福建省的一大资源优势，由于各种因素，这个资源优势远未发挥，如果不加限制地在海湾内大规模围垦，其优势就有可能丧失（林茂昌，2006）。

（二）过度捕捞

1. 滨海湿地过度捕捞现状

捕捞是滨海地区最初的人类作用。人类向沿海迁移，首先要做的就是捕捞。它总是先于人类其他各种影响滨海环境的因素起作用。随着滨海地区人口的聚集、生产力的发展，捕捞技术会越来越高，捕捞强度也会越来越大。但捕捞能力的增强时常并不能与渔获量同等增长。20 世纪 70～80 年代，船队捕捞能力的增长速度是渔获量增长速度的 2 倍。在捕捞生产中的过度投资使捕捞能力过剩，这又导致对渔业资源的过度开发。过度捕捞后海洋物种不容易恢复到原先的正常水平，即使是在停止过度捕捞的情况下。目前，大多数的野生鱼种被认为已被充分利用，越来越多的鱼种已经被过度捕捞或存量下降。此外，野生渔业作业中经常捕获、杀死或抛弃大量的副产品，即不合尺寸要求的、不合种类要求的或是其他不想要的鱼。目前，全球每年被抛弃的副产品和其他海洋生物估计达 2000 万吨，这几乎是全球年产量的 1/3。

根据福建省 2003 年海洋捕捞容量调查的初步结论，福建省管辖海域的鱼、虾、头足类的年可捕量在 130 万吨左右，但目前海洋捕捞年产量 210 万吨左右，扣除远洋和采贝产量，还有 180 多万吨，已过度捕捞 50 万吨以上。

2. 过度捕捞对滨海湿地的影响

过度捕捞是当前福建省滨海环境的最大威胁，是导致滨海生态系统结构变化、生产力下降的重要原因。1981 年 Ryder 等曾指出，过度捕捞和环境退化迫使生态系统失去恢复力和完整性，生态系统的稳定性转差，而生态系统的产出在质和量上具有不可预见性。2001 年 Jackson 等在《科学》杂志撰文，通过对历史资料的考察和总结认为，导致海岸生态系统生态灭绝的人类因素中，过度捕捞是首要的，而且影响是深远的。

随着人口数量的不断增长，人为活动日趋频繁，海上船只往来不断，滩涂上到处都有渔猎耕作，并且使用破坏性较大的耕作方式与工具，三沙湾湾内不但生物量锐减，而且严重干扰了水鸟的栖息、觅食等正常活动；同时，一些不法商贩不择手段滥捕、滥猎野生水鸟，致使不少水鸟不但无立锥之地，而且难逃灭顶之灾。过度捕捞会导致渔业资源遭受破坏，水产养殖密度大且超负荷也会造成自身污染，出现水质环境恶化的趋势及增产不增收等问题。三沙湾生态监控区内因捕捞过度导致渔业资源衰退，大黄鱼已经形不成渔汛，官井洋大黄鱼产卵场功能基本消失。

海洋捕捞及水产养殖在兴化湾周边地区农业发展中占重要地位，但人为捕捞往往过量，超过海域最大持续生产量，诸如栉江珧、中国鲎等一些海珍品在该湾已很少出现。这是造成渔业资源种类及资源量变化的重要因素。

诏安湾湾内不但水产养殖密度过高，而且过度滥捕和无序养殖，超过海域最大持续生产量，对渔业资源造成一定的影响。围网、定置网和底拖耙网，在湾顶的中潮区和低潮区，到处可见密密麻麻的围网，将经济生物的食饵、栖息场所和洄游路线完全阻断；浅海区的定置网侧是对海洋生物毁灭性的捕捞，不管大小生物一网打尽。底拖耙网，由于可移动，对诏安湾底栖生物等构成巨大威胁。栖息于底表和底内的大小生物受底拖耙网来回的不断搅动，很少幸免于难。诏安湾原来盛产波纹巴非蛤［*Paphia (Paratapes) undulata*］，现自然海区中波纹巴非蛤数量大大下降。大型底栖生物拖网中，各类群物种种数和数量少，且呈现出个体明显偏小的趋势，显现出物种和数量的贫乏、锐减。在岩石滩断面，由于人们大量频繁的捕捉，以往常见的优势物种黑凹螺（*Chlorostoma nigerrima*）、锈凹螺（*Ch. rustica*）、渔舟蜓螺［*Nerita (Theliostyla) albicilla*］、疣荔枝螺（*Thais clavigera*）、黄口荔枝螺（*T. luteostoma*）、紫海胆（*Anthocidaris crassispina*）等数量大减甚至已很难捉到，物种的丰富度指数和数量丰度降低。

过度捕捞及其对水生生态系统的影响是显然的，它直接导致生物数量和种类的变化，导致滨海生物群落组成和生态结构遭到毁坏。那些有经济价值的生物，由于不断的捕捞，数量逐渐减少，甚至灭绝。那些非经济价值的种类，由于缺乏制约，可能会暂时大量繁殖。其结果可能会导致个体生物特征的畸变，生理发育适应新的外界环境，种群出现退化，生物群落组成和结构改变，食物链中断或重组，以致彻底破坏，最终导致生态系统整体的崩溃。

（三）污染

1. 滨海湿地的污染现状

滨海湿地是陆源污染物的最终承泻区，沿岸生活污水和工农业废水的大量排放，以及近岸海水养殖业的迅猛发展，造成了滨海湿地及近岸水域污染严重。湿地污染可引起湿地生物死亡，破坏湿地原有生物群落结构，并通过食物链逐级富集进而影响其他物种的生存，严重干预了湿地生态平衡。

2005 年，对沙埕港、三沙湾、罗源湾、闽江口、福清湾、兴化湾、湄洲湾、泉州湾、厦门湾、东山湾、诏安湾等主要海湾开展水环境、沉积物和生物质量监测与评价。水环境质量按照海水水质第二类标准标准（GB3097—1997）、海洋沉积物质量按照第一类标准（GB18668—2002）、海洋生物质量按照第一类标准（GB18421—2001）评价（表 5-11）（刘修德等，2008）。

表 5-11　2005 年福建主要海湾环境质量状况

港湾	主要污染物			环境现状
	水环境	沉积物	生物体	
沙埕港	石油类	硫化物		轻微污染
三沙湾	活性磷酸盐、铅			轻微污染
罗源湾	活性磷酸盐、无机氮			轻微污染
闽江口	活性磷酸盐	硫化物	石油类	中度污染
福清湾	活性磷酸盐		镉	中度污染
兴化湾	活性磷酸盐		镉、砷	中度污染
湄洲湾	活性磷酸盐		镉、DDT	中度污染
泉州湾	活性磷酸盐		砷	中度污染
厦门湾	活性磷酸盐		镉、DDT	中度污染
东山湾	活性磷酸盐		镉、DDT	中度污染
诏安湾	活性磷酸盐		砷	轻微污染

自 20 世纪 80 年代三沙湾出现大量围垦，7788.03 公顷围填海中，89.6％是用于滩涂养殖，工业等围填海仅占 10.4％。围垦养殖给当地的农村经济带来了很大发展，但是综合考虑生态损害、资源的损失，围垦养殖的损益分析仅为 0.61，损失大于效益。同时围垦养殖排放的大量养殖废水，也污染了附近海域的水质，对环境的影响较大。

三沙湾围垦在 1975～1990 年建成，围垦的主要用途是水产养殖，由于投放饵料，再加上生活和工业排污增加等原因，造成有机质在潮间带底质中沉积。有机质在缺氧的环境中厌氧分解缓慢，使厌氧分解产物——硫化物的含量显著增高。

围填海活动造成滩涂面积减少，水交换能力下降，污染物稀释扩散能力减弱，水环境容量降低。大唐电厂、三源塘和长盛塘围垦主要用于工业和水产养殖，围垦排污使三沙湾的无机氮和磷酸盐浓度升高，石油类的含量也有所增加，对三沙湾的水环境有一定的影响（图 5-51、图 5-52）。目前三沙湾工业和生活污水处理率为零，周边工业和生活污水排放也是海域污染程度上升的原因，因此应尽快建立污水处理厂，控制污染物直接

排海，实行达标排放。现海湾沿岸目前居住着约 60 万人，城市生活和工农业污水未经
处理，随意排入海中，海水受到严重污染。另一方面，人类活动对滩涂植被特别是红树
林的毁灭性破坏和大量外来有害生物（如大米草）的入侵，使得滩涂生态群落更加单一
化，水禽被迫另择他处。

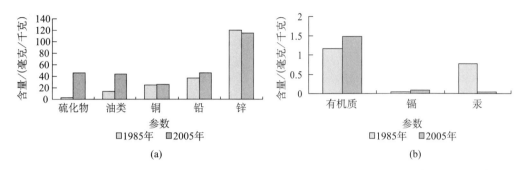

图 5-51　1985 年和 2005 年三沙湾潮间带污染物含量变化（均值）

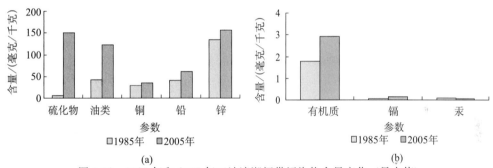

图 5-52　1985 年和 2005 年三沙湾潮间带污染物含量变化（最大值）

　　兴化湾周边地区城镇化发展迅速，开发程度加大，尤其是临海工业的发展，使排海
污染物种类及污染量日益增大，不但对海域造成污染，还造成滩涂及海水水质恶化，对
海洋生物的栖息环境造成一定的影响。围海造地使海湾纳潮减少，海水的水交换能力、
自净能力随之减弱，使得海域环境容量下降，从而加速了水质恶化的速度和程度，从而
可能引发赤潮。兴化湾的污染物来自陆域和海域。陆域污染源主要有工业污染源、生活
污染源、畜禽养殖和农业污染源，污染物的主要类型为 COD、BOD、氨氮，以及农业
生产施用的化肥、农药等有害物质。海域污染源主要来自船舶排放的含油污水、港区生
活污水及海水养殖产生的污染物等。

　　诏安湾的污染物也主要来自陆域和海域。陆域污染源主要有工业污染源、生活污染
源、农业污染源和畜禽养殖，污染物的主要类型为 COD、BOD、氨氮，以及农业生产
施用的化肥、农药等有害物质。海域污染源主要来自海水养殖所产生的污染物。诏安湾
的港口服务功能比较弱，因此可以不考虑港区的生活污水，同时进出诏安湾的船只也比
较少，也不考虑船舶排放所带来的污水。

　　诏安湾湾小，历史上出现多次赤潮。1986 年 11 月 25～27 日，诏安湾顶海面，裸

甲藻，海水呈褐红色～褐黑色；1989 年 10 月，诏安湾顶海域，威氏海链藻，细胞密度 $1.2\times10^7\sim1.5\times10^7$ 个/分米^3，海水呈茶褐色；1990 年 4 月 29 日，福建东山西埔湾，大片海域，骨条藻；1995 和 1997 年，西浦湾受到赤潮的影响；2003 年诏安湾湾外出现小规模赤潮。赤潮的发生原因是多方面的，围填海对赤潮的影响主要表现如下：大规模围填海改变了周边水域的水动力条件，可能降低水体的自净能力，从而减小水体环境容量，造成水质恶化，增加赤潮发生的概率。

湿地污染日益加重，湿地生态功能下降。随着工农业生产的发展和城市规模的扩大，大量的生活、工业、农业废弃物被排入湿地，不少废弃物不仅危害湿地生物多样性，也使水质变坏，寄生虫流行，造成供水短缺，尤其是依赖江河、湖泊供水的大、中城镇受害更为严重。以泉州为例，由于现代工业和沿海城市化的发展，大量污水、废渣直接排入湄洲湾、洛阳江口、后渚湾等，使沿海水质发黄变臭。沿海城市每年向海洋排入工业废水和生活污水导致了赤潮的频繁发生，鱼虾贝类大量死亡，污染严重的地段，物种绝迹，经济损失惨重。湿地景观严重丧失，生物多样性衰退及污染日益加剧，导致湿地生态功能下降与湿地资源受损（陈金华，2002）。

2. 污染对滨海湿地的影响

污染是当前环境损害和生境丧失的主要原因之一。滨海湿地是陆源污染的承泻区和转移区。滨海湿地的污染源主要是工农业生产、生活和沿岸养殖业所产生的污水。污染通过输入环境中的污染物，改变环境的理化特征，使生态环境的物质基础发生变化，生态环境的结构和面貌随之而发生相应的变化。这使得原有的生存环境渐渐消失，生物栖息地被破坏，与原有环境相适应的生物群落因此而退化以至绝灭，生态系统遭到破坏。严重的环境污染可以导致生态系统生产力严重下降，甚至使滨海湿地成为生态荒漠。污染物也能够直接毒害湿地生物，使生物出现病害等，直接危害生物健康和生存的变化。同时生物还能够通过自身对毒物的富集，并通过食物链向高营养级别的生物传递而毒害其他的生物并最终威胁到人类的健康。大量污染物的聚集，也可能诱发环境灾难。如大量营养盐类污染物输入湿地会导致富营养化的发生，在沿岸可能诱发赤潮等。污染对滨海湿地生产力的影响还直接表现在对渔业资源的损害。

第六章

福建滨海湿地保护与可持续发展

第一节 滨海湿地保护的指导思想、原则和目标

一、指导思想

保护湿地生态环境和生物多样性已成为 21 世纪全球关注的热点。根据中国人口、资源、生态和环境的现状，以维护湿地系统生态平衡、保护湿地功能和湿地生物多样性、实现资源的可持续利用为基本出发点，坚持"全面保护、生态优先、突出重点、合理利用、持续发展"的方针，充分发挥湿地在国民经济发展中的生态、经济和社会效益。

二、原则

1）遵循与湿地有关的国家法律、法规，符合国家现有的湿地保护与利用政策。

2）维护湿地生物多样性及湿地生态系统结构和功能的完整性，充分发挥湿地生态系统的生态、经济与社会效益，坚持生态效益为主导，三大效益协调统一的原则。

3）坚持湿地保护与合理开发利用相结合的原则。

4）根据福建省情和湿地保护现状，坚持突出重点、先急后缓、分类施策（因地制宜）、分步实施的原则。

5）遵循《湿地公约》的有关规定，认真履行应尽的国际义务和责任的原则。

三、目标

根据国家对湿地保护的有关法律、法规、方针政策，以及滨海湿地的性质和类型，结合资源特点与分布、区域地理位置和环境现状，确定滨海湿地保护和可持续发展的总目标是：全面加强滨海湿地及其生物多样性保护，维护湿地生态系统的生态特性和基本功能，重点保护好在国际与国家领域内具有重要意义的湿地，保持和最大限度地发挥湿地生态系统的各种功能和效益，保证湿地资源的可持续利用，使其造福当代并惠及子孙。

第二节 滨海湿地保护规划实施

针对中国滨海湿地利用与保护中存在的问题，必须贯彻落实可持续的发展观，全面协调，做好滨海湿地的科学利用与保护的工作。

一、加强法制建设

法制建设是湿地资源保护的根本保证。中国现有的有关湿地的法律条款分散在《森林法》、《野生动物保护法》、《野生植物保护条例》、《中华人民共和国渔业法》等各个不同的法律条文中。实际工作中操作性差，执法困难。应尽快制定湿地保护与管理的专门法，逐步建立完善的湿地保护法律体系，明确统一的管理机构，协调不同部门之间的利益，切实保证湿地的有效管理和湿地环境的良性循环。制定海洋生态环境保护规划从全局上把握全省海洋生态变化趋势与保护需求，协调全省海洋开发与环境保护的矛盾，指导滨海区域经济与环境协调发展。

二、建立科学管理机制

现有行使滨海湿地管理职能的部门分属林业、环保、海洋、农业、渔业等部门，给管理造成很大的不便。应建立湿地保护管理机构，由湿地管理机构统一协调、科学管理，遏止人为因素导致的天然湿地数量下降趋势。湿地管理机构在体系上可以分为两部分。

（1）协调机构，负责湿地保护相关的重大事务的决策和政府间、部门间协调。

（2）执行机构，负责湿地保护具体事务的日常执行和处理。

三、加强科学研究

目前，学界对滨海生态环境的变迁、海洋水文的变化、陆域生态破坏、社会经济的改变等方面影响的研究尚不够深入，因此加强滨海湿地生态环境研究十分必要：增加科研投入，提高研究水平，建设强有力的科技队伍；利用现代计算机技术、"3S"技术建立滨海湿地动态监测体系，对滨海湿地进行长期的定位观测和实验研究等；引进国外资金，借鉴国际研究的重要成果，及时掌握国内外新的学术动态，借鉴国外滨海湿地管理经验，扩大合作领域，开展湿地与社会、经济、人文等多学科、多课题的交叉和综合研究，促进滨海湿地的可持续发展。所有这些对滨海湿地的可持续发展具有重要的意义。

四、强化宣传教育

环境的保护与人的素质密切相关，首先要培养公众的环境意识，使其意识到滨海湿地保护的紧迫性；其次要在学校开设相关课程，对中小学生进行教育，通过电视、广播、网络等媒体广泛宣传滨海湿地的环境功能及重要的经济价值；再次要举办环保知识讲座，呼吁全社会保护滨海湿地；还需设立滨海湿地保护基金，保证湿地保护工作顺利进行；最后要加强湿地及生物多样性的保护意识，参考香港等地的管理经验，湿地保护的宣传教育体系可以分为政府引导、媒体宣传、社区教育和实地培训 4 个层次。

五、湿地保护投入

湿地保护是跨部门、多学科、综合性的系统工程，因而其投入也具有多渠道、多元化、多层次的特点。政府投入是湿地保护资金来源的主渠道，各级政府要将湿地保护纳入国民经济与社会发展规划之中，保证湿地保护行动计划在全国与各地区的实施；同时，还要广泛地争取国际援助，鼓励社会各类投资主体向湿地保护投资，规范地利用社会集资、个人捐助等方式广泛吸引社会资金，建立全社会参与湿地保护的投入机制。

第三节　滨海湿地具体保护对策

建设并完善湿地保护的法制体系，建立全省湿地保护与合理利用的管理协调机制，加强宣传、教育、培训，开展湿地资源的调查、评价、监测，建立湿地保护区并提高管理水平，对湿地资源的可持续利用进行规划，开展湿地恢复重建，实施湿地保护专项行动计划，开展湿地的基础研究，筹措湿地保护资金，开展国际合作交流。

一、建立和完善湿地保护政策、法制体系

完善的政策和法制体系是有效保护湿地和实现湿地资源可持续利用的关键。通过制定和实施《中国湿地保护条例》及相关的湿地保护与合理利用的管理规范，逐步建立起中国湿地保护的法规体系，进而为建立比较完善的湿地保护与合理利用的国家政策、法律体系奠定基础。

（1）评估现行政策和现有法律法规对中国湿地保护的作用；改革现有政策中制约、阻碍湿地保护与合理利用发展的内容。

（2）逐步建立完善鼓励并引导人们保护与合理利用湿地、限制破坏湿地的经济政策体系。

（3）制定湿地保护及可持续利用的全国性专门的法律法规，鼓励地方立法机构根据国家制定的法律、法规，建立并完善地方性法规、规章。

（4）加强执法人员培训和执法力度。

二、建立湿地保护的管理协调机制

湿地资源保护和合理利用的管理涉及多个政府部门和行业，关系多方的利益，政府

部门之间急需在管理方面加强协调与合作。成立全国、全省（自治区、直辖市）湿地保护领导小组，进一步明确各部门及各级人民政府在湿地保护和合理利用方面的职权责任和规范部门间协调机制，发挥媒体、群众团体、研究机构等的舆论监督作用。

三、加强对湿地的综合保护治理

尽可能地恢复已退化的湿地，减小人为因素对湿地的负面影响，有重点地选择一些有代表性的退化湿地，开展退化湿地恢复、重建的示范区建设，如实施沿海红树林生态恢复工程等。调查湿地周围污染源的类型、污染物的数量、排污途径及其最大排污量，对排污种类、时间、范围、总量进行规定和限制。有计划治理已受污染的海域，加强对污水的治理，限制排放量，并限期达到国家规定的治理标准。对排污超标的部门、企业和单位予以约束和处罚，并限期整改。按国家有关规定，对那些严重污染环境的单位，坚决实行关、停、并、转、迁。积极推广有机肥、生物菌肥、配方施肥和平衡施肥，减少输入滨海湿地的化肥、农药。污水排污口应尽量靠近水交换活跃区以加快污染物的稀释扩散，充分发挥海洋的物理自净能力，净化保护区的环境。

开展沿海湿地恢复，包括对已遭到不同程度破坏的湿地生态系统进行恢复、修复和重建；对功能减弱、生境退化的各类湿地采取以生物措施为主的途径进行生态恢复和修复；对类型改变、功能丧失的湿地采取以工程措施为主的途径进行重建；对列入国家重要湿地名录和国际重要湿地名录的主要区域，以及位于自然保护区内的自然湿地，已开垦占用或其他方式改变用途的，规划采取各种补救措施，努力恢复湿地的自然特性和生态特征。在滨海地区滩涂适宜种植红树林的区域，在全面禁止无序围垦湿地的基础上，开展退养还林，有计划地恢复红树林湿地面积，构建红树林示范和恢复与重建示范工程。对于已遭受围垦的滨海湿地，要实施科学的管理，对于其中特别严重的区域，实施退养还滩政策，改善海域生态环境状况，防止海岸侵蚀和淤积。湿地恢复主要包括退养还滩、污染治理、人工辅助自然恢复、有害植物控制、封滩育草和红树林恢复等措施。

四、加强湿地自然保护区的建设与管理

天然湿地大量丧失、湿地野生动植物种数减少是福建湿地生物多样性保护的主要威胁之一。建立完善的湿地自然保护区网络体系和管理机制，是保护湿地生物多样性的重要途径。制订湿地自然保护区、自然湿地保留区的建设规划，建立起布局合理、类型齐全、层次清楚、重点突出、面积适宜的湿地自然保护区网络体系；查清具有国际重要意义的湿地现状，全面评价其功能和效益，并采取相应的保护拯救措施进行管理；对符合国际重要湿地标准的湿地，积极争取列入国际重要湿地名录。开展保护区人员能力建设，提高人员的监测、野外保护、社区教育、科研和执法等方面技能；开展湿地野外动植物种群及栖息地的长期监测。

积极申报省级、国家级自然保护区或国际重要湿地，保护好珍稀濒危动物，特别是

重要水禽的栖息环境。拟申报闽江河口、泉州湾、漳江口为国际重要湿地，面积分别为2921公顷、7039公顷、2360公顷。到2015年，拟提升泉州湾、九龙江口两个保护区为国家级自然保护区，面积11399公顷；拟提升福鼎沙埕港、福宁湾、三沙湾、九龙江河口等自然保护区的保护级别；申报环三都澳、环沙埕港、福鼎日屿岛、福宁湾、长乐闽江河口、福清湾与兴化湾、漳浦莱屿列岛等省级自然保护区7个，面积47695公顷。

五、注重开展宣传

福建湿地资源保护的有效性和湿地合理利用水平的提高，很大程度上取决于公众和管理决策者对湿地重要性的认识和观念的转变。必须通过一系列强有力的宣传教育与培训措施，提高公众对湿地，特别是对湿地各种功能、效益方面的认识，强化公众的湿地保护意识和资源忧患意识。

1）结合特定的活动，如"世界湿地日"、各地的"爱鸟周"、"野生动物保护宣传月"，"禁渔期"、"禁猎区"等，集中开展有关湿地生态效益和经济价值方面的公众教育活动。

2）依托湿地自然保护区，建立游客教育中心，宣传湿地保护的重要意义。

3）将关于湿地保护和生物多样性保护的内容，列入中小学及高等院校有关专业的教学计划。

六、促进湿地的可持续利用

对湿地资源的开发利用制订科学的规划，建立湿地生态环境影响评价制度，实现在统一规划指导下的湿地资源保护与合理利用的分类管理。制止过度利用和不合理开发，使资源得以逐步恢复，形成良性循环。

1）通过调查、评价和专家论证，科学评估福建省湿地资源的开发利用潜力，试行天然湿地资源开发许可制度。

2）建立湿地环境影响评价及项目审批制度。

3）选择不同类型湿地，因地制宜进行合理利用示范区建设，开展湿地保护与合理利用优化模式的试验示范。

4）采取措施减轻或消除因湿地改造产生的对生态环境不利影响，必要时采取恢复湿地及相应的补偿措施。

七、开展湿地资源调查、 评价和监测

对福建全省湿地进行分类评估，建立全省湿地资源信息数据管理系统和全省湿地资源监测体系，掌握湿地变化动态，为湿地的保护和利用提供科学依据。建立有关湿地信息、数据的共享机制。

八、加强湿地的科学研究

加强湿地的科学研究是认识和了解湿地的主要途径，也是促进湿地保护和可持续利用发展的重要保证。通过基础研究和应用研究，对福建湿地类型、特征、功能、价值、动态变化等有较为全面、深入、系统的了解，为湿地的保护和合理利用奠定科学基础。加强湿地资源的保护、湿地生物多样性及外来物种引进等方面的研究。

九、实施湿地保护专项行动

湿地是比较脆弱的生态系统，根据湿地生态系统或物种的状况，采取一些紧急的、特殊的专项抢救性保护行动：保护面临严重威胁的重要水鸟及其主要栖息地、湿地污染的专项治理、滩涂湿地和水生生物保护与利用等。

十、积极开展国际合作与交流

在履行《湿地公约》，以及国际责任和义务的同时，要加强国际合作，全面宣传介绍福建湿地保护工作及湿地保护优先项目，通过双边、多边、政府、民间等合作形式，全方位引进先进技术、管理经验与资金，开展湿地优先保护项目合作。努力吸收各国的先进技术和先进的管理经验，逐步增加福建列入国际重要湿地名录地点的数量，扩大福建在国际湿地保护方面的影响，积极争取新的湿地保护与合理利用的国际援助项目。

十一、建立滨海湿地补偿制度

我国一些地方已经对资源开发活动征收生态环境破坏补偿费，但在国家层面上对资源开采还没有实行生态破坏补偿制度，导致企业对生态环境产生的影响往往不能得到应有的补偿。建议开发滨海湿地，尤其是改变滨海湿地结构和功能的项目，应该评估其被破坏的程度和代价，以及开发后可能产生的环境污染、生态破坏等，根据这些数据征收相应的生态补偿费。

第四节　滨海湿地退化因素的减缓措施

滨海湿地生态系统的退化是在人为因素与自然过程共同作用下发生的，福建滨海湿地退化状况及主要退化因素在退化分析和综合评价章节已有论述，中、短时间尺度下，人为因素是造成福建滨海湿地生态系统退化的主要压力，这些人为因素主要包括滨海湿地围垦、生物资源过度利用、环境污染和外来物种入侵等。

一、围垦导致滨海湿地退化可采取的措施

滨海湿地围垦对缓解土地资源紧缺、促进经济发展起到重要作用，福建省长期以来将滩涂围垦作为一项重要的海洋开发战略，随着人口增长和经济发展，围垦势必将持续下去。因此，禁止湿地围垦这条路实际上行不通，较为可行还是处理好湿地围垦和保护二者之间的平衡，合理规划，适度围垦。过去许多围垦项目盲目上马，缺乏必要的论证，致使港湾纳潮量大受影响，水流减缓，港湾发生淤积，部分生态敏感区如鸟类栖息地和鱼类产卵场因围垦而丧失。对已经建好的围垦项目，如要恢复到以往的生态状况已经基本不可能，而未来的围垦项目，应当吸取以前的经验教训，做到合理开发利用，同时保护现有的滨海湿地资源，减缓滨海湿地退化。

1）科学规划：湿地围垦要在国家沿海地区工业发展总体规划基础上，划定重点发展区域和主要区块，进行系统科学的空间规划，包括相邻的城市总体规划和海洋功能区划等。根据沿海各地的用海需求，组织国内权威的海洋单位和相关专家，对围垦项目进行"战略论证"，尊重自然规律，因地制宜，避免盲目开发，控制围垦规模。优化围填海域造地工程的平面设计方式，最大限度地减少其对海洋自然岸线、海洋功能、海洋渔业、海洋生态环境造成的损害。严格区分重点开发区域、限制开发区域、一般开发区域和禁止开发区域，在充分考虑环境容量和生态恢复措施可行的情况下有序围垦。

2）发展新产业：充分利用本地区湿地资源优势，开发活动应符合国家产业导向，滩涂产业取向应为低碳经济、绿色经济、循环经济，如再生能源产业、环保产业、湿地生态旅游等。

3）保护现有湿地资源：对福建各地滨海湿地资源按重要性分级，保护重要湿地，积极申报国际重要湿地和国家级保护区；坚持"谁开发谁保护"，从滨海湿地开发的使用金提取一部分费用，作为当地滨海湿地保护和修复的专项资金。保护深水岸线和生态敏感区，对于海洋生态环境质量较差、生态环境较敏感、具有较高保护需求的海域，应该禁止围涂活动。应坚持集约节约的原则，提高其利用效益。

4）加强湿地开发监督：建立科学监督评估机制，由环保、地质水文、海洋生物、工程建设等专家共同研究制定评估标准，将民生指标、环保指标、可持续发展指标等均纳入评估内容，成立评估机构对湿地开发效果作科学评价。让当地群众参与监督，出台违规围垦开发的处罚措施。

二、生物资源过度利用导致滨海湿地退化可采取的措施

对滨海湿地生物资源的掠夺式利用，使得滨海湿地渔业资源严重衰退，原先的经济鱼类如大黄鱼已形不成鱼汛，经济附加值较高的渔业品种被低附加值品种替代。造成滨海湿地渔业资源衰退的主要原因是捕捞强度远超资源的更新量。针对滨海湿地当前渔业资源衰

退，结合各港湾湿地实际情况，为减缓资源利用造成滨海湿地退化，可采取如下措施。

1）严禁杜绝毒鱼、电鱼活动，毒鱼和电鱼是对资源的竭泽而渔。

2）应制定各种经济动物的捕获规格和网具的网目大小，适当放大网目尺寸，继续执行休渔制度，严格执法。

3）控制海区的捕捞力和渔船总吨位，鼓励渔民上岸或开展远洋捕捞。

4）对一些容易造成资源破坏的网具，如围网、流刺网、底拖网、定置网，应限制使用。

5）调查滨海湿地的经济动物产卵场和洄游路线，将其圈定为保护区。

6）支持渔业资源种质培育，开展放养。

7）发展生态养殖业，并与滨海旅游业结合，提高经济效益。

8）划定生态敏感区，保护种苗场，禁止围填海。

三、环境污染导致滨海湿地退化可采取的措施

滨海湿地具有净化水质的功能，当环境排放量过度，超过滨海湿地承载能力时，便会使滨海湿地环境质量受损。滨海湿地污染源来自两个地方：一是陆地，二是海区，前者是工农业污染和城市生活污染，后者为海区养殖污染，船舶、码头、石油开发等。减轻滨海湿地环境污染：一是减少污染物的产生量，二是对污染物进行处理后排放。可采取的措施如下。

1）建设城镇污水处理体系，将城镇工业废水和生活污水集中处理，严格控制沿岸工农业和生活废水直排，减少营养物质大量入海造成海区富营养化。

2）发展生态农业，减少陆地农药的使用率，禁止使用国家明文禁止的农药。

3）作好养殖规划，优化养殖品种，控制海区养殖容量。

4）轮换养殖区，使原海区得以自净一段时间后再进行养殖。

5）发展工厂化（集约化）养殖技术，有利于对养殖环境进行综合控制和管理，并且对养殖废水进行集中处理。

6）发展海洋牧业化，以充分利用广大海域的自然生产力。

7）海陆统筹，加快建立全省海洋生态环境监测网络体系，重点是排污口监测。

8）做好宣传教育工作，提升当地民众的环保意识。

四、外来物种入侵导致滨海湿地退化可采取的措施

对福建滨海湿地危害最大的外来种当属互花米草，从福建北部的沙埕港到南端的漳江口都有分布，草灾较为严重的港湾有三沙湾、罗源湾、闽江口和泉州湾等，互花米草的危害在于它排挤滩涂的本土种，如红树林和芦苇等植物，威胁到滩涂生物多样性，影响航运，导致滩涂淤积，盲目引种和缺乏后续监督是草灾泛滥的深层次原因。对于已经造成实质危害的港湾，重点是治理，而尚未形成草灾危害的滩涂，则重在防治。

（一）去除互花米草可采取的措施

去除互花米草的方法有多种，但代价极为昂贵，归结起来有物理法、化学法和生物控制法（王卿等，2006）。去除互花米草后的裸地，应尽快种植本地植物，如红树林和芦苇等，促进群落尽快恢复到自然状态。

1）物理法，包括人工拔除幼苗、织物覆盖、连续刈割及围堤。对于刚刚定居的互花米草，人工拔除幼苗是一种有效的方法。对于小块互花米草斑块，可以使用织物覆盖法，即用致密的丝织布紧密地覆盖住互花米草斑块，连续覆盖一到两个生长季。对于较大的互花米草斑块，可使用机械进行连续刈割，即从互花米草返青到秋季死亡期间对其进行多次刈割。机械防除主要是通过切断根部的营养供应，让植物的根部腐烂，具体做法是先贴土割除地上部分，阻止光合产物向根部输送，10 日左右之后，让其抽出新叶，耗其根部营养，再用配有旋耕的刀片机器，将其根系切碎，经试验，用这种方法清除互花米草，2 年后没有发现新长出互花米草（刘剑秋和曾从盛，2010）。在美国 Willapa 海湾，研究人员在互花米草周围用一种充气纤维建立一些围堤蓄水，通过长时间的浸泡使互花米草因缺氧而死亡。

2）化学法，指采用合适的除草剂来进行防除。草甘膦（Rodeo™）是目前在互花米草控制中唯一得到实际应用的除草剂。近年来，我国也开发出一种新的除草剂——米草净（刘建等，2005），其可导致互花米草的败育，从而控制其蔓延，但目前尚处于研究阶段，还未大规模应用。

3）生物法，是指利用昆虫、真菌及病原生物等天敌来抑制互花米草生长和繁殖，从而遏制互花米草种群的爆发，具有效果持久、对环境安全、防治成本低廉等诸多优点。根据目前的研究，可能在对互花米草的控制中得到应用的生物主要有光蝉（*Prokelisia marginata*）、麦角菌、玉黍螺。目前对引进天敌的效果与后果都存在一定的争议，因此对互花米草的生物控制研究尚在实验阶段，没有得到大规模的应用。

互花米草危害严重，治理困难，治理代价昂贵，单种办法控制效果往往不佳，应综合运用机械、化学和生物方法进行互花米草的控制和治理，随着各种技术的发展，防治技术将得到不断发展和完善。

（二）互花米草综合利用

互花米草带来一系列的社会、经济和生态问题，但如果能对其进行综合利用，不仅可以减少其负面效应，还能变废为宝，转害为利。互花米草的利用方式（陈若海，2010；罗彩林等，2010）主要有 6 种。

（1）互花米草中粗蛋白含量为 11%，粗脂肪为 2%，粗纤维为 25%，同时还含有钙、磷、多种氨基酸、维生素和微量元素，可用于饲养畜禽或作为水产饵料。

（2）互花米草食用、药用价值。互花米草原液中含有锌、锶等 14 种微量元素和类黄酮，曾用于生产保健饮料；春、夏时节，互花米草大量生长出新芽，其嫩茎似小竹笋或芦笋，可作为蔬菜煮或炒着吃；米草总黄酮和米草提取液具有治疗心血管疾病、抗炎症、降血脂和增强免疫等功用。

（3）草做生产食用菌的原料。由于米草粉含有较多矿物质微量元素，利用互花米草粉配合其他原料（木屑、类芦等）栽培香菇、木耳等食用菌在福建农业大学食用菌研究所试种成功后，已在罗源、霞浦等县推广。

（4）米草茎秆生产活性炭及造纸。互花米草植株下半部茎秆含木质素、纤维素多，可采用先进技术生产活性炭，另外，它也是很好的中低档造纸原料。

（5）作为有机肥料。鲜嫩的米草含有丰富矿物质元素和微量元素，可用做绿肥以改良和培肥土壤。

（6）作为燃料和草篱材料。秋冬成熟老化的互花米草茎秆晒干后可用做农村生活燃料或砖窑的燃料。

（三）外来物种入侵预防措施

预防外来物种入侵，需要全社会的共同努力，进行必要的宣传、教育和培训工作，提高全社会的防范意识，具体措施如下。

1）成立国家生物入侵信息中心，建立信息库，有效利用国际互联网和局域网，将会加强信息流通。

2）通过广播、电视、报纸、网络等大众媒体宣传教育社会公众，大量印刷和发行关于生物入侵的科普性文章或音像制品，向大众提供有关信息，使他们认识到生物入侵的危害性。

3）对于生物引种，在引入前应进行充分的、科学的评估，谨慎引种，引入后应加强观测，释放后应不断跟踪，如发现问题应及时采取有效对策，避免大面积造成危害。

4）加强对生物入侵的研究，明确入侵种类、分布、机制，评价入侵种带来的生态危害，研究控制对策和具体技术。

第五节　九龙江口红树林生态退化减缓措施与建议

九龙江口红树林生态系统 11 种退化类型中，城市污染、病虫害、海平面上升和污损生物对红树林生态系统的威胁仍在控制范围内，其余 7 项生态退化类型均对九龙江口红树林生态系统产生胁迫作用。其中船舶兴波威胁最大，已经产生了较大影响，其次是海堤建设和围塘养殖。水产养殖污染、大型藻类过度生长、过度捕捞和生物入侵也对九龙江口红树林产生影响，但目前强度较小。水产养殖污染、大型藻类过度生长则与沿岸海水水质密切相关，并与周边城市化和工业化发展直接相关。过度捕捞是人类破坏生态系统的典型方式，生物入侵也是伴随人为活动而加剧的。

一、应对船舶兴波引起波浪冲击的危害可采取的措施

快艇引起波浪对红树林生境造成多方面复杂的影响，已引起政府和民间高度重视，可采取相应的措施进行防范。

1) 选择消波系数大的物种种植于红树林区，注意不同层之间的搭配混种，以提高林内垂直结构的复杂性；种植密度相应增大，提高郁闭度，林带宽大，消浪效果更见明显。

2) 对来往于红树林区段的快艇限速（理想值 15 千米/小时以下，当前政府限值为 30 千米/小时），根据当地潮汐情况，调整航运时间，使快艇产生的冲浪在到达生境前已消减为零。

3) 影响严重的区段划为无干扰区，可以改变航道，从源头上控制。

4) 模仿高速公路边建隔音板和防护设施，在海堤滩涂最外围建立防浪的栏板，以阻挡冲浪侵袭。

5) 研发新型船只，减少船只动力带来的冲浪。

6) 增加经费投入，如交通航运部门可以从船票中提取一部分费用作为复种补种红树林的资金，用于保护区的生态恢复。

7) 政府和民间团体加强合作交流，提高管理和大众保护红树林的意识。

当采用以上措施时，可进行快艇营运优化和陆路替代方案大胆尝试。

1. 快艇营运优化

1) 快艇限速：严格执行政府规定，在红树林分布区要求快艇减速慢行，航行速度控制在 30 千米/小时以下。特别是滩涂侵蚀脆弱段和红树林核心区段。而在两岸较宽、航线距岸较远的区域（如厦门到海门岛航段），在保证安全的情况下，可酌情取消限速，通过平衡不同航段的航速，可以保证营运时间不至于延长太多，保障船舶运输业者和乘客的利益。

2) 减少班次：两条航线发船班次过于频繁（每 30 分钟、每 50 分钟一班），而工作日上座率为 50%～60%，非工作日上座率为 80%～90%。并且在调查中发现中午时间（14：30～15：30）时段客流量少，建议取消中午时段航班，加宽快艇发船间隔时间，以减小对红树林滩涂冲刷压力。

3) 改用承载量大的快艇：现在两条航线的航班快艇的乘客定额为 22～32 人，如果能改换承载量更大的快艇（40～60 人），可以减少快艇发船频率。

4) 提高快艇票价：对快艇票价中多收取红树林保护费以作为复种补种红树林的资金，用于保护区的生态恢复。

2. 陆路替代方案及验证

替代方案：取消厦门往返石码快艇，以加密厦门往返石码的长途车营运班次来替代。

验证方法：通过实地乘坐石码至厦门长途车，对比长途车与快艇的票价、车程与航程

时间，以此来验证厦门往返石码快艇的陆路替代方案的可行性（图 6-1，图 6-2，图 6-3）。

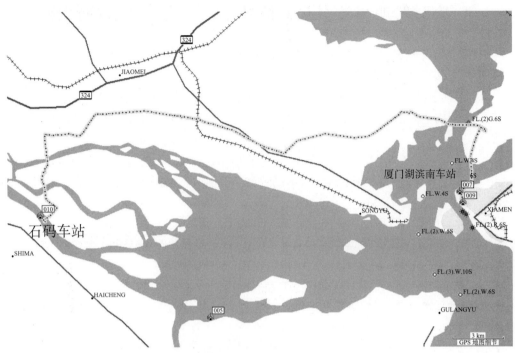

图 6-1　GPS 记录石码至厦门长途车行迹示意图

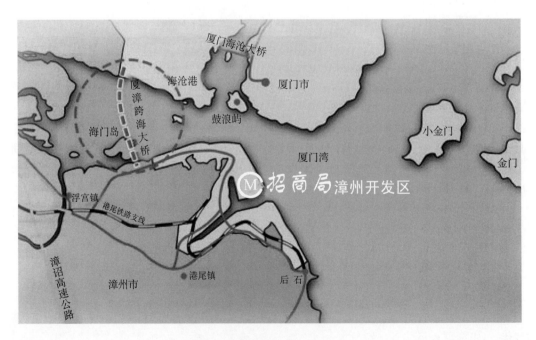

图 6-2　厦漳跨海大桥示意图

图 6-3 厦门往返白水长途车路线

二、针对城市化、海堤建设导致红树林生态系统退化可采取的措施

红树林区附近的城市化、开发区建设中，特别是海堤、桥梁、道路建设方面，需要在做好项目环评工作的基础上，切实在施工期和运营期落实各项生物多样性保护措施，提高响应程度，减少对红树林生态系统的影响。

（一）施工期生物多样性保护措施

1. 湿地生态环境保护措施

1）坚持保护优先的原则，设计、施工单位要合理规划布置施工营地、取土弃土区及物资运输路线等，建设单位要充分论证工程主体的施工工艺，使工程建设尽可能维持湿地生态系统的完整性和生物多样性。

2）工程建设所需的沙、石和土方应在规定的料场采集，禁止私自乱采、乱挖，防止破坏湿地生态系统和自然景观。

3）施工必须严格控制在工程的红线范围之内进行，对施工临时占地要及时进行生态恢复，最大限度地维护湿地完整性和生物多样性，保持湿地现有状态。

4）如果拟建工程区位于生态环境的敏感地带，在施工前应做好宣传工作，增强施工人员和管理人员对野生动物保护的意识，让每个参与该项目的人员认识到保护红树林的重要性和意义。落实岗位责任制，制定奖惩分明的施工作业制度。加强野生动植物保护法规的宣传，严禁施工人员猎杀野生动物。如果水鸟以冬候鸟为主（如九龙江河口），在冬季施工时要注意对冬候鸟的影响。

5）工程施工便道选线要避开红树林等敏感目标。严禁在红树林保护区范围内堆弃渣土、生活垃圾和砍伐破坏红树林等活动。占用红树林地时应向林业部门提出申请，采取补偿或移栽的办法保护红树林。

6）海堤、桥墩建设工程施工期间必须加强航政管理，在工程项目区设立安全监督机构，配备巡逻艇，配备助航标志设施确保施工期间工程项目与过往船舶的安全，以免发生海事造成湿地污染。

7）如果工程施工难度大，就要做好各种防范措施，防止工程事故污染湿地。

8）加强施工期湿地生态监理与监测，监理人员必须是具有相关知识的专业技术人员，主要职责是监督各项生态保护措施的落实，施工临时场地布置，以及对附近鸟类和主要水生动物进行监测。

9）工程构件预制场、拌和场、施工便道等临时场地应安排在拟建工程区远离红树林区，严禁安排在红树林附近。

10）施工营地应尽可能地租用当地民房或公共房屋，以减少临时性用地。

11）施工便道应尽量利用现有的县、乡、村各级道路和机耕道，对这些道路进行改造后加以利用；对新开辟的施工便道，要求距离尽可能短；合理设计便道的宽度，不得擅自扩大便道。

2. 水污染防治措施

1）为避免河口水质污染，基础施工中，应采用环保的先进施工工艺，尽量减少施工产生悬浮泥沙对河口水环境影响。

2）工程施工期间，严禁将出渣及施工废弃物向施工水域中排放。应采用船舶运至陆地合适的位置进行沉淀处理，禁止直接排入海中，同时防止渗漏入海。建筑施工模板应采用密封性能较好的钢制模板，模板之间的缝隙应进行密封处理，以减少施工泥浆水的产生量。水泥搅拌站周边应设置简易的泥浆水收集池。

3）基础施工时潮间套箱应注意修补替换，并尽量循环使用。

4）基础施工时搭设的施工平台，在施工结束后及时拆除运送陆地进行处理以恢复原貌。

5）建材不宜堆在河岸附近，堆放时加以覆盖，采取防雨水冲刷及截水沉淀等措施，以防止雨季或台风暴雨时泥浆水入河对周边水体的污染。施工结束后，应及时对临时施工场地进行土地整治。

6）严禁油料泄漏和倾倒废油料，施工机械、运输车辆的清洗水，施工机械的机修油污及船舶舱底油必须集中处理，严禁随意排入水体或与垃圾混合倾倒。施工船舶含油污水不能随意排放，应配备油水分离器，含油污水经处理达标后应在指定位置排放，排放应符合《船舶污染物排放标准》要求。若施工船舶未配备油水分离器，则船上应设有储污水箱以收集存贮含油污水，由有资质的单位进行接收处理或靠岸时抽上陆地处理。

7）施工船舶还应加强管理，对作业人员加强培训，作好船舶各部位的检查记录，出现机械设备漏油时，立即停机处理，使用吸油棉及时吸取，并用毛巾堵塞泄水口，防止油水流入海中。

8）严格施工船舶进出港及施工作业管理、港内锚泊管理制度，施工单位应制定严格的防范措施，防止施工船舶溢油事故，并与海事部门和港务部门订立溢油事故应急处理预案。

9）如果是桥梁建设等跨水域作业，要注意工程水上施工作业与附近港区作业的相互协调，并就水上作业安排、航道利用等事宜与港务部门建立联系，把工程施工和港区生产相互制约因素降到最低程度。

10）施工前应通过海事局发布施工航行通告，施工期间应注意与过往船只的相互避让，防止船舶碰撞。

11）在土方和淤泥开挖之前，一定要按规定清除河滩中的水草杂物，清运和处置沿岸的生活垃圾和工业固废，避免生活垃圾和工业固废混入土方中，造成污染。

12）施工场地应设置沉沙池、隔油池、化粪池等临时污水处理设施；沙石料冲洗废水、混凝土系统废水、施工机械冲洗废水等均应处理达《污水综合排放标准》（GB8979—1996）后再排放。

3. 噪声防治对策

1）加强防噪措施，如果道路、海堤附近为水鸟栖息、觅食地，对施工机械设备的噪声标准进行必要控制，禁止超标机械进场，同时对施工时间合理安排，避免夜间作业，以免对水鸟栖息产生影响。

2）对各种产生噪声和振动的机械设备应当采取消声防振措施，并注意对机械的维护保养和正确操作，保证在良好的条件下使用，减少运行噪声产生。

3）在进行水下施工作业时，在围堰的周边可以考虑采用"气泡帘幕"降低噪声对水生生物的影响。

4. 大气污染控制

尽量缩短拆迁、土方开挖的工期，合理选择运输车辆的运输路线，尽可能减少运输扬尘对工地附近居民的影响；对拆迁物和挖掘的泥土要及时清运、填筑；运输沙、土的车辆装车不宜过满，且应加蓬密闭，防止洒漏；对运输车辆的车身进行清理，严禁超重、超高装载；临时道路和未铺装的道路极易产生扬尘，应定期洒水，对已铺装好的道路，则应定期清扫。

5. 施工固体废物处置

1）施工中产生的渣土和垃圾要及时转运集中处理，对临时占用的土地，要及时清除固体废物，恢复原有环境。

2）施工生活垃圾　施工场地设置垃圾筒，收集施工人员的生活垃圾，并指定人员负责生活垃圾及时收集、及时清运至当地垃圾处理场进行处理。

3）施工过程产生的钢材、木材等边角料及废零件应回收利用。

6. 水土保持防护措施

1）建筑材料、临时堆土要分别集中堆放，土石方的调运也要规划好统一的运输路线，以降低工程施工对沿线植被与耕地的破坏，不宜在居民密集区、耕地、植被密集区等生态敏感区内设置或安排施工场地。

2）对于桥梁工程，为了保证行洪顺利，必须做好河岸清障工作，严格禁止设立新障，对工程完成后的河道应加强日常观测研究，发现问题及时处理。

3）开挖的土石方要尽量回填使用，堆放期间应采取临时围挡等防护措施，及时回填利用，并配备塑料薄膜，防止雨水冲刷产生水土流失。

4）项目竣工后，对临时占用的土地，要及时清除固体废物，根据施工占用、破坏植被情况、所在区段及规划中的发展需要，统一进行有针对性的植被恢复、绿化。

7. 对珍稀物种（如九龙江的中华白海豚）的保护措施

1）聘请水生生物专家对施工队伍管理人员和作业人员进行水生生物的识别与保护知识培训，提高相关人员对珍稀物种的识别能力和保护意识；加强对施工作业人员的管理和宣传，使施工人员具有保护野生动物的意识。

2）在施工期间，聘请水生动物保护专业技术人员担任珍稀物种观察员。在施工前，由观察员监视500米范围内是否有中华白海豚出没，如果500米范围内有珍稀物种出没，应立即停止施工，并采用声驱赶法驱赶珍稀物种，使其远离施工区。

3）加强施工管理，调整好挖泥船泥舱溢流口的位置，控制好溢流口的泥浆浓度，减少入水泥浆，优化施工工艺，减少对水体的扰动。

4）对于桥梁工程，为有效防止航船碰撞事故和降低噪音滋扰，航船的速度要限制在10节以下，如果有珍稀物种等出现在航道上，施工船应减速或暂停以避让，直到珍稀物种等游离航道后方可施工，以避免珍稀物种被机器或船只螺旋桨撞伤。

5）严格划定施工作业范围，在施工带内作业，严格限制施工人员和施工船舶、机械的活动范围，避免对施工水域中的珍稀生物的影响。

8. 对红树林的保护措施

1）加强对施工队伍管理人员和作业人员的宣传和教育，提高对红树林保护重要性的认识。

2）施工期间，泥浆、废土、油污等废料不得随意排放，影响红树林的生长、繁殖；临时堆场、临时道路、仓储、工棚等应避开红树林。

3）加强用火管理和消防监测，以免殃及红树林。

（二）运营期生物多样性保护措施

1. 湿地生态环境保护措施

1）在工程适当位置设立明显的保护区标牌和警示标语，提醒来往车辆已经进入保护区，注意减速行驶，以免发生鸟撞事件。

2）做好边沟排水系统，禁止把边沟水在未经处理的情况下直接排入河流。

3）极端恶劣天气期间，建议封闭工程现场，以免翻车、车辆掉落等事故发生，导致湿地生态系统受到严重污染。

4）运营期间，应加强红树林病虫害防治工作。

2. 水污染控制

防止危险品泄露的水污染控制措施详见事故防范和应急预案。

3. 噪声和灯光污染控制

1）为了降低运营期交通噪声的影响程度，要对工程项目道路结构进行合理设计，采用多孔性低噪声沥青铺设路面，并结合护栏设置屏障。

2）车辆通行工程路段禁止鸣笛，工程管理部门要在工程项目两端设置明显的预告牌和禁止鸣笛等标志，减小交通噪声给野生动物带来的负面影响。

3）切实做好道路照明的规划设计工作，只安装保证车辆安全行驶的必备照明设备，严禁安装景观灯和强光灯，禁止车辆在工程项目中使用远光灯，减小灯光照明对陆生水生动物尤其是鸟类的负面影响。

4. 大气污染控制

1）推广环保型汽车，使用环保汽车，减少尾气排放。

2）禁止尾气超标的汽车上路，加强汽车管理，建设完善的尾气监测制度，在汽车年审过程中增加对汽车尾气排放情况进行审查，同时随机抽查行驶中汽车尾气排放达标情况。

5. 桥梁工程事故防范和应急预案

1）施工船舶应根据自身作业时间、作业地点，参照港区船舶通航密度、航线、时间等制定相关作业规范。施工船舶应配备围油栏等海上溢油处理应急设施，并与有事故溢油处理能力的单位签订事故溢油处理合作协议，保证一旦发生燃料油溢漏入海事故时，协议的事故处理合作单位将以最快速度赶至现场。

2）为防止施工期通航船只发生意外事故，工程区应设置安全防护设施和助航标志，以保证船舶安全通过工程区海域；严格按照有关规定，在台风、大雾等恶劣气候下，必须关闭航道。

3）管理部门应制订事故污染应急计划，建立应付突发性事故的抢险指挥系统，设立处理突发性事故污染的风险资金，配备一定数量的作业必需的器材、设备和药品，并与当地海事局取得联网，将本项目的抢险工作纳入当地海事局的应急计划和反应体系之中。

4）工程项目的防护网要采取小孔径或完全密闭设计，以免鸟类在迁飞过程中误撞导致死亡。建成营运后，有关部门应当成立工程运行管理机构，对工程进行日常维护管理，确保良好状态和护栏等防护设施的完好，同时加强通行管理，要求车辆限速行驶。

5）在发生如台风、大雾、龙卷风等恶劣的天气时，管理部门应采取措施，进行交通管制，必要时关闭交通，并在两端要设立明显的警示牌，以唤起从事危险品运输的驾驶员注意，运输车辆在经过时应限速行驶以确保安全，防止发生交通事故。

6）为了减小危险品车辆发生事故对水质的污染，需在工程地面设计集水系统，一旦发生事故要将污染物引入堤坝外围进行处理，防止危险品泄露污染水体。

7）预防管理措施。防范危险化学品运输风险事故的最主要措施是严格执行国家和行业部门颁布的危险化学品运输相关法规，主要有《中华人民共和国道路交通安全法》

《特种设备安全监察条例》《危险化学品安全管理条例》《道路危险货物运输管理规定》《中华人民共和国民用爆炸物品管理条例》等。

8）应急处理管理制度及应急措施。管理部门要参照《国家突发公共事件总体应急预案》（国务院）的有关规定要求，编制详细的风险事故应急预案，特别是重大事件报告制度和危险品泄漏事故的处置措施，并上报当地有关部门审批备案；制定专门的《危险化学品运输事故应急预案》，一旦发生交通事故导致危险品泄露，及时启动，迅速处置。在危险品突发事故发生后各相关部门及时响应，尽可能减小或避免危险品事故发生对周围环境造成的不利影响。

6. 组织保证

1）为保证生物多样性保护措施的落实，在项目建设的初步设计、施工设计直至竣工验收等后续阶段，保护区管理处和湿地主管部门都要全程参与监督，施工单位和建设单位要接受和配合保护区管理处、湿地主管部门、环保部门的检查和监督。

2）项目建设单位和施工单位要与保护区管理处和湿地主管部门签订保证书。

3）监理人员中必须包括自然保护区管理人员和具有相关知识的专业技术人员，对项目施工期和运营期进行生物多样性监测，特别是对红树林和水鸟的监测，保管好有关监测资料，生物多样性发生重大变化时要及时报告保护区主管部门，并采取措施。

4）制订施工期和营运期生物多样性跟踪监测计划。监测结果将以正式书面材料的形式提交建设单位，由建设单位整理、保管，并报送给林业部门、保护区管理处、环保部门、海洋渔业部门等相关主管部门，这些报告作为林业部门、保护区管理处、环保部门、海洋渔业部门评估生物多样性影响和超过预期影响时需要增加保护措施的依据。

三、针对围塘养殖导致红树林生态系统退化可采取的措施

对于经营管理不善或受台风破坏现已废弃的池塘，必须进行清理、平整和造林。可以由政府牵头，加强有关部门之间的合作，对池塘进行示范性造林，以点带面，推动退塘还林工作。

政府正确引导，合理利用红树林湿地。红树林湿地作为一种自然资源，具有巨大的经济效益，可形成多方利益群体，建立有效的湿地保护管理协调机制，加强政府部门在管理方面的协调与合作，是实现红树林湿地保护目标的关键因素。如采用养殖优良品种等科学方式来增加养殖收益，围垦养殖的范围就可控制围垦养殖的范围，这样既保护湿地，又让周边群众得到实惠，群众保护湿地的积极性才会真正发挥出来。

四、针对过度捕捞导致红树林生态系统退化可采取的措施

针对过度捕捞导致红树林生态系统退化，做到红树林区渔业资源的合理利用，可以采取如下措施。

（一）管理技术措施

根据传统渔业活动对红树林区渔业资源的危害机制，对红树林区的部分滩涂进行"封滩轮育"（Turn flat-closed nursery），保证一部分滩涂生境的完整性，以免林区所有滩涂在同一时期内遭受人为因素的干扰，生境破碎过甚（范航清等，1996）。这种做法一方面保证红树林区在食物上具备相当的支持高营养级动物的能力，另一方面群众在开放后的封滩地点可捕获到个体较大、经济价值高的经济动物。

严禁捕获滩涂上商业价格低廉的底栖动物，它们是游泳动物的食物，经过食物链的转化，它们可产生更大的经济效益。杜绝毒鱼、电鱼活动，以保证种群繁衍的安全数量。

为保护红树林区的鱼类资源，应制定各种经济动物的捕获规格和网具的网目大小，如适当放大网目尺寸：①围网、缯网、拦网的网目从现有10毫米增大至30毫米较为适宜；②禁用严重破坏鱼、虾类资源的非法渔具，如电网；③笼网的选择性较差，可禁止使用，或使用量至少减少一半（吴晓东，2008）。

（二）加强宣传教育

单靠行政命令来保护红树林区的渔业资源其效果是有限的。解决保护问题的根本出路在于提高干部群众的文化素质和生态保护意识，使合理利用红树林渔业资源成为人们的自觉行为。可以将红树林区的动物植物资源、资源分布、资源的作用、生物的行为生态、保护事宜、发展规划等建立多媒体数据库，达到广泛宣传的目的。

在宣传的同时，政府应大力支持诸如红树林区海洋渔业资源的培育和生态养殖、红树林海洋动物公园建立、红树林区的生态旅游等持续利用红树林渔业资源的基础研究和技术开发，用事实和示范表明红树林及其生境的经济价值，唤起公众的重视，鼓励公众参与恢复红树林生态系统的行动。

五、针对水产养殖污染导致红树林生态系统退化可采取的措施

红树林区水产养殖可持续发展的实质与方向即生态化（舒廷飞等，2002；周诗萍等，2002）。另外，越来越多的事实已表明，海水养殖业所造成的环境问题，其实很多是由管理不善造成的。因此，从调整生态结构和提高管理水平出发，对近海水产养殖业的可持续发展，提出一些改善措施和对策。

（一）生态养殖模式

实行多元立体养殖（如红树林种植-水产养殖综合模式），同时利用种间优势，多层次立体化养殖，使种间相互促进，造成良好的生态环境。在虾池养殖海湾扇贝、太平洋牡蛎等，以及一些植物食性的鱼类。养虾池内繁殖浮游植物也是改善水质的重要技术措

施之一。研究结果表明，养殖水域的浮游植物吸收 0.15 个 N 分子，可释放 1 个 O 分子。中等浮游植物量的养殖池 DO 水平最高。重要的是控制浮游植物达到适度水平（王志敏，1992）。可根据红树林自然地形基围，不砍伐红树林，不挖塘，围间潮水涨落正常，投苗数量适当，控制药物使用量，并利用红树林落叶、花、果等有机物喂养鱼、虾、蟹，通过以上方法在确保红树林生态环境不受破坏的前提下，增加单位面积海产品的产出量，提高经济效益。

（二）发展海洋牧业化

所谓海洋牧业化是指鱼、虾苗培养到一定大小，放流到海域中摄食天然饵料生长发育，并通过性诱激素等控制信息，使它们依旧回到原生海域中产卵。采用这种方式，可能通过人为干涉，改变区系组成，提高食物链短的和经济价值高的种类比例，因此意义显得更加重大（沈国英和施并章，1996）。海洋牧业化会出现生物逃逸造成的遗传污染和病害传播等问题，日本、美国等一些国家曾做过一些实验，通过设置大型网箱或浮沉式网箱，或者用电子屏栅形成围栏防止鱼外逃，取得了很好效果；另外，日本在大分县左伯湾通过音响驯化方式来控制鱼类的活动范围，也获得了成功（陈君，1999）。海洋牧业化将有可能成为未来海洋渔业的可持续发展方向。

（三）轮换养殖区

对大亚湾网箱养殖的研究发现，长时间网箱养殖（＞8 年）的营养盐、硫化物都会对其间海水造成污染，短期养殖影响较小（何悦强等，1996）。在一个海区养殖一段时间后，将网箱换到新海区，使原海区得以自净一段时间后再进行养殖，是减少海水养殖污染生态环境的有效方法。

（四）利用生物修复技术

利用生物修复技术特别是利用微生物降解有机污染物的能力来控制和改善养殖环境，以达到控制和优化水域生态环境的目的。

（五）逐步改进传统分散经营的养殖方式，发展工厂化养殖技术

尽可能地将天然的滩涂、海湾和浅海养殖转为工厂化养殖，或者二者兼用。这样，有利于对养殖环境进行综合控制和管理，并且对养殖废水进行集中处理，保证养殖生态环境和结构的最优化。

（六）提高养殖管理水平

近几年来，海水养殖业中最突出的问题是管理。目前许多水产养殖引起的水环境污染及对近海海洋生态环境的破坏，主要是养殖过程管理不善，开发过程中规划和控制造成的。养殖水环境超负荷利用带来的环境恶化和病害暴发，滩涂、红树林等的过度开发造成环境资源的不可恢复性破坏，生产的无序规划使得某些海域养殖一哄而上或一哄而

散，以及对饵料、化学药品等的不规范使用造成的浪费和环境污染等现象。

针对目前海水养殖存在的问题，当今急需加强管理的环节包括宏观和微观两个方面，具体内容主要有以下七点。

1）搞好沿岸海水养殖规划，由海洋与渔业局、林业局、国土环境资源局等部门参加，实地勘测，合理编制完善沿岸海水养殖规划，确保沿岸海水养殖项目布局合理，管理规范。

2）要搞好红树林保护区规划，划出红树林保护区的范围，严禁在红树林保护区内开发海水养殖。

3）执行有关养殖水资源开发利用管理条例和综合利用海岸带管理条例。

4）评价各养殖区的养殖容量和养殖对红树林生态环境的影响。

5）对水产种苗、饲料、药物质量进行严格管理。

6）对养殖用药和养殖产品安全进行管理。

7）对养殖者进行养殖科学教育指导和技术培训。

参 考 文 献

安娜，高乃云，刘长娥．2008．中国湿地的退化原因、评价及保护．生态学杂志，27（5）：821-828．

蔡庆华．1997．湖泊富营养化研究方法．湖泊科学，9（1）：89-94．

蔡庆华，唐涛，邓红兵．2003．淡水生态系统服务及其评价指标体系的探讨．应用生态学报，14（1）：135-138．

陈传明．2009．福建漳江口红树林湿地自然保护区的生态评价．杭州师范大学学报（自然科学版），8（3）：209-213．

陈坚，范航清，黎建玲．1993．广西北海大冠沙白骨壤树上大型固着动物的数量及其分布．广西科学院学报，9（2）：67-72．

陈金华．2002．福建湿地资源现状、问题及对策．福建水土保持，14（2）：8-11．

陈君．1999．我国海洋渔业可持续发展方向：集约型海洋渔业．生态经济，6：13-16．

陈鹏．2005．厦门滨海湿地景观格局变化研究．生态科学，24（4）：359-363．

陈琼华．2004．综合评价中的赋权方法．统计与决策，4：118，119．

陈若海．2010．互花米草对泉州湾河口湿地生态系统的作用效果分析及其综合利用．林业调查规划，35（4）：98-101．

陈尚，李涛，刘键，等．2008．福建省海湾围填海规划生态影响评价．北京：科学出版社．

陈铁晗．2001．福建漳江口红树林湿地自然保护区生态系统现状与评价．福建林业科技，28（4）：25-26．

陈香．2005．近17年莆田市气象灾害特点及对经济发展的影响．莆田学院学报，12（2）：88-90，94．

陈玉军，郑松发，廖宝文，等．2002．珠海市淇澳岛红树林引种扩种问题的探讨．广东林业科技，18（2）：31-36．

陈粤超．2003．藤壶对红树林新造林的危害及防治对策．广东林勘设计，（4）：5-6．

陈仲新，张新时．2000．中国生态系统效益的评价．科学通报，45（1）：17-22．

崔保山，杨志峰．2001．湿地生态系统健康研究进展．生态学杂志，20（3）：31-36．

崔丽娟．2001．湿地价值评价研究．北京：科学出版社．

戴新，丁希楼，陈英杰，等．2007．基于AHP法的黄河三角洲湿地生态环境质量评价．资源工程与环境，21（2）：135-139．

邓伟，潘响亮，栾兆擎．2003．湿地水文学研究进展．水科学进展，14（4）：521-527．

邓小飞，黄金玲．2006．广东江门红树林自然保护区生态评价．林业经济，8：68-70．

邓自发，安树青，智颖飙，等．2006．外来种互花米草入侵模式与爆发机制．生态学报，26（8）：2678-2686．

董双林，潘克厚．2000．海水养殖对沿岸生态环境影响的研究进展．青岛海洋大学学报，30（4）：575-582．

董双林，王芳，王俊，等．1999．海湾扇贝对海水池塘浮游生物和水质的影响．海洋学报，21（6）：138-143．

段晓男，王效科，欧阳志云．2005．乌梁素海湿地生态系统服务功能及价值评估．资源科学，27（2）：

110-115.

范航清，邱广龙．2004．中国北部湾白骨壤红树林的虫害与研究对策．广西植物，24（6）：558-562.

范航清，陈坚，黎建玲．1993．广西红树林上大型固着藤壶的种类组成及分布．广西科学院学报，9（2）：58-62.

范航清，何斌源，韦受庆．1996．传统渔业活动对广西英罗港红树林区渔业资源的影响与管理对策．生物多样性，4（3）：167-174.

范航清，韦受庆，何斌源，等．1998．英罗港红树林缘潮水中游泳动物的季节动态．广西科学，5（1）：45-50.

福建省海岸带和海涂资源综合调查领导小组办公室．1990．福建省海岸带和海涂资源综合调查报告．北京：海洋出版社.

福建省海岛资源综合调查编委会．1996．福建省海岛资源综合调查研究报告．北京：海洋出版社.

福建省渔业区划办公室．1988．福建省渔业资源．福州：福建科学技术出版社.

葛振鸣，王天厚，王开运，等．2008．长江口滨海湿地生态系统特征及关键群落的保育．北京：科学出版社.

国家海洋局．2008.2007年中国海洋环境质量公报.

国家海洋局．2003.2002年中国海洋环境质量公报.

国家海洋局908专项办公室．2006．我国近海海洋综合调查与评价专项——海洋灾害调查技术规程．北京：海洋出版社.

国家林业局．2000．中国湿地保护行动计划．北京：中国林业出版社.

国家林业局，国家海洋局．2005．全国红树林保护与发展工程规划（2006～2015年）.

国家林业局《湿地公约》履约办公室．2001．湿地公约履约指南．北京：中国林业出版社.

韩秋影，黄小平，施平，等．2006．华南滨海湿地的退化趋势、原因及保护对策．科学通报，51（增刊）：102-107.

韩维栋，陈亮，袁梦婕．2004．红树幼林藤壶的防治试验．福建林业科技，31（1）：57-61，70.

何斌源．2002．红树林污损动物群落生态研究．广西科学，9（2）：133-137.

何斌源，范航清．2002．广西英罗港红树林潮沟鱼类多样性季节动态研究．生物多样性，10（2）：175-180.

何斌源，范航清，莫竹承．2001．广西英罗港红树林区鱼类多样性研究．热带海洋学报，4：74-79.

何斌源，赖廷和．2001．不同树龄桐花树茎上白条地藤壶分布特征的研究．海洋通报，20（1）：40-45.

何斌源，范航清，王瑁，等．2007．中国红树林湿地物种多样性及其形成．生态学报，27（11）：4859-4870.

何斌源，赖廷和，王瑁，等．2008．农药对红海榄幼苗上藤壶的防治及其生理生态效应．生态学杂志，27（8）：1351-1356.

何斌源，莫竹承．1995．红海榄人工苗光滩造林的生长及胁迫因子研究．广西科学院学报，11（3，4）：37-42.

何悦强，郑庆华，温伟英，等．1996．大亚湾海水网箱养殖与海洋环境相互影响研究．热带海洋，15（2）：22-27.

黄立南，蓝崇钰，束文圣，等．2000a．城镇生活污水排放对红树林植物群落凋落物的影响．应用与环境生物学报，6（6）：505-510.

黄立南，蓝崇钰，束文圣．2000b．污水排放对红树林湿地生态系统的影响．生态杂志，19（2）：13-19.

黄立南，束文圣，蓝崇钰．2002c．污水排放对红树林植物桐花树叶片分解的影响．中山大学学报（自然科学版），41（2）：100-102.

黄泽余，周志权，黄平明．1997．广西红树林真菌病害调查初报．广西科学学报，13（4）：41-45.

黄宗国 . 2004. 海洋河口湿地生物多样性 . 北京：科学出版社 .

计新丽，林小涛，许忠能，等 . 2000. 海水养殖自身污染机制及其对环境的影响 . 海洋环境科学，19（4）：66-71.

蒋卫国 . 2003. 基于 RS 和 GIS 的湿地生态系统健康评价——以辽河三角洲盘锦市为例 . 南京：南京师范大学硕士学位论文 .

蒋卫国，李京，李加洪，等 . 2005. 辽河三角洲湿地生态系统健康评价 . 生态学报，25（3）：408-414.

蒋卫国，潘英姿，侯鹏，等 . 2009. 洞庭湖区湿地生态系统健康综合评价 . 地理研究，28（6）：1665-1672.

蒋学建，罗基同，秦元丽，等 . 2006. 我国红树林有害生物研究综述 . 广西林业科学，35（2）：66-69.

科学技术部 . 1999. 浅海滩涂资源开发 . 北京：海洋出版社 .

李兵 . 2008. 福建沙质海岸侵蚀原因及防护对策研究 . 青岛：中国海洋大学硕士学位论文 .

李博，徐炳声，陈家宽 . 2001. 从上海外来杂草区系剖析植物入侵的一般特征 . 生物多样性，9（4）：446-457.

李广兵，王曦 . 2000. 中国的湿地保护政策与法律 . 中国环境管理，（4）：6-10.

李玫，章金鸿，陈桂珠 . 2002. 生活污水排放对红树林植物生长的影响 . 防护林科技，52：1-5.

李庆彪 . 1994. 养殖渔业生态系的特点、问题和解决途径 . 海洋科学，21（5）：15-17.

李荣冠 . 2010. 福建海岸带与台湾海峡西部海域大型底栖生物 . 北京：海洋出版社，238-245.

李荣冠 . 2013. 福建滨海湿地潮间带生物 . 北京：海洋出版社，

李荣冠，王建军，黄雅琴，等 . 2012. 诏安湾滨海湿地潮间带生物生态研究//中国海洋生物多样性著作系列（二）：第一届海峡两岸海洋生物多样性研讨会文集 . 北京：海洋出版社，362-376.

李元跃，吴文林 . 2004. 福建漳江口红树林湿地自然保护区的生物多样性及其保护 . 生态科学，23（2）：134-136.

李云，郑德璋，郑松发，等 . 1999. 人工红树林藤壶为害及其防治的研究 . 红树林主要树种造林与经营技术研究 . 北京：科学出版社：238-245.

廖玉静，宋长春 . 2009. 湿地生态系统退化研究综述 . 土壤通报，40（5）：1199-1203.

林茂昌 . 2006. 福建沿海滩涂围垦的问题及对策研究 . 林业勘察设计，1：98-100.

林鹏 . 1997. 中国红树林生态系统 . 北京：科学出版社：1-10.

林鹏 . 1999. 中国红树林论文集（Ⅲ）（1993～1996）. 厦门：厦门大学出版社：369.

林鹏 . 2003. 中国红树林湿地与生态工程的几个问题 . 中国工程科学，5（6）：33-38.

林鹏，傅勤 . 1995. 中国红树林环境生态及经济利用 . 北京：高等教育出版社 .

林秀雁，卢昌义 . 2006. 滩涂高程对藤壶附着秋茄幼林影响的初步研究 . 厦门大学学报（自然科学版），45（4）：575-579.

林秀雁，卢昌义，王雨，等 . 2006. 盐度对海洋污损动物藤壶附着红树幼林的影响 . 海洋环境科学，25（增刊）：25-28.

林业部野生动物和森林植物保护司 . 1994. 湿地保护与合理利用指南 . 北京：林业出版社 .

林益明，林鹏 . 1999. 福建红树林资源的现状与保护 . 生态经济，3：16-19.

刘杜鹃 . 2004. 中国沿海地区海水入侵现状与分析 . 地质灾害与环境保护，15（1）：31-36.

刘红玉，吕宪国，张世奎 . 2003. 湿地景观变化过程与累积环境效应研究进展 . 地理科学进展，22（1）：60-70.

刘佳 . 2008. 九龙江河口生态系统健康评价研究 . 厦门：厦门大学硕士学位论文 .

刘建，杜文琴，马丽娜，等 . 2005. 大米草防除剂——米草净的试验研究 . 农业环境科学学报，24（2）：410-411.

刘剑秋，曾从盛. 2010. 福建湿地及其生物多样性. 北京：科学出版社.

刘景春. 2006. 福建红树林湿地沉积物重金属的环境地球化学研究. 厦门：厦门大学博士学位论文.

刘晓丹. 2006. 基于遥感图像的湿地生态系统健康评价——以大沽河河口湿地为例. 青岛：中国海洋大学硕士学位论文.

刘小伟，郑文教，孙娟. 2006. 全球气候变化与红树林. 生态学杂志，25（11）：1418-1420.

刘修德，李涛，等. 2008. 福建省海湾围填海规划环境影响综合评价. 北京：科学出版社.

刘玉，陈桂珠，黄玉山，等. 1995. 红树林区污水对藻类种群结构的影响. 中国环境科学，15（3）：171-176.

刘玉，陈桂珠，缪绅裕. 1994. 深圳福田红树林系统藻类生态及系统净化功能的研究. 环境科学研究，7（6）：29-34.

刘育，龚凤梅，夏北成. 2003. 关注填海造陆的生态危害. 环境科学动态，4：25-27.

刘振东，肖辉，陈翠英，等. 我国湿地资源保护利用存在的问题及其对策. 河北林业科技，2005.（5）：30-36.

卢昌义，叶勇. 2006. 湿地生态与工程：以红树林湿地为例. 厦门：厦门大学出版社.

卢昌义，沓涛，叶勇，等. 2011. 红树林生态退化机制评估指标体系构建与漳江河口案例研究. 台湾海峡，（1）：97-106.

卢振彬，杜琦，钱小明，等. 2001. 东山湾贝类养殖容量的估算. 台湾海峡，20（4）：462-469.

陆健健，何文珊，童春富，等. 2006. 湿地生态学. 北京：高等教育出版社.

吕佳. 2008. 中国红树林分布及其经营对策研究. 北京：北京林业大学硕士学位论文.

罗彩林，温杨敏，郑晨娜. 2010. 大米草和互花米草药用价值研究进展//亚太传统医药. 6（7）：180-181.

罗忠奎，黄建辉，孙建新. 2007. 红树林生态学功能及其资源保护. 亚热带资源与环境学报，2（2）：37-47.

马凤山，蔡祖煌，宋维华. 1997. 海水入侵机理及其防治措施. 中国地质灾害与防治学报，8（4）：16-22.

马克明，孔红梅，关文彬，等. 2001. 生态系统健康评价：方法与方向. 生态学报，21（12）：2106-2116.

孟伟. 2005. 渤海典型海岸带生境退化的监控与诊断研究. 青岛：中国海洋大学博士学位论文.

孟伟. 2009. 海岸带生境退化诊断技术. 北京：科学出版社.

缪绅裕. 1993. 红树林污染生态学研究进展. 广西科学院学报，9（2）：111-115.

莫竹承，范航清，何斌源. 2003. 红海榄人工幼苗藤壶分布特征研究. 热带海洋学报，22（1）：50-54.

牛振国，宫鹏，程晓，等. 2009. 中国湿地初步遥感制图及相关地理特征分析. 中国科学（D辑），39（2）：188-203.

欧阳毅，桂发亮. 2000. 浅议生态系统健康诊断数学模型的建立. 水土保持研究，7（3）：194-197.

区庄葵，郑全胜，黄俊泽，等. 2003. 珠海淇澳岛湿地红树林自然保护区现状评价. 广东林勘设计，4：1-4.

潘懋，李铁峰. 2002. 灾害地质学. 北京：北京大学出版社：249-253.

潘文斌，唐涛，邓红兵，等. 2002. 湖泊生态系统功能评估初探——以湖北保安湖为例. 应用生态学报，13（10）：1315-1318

庞振凌，常红军，李玉英，等. 2008. 层次分析法对南水北调中线水源区的水质评价. 28（4）：1810-1819.

庆宁，林岳光. 2004. 广西防城港东湾红树林污损动物的种类组成与数量分布特征. 热带海洋学报，23（1）：64-68.

沈国英，施并章. 1996. 海洋生态学. 厦门：厦门大学出版社.

湿地国际 . 2009. 福建省湿地资源概况 . http：//www. wetwonder. org/news _ show. asp? id=770.

舒廷飞，罗琳，温琰茂 . 2002. 海水养殖对近岸生态环境的影响 . 海洋环境科学，21 (2)：74-78.

舒廷飞，温琰茂，汤叶涛 . 2002. 养殖水环境中氮的循环与平衡 . 水产科学，21 (3)：30-34.

孙磊 . 2008. 胶州湾海岸带生态系统健康评价与预测研究 . 青岛：中国海洋大学博士学位论文 .

孙飒梅 . 2005. 三都湾互花米草的遥感监测 . 台湾海峡，24 (2)：223-227.

孙书贤 . 2004. 关于围海造地管理对策的探讨 . 海洋开发与管理，6：21-23.

孙涛，杨志峰 . 2004. 河口生态系统恢复评价指标体系研究及其应用 . 中国环境科学，24 (3)：381-384.

谭晓林，张乔民 . 1997. 红树林潮滩沉积速率及海平面上升对我国红树林的影响 . 海洋通报，16 (4)：
　　29-34.

唐涛，蔡庆华，刘建康 . 2002. 河流生态系统健康及其评价 . 应用生态学报，13 (9)：1191-1194.

唐以杰，余世孝，柯芝军，等 . 2006. 用 ABC 曲线法评价湛江红树林自然保护区的环境状况 . 广东教
　　育学院学报，(3)．70-74.

王伯荪，廖宝文，王勇军，等 . 2002. 深圳湾红树林生态系统及其可持续发展 . 北京：科学出版社，
　　277-288.

王计平，邹欣庆，左平 . 2007. 基于社区居民调查的海岸带湿地环境质量评价——以海南东寨港红树
　　林自然把湖区为例 . 地理科学，27 (2)：249-255.

王军，陈振楼，许世远 . 2006. 长江口滨岸带生态环境质量评价指标体系与评价模型 . 长江流域资源
　　与环境，15 (5)：659-664.

王卿，安树青，马志军，等 . 2006. 入侵植物互花米草——生物学、生态学及管理 . 植物分类学报，44
　　(5)：559-588.

王文卿，林鹏 . 1999. 红树林生态系统重金属污染的研究 . 海洋科学，21 (3)：45-48.

王文卿，王瑁 . 2007. 中国红树林 . 北京：科学出版社 .

王文卿，郑文教，林鹏 . 1997. 九龙江口红树植物叶片重金属元素含量及动态 . 台湾海峡，16 (2)：
　　233-238.

王玉图，王友绍，李楠 . 2010. 基于 PSR 模型的红树林生态系统健康评价体系——以广东省为例 . 生
　　态科学，29 (3)：234-241.

王志敏 . 1992. 关于对虾养殖生态环境的探讨 . 海洋与海岸带开发，9 (3)：8-11.

魏文彪 . 2007. GIS 技术支持下的河口湿地生态系统健康评价研究——以九段沙湿地为例 . 上海：华东
　　师范大学硕士学位论文 .

吴寿德，方柏州，黄金水，等 . 2002. 红树林害虫——螟蛾生物防治技术的研究 . 武夷科学，18：116-119.

吴晓东 . 2008. 廉江高桥红树林国家自然保护区鱼类调查 . 林业实用技术，(10)：37-40.

吴沿友，刘荣成 . 2011. 泉州湾河口湿地植物的环境适应性 . 北京：科学出版社 .

肖佳媚，杨圣云 . 2007. PSR 模型在海岛生态系统评价中的应用 . 厦门大学学报（自然科学版），46
　　(1)：191-196.

许绍双 . 2006. Excel 在层次分析法中的应用 . 中国管理信息化，9 (11)：17-19.

许珠华 . 2008. 福建海岸海水入侵现状及防范措施 . 福建水产，3 (1)：19-22.

薛雄志，吝涛，曹晓海 . 2004. 海岸带生态安全指标体系研究 . 厦门大学学报，43 (增刊)：179-183.

薛志勇 . 2005. 福建九龙江口红树林生存现状分析 . 福建林业科技，32 (3)：190-197.

杨建强，崔文林，张洪亮，等 . 2003. 莱州湾西部海域海洋生态系统健康评价的结构功能指标法 . 海
　　洋通报，22 (5)：58-63.

杨顺良，罗美雪，等 . 2008. 福建省海湾围填海规划环境影响预测性评价 . 北京：科学出版社 .

杨永兴.2002.国际湿地科学研究进展和中国湿地科学研究优先领域与展望.地球科学进展,17(4):508-514.

杨忠兰.2002.福建省红树林资源现状分析与保护对策.华东森林经理,16(4):1-4.

姚润丰.2004.中国湿地面积居亚洲第一.http://www.clr.cn/front/read/read.asp?ID=15236.

叶功富,范少辉,刘荣成,等.2005.泉州湾红树林湿地人工生态恢复的研究.湿地科学,3(1):8-12.

叶属峰,刘星,丁德文.2007.长江河口海域生态系统健康评价指标体系及其初步评价.海洋学报,29(4):128-136.

于晓玲,李春强,王树昌,等.2009.红树林生态适应性及其在净化水质中的作用.热带农业工程,33(2):19-23.

余希.2009.环三都澳湿地水禽红树林自然保护区综合科学考察报告.福建省野生动植物与湿地资源监测中心.

余兴光,马致远,林志兰,等.2008.福建省海湾围填海规划环境化学与环境容量影响评价.北京:科学出版社.

俞小明,石纯,陈春来,等.2006.河口滨海湿地评价指标体系研究.国土与自然资源研究,2:42-44.

袁兴中,刘红,陆健健.2001.生态系统健康评价——概念构架与指标选择.应用生态学报,12(4)627-629.

詹滨秋.1999.可持续发展是海水养殖业兴衰的关键.海洋科学,(2):66-67.

张凤琴,王友绍,殷建平,等.2005.红树植物抗重金属污染研究进展.云南植物研究,27(3):225-231.

张军.2006.典型红树林湿地中多环芳烃的含量、来源和迁移研究.厦门:厦门大学博士学位论文.

张珞平.1997.港湾围垦或填海工程环境影响评价存在的问题探讨.福建环境,14(3):8-9.

张明祥,严承高,王建春,等.2001.中国湿地资源的退化及其原因分析.林业资源管理,3:23-26.

张乔民.2001.我国热带生物海岸的现状及生态系统的修复与重建.海洋与湖沼,32(4):454-464.

张世平.2006.防治台湾有害生物入侵的对策与措施——以福建宁德市为例.台湾农业探索,(2):42-43.

张晓龙,李培英.2004.湿地退化标准的探讨.湿地科学,2(1):36-41.

张晓龙,李培英.2010.中国滨海湿地退化.北京:海洋出版社.

张宜辉,王文卿,吴秋城,等.2006.福建漳江口红树林区秋茄幼苗生长动态.生态学报,26(6):1648-1656.

张忠华,胡刚,梁士楚.2007.广西红树林资源与保护.海洋环境科学,26(3):275-282.

章家恩,徐琪.1999.退化生态系统的诊断特征及其评价指标体系.长江流域资源与环境,8(2):212-220.

郑逢中,林鹏,卢昌义,等.1998.福建九龙江口秋茄红树林凋落物年际动态及其能流量的研究.生态学报,18:113-118.

郑文教,王文卿,林鹏.1996.九龙江口桐花树红树林对重金属的吸收与累积.应用与环境生物学报,2:207-213.

中华人民共和国濒危物种进出口管理办公室.1996.中国珍贵濒危动物.上海:上海科学技术出版社.

中华人民共和国国家旅游局.2009.湄洲岛西亭澳红树林保护区构建旅游新景区,http://www.cnta.gov.cn/html/2009~9/2009~9~10~15~35~99884.html.

中华人民共和国政府.1981.中华人民共和国和日本国政府保护候鸟及其栖息环境的协定.野生动物,(增刊):5-8.

中华人民共和国政府.1999.中华人民共和国和澳大利亚政府保护候鸟及其栖息环境的协定.野生动

物，（3）：7-9.

钟章成. 1992. 我国植物种群生态研究的成就与展望. 生态学杂志，11（1）：4-8.

周涵韬，连玉武，邱检萍，等. 2003. 厦门文昌鱼遗传多样性研究. 海洋科学，27（11）：8-74.

周诗萍，戴垂武，唐真正，等. 2002. 澹州市沿海基围湿地红树林现状及发展对策. 热带林业，30（4）：29-31.

周时强，洪荣发. 1993. 九龙江口红树林上附着动物的生态. 台湾海峡，12（4）：335-341.

周昕薇. 2006. 基于 3S 技术的北京湿地动态监测与评价方法研究. 北京：首都师范大学硕士学位论文.

朱颖，吴纯德. 2008. 红树林对水体净化作用研究进展. 生态科学，27（1）：55-60.

庄晓芳. 2008. 浅谈泉州湾红树林恢复与保护对策. 安徽农学通报，14（8）：53-54.

左伟，王桥，王文杰，等. 2002. 区域生态安全评价指标与标准研究. 地理学与国土研究，18（1）：67-71.

Ainslie W B. 1994. Rapid wetland functional assessment：its role and utility in the regulatory arena. Water，Air and Soil Pollution，77：433-444.

Alongi D M. 2002. Present state and future of the worlds mangrove forests. Environmental Conservation，29（3）：331-349.

Alongi D M，Sasekumar A. 1992. Benthic communities//Robertson A I，Alongi D M. Tropical Mangrove Ecosystems. Washington DC：American Geophysical Union：137-172.

Alvarez-Rogel J，Ramos-Aparicio M J，Delgado-Iniesta M J，et al. 2004. Metals in soils and above-ground biomass of plants from a salt marsh polluted by mine wastes in the coast of the MarMenor Lagoon，SE Spain. Fresenius Environ Bull，13：274.

Atwater B F，Conard S G，Dowden J N，et al. 1979. History，landforms，and vegetation of the estuary' stidal marshes//Conomos T J，Leviton A E，Berson M. San Francisco Bay：The Urbanized Estuary，Investigations int the Natural History of San Francisco Bay and Delta with Reference to the Influence of Man. San Francisco：Pacific Division of the American Association for the Advancement of Science：347-385.

Aucan J，Ridd P V. 2000. Tidal asymme try in creeks surrounded by salt flat sand mangroves with small swamp slopes. Wetlands Ecology and Management，8：223-231.

Barras J，Beville S，Britsch D，et al. 2004. Historical and projected coastal Louisiana land changes：1978-2050. USGS Open-File Report 03-334：39.

Bertness M D，Ewanchuk P J，Silliman B R. 2002. Anthropogenic modification of New England salt marsh landscapes. PNAS，99：1395-1398.

Boxall A B A，Maltby L. 1997. The effects of motorway runoff on freshwater ecosystems：3. Toxicant conformation. Archives of Environmental Contamination and Toxicology，33：9-16.

Brinson M M. 1993. A hydrogeomorphic classification for wetlands. Wetlands research program technical report WRP-DE-4. Vicksburg，MS：U. S. Army Engineer Waterways Experiment Station，1-24.

Burns B F，Mccauley R L，Murphy F L，et al. 1993. Reconstructive management of patients with greater than 80 percent TBSA burns. Burns，19（5）：429-433.

Cahoon D R. 2006. A review of major storm impacts on coastal wetland elevations. Estuaries Coasts，29：889-898.

Cairns J. 1977. Recovery and restorations of Damaged Ecosystems. Charlottesvill：University Press of

Virginia.

Caraher D, Knapp W H. 1995. Assessing ecosystem health in the blue Mountans//U. S. Forest Silviculture: from the Cradle of Forestry to Ecosystem Management General technical report SE-88. Southeast Forest Experiment Station, U. S. Forest Service, Hendersonville, North Carolian.

Chmura G L, Anisfeld S C, Cahoon D R, et al. 2003. Global carbon sequestration in tidal, saline wetland soils. Glob. Biogeochem. Cycles, 17: 11-33.

Clough B F. 2009. Mangrove ecosystems technical reports, volume 1: impact of sea-level and climatic changes on the Amazon coastal wetlands during the late Holocene. Vegetation History and Archaeobotany, in press.

Conner W H, Day J W, Baumann R H, et al. 1989. Influence of hurricanes on coastal ecosystems along the northern Gulf of Mexico. Wetlands Ecol Manag, 1: 45-56.

Corredor J E, Morell J M, Bauza J. 1999. Atmospheric nitrous oxide fluxes from mangrove sediments. Marine pollution bulletin, 38 (6): 473-478.

Costanza R, Arge R, Groot R, et al. 1997. The value of the world's ecosystem services and natural capital. Nature, 38 (7): 253-260.

Costanza R. 1998. The value of ecosystem services. Ecological Economies, 25: 1-2.

Costanzo S D, O'Donohue M J, Dennison WC. 2004. Assessing the influence and distribution of shrimp pond effluent in a tidal mangrove creek in north-east Australia. Marine Pollution Bulletin, 48: 514-525.

Davis J. 1996. Focal species offer a management tool. Science, 269: 350-354.

Day J W, Scarton F, Rismondo A, 1998. Rapid deterioration of a salt marsh in Venice Lagoon, Italy. Coastal Res, 14: 583-590.

Day J W, Yanez A A, MitschW J, et al. 2003. Using ecotechnology to address water quality and wetland habitat loss problems in the Mississippi basin: a hierarchical approach. Biotechnology Advances, 22 (1/2): 135-159.

Deegan L A, Bowen J L, Drake D, et al. 2007. Susceptibility of salt marshes to nutrient enrichment and predator removal. Ecol Appl, 17: 42-63.

Dinesh P. 2004. Mehta, Trees chapter in Handbook of Data Structures and Applications. CRC Press.

Dugan P. 1993. Wetlands in danger. 1993. Environmental Values of Mangrove Forests and Their Present State of Conservation in the South-East Asia/Pacific Region. ISME, 178. London: Mitchell Beazley with IUCN: 192.

Frey R W, Basan P B, Smith J M. 1987. Rheotaxis and distribution of oysters and mussels, Georgia tidal creeks and salt marshes. U. S. A. Palaeogeography, Palaeoclimatology, Palaeoecology, 61: 1-16.

Gedan K B, Silliman B R, Bertness M D. 2009. Centuries of human-driven changes in salt marsh ecosystems. Annual Review Marine Sci, 1: 117-141.

Gilman E, Ellison J, Coleman R. 2007. Assessment of mangrove response to projected relative sea-level rise and recent historical reconstruction of shoreline position. Environmeantal Monitoring and Assessment, 124: 112-134.

Herbert R A. 1999. Nitrogen cycling in coastal marine ecosystems. FEMS Microbiology Reviews, 23 (5): 563-590.

Hoffman E J. 1984. Urban runoff as a source of polycyclic aromatic hydrocarbons to coastal waters. Environmental Science and Technology, 18: 580-587.

Hoff R, Hensel P, Proffitt E C, et al. 2002. Oil spills in mangroves: planning and response considerations. NOAA.

Hogarth P J. 1999. The Biology of Mangroves. Oxford: Oxford University Press.

Jordan W R, Gilpin J D, Aber J D. 1987. Restoration ecology: A synthetic approach to ecological research. Cambridge: Cambridge University Press.

Kapetsky J M. 1985. Mangroves, fisheries and aquaculture. FAO Fish Rep, 338: 17-36.

Kennish J K. 2000. Estuary restoration and maintenance: the National Estuary Program. Florida: CRC Press.

Kriwoken L K, Hedge P. 2000. Exotic species and estuaries: managing Spartina anglica in Tasmania Australia. Ocean Coastal Manag, 43: 573-584.

Laegdsgaard P, Johnson C R. 2001. Why do juvenile fish utilize mangrove habitats? Journal of Experimental Marine Biology and Ecology, 257: 229-253.

Leendertse P C, Scholten M C T, Van Der Wal J T. 1996. Fate and effects of nutrients and heavy metals in experimental salt marsh ecosystems. Environ Poll, 94: 19-29.

Margaren F. 1997. Disneyland or native ecosystem: genetics and the restorationist. Restoration and Management Notes, 14 (2): 48-50.

Mayer P M, Galatowitsch S M. 1999. Diatom communities as ecological indicators of recovery in restored prairie wetlands. Wetlands, 19 (4): 765-774.

Minchinton T E. 2006. Rafting on wrack as a mode of dispersal for plants in coastal marshes. Aquatic Botany, 84 (4): 372-376.

Mitsch W J, Gosselink J G. 1993. Wetlands (2nd ed.). NewYork: Van Nostrand Reinhold Co.

Mitsch W J, Gosselink J G. 2000. Wetlands (3rd ed.) . New York: Van Nostrand Reinhold Co.

Morton R M. 1990. Community structure, density and standing crop of fishes in a subtropical Australian mangrove area. Marine Biology, 105: 385-394.

Nixon S W. 1980. Between coastal marshes and coastal waters—a review of twenty years of speculation and research on the role of salt marshes in estuarine productivity and waterchemistry//Hamilton P, MacDonald K. Estuarine and Wetland Processes. NewYork: Plenum Publ Corp: 437-523.

Odum E P, Heald R J. 1975. Detritus based food web of an estuarine mangrove community//Cronin L E. Estuarine Research. New York: Academic Press: 256-286.

Paez-Osuna F. 2001. The environmental impact of shrimp aquaculture: a global perspective. Environmental Pollution, 112 (23): 229-231.

Pinder D A, Witherick M E. 1990. Port industrialization, urbanization and wetland loss//Williams M. Wetlands: A Threatened Landscape. Oxford: Basil Blackwell: 235-266.

Powers W L, Teeter T A H. 1922. Land Drainage. New York: JohnWiley & Sons, Inc.

Primavera J H, Altamirano J P, Lebata MJHL, et al. 2007. Mangroves and shrimp pond culture effluents in Aklan, Panay Is. , Central Philippines. Bulletin of Marine Science, 80 (3): 795-804.

Purvaja R, Ramesh R. 2000. Natural and anthropogenic effects on phytoplankton primary productivity in mangroves. Chemistry and Ecology, 17: 41-58.

Reinhoid, Minchinton T E, Simpson J C, et al. 2006. Mechanisms of exclusion of native coastal marsh plants by an invasive grass. J Ecol，94：342-354.

Reise K. 1985. Ecological Studies 54//Billings W D，et al. Tidal Flat Ecology-An Experimental Approach to Species Interactions. Berlin，Heideberg：Springer-Verlag. 85-91.

Reise K. 2005. Coast of change：Habitat loss and transformations in the Wadden Sea. Helgol Mar Res，59：9-12.

Robertson A I，Duke N C. 1987. Mangroves as nursery sites：Comparisons of the abundance and species composition of fish and crustacean in magroves and the other near shore habitats in tropical Australia. Marine Biology，96：193-205.

Roman C T，Niering W A，Warren R S. 1984. Salt marsh vegetation change in response to tidal restriction. Environ. Manag，8：141-150.

Saaty T L. 1977. A scaling method for priorities in hierarchical structures. Journal of Mathematical Psychology，15 (3)：234-281.

Saaty T L. 1986. Exploring optimization through hierarchies and ratio scales. Socio-Economic Planning Sciences，20 (6)：355-360.

Saaty T L，Tran L T. 2007. On the invalidity of fuzzifying numerical judgments in the Analytic Hierarchy Process. Mathematical and Computer Modelling，46 (7-8)：962-975.

Salif D. 2003. Vulnerability assessments of mangroves to environmental change. Estuarine，Coastal and Shelf Science，58：1-2.

Silliman B R，Bertness M D. 2004. Shoreline development drives invasion of Phragmites australis and the loss of plant diversity on New England salt marshes. Conserv Biol，18：1424-1434.

Sousa O V，Macrae A，Menezes F G R，et al. 2006. The impact of shrimp farming effluent on bacterial-communitiesin mangrove waters，Ceara，Brazil. Marine Pollution Bulletin，52：1725-1734.

Tam K C，Jenkins W K. 2005. Relaxation behavior of hydrophobically modified polyelectrolyte solution under various deformations. Polymer，46 (12)：4052-4059.

Tam N F Y，Wong Y S. 1995. Mangrove soils as sink for wastewater borne pollutants. Hydrobiology，295：231-241.

Tam N F Y，Wong Y S. 1996. Retention and distribution of heavy metals in mangrove soils receiving wastewater. Environmental Pollution，94 (3)：283-291.

Tam N F Y，Wong Y S. 1997. Accumulation and distribution of heavy metals in a simulated mangrove system treated with sewage. Hydrobiologia，352：67-75.

Thayer G W，Colby D R，Hettler W F. 1987. Utilization of the red mangrove prop root habitat by fishes in south Florida. Marine Ecology Progress Series，35：25-38.

Valiela I，Teal J M，Persson N Y. 1976. Production and dynamics of experimentally enriched salt marsh vegetation：Belowground biomass. Limnol Oceanogr，21：245-252.

Valiela I，Teal J M. 1979. The nitrogen budget of a salt marsh ecosystem. Nature，280：652-656.

Weis J S，Weis P. 2004. Metal uptake，transport and release by wetland plants：implications for phytoremediation and restoration. Environment International，30：685-700.

Wilson R F，Mitsch W J. 1996. Functional assessment of five wetlands constructed to mitigate wetland loss. Ohio，USA Wetlands，16 (4)：436-451.

Wolfslehner B，Vacik H. 2008. Evaluating sustainable forest management strategies with the analytic network process in a pressure-state-response framework. Journal of EnvironmentalManagement，88（1）：1-10.

Yim M W，Tam N F Y. 1999. Effects of wastewater-borne heavy metals on mangrove plants and soil microbial activities. Marine Pollution Bulletin，39（1-12）：179-186.

Zedler J B，Kercher S. 2004. Causes and consequences of invasive plants in wetlands：opportunities，opportunists，and outcomes. Crit. Rev. Plant Sci.，23：431-452.

彩　图

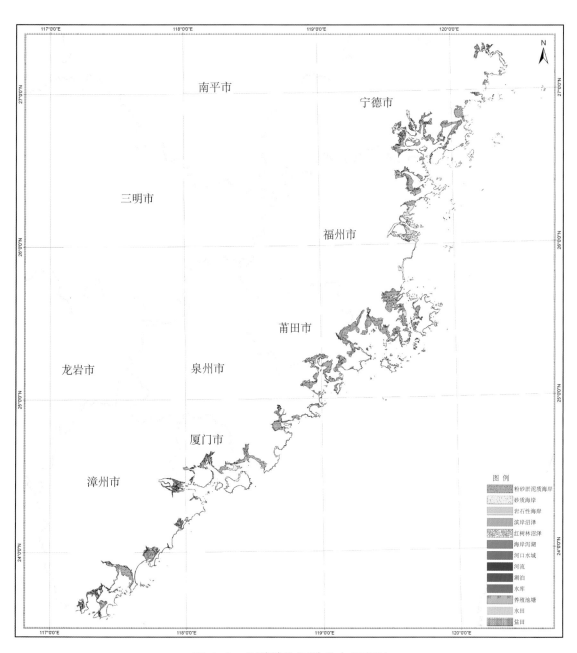

图 1-3　福建滨海湿地分布示意图

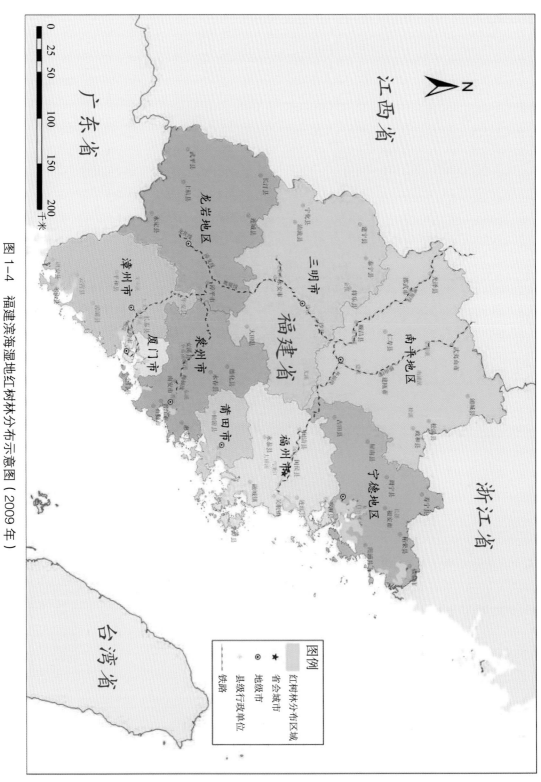

图 1-4 福建滨海湿地红树林分布示意图（2009 年）

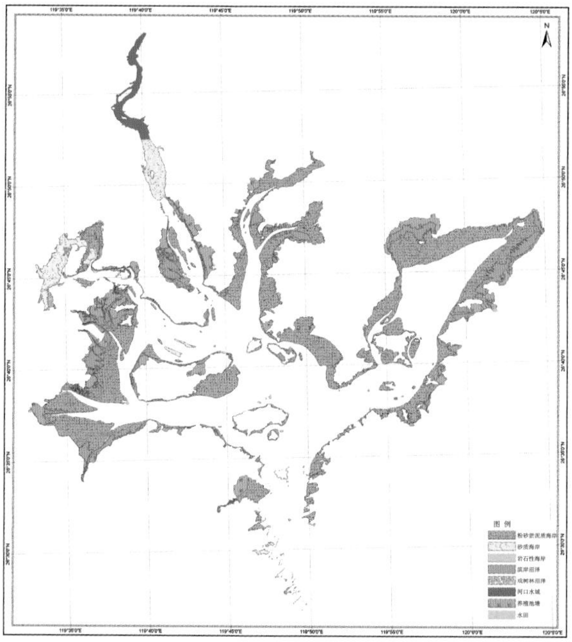

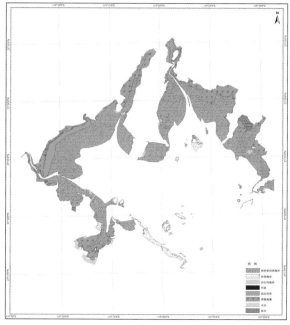

图 2-2 三沙湾滨海湿地类型分布示意图

图 2-44 兴化湾滨海湿地类型分布示意图

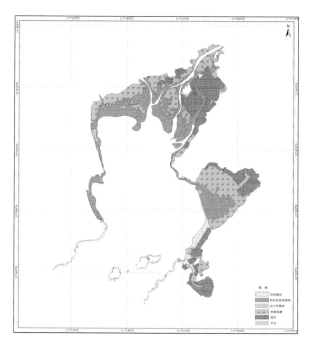

图 2-79 诏安湾滨海湿地类型分布示意图

图 4-7 九龙江口红树林分布及生态系统综合评价等级示意图

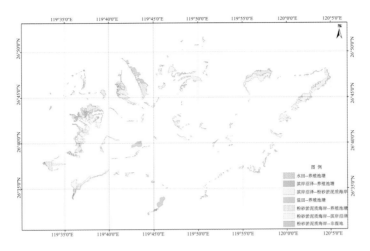

图 5-9　1987~2004 年三沙湾滨海湿地主要变化类型及分布示意图

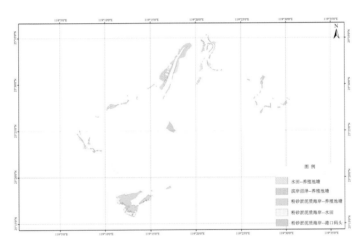

图 5-12　1987~2004 年兴化湾滨海湿地主要变化类型及分布示意图

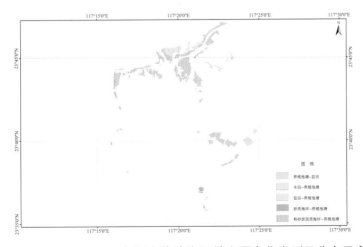

图 5-15　1987~2004 年诏安湾滨海湿地主要变化类型及分布示意图

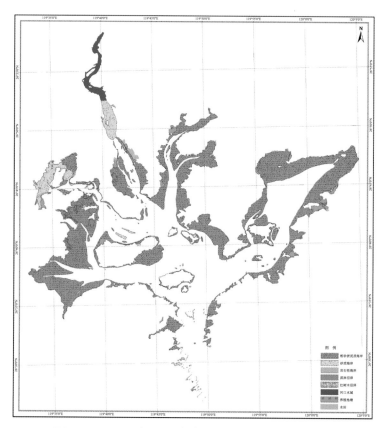

图 5-7　1987 年三沙湾滨海湿地类型分布示意图

图 5-8　2004 年三沙湾滨海湿地类型分布示意图

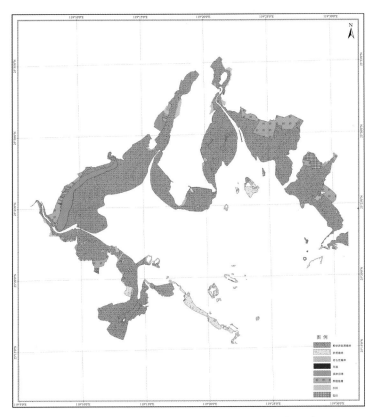

图 5-10　1987 年兴化湾滨海湿地类型分布示意图

图 5-11　2004 年兴化湾滨海湿地类型分布示意图

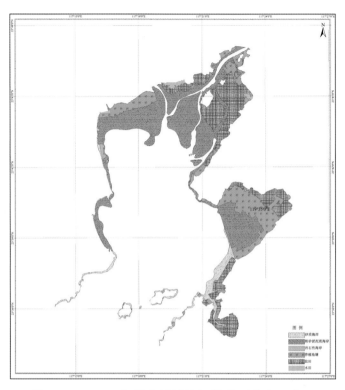

图 5-13　1987 年诏安湾滨海湿地类型分布示意图

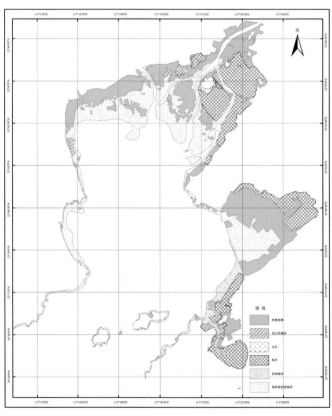

图 5-14　2004 年诏安湾滨海湿地类型分布示意图